개성있는 무늬 뜨기

손뜨개 대바늘 무늬집

임현지 지음

예신Books

  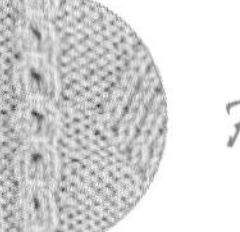 *Hand knitted Pattern*

머리말

첨단 소재를 통한 미래 지향적인 감각과 함께 복고의 바람도 불어 니트가 다시 유행하기 시작하는 요즘, 나만의 개성을 살려 세상에 하나뿐인 니트를 내손으로 만든다면 얼마나 뿌듯할까?

다양한 소재의 실과 바늘뿐만 아니라 인터넷에 넘쳐나는 많은 정보들로 손뜨개 환경이 풍성해진 이 때, 조금만 노력한다면 단 하나밖에 없는 핸드 메이드로서의 희소가치와 멋진 작품을 자랑할 수 있을 것이다. 특히, 우리나라 사람들의 훌륭한 솜씨는 세계가 인정하고 있으며, 한류를 타고 니터들의 작품이 세계 곳곳의 패션 시장을 선도할 수 있을거라 기대해 본다.

이 책은 대바늘뜨기 무늬집으로써 대중적이고 활용도가 높은 무늬들과 새로운 무늬들을 이용하여 우리 주변에서 많이 사용되는 여러 종류의 생활용품들을 뜨개한 작품들로 구성하였다. 각 작품에 사용된 무늬들을 자세한 도안과 함께 실어 줌으로써 누구나 쉽게 따라할 수 있도록 하였다. 뜨개를 하는 사람이라면 누구라도 호감을 사는 심플한 무늬부터 화려한 무늬까지 대바늘뜨기 무늬들을 총망라하였다.

여러 가지 도안과 패턴을 작업해 보면 같은 무늬라도 한 단, 한 코, 실의 굵기와 종류, 색상을 어떻게 쓰느냐에 따라 새로운 무늬가 나올 수 있다는 것을 알 수 있을 것이다.

이 책의 무늬뜨기 패턴에는 1무늬의 콧수와 단수가 표시되어 있다. 그것을 따라 되풀이해 뜨게 되면 원하는 좋은 무늬가 나올 수 있을 것이다. 아무쪼록 이 책을 참고하여 여러 가지 작품을 응용할 수 있게 되길 바라며, 특히 새롭고 독특한 무늬를 찾는 분들께 큰 도움이 되었으면 한다.

끝으로 본 책을 통해서 많은 디자이너들의 고민이 다소나마 해소되길 바라며 오랜시간 함께 고생해온 도서출판 **예신**Books 직원 여러분께 감사의 마음을 전한다.

저자 씀

차 례

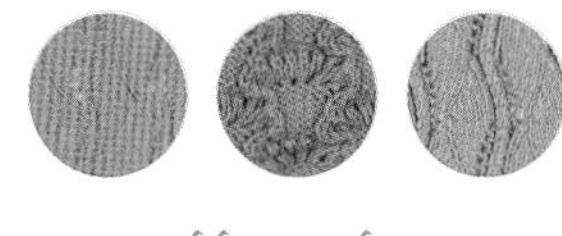

대바늘뜨기 코 기호

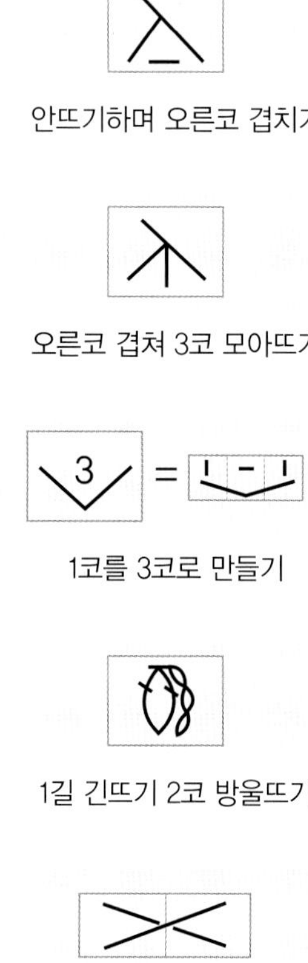

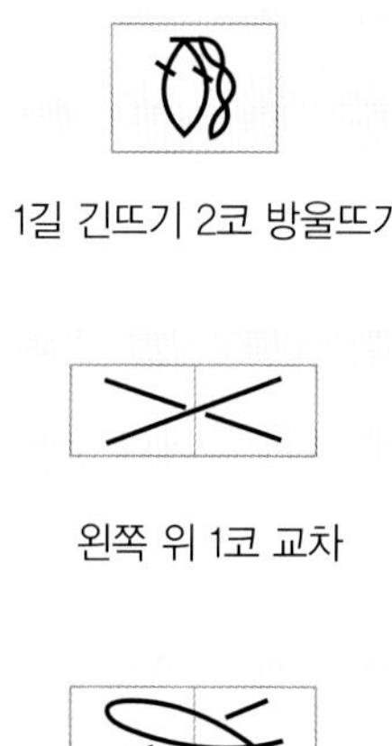

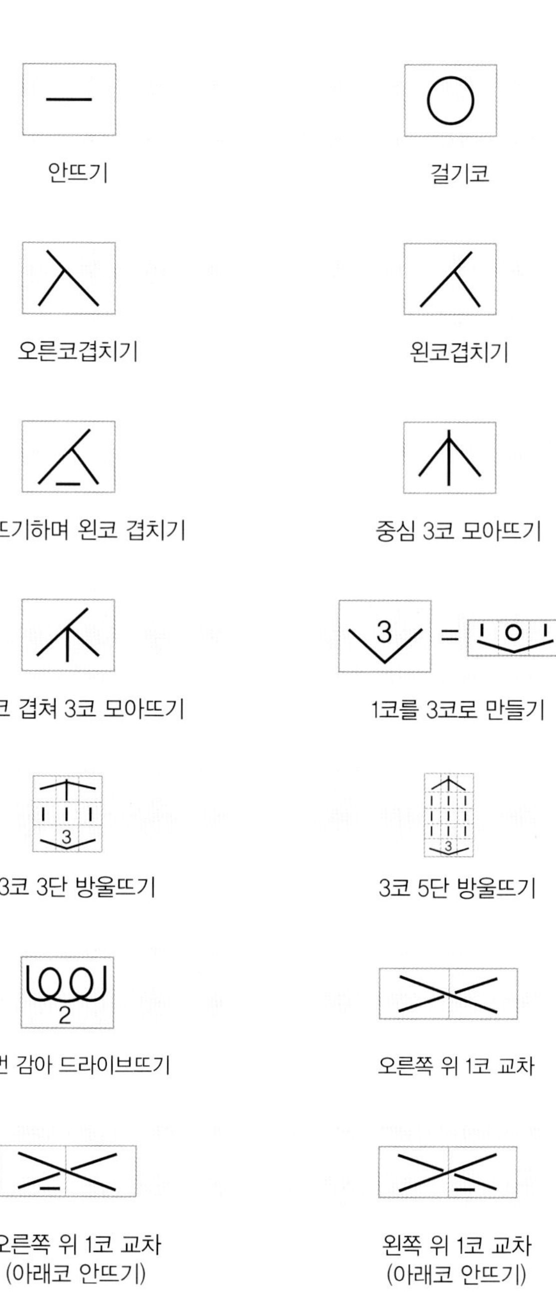

걸뜨기

안뜨기

걸기코

돌려뜨기

오른코겹치기

왼코겹치기

안뜨기하며 오른코 겹치기

안뜨기하며 왼코 겹치기

중심 3코 모아뜨기

오른코 겹쳐 3코 모아뜨기

왼코 겹쳐 3코 모아뜨기

1코를 3코로 만들기

1코를 3코로 만들기

3코 3단 방울뜨기

3코 5단 방울뜨기

1길 긴뜨기 2코 방울뜨기

2번 감아 드라이브뜨기

오른쪽 위 1코 교차

왼쪽 위 1코 교차

오른쪽 위 1코 교차
(아래코 안뜨기)

왼쪽 위 1코 교차
(아래코 안뜨기)

오른쪽 위 돌려 1코 교차

왼쪽 위 돌려 1코 교차

오른쪽 위 돌려 1코 교차
(아래코 안뜨기)

왼쪽 위 돌려 1코 교차
(아래코 안뜨기)

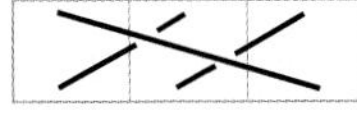

오른쪽 위 1코와 2코 교차

왼쪽 위 1코와 2코 교차

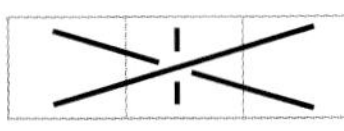

사이 1코 건너 왼쪽 위 1코 교차

오른쪽 위 2코 교차

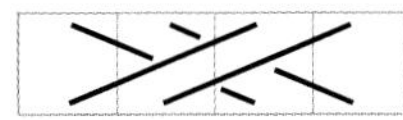

왼쪽 위 2코 교차

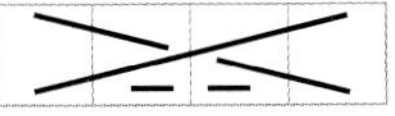

사이안뜨기 2코 건너
왼쪽 위 1코 교차

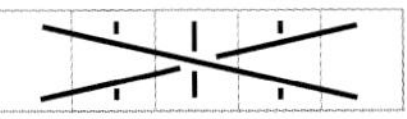

사이 3코 건너
오른쪽 위 1코 교차

왼쪽 위 3코 교차

오른쪽 코에 꿴 노트

왼쪽 코에 꿴 노트

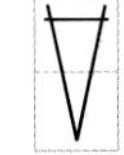

1단 넘긴코

안뜨기 4단 넘긴코

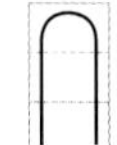

2단 끌어올린코

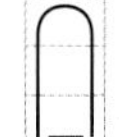

안뜨기 2단 끌어올린코

바늘에 2회 실감아뜨기

왼코 중심 3코 모은 후
3코 만들어뜨기

오른코로 2코 덮어뜨기

왼코로 2코 덮어뜨기

오른코로 1코 덮어뜨기

왼코로 1코 덮어뜨기

대바늘뜨기 방법

1 겉뜨기

|

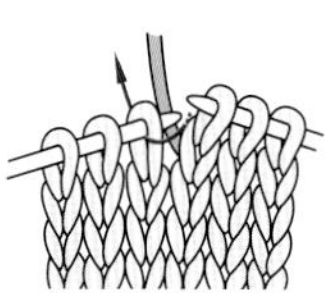

❶ 실을 건너편에 두고 오른쪽 바늘을 왼쪽에 넣는다.

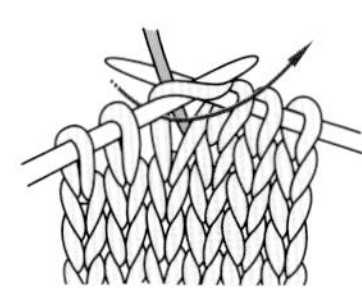

❷ 오른쪽 바늘에 실을 걸어 화살표와 같이 앞쪽으로 빼낸다.

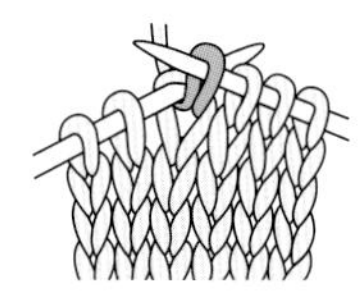

❸ 오른쪽 바늘에 고리가 걸려나오면 왼쪽 바늘을 빼낸다.

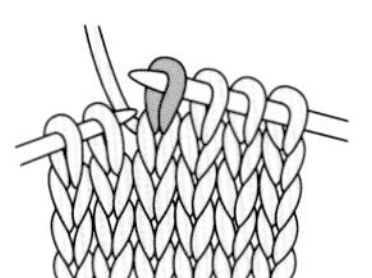

❹ 겉뜨기가 완성된다.

2 안뜨기

—

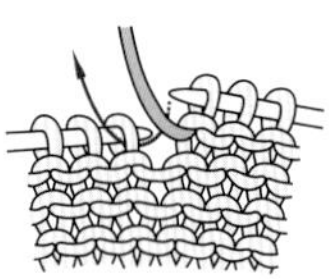

❶ 실을 앞쪽에 두고 오른쪽 바늘을 화살표와 같이 왼쪽에 넣는다.

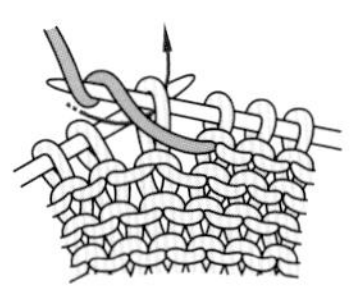

❷ 그림과 같이 실을 걸어서 반대쪽으로 빼낸다.

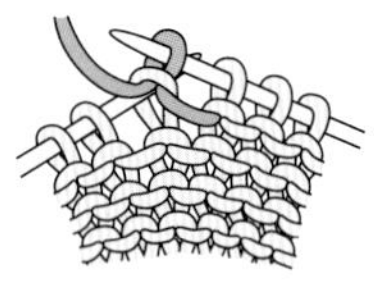

❸ 오른쪽 바늘에 고리가 걸리면 왼쪽 바늘을 빼낸다.

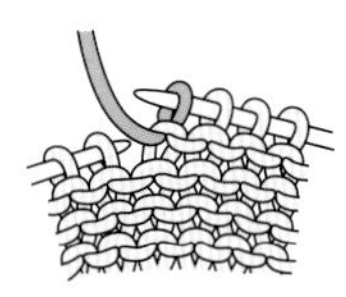

❹ 안뜨기가 완성된다.

3 걸기코

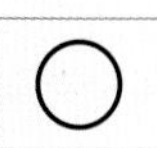

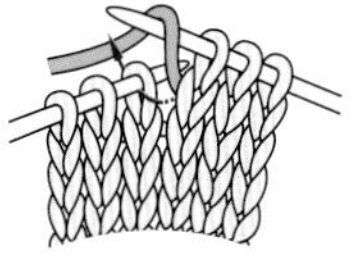

❶ 그림과 같이 오른쪽 바늘에 실을 걸어 왼쪽에 화살표 방향으로 넣는다.

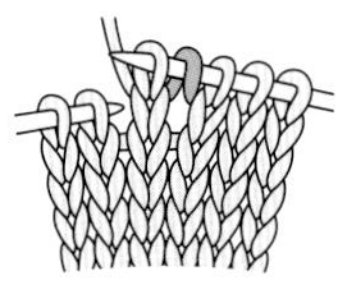

❷ 다음 코에 앞쪽부터 바늘을 넣어 보통으로 뜬다.

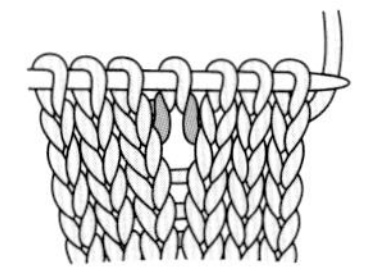

❸ 다음 단을 뜬다. 걸기코가 완성된다.

4 돌려뜨기

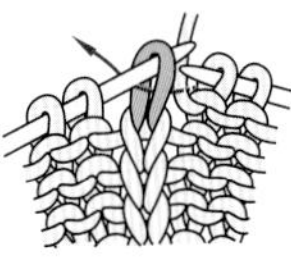

❶ 오른쪽 바늘을 화살표와 같이 건너편 쪽에서 왼쪽 바늘 아래로 넣는다.

❷ 오른쪽 바늘에 실을 걸어서 화살표와 같이 앞쪽으로 뺀다.

❸ 빼낸 고리 아래코의 뿌리가 돌려진다.

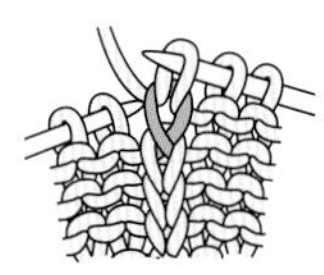

❹ 뜬코와 아래코가 돌려져 돌려뜨기가 완성된다.

5 오른코 겹치기

뜨지 않고 오른쪽 바늘로 이동

❶ 오른코에 앞쪽부터 바늘을 넣어서 뜨지 않은 바늘로 이동한다.

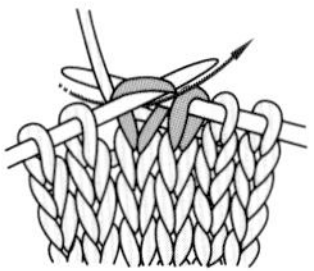

❷ 왼코에 바늘을 넣어서 실을 빼내고 겉코를 뜬다.

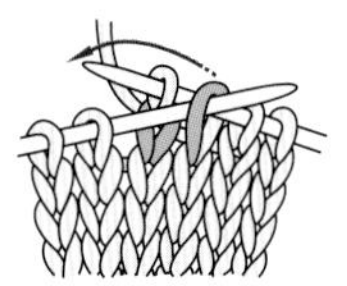

❸ 먼저 이동한 코에 왼쪽 바늘을 넣어 뜬 코에 덮어 씌운다.

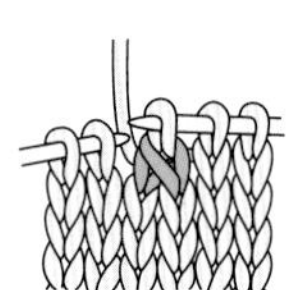

❹ 오른코 겹치기가 완성된다.

6 왼코 겹치기

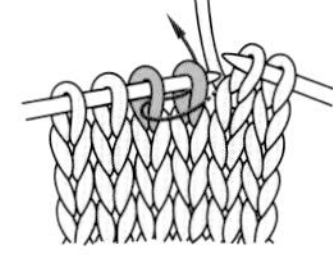

❶ 화살표와 같이 왼쪽 2코에 오른쪽 바늘을 한번에 넣는다.

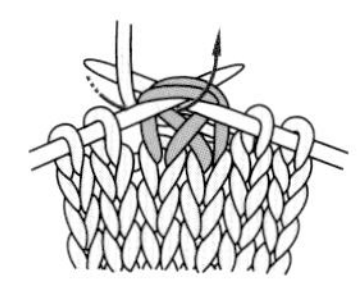

❷ 바늘에 실을 걸어서 빼내고 2코를 한꺼번에 겉뜨기로 뜬다.

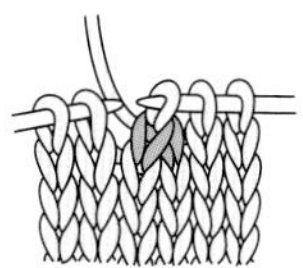

❸ 왼코 겹치기가 완성된다.

7 안뜨기하며 오른코 겹치기

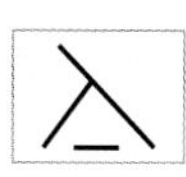

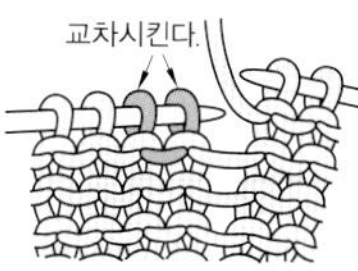

❶ 2코의 순서를 오른쪽의 코가 앞쪽이 되도록 교차시킨다.

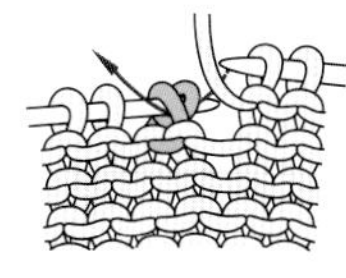

❷ 화살표와 같이 바늘을 넣어서 2코를 한꺼번에 안뜨기로 뜬다.

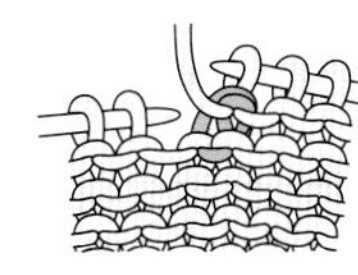

❸ 안뜨기하며 오른코 겹치기가 완성된다.

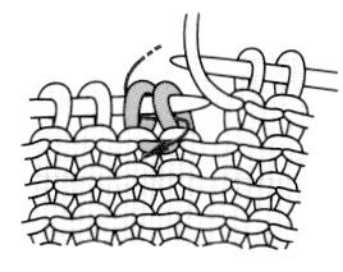

❹ 2코의 방향을 바꾸어 화살표 방향으로 넣어서 뜰 수도 있다.

8 안뜨기하며 왼코 겹치기

❶ 화살표와 같이 우측에서 2코 한번에 바늘을 넣는다.

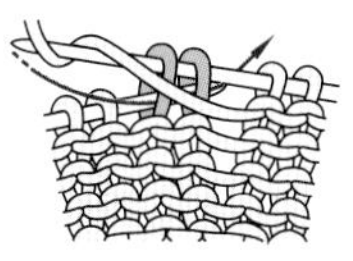

❷ 바늘에 실을 걸어서 화살표와 같이 빼낸다.

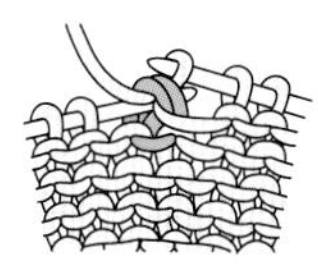

❸ 2코 한꺼번에 안코를 뜨면서 왼쪽 바늘을 뺀다.

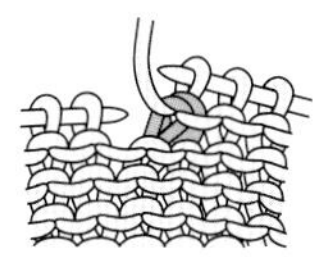

❹ 안뜨기의 왼코 겹치기가 완성된다.

9 중심 3코 모아뜨기

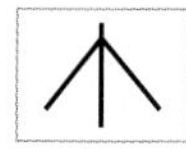

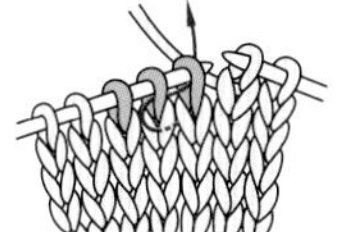

❶ 우선 왼쪽 2코에 바늘을 넣어 뜨지 않고 오른쪽 바늘로 옮긴다.

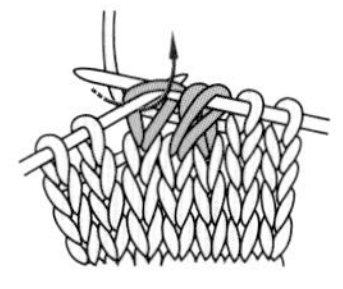

❷ 3코째에 바늘을 넣어 실을 빼내고 겉코를 뜬다.

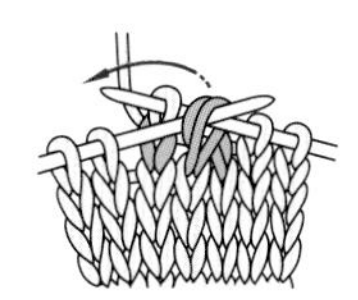

❸ 먼저 옮긴 2코에 왼쪽 바늘을 넣고 뜬코를 덮어 씌운다.

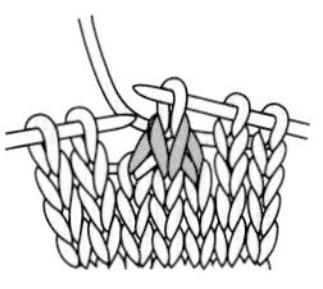

❹ 중심 3코 모아뜨기가 완성된다.

10 오른코 겹쳐 3코 모아뜨기

뜨지 않고 1코를 오른쪽 바늘로 옮긴다.

❶ 1번째 코에 앞쪽으로 바늘을 넣어 뜨지 않고 오른쪽 바늘로 이동한다.

❷ 다음 2코에 화살표 방향으로 바늘을 넣어서 2코를 한꺼번에 뜬다.

❸ 옮겨둔 코에 왼쪽 바늘을 넣어서 뜬코에 덮어씌운다.

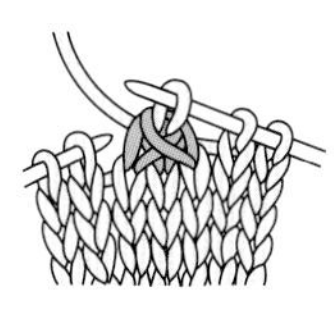

❹ 오른코 겹쳐 3코 모아뜨기가 완성된다.

11 왼코 겹쳐 3코 모아뜨기

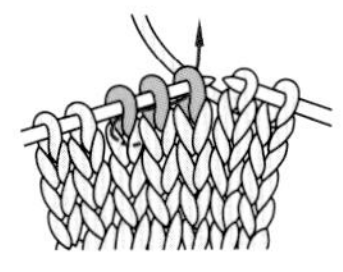

❶ 화살표와 같이 3코 왼쪽부터 오른쪽 바늘을 한번에 넣는다.

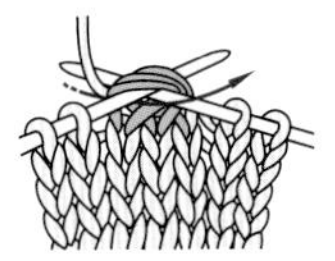

❷ 바늘에 실을 걸어서 3코 고리를 한번에 빼낸다.

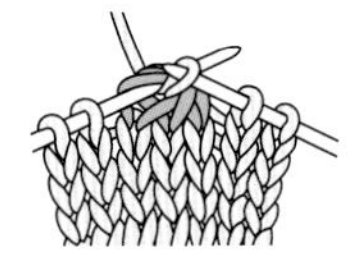

❸ 겉코가 떠지면 왼쪽 바늘을 빼낸다.

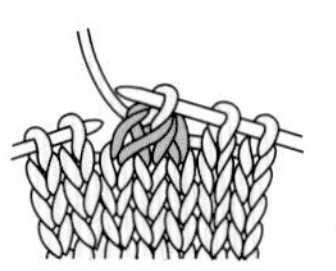

❹ 왼코 겹쳐 3코 모아뜨기가 완성된다.

12 1코를 3코로 만들기

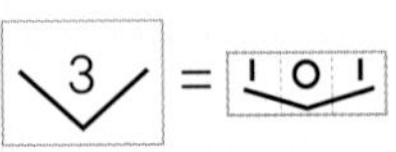

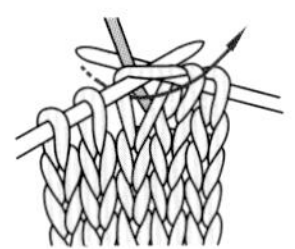

❶ 앞쪽으로 바늘을 넣고 실을 걸어서 앞쪽으로 빼낸다.

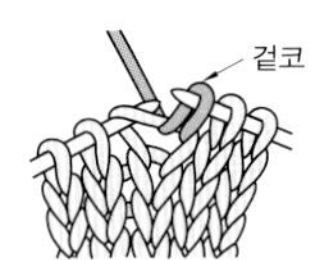

❷ 우선 겉코를 1코 뜬다.

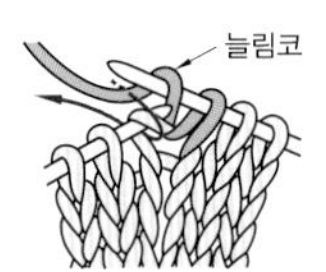

❸ 뜬코를 왼쪽 바늘에 건 채로 늘림코를 뜬다.

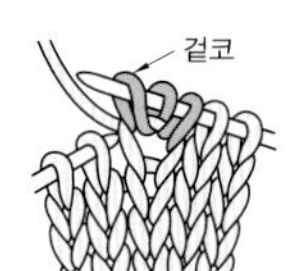

❹ 같은 코에 겉코를 1코 뜨면 1코를 3코로 만들기가 완성된다.

13 1코를 3코로 만들기

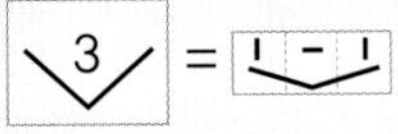

❶ 먼저 겉코를 1코 뜬다.

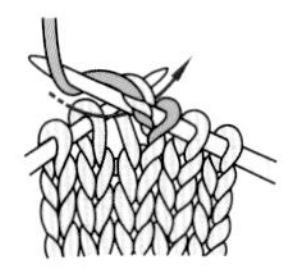

❷ 왼쪽 바늘코를 걸어둔 채로 같은 코에 안코를 뜬다.

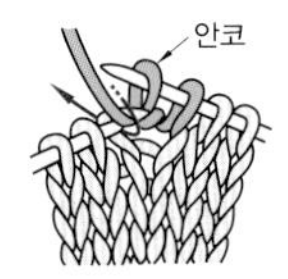

❸ 다시 같은 코에 모아 1코 겉뜨기를 뜬다.

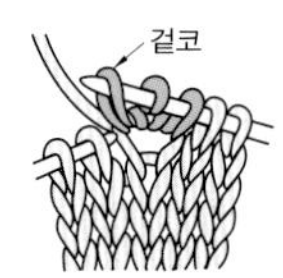

❹ 겉코, 안코, 겉코 떠내기 늘림코가 완성된다.

14 3코 3단 방울뜨기

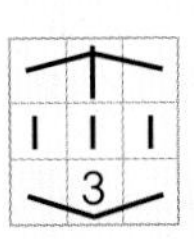

겉코 늘림코 겉코

❶ 1코에서 겉코, 늘림코, 겉코 3코를 뜬다.

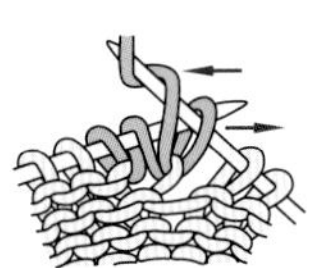

❷ 거꾸로 돌려서 안코쪽을 보면서 3코만 안코로 뜬다.

❸ 다시 돌려서 2코를 뜨지 않고 이동하고, 3번째 코를 뜬다.

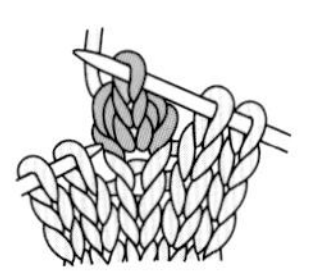

❹ 옮겨진 2코를 뜬코에 덮어 씌우면 3코 3단 방울뜨기가 완성된다.

15 3코 5단 방울뜨기

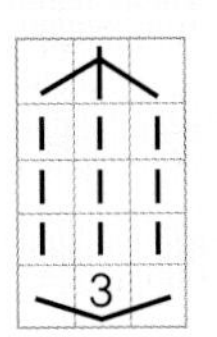

겉코 늘림코 겉코

❶ 1코에서 겉코, 늘림코, 겉코 3코를 뜬다.

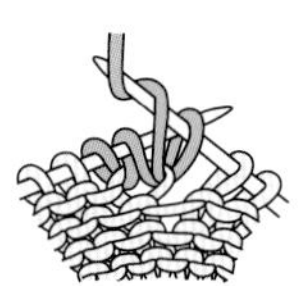

❷ 떠 놓은 3코만 안, 겉, 안으로 바꿔가며 뜬다.

❸ 돌려서 2코를 뜨지 않고 오른쪽 바늘로 옮겨 3번째 코를 뜬다.

❹ 옮겨진 2코를 뜬코에 덮어 씌우면 3코 5단 방울뜨기가 완성된다.

16 1길 긴뜨기 2코 방울뜨기

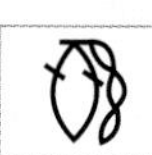

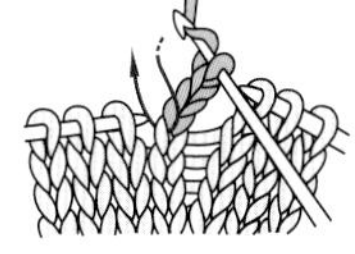

❶ 코바늘을 사용하여 사슬을 3코 떠서 화살표 위치에 바늘을 넣는다.

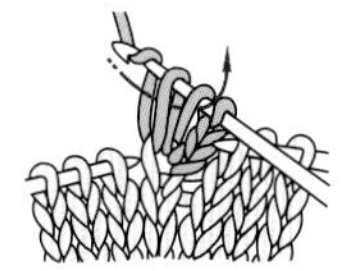

❷ 실을 걸어 빼내고, 다시 한 번 걸어서 고리 2개만 빼낸다.

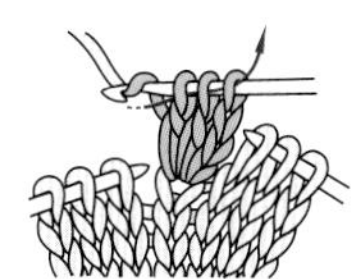

❸ 한 번 더 반복하여 미완성된 1길 긴뜨기를 2코 뜨고 모든 코를 빼낸다.

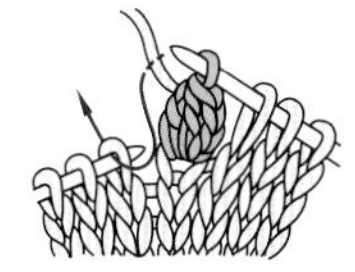

❹ 코바늘에서 오른쪽 바늘로 옮기면 1길 긴뜨기 2코 방울뜨기가 완성된다.

17 두번 감아 드라이브뜨기

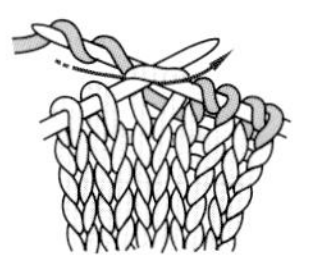

❶ 겉뜨기를 한 다음, 실을 바늘에 2번 감아 빼낸다.

❷ 다음 단을 뜰 때 감은 실을 풀면서 뜬다.

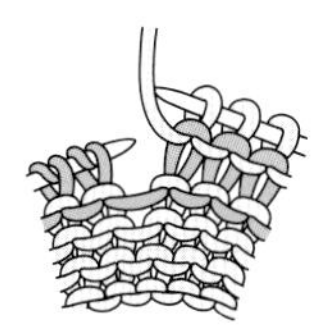

❸ 두번 감아 드라이브뜨기가 완성된다.

18 오른쪽 위 1코 교차

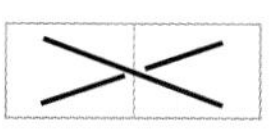

❶ 오른코의 뒤쪽에서 왼코의 앞쪽으로 바늘을 넣는다.

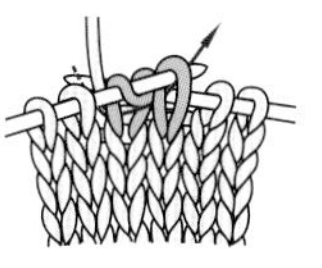

❷ 실을 걸고 화살표와 같이 꺼내고, 겉뜨기를 한다.

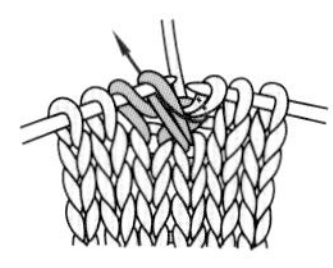

❸ 왼코는 바늘에 걸어 둔 채 오른코를 겉뜨기한다.

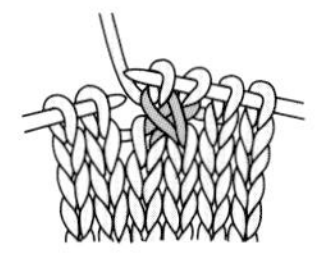

❹ 오른쪽 바늘로 2코를 옮기면 오른쪽 위 1코 교차뜨기가 완성된다.

19 왼쪽 위 1코 교차

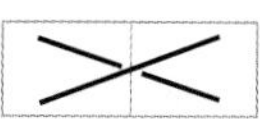

❶ 화살표와 같이 왼코에 앞쪽으로 바늘을 넣는다.

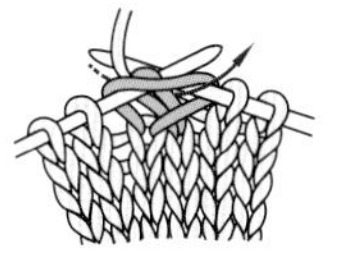

❷ 왼코를 오른쪽으로 넘겨서 실을 걸어 겉코를 뜬다.

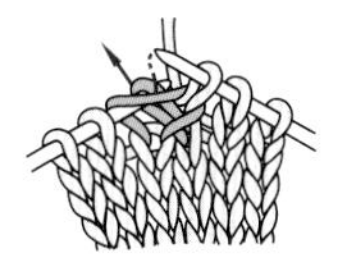

❸ 왼코는 바늘에 걸어 둔 채 오른코를 겉코로 뜬다.

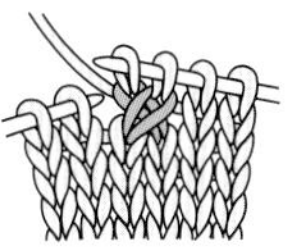

❹ 왼쪽 바늘을 빼내면 왼쪽 위 1코 교차뜨기가 완성된다.

20 오른쪽 위 1코 교차 (아래코 안뜨기)

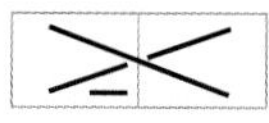

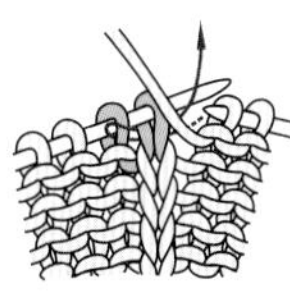

❶ 오른코의 건너편에서 왼코에 바늘을 넣는다.

❷ 왼코를 오른쪽으로 넘겨서 실을 걸고 안코를 뜬다.

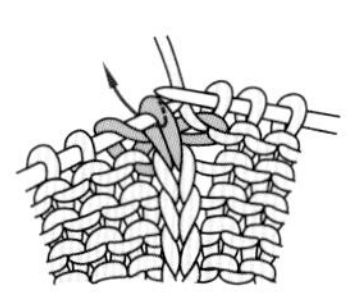

❸ 왼코는 바늘에 걸어 둔 채 오른코를 겉코로 뜬다.

❹ 왼쪽 바늘에서 2코를 옮기면 오른쪽 위 1코 교차뜨기(아래코 안뜨기)가 완성된다.

21 왼쪽 위 1코 교차 (아래코 안뜨기)

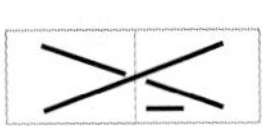

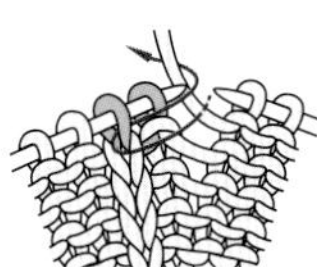

❶ 왼코에 화살표와 같이 앞쪽으로 바늘을 넣는다.

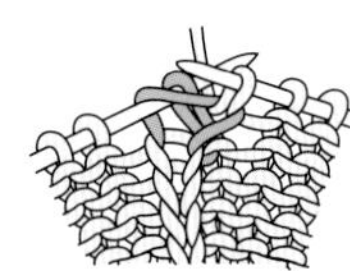

❷ 왼코를 그림과 같이 오른쪽으로 넘겨서 겉코로 뜬다.

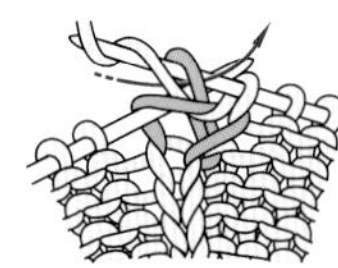

❸ 뜬코를 왼쪽 바늘에 걸어둔 채 오른코를 안코로 뜬다.

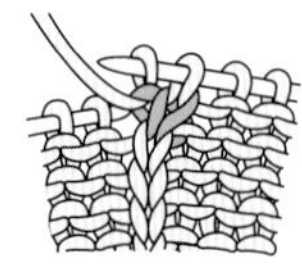

❹ 2코를 왼쪽 바늘에서 옮기면 왼쪽 위 1코 교차(아래코 안뜨기)가 완성된다.

22 오른쪽 위 돌려 1코 교차

❶ 오른코의 건너편 쪽에서 왼코 앞으로 바늘을 넣는다.

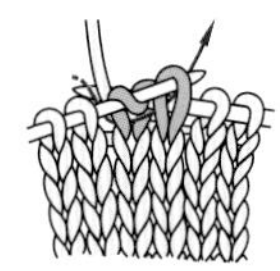

❷ 화살표와 같이 실을 걸어서 빼내고 겉코를 뜬다.

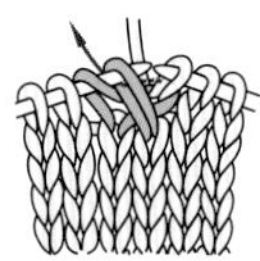

❸ 왼코를 걸어둔 채 오른코를 돌린코로 뜬다.

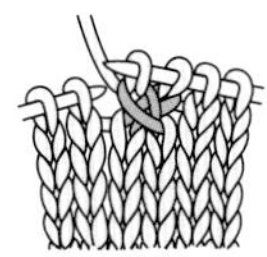

❹ 왼쪽 바늘에서 2코가 옮겨가면 오른쪽 위 돌려 1코 교차뜨기가 완성된다.

23 왼쪽 위 돌려 1코 교차

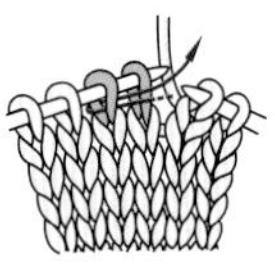

❶ 화살표와 같이 왼코에 앞쪽부터 돌리도록 넣는다.

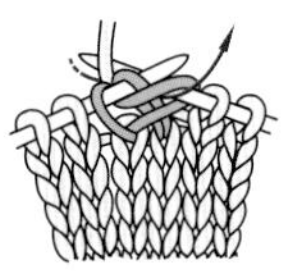

❷ 오른쪽에 넘겨진 실을 빼내서 돌린코로 뜬다.

❸ 뜬코를 걸어둔 채 오른코를 겉코로 뜬다.

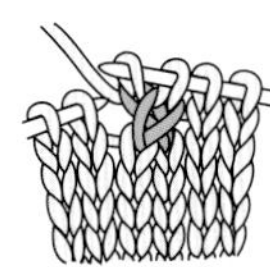

❹ 왼쪽 바늘에서 2코가 옮겨가면 왼쪽 위 돌려 1코 교차뜨기가 완성된다.

24 오른쪽 위 돌려 1코 교차 (아래코 안뜨기)

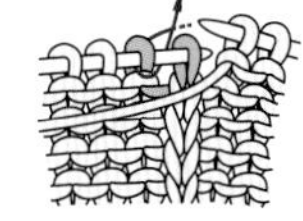

❶ 실을 앞쪽으로 해서 화살표와 같이 왼코의 건너편에서부터 바늘을 넣는다.

❷ 오른쪽으로 넘겨진 실을 빼내서 돌린코로 뜬다.

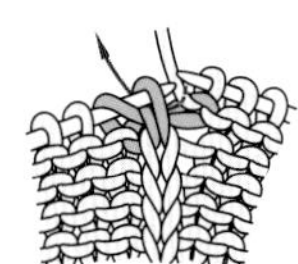

❸ 뜬코를 걸어둔 채 오른쪽 코를 돌린코로 뜬다.

❹ 왼쪽 바늘에서 2코가 옮겨가면 오른쪽 위 돌려 1코 교차(아래코 안뜨기)가 완성된다.

25 왼쪽 위 돌려 1코 교차 (아래코 안뜨기)

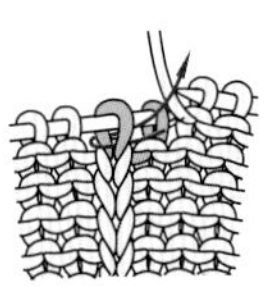

❶ 왼코에 화살표와 같이 돌리도록 바늘을 넣는다.

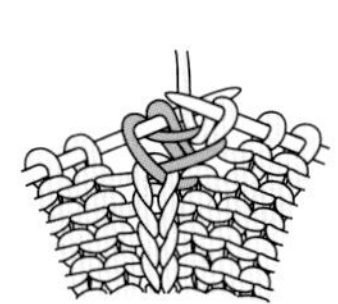

❷ 오른쪽으로 넘겨서 겉코를 뜬다(돌린코가 되도록).

❸ 뜬코를 왼쪽 바늘에 걸어둔 채 오른코를 안코로 뜬다.

❹ 2코를 왼쪽 바늘에서 옮기면 왼쪽 위 돌려 1코 교차(아래코 안뜨기)가 완성된다.

26 오른쪽 위 1코와 2코 교차

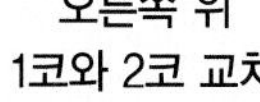

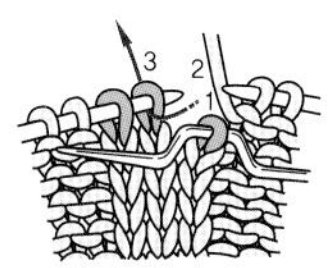

❶ 1번 코를 코막음 핀에 끼워 앞쪽에 두고 2번 코를 뜬다.

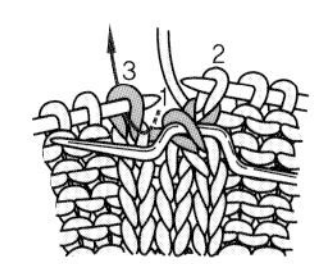

❷ 다음에 3번 코에 화살표와 같이 바늘을 넣어서 겉코를 뜬다.

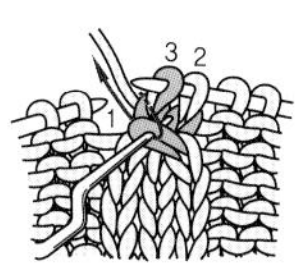

❸ 마지막에 남겨둔 1번 코를 코막음 핀에 둔 채로 겉코를 뜬다.

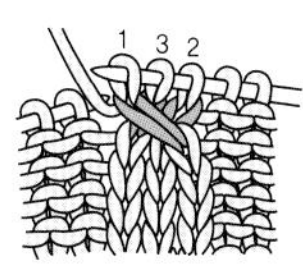

❹ 오른쪽 위 1코와 2코 교차하기가 완성된다.

27 왼쪽 위 1코와 2코 교차

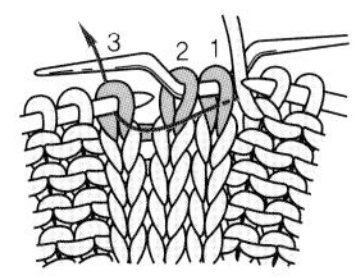

❶ 1, 2번 코를 코막음 핀에 끼워 뒤쪽에 두고 3번 코를 뜬다.

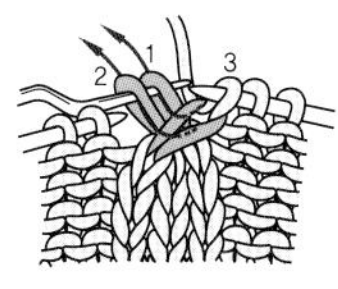

❷ 다음에 끼워둔 1, 2번 코를 코막음 핀에 둔 채로 겉코로 뜬다.

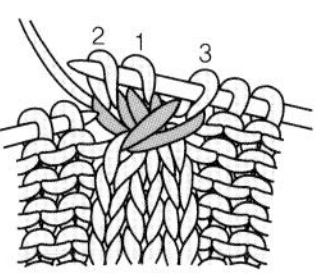

❸ 왼쪽 위 1코와 2코 교차뜨기가 완성된다.

28 사이 1코 건너 왼쪽 위 1코 교차

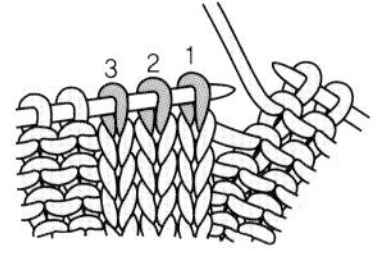

❶ 1, 2번 코를 코막음 핀에 끼워서 뒤쪽에 둔다.

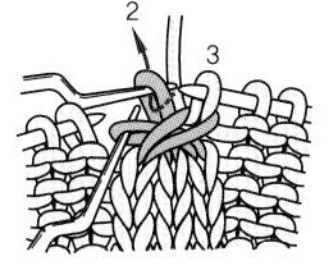

❷ 3번 코를 겉코로 뜨고 2번 코를 제일 뒤쪽에 두고 겉코로 뜬다.

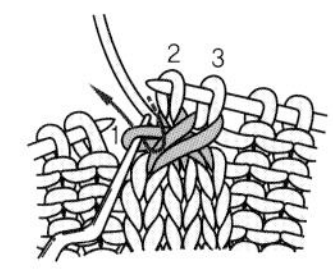

❸ 나중에 1번 코에 화살표와 같이 바늘을 넣어서 겉코를 뜬다.

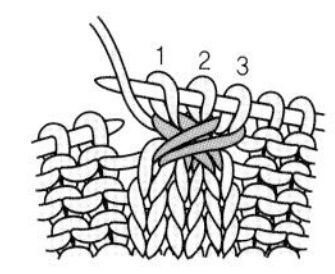

❹ 사이 1코 건너 왼쪽 위 1코 교차뜨기가 완성된다.

29 오른쪽 위 2코 교차

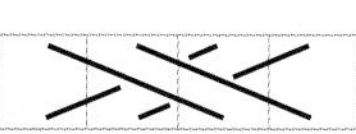

❶ 오른쪽 2번 코를 코막음 핀에 끼워 앞쪽에 놓아 둔다.

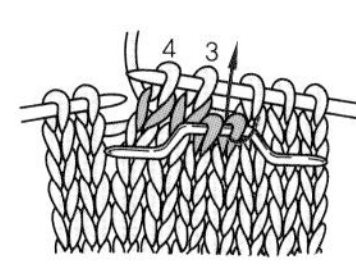

❷ 왼쪽의 3, 4번 코에 앞쪽부터 바늘을 넣어서 겉코로 뜬다.

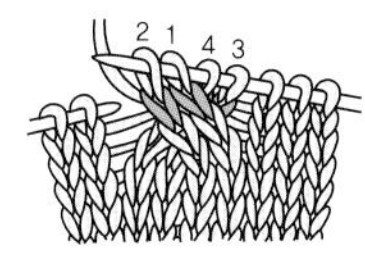

❸ 코막음 핀의 1, 2번 코를 각각 겉코로 뜨면 오른쪽 위 2코 교차뜨기가 완성된다.

30 왼쪽 위 2코 교차

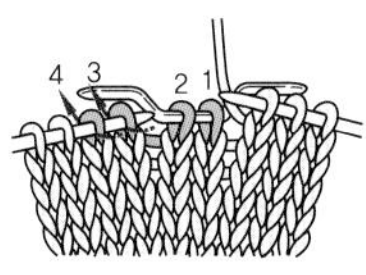

❶ 1, 2번 코를 코막음 핀에 끼워서 뒤쪽에 놓아둔다.

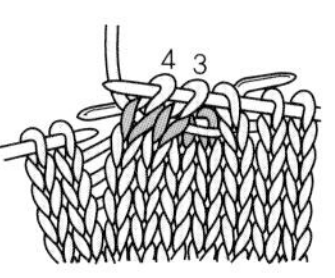

❷ 왼쪽의 3, 4번 코에 바늘을 넣어서 겉코를 뜬다.

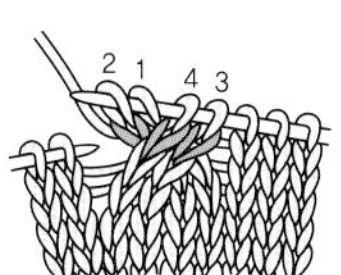

❸ 코막음 핀의 1, 2번 코를 뜨면 왼쪽 위 2코 교차뜨기가 완성된다.

31 사이안뜨기 2코 건너 왼코 위 1코 교차

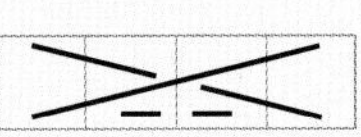

❶ 1번 코와 2, 3번 코를 2개의 코막음 핀에 끼워 둔다.

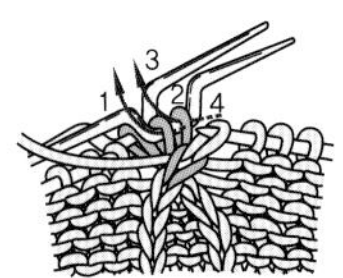

❷ 4번의 코를 겉코로 뜨고, 2, 3번 코를 뒤쪽에서 안코로 뜬다.

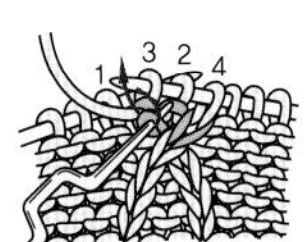

❸ 마지막에 1번 코 앞쪽에서부터 바늘을 넣어 겉코로 뜬다.

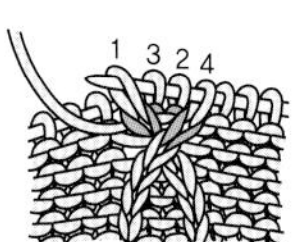

❹ 사이안뜨기 2코 건너 왼코 위 1코 교차뜨기가 완성된다.

32 사이 3코 건너 오른쪽 위 1코 교차

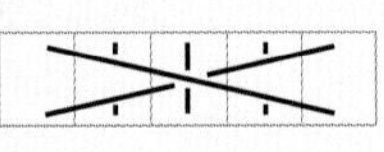

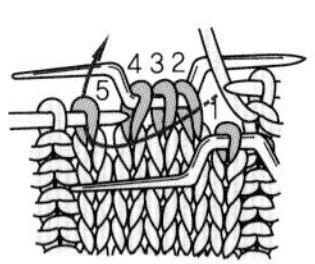

❶ 1번 코와 2, 3번 코를 2개의 코막음 핀에 끼워서 둔다.

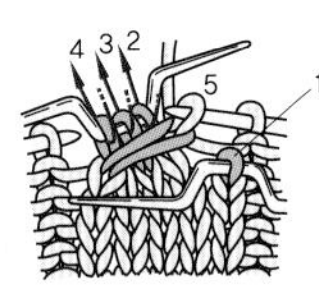

❷ 우선 5번 코를 겉코로 뜨고, 2~4번 코를 뜬다.

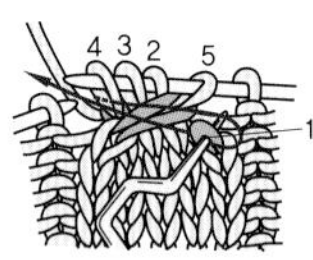

❸ 나중에 제일 앞쪽 1번 코를 넣어서 겉코로 뜬다.

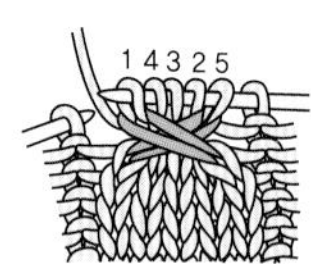

❹ 사이 3코 건너 오른쪽 위 1코 교차뜨기가 완성된다.

33 왼쪽 위 3코 교차

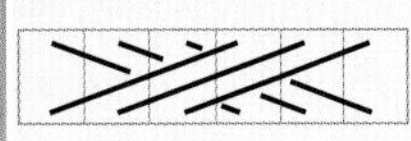

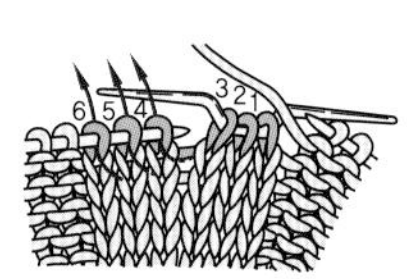

❶ 오른쪽 1~3번 코를 코막음 핀에 끼워서 뒷쪽에 두고 4~6번 코를 뜬다.

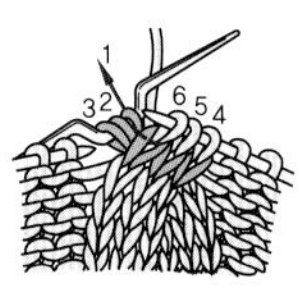

❷ 놓아둔 3코를 코막음 핀 채로 왼쪽으로 넘긴다.

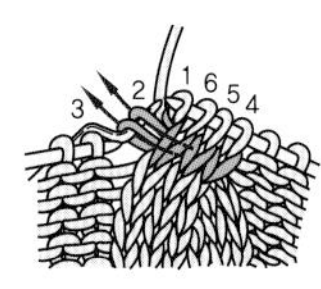

❸ 코막음 핀의 코에서 앞쪽으로 바늘을 넣어서 겉코로 뜬다.

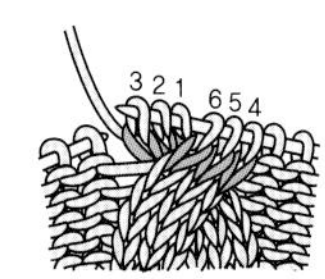

❹ 왼쪽 위 3코 교차뜨기가 완성된다.

34 오른쪽 코에 꿴 노트(3코)

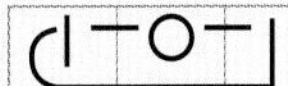

❶ 3코를 뜨지 않고 오른쪽 바늘에 옮기고 1번째 코는 코의 방향을 바꾼다.

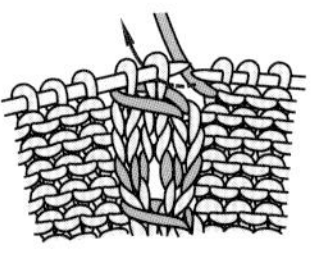

❷ 오른쪽 바늘을 1번째 코에 넣고 2코에 덮어씌우고, 2코째를 겉코로 뜬다.

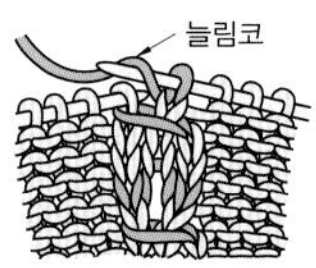

❸ 다음에 늘림코를 하고 3번째 코에 바늘을 넣어서 겉코로 뜬다.

❹ 오른쪽 코에 꿴 노트(3코)가 완성된다.

35 왼쪽 코에 꿴 노트(3코)

❶ 3번째 코에 먼저 바늘을 넣고 화살표와 같이 오른쪽 2코에 덮어 씌운다.

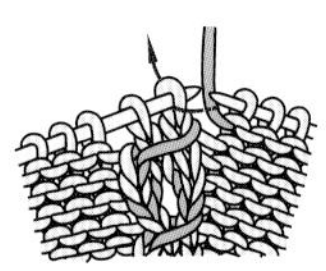

❷ 오른쪽 코에 앞쪽으로 바늘을 넣고 빼내서 겉코로 뜬다.

❸ 다음에 늘림코를 하고 왼쪽 코에 바늘을 넣어서 겉코를 뜬다.

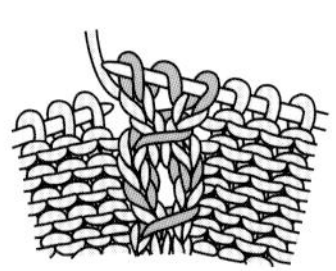

❹ 왼쪽 코에 꿴 노트(3코)가 완성된다.

36 1단 넘긴코

❶ 실을 앞쪽에 두고 화살표 방향으로 바늘을 넣어서 뜨지 않고 옮긴다.

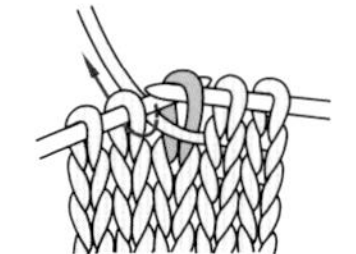

❷ 실을 뒷편에 두고 다음 코부터는 보통으로 뜬다.

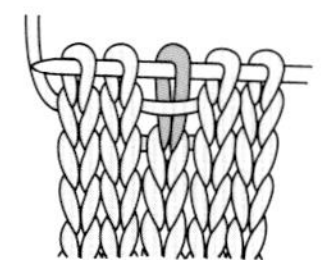

❸ 1코 1단 넘긴코가 완성된다.

37 안뜨기 4단 넘긴코

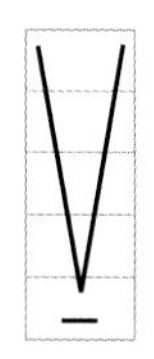

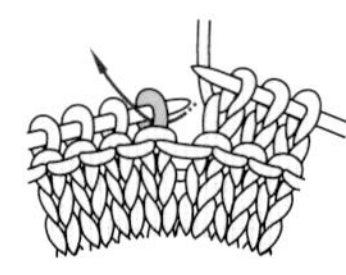

❶ 실을 뒷편에 두고 안뜨기를 뜨지 않고 오른쪽 바늘로 이동한다.

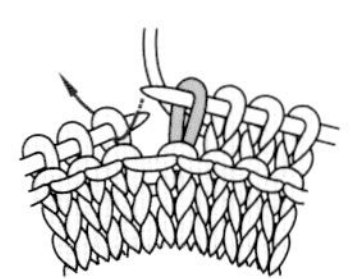

❷ 다음 코부터 보통으로 뜬다.

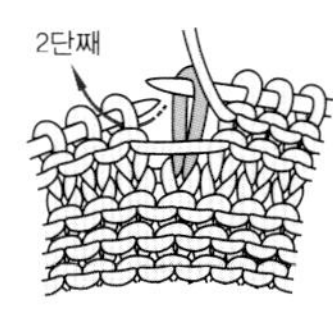

❸ 2단째는 실을 앞쪽에 두고 뜨지 않고 오른쪽 바늘로 옮긴다.

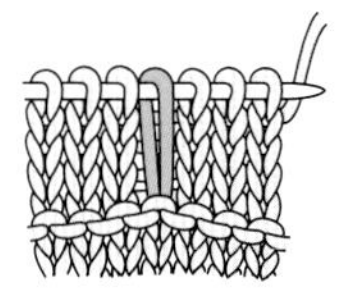

❹ ❷~❸번을 반복하면 안뜨기 4단 넘긴코가 완성된다.

38 2단 끌어올린코

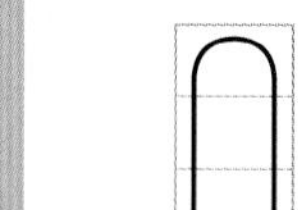

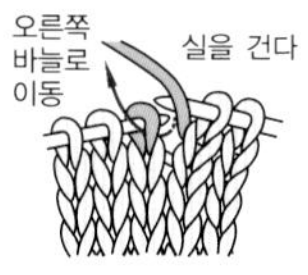

❶ 바늘에 실을 걸어서 코를 뜨지 않고 오른쪽 바늘로 이동한다.

❷ 다음 단도 늘림코를 하고 같은 코를 뜨지 않고 옮긴다.

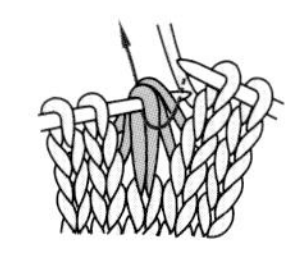

❸ 끌어올린 2단 분량의 늘림코와 코를 함께 뜬다.

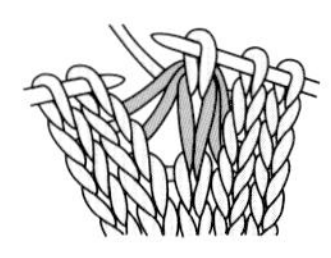

❹ 2단 끌어올린코가 완성되었다.

39 안뜨기 2단 끌어올린코

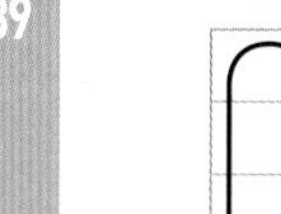

❶ 실을 바늘에 걸어서 코를 뜨지 않고 오른쪽 바늘로 옮긴다.

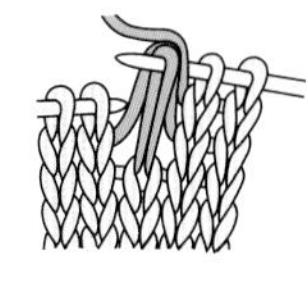

❷ 다음 단도 늘림코를 하고 같은 코를 뜨지 않고 옮긴다.

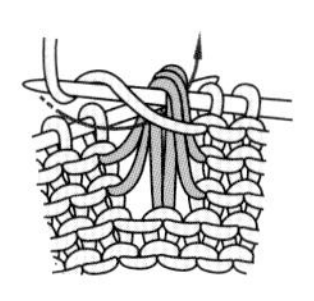

❸ 끌어올린 2단 분량의 실과 코를 함께 단코로 뜬다.

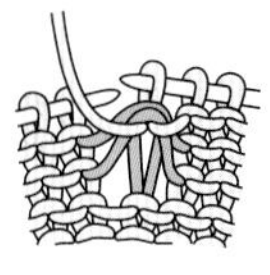

❹ 안뜨기 2단 끌어올린 코가 완성되었다.

40 바늘에 2회 실감아뜨기

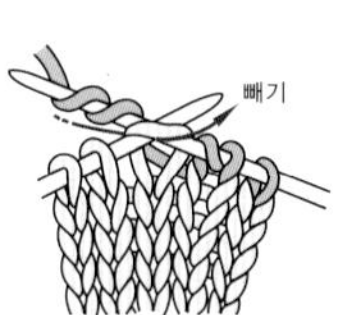

❶ 코에 바늘을 걸고 넣은 바늘에 실을 2회 감아 빼낸다.

41 왼코 중심 3코 모은 후 3코 만들어뜨기

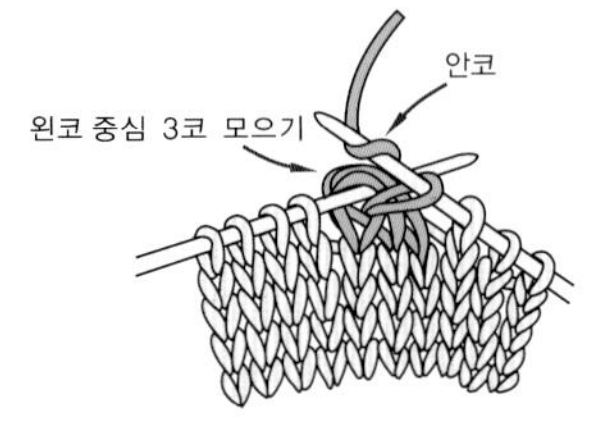

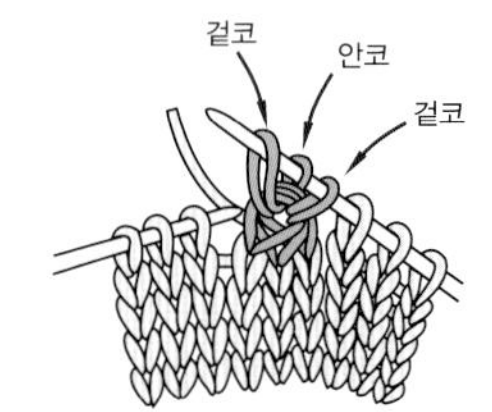

❶ 오른쪽 바늘을 왼코 3개에 넣고 실을 걸어 한번에 고리를 뺀다.

❷ ❶을 한 자리에 안코 · 겉코를 번갈아 떠서 3코가 되게 완성한다.

42 오른코로 2코 덮어뜨기

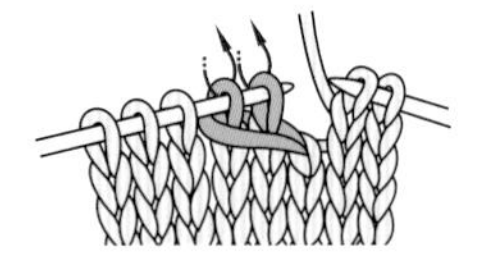

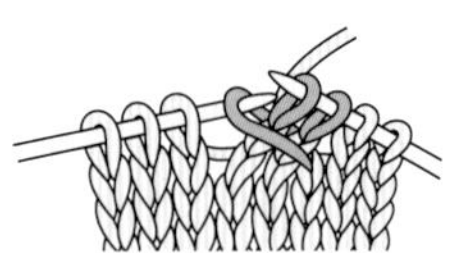

❶ 오른코로 끌어 2코를 덮은 후 차례로 겉뜨기한다.

❷ 덮었던 코도 겉코로 뜬다.

43 왼코로 2코 덮어뜨기

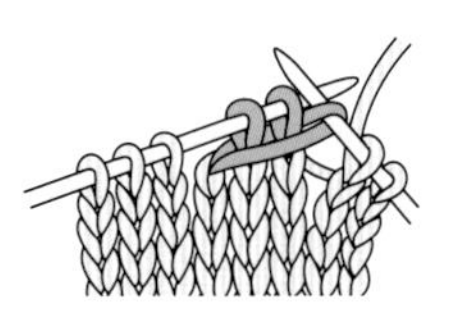

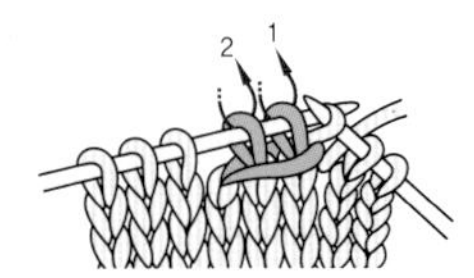

❶ 왼코로 끌어 2코를 덮은 후 차례로 겉뜨기한다.

❷ 화살표와 같이 번호순으로 겉뜨기 한다.

44 오른코로 1코 덮어뜨기

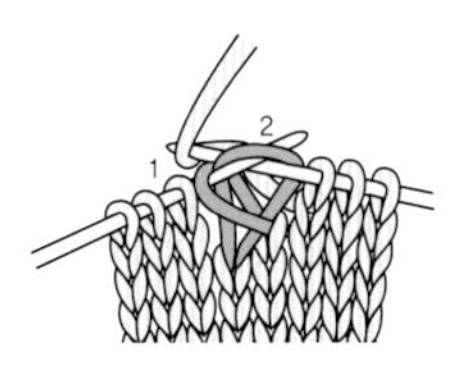

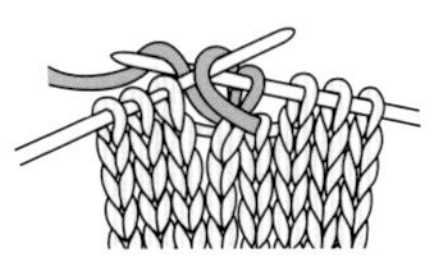

❶ 오른코로 1코를 덮은 후 앞에 있는 코를 겉뜨기한다.

❷ 덮었던 코도 겉뜨기한다.

45 왼코로 1코 덮어뜨기

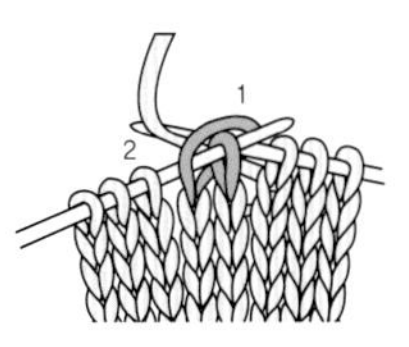

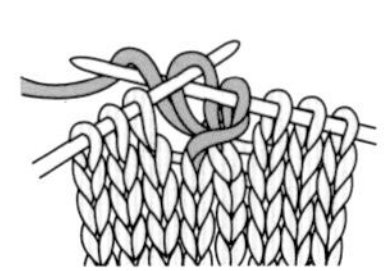

❶ 왼코로 1코 덮은 후 겉뜨기한다.

❷ 뒤코도 겉뜨기한다.

대바늘 기본 도구

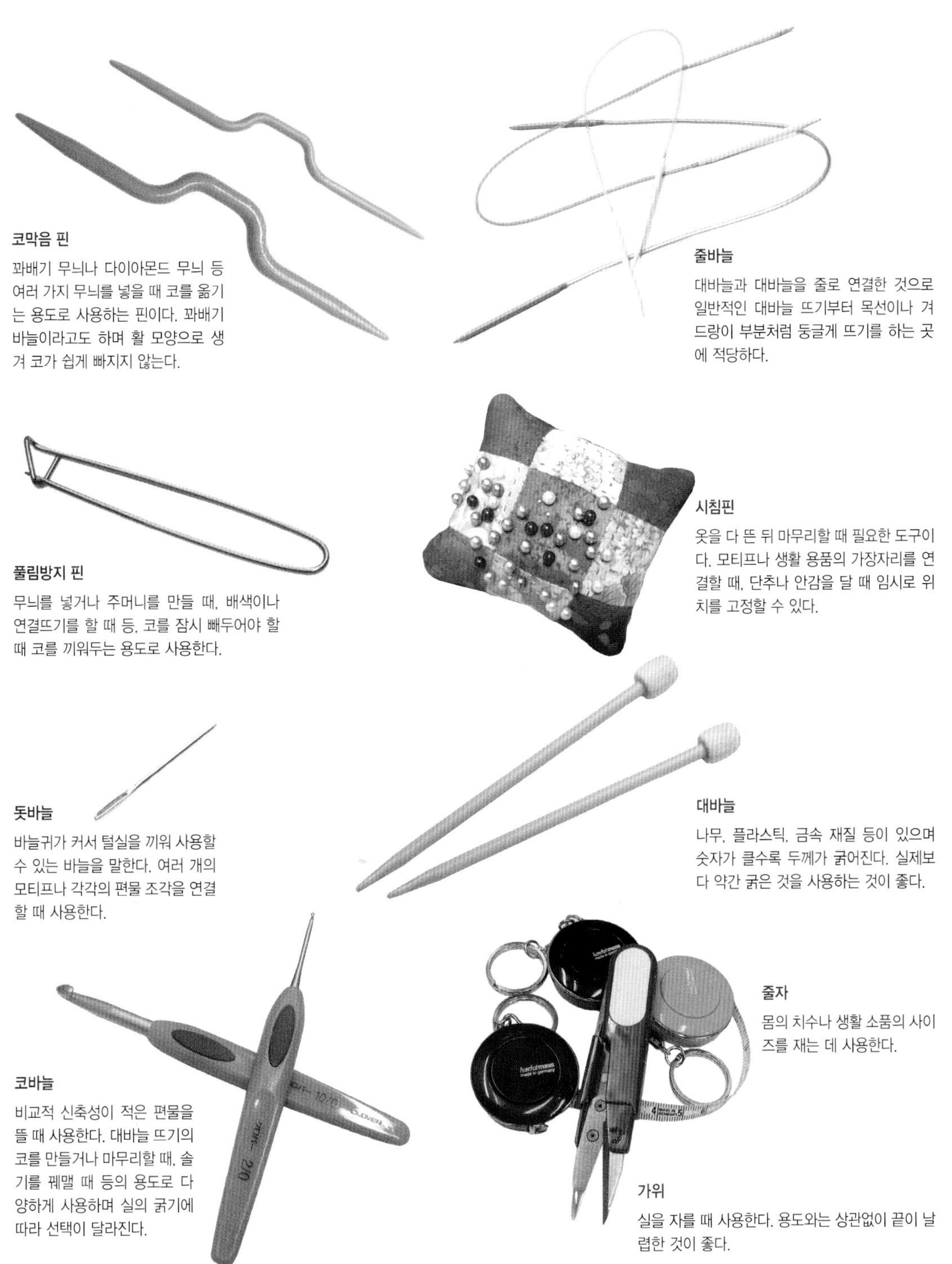

코막음 핀

꽈배기 무늬나 다이아몬드 무늬 등 여러 가지 무늬를 넣을 때 코를 옮기는 용도로 사용하는 핀이다. 꽈배기 바늘이라고도 하며 활 모양으로 생겨 코가 쉽게 빠지지 않는다.

줄바늘

대바늘과 대바늘을 줄로 연결한 것으로 일반적인 대바늘 뜨기부터 목선이나 겨드랑이 부분처럼 둥글게 뜨기를 하는 곳에 적당하다.

풀림방지 핀

무늬를 넣거나 주머니를 만들 때, 배색이나 연결뜨기를 할 때 등, 코를 잠시 빼두어야 할 때 코를 끼워두는 용도로 사용한다.

시침핀

옷을 다 뜬 뒤 마무리할 때 필요한 도구이다. 모티프나 생활 용품의 가장자리를 연결할 때, 단추나 안감을 달 때 임시로 위치를 고정할 수 있다.

돗바늘

바늘귀가 커서 털실을 끼워 사용할 수 있는 바늘을 말한다. 여러 개의 모티프나 각각의 편물 조각을 연결할 때 사용한다.

대바늘

나무, 플라스틱, 금속 재질 등이 있으며 숫자가 클수록 두께가 굵어진다. 실제보다 약간 굵은 것을 사용하는 것이 좋다.

줄자

몸의 치수나 생활 소품의 사이즈를 재는 데 사용한다.

코바늘

비교적 신축성이 적은 편물을 뜰 때 사용한다. 대바늘 뜨기의 코를 만들거나 마무리할 때, 솔기를 꿰맬 때 등의 용도로 다양하게 사용하며 실의 굵기에 따라 선택이 달라진다.

가위

실을 자를 때 사용한다. 용도와는 상관없이 끝이 날렵한 것이 좋다.

1 30코 16단 1무늬

□ = —

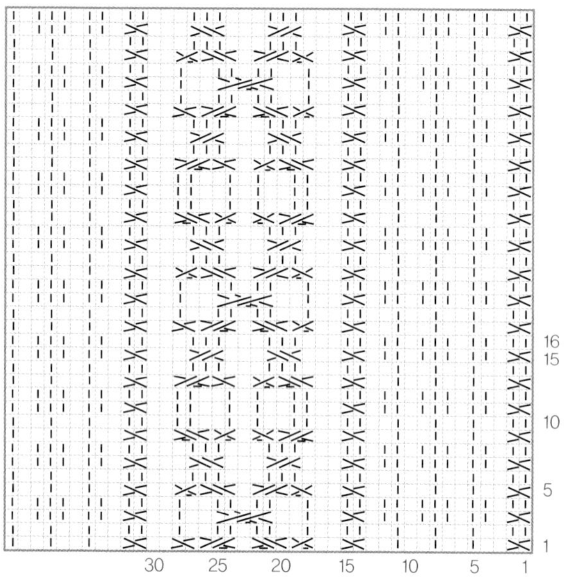

2 32코 32단 1무늬

□ = —

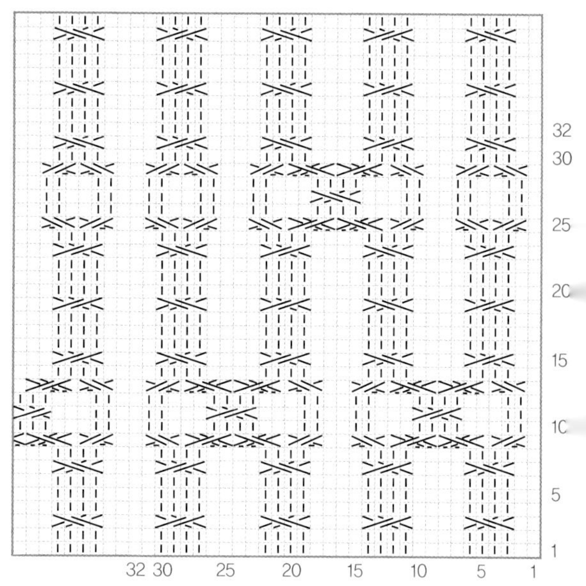

3 10코 24단 1무늬

□ = −

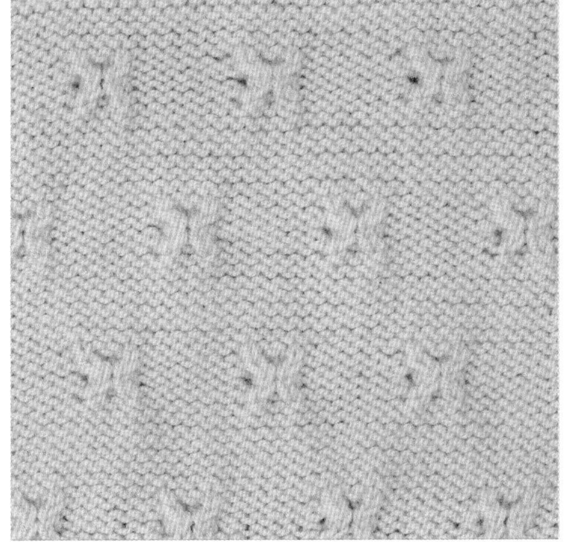

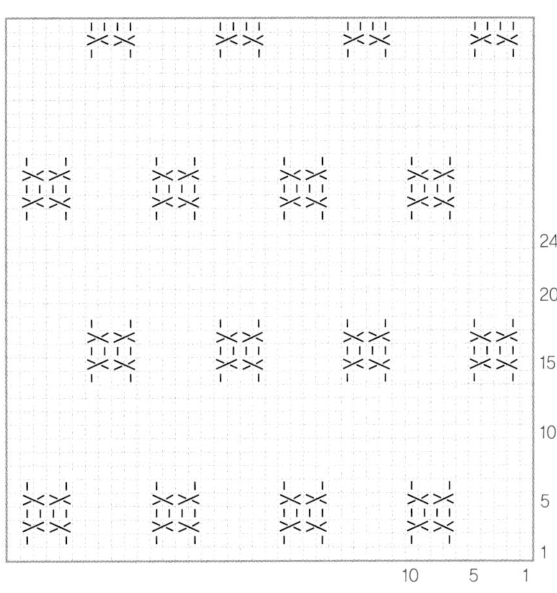

4 10코 26단 1무늬

□ = |

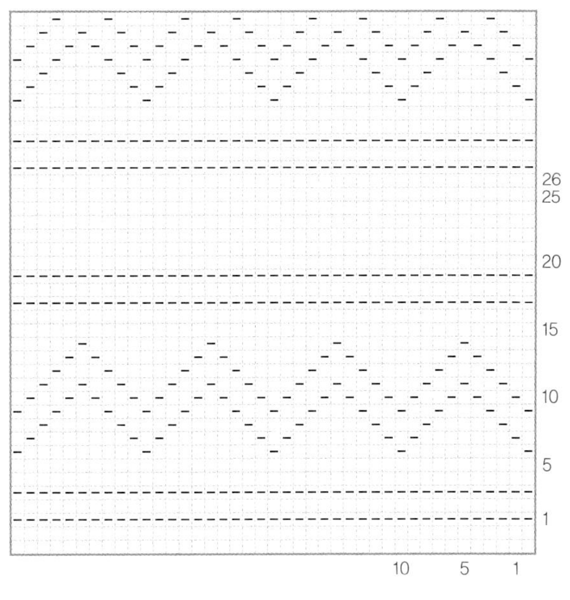

5 8코 14단 1무늬

□ = |

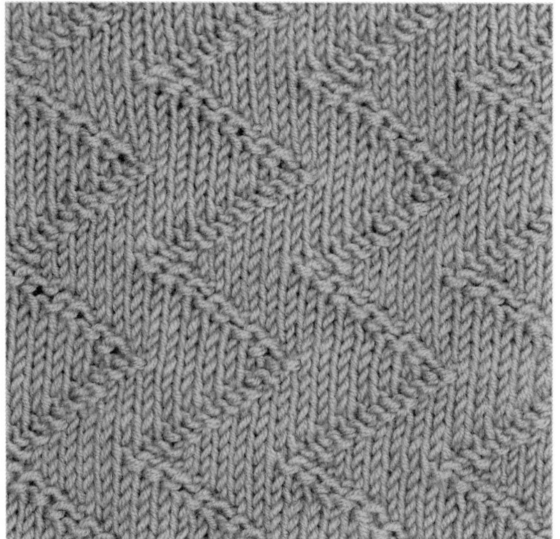

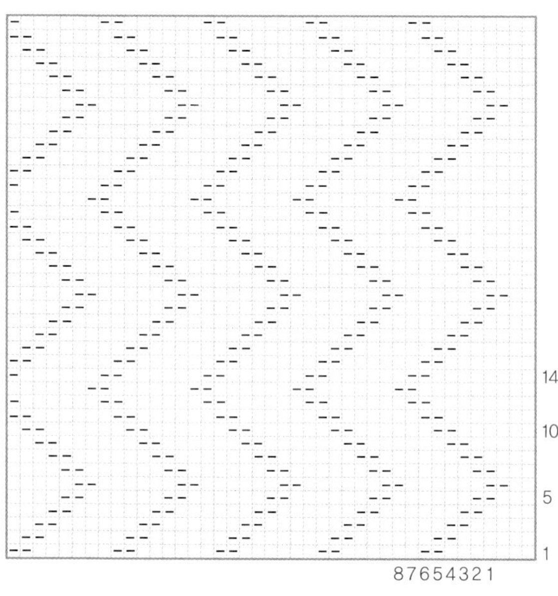

6 10코 16단 1무늬

□ = |

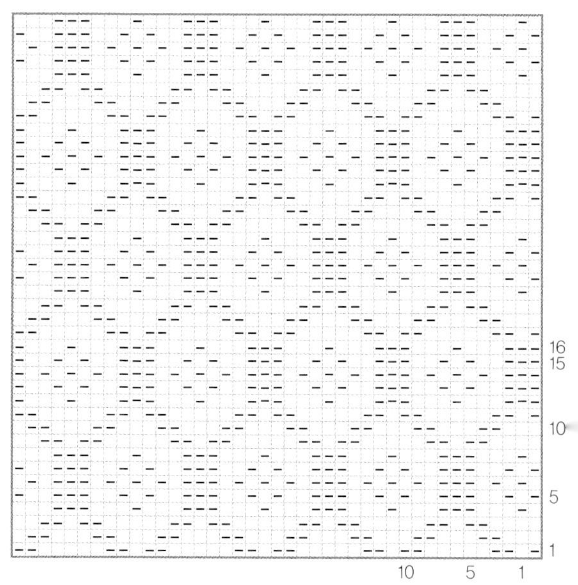

7 40코 38단 1무늬

□ = ㅣ

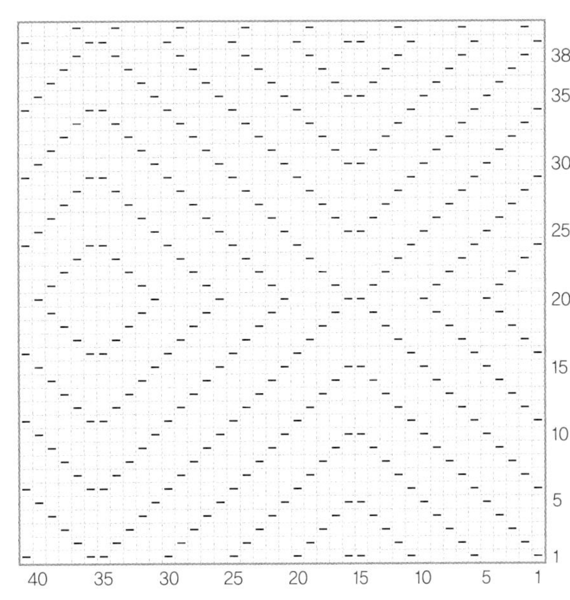

8 29코 8단 1무늬

□ = —

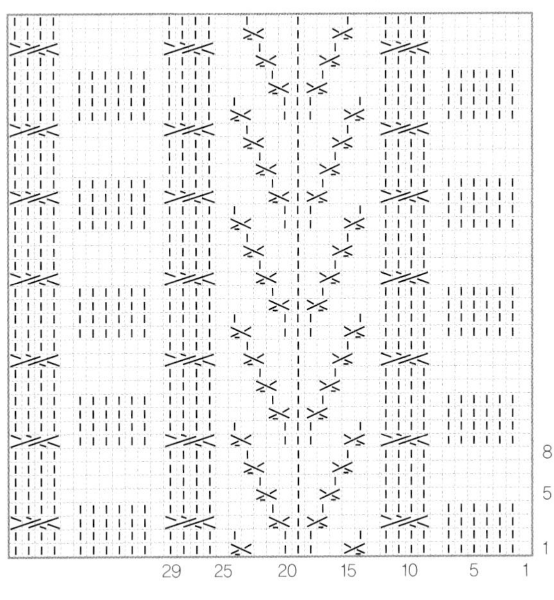

9 34코 38단 1무늬

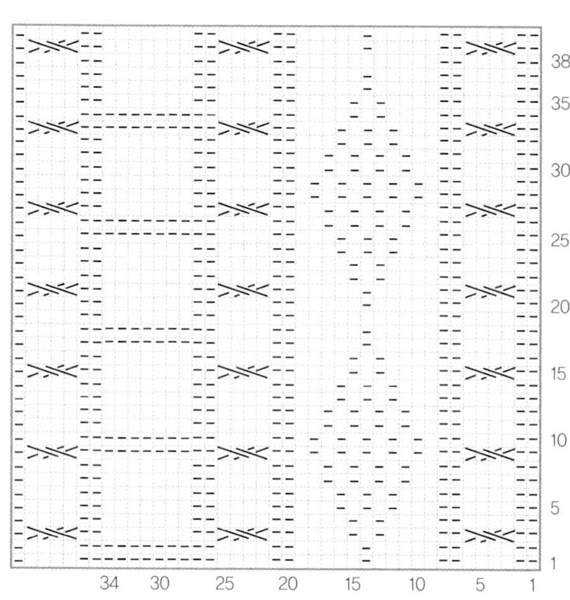

10 16코 16단 1무늬

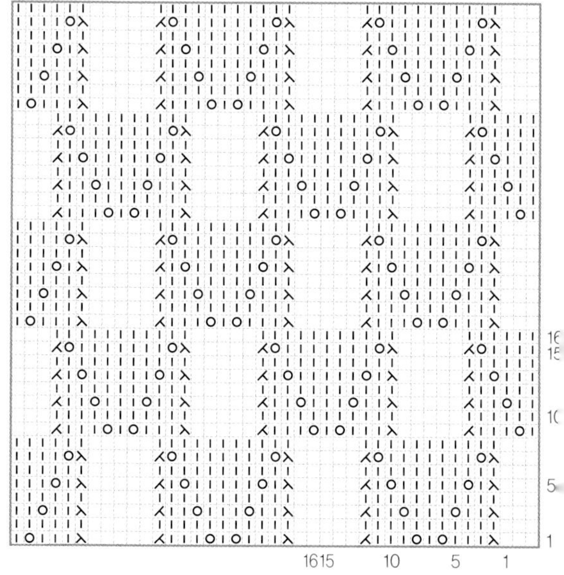

11 18코 28단 1무늬

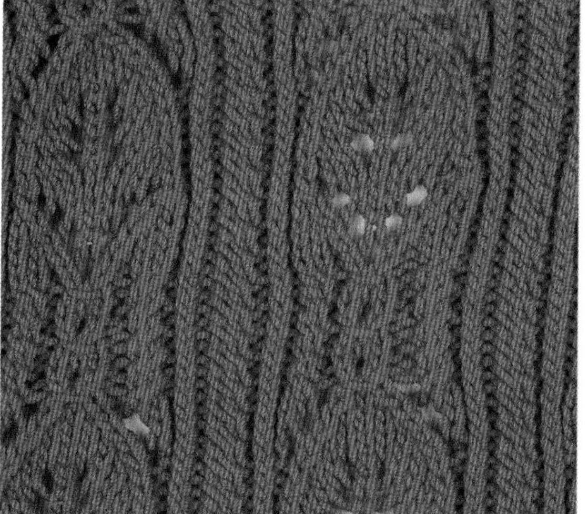

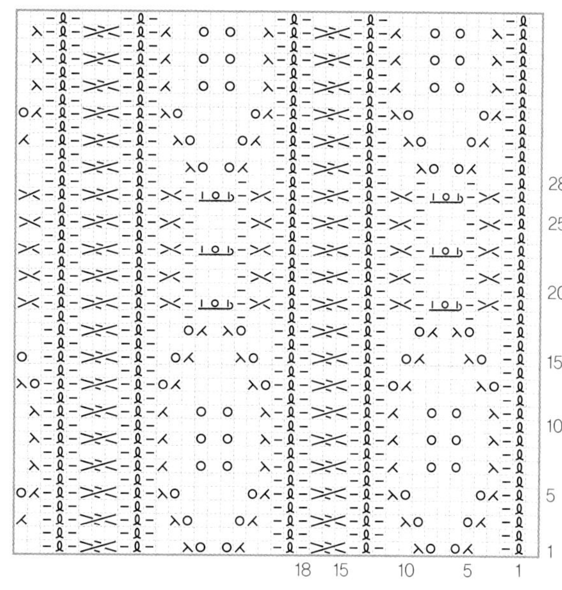

12 17코 24단 1무늬

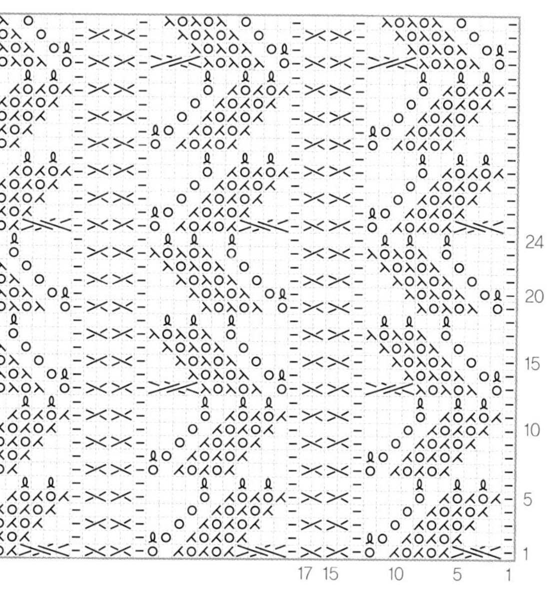

13 16코 24단 1무늬

□ = ⊟

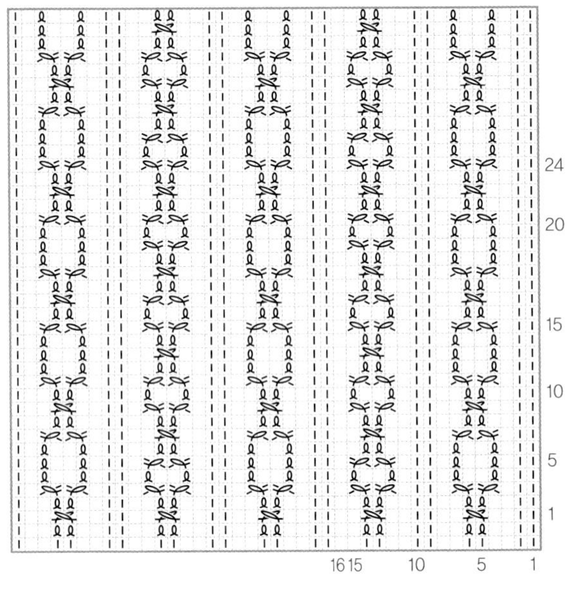

14 38코 36단 1무늬

□ = ⏐

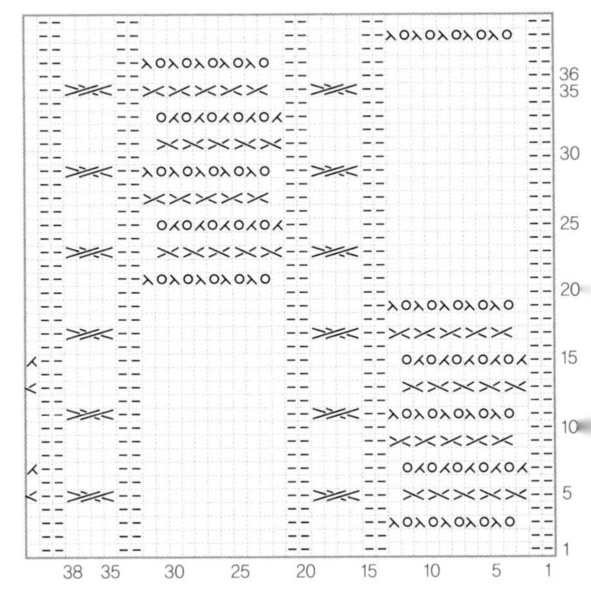

15 24코 28단 1무늬

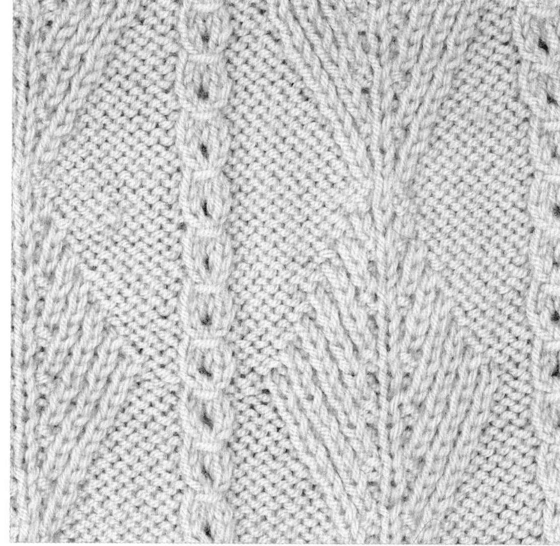

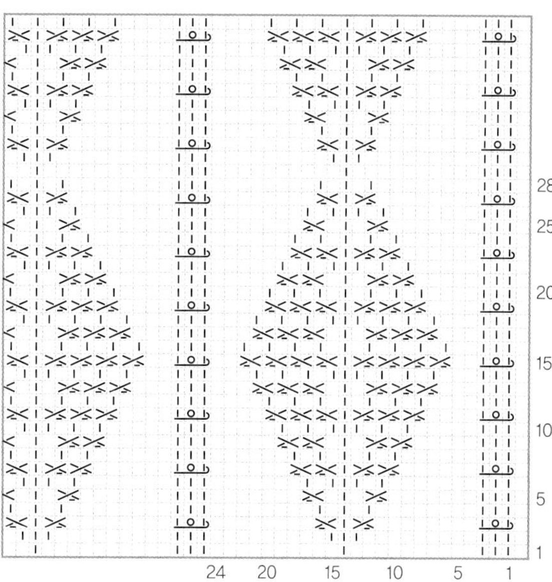

16 38코 28단 1무늬

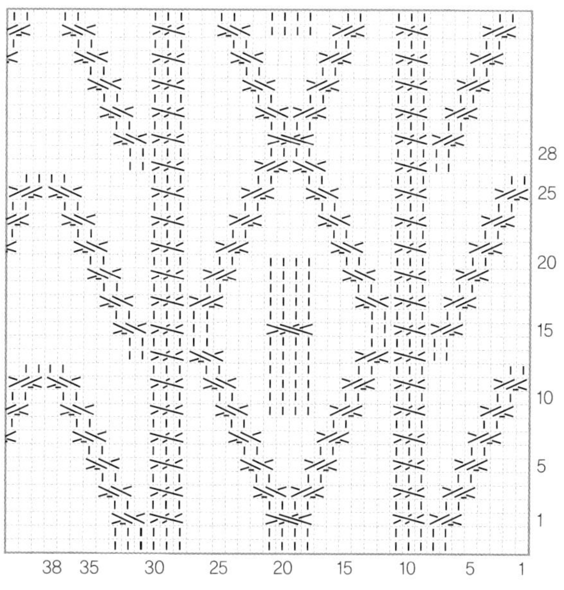

17 15코 20단 1무늬

□ = −

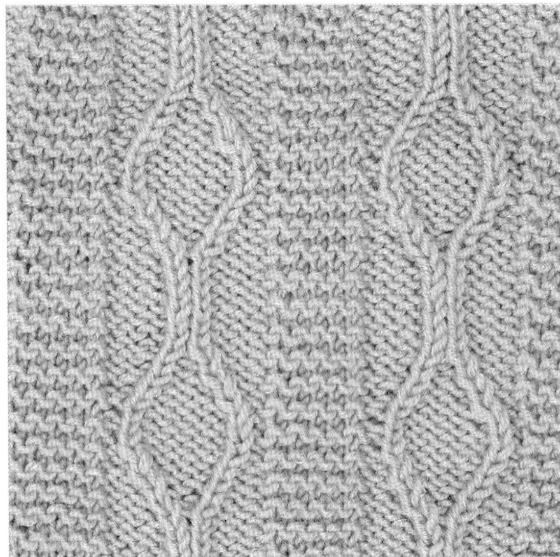

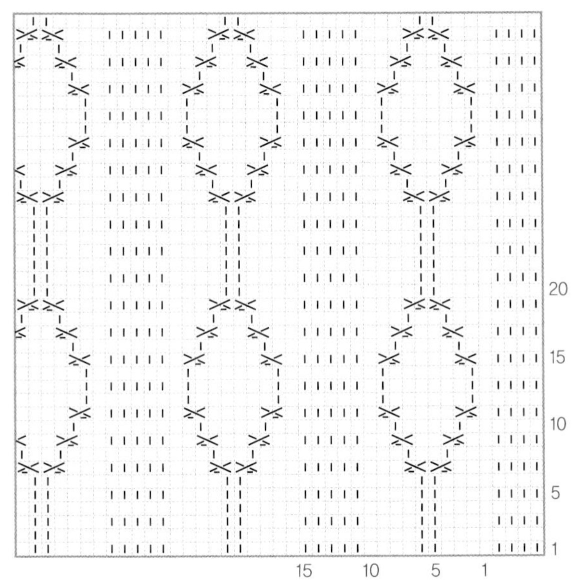

18 13코 24단 1무늬

□ = |

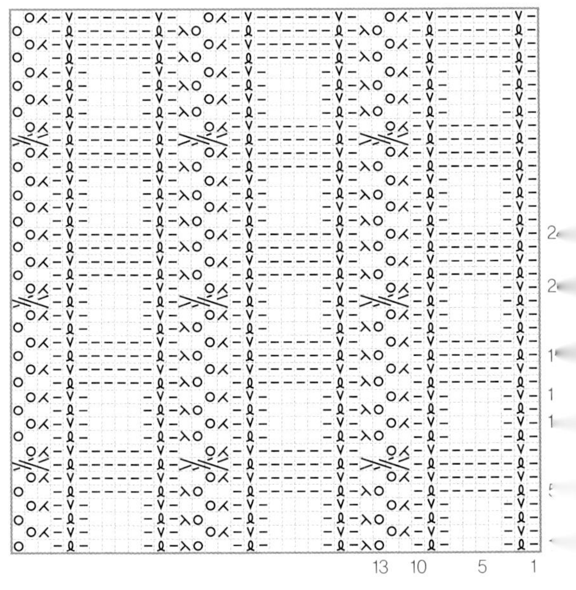

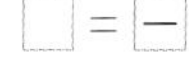

19 18코 40단 1무늬

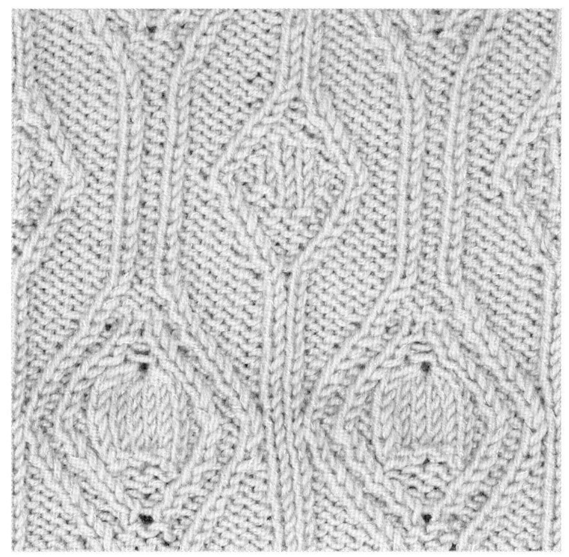

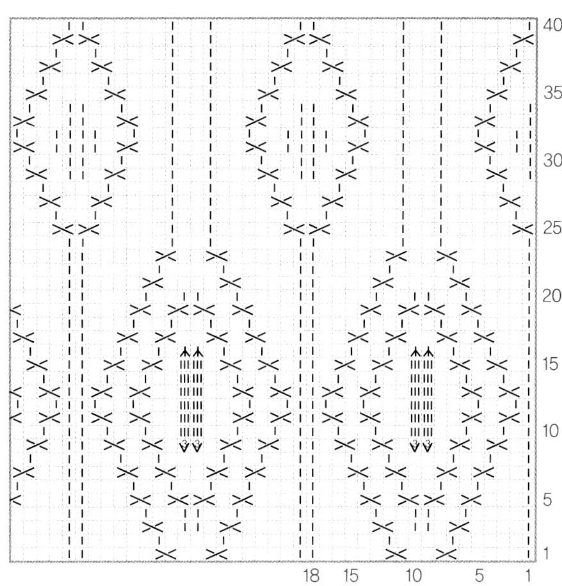

20 36코 32단 1무늬

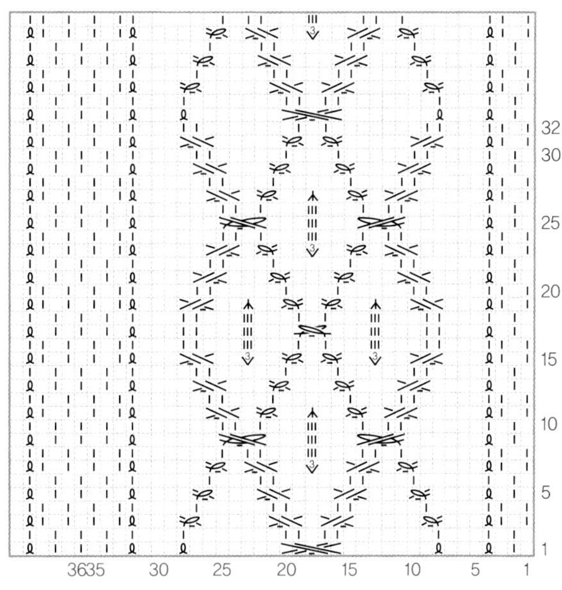

21 22코 24단 1무늬

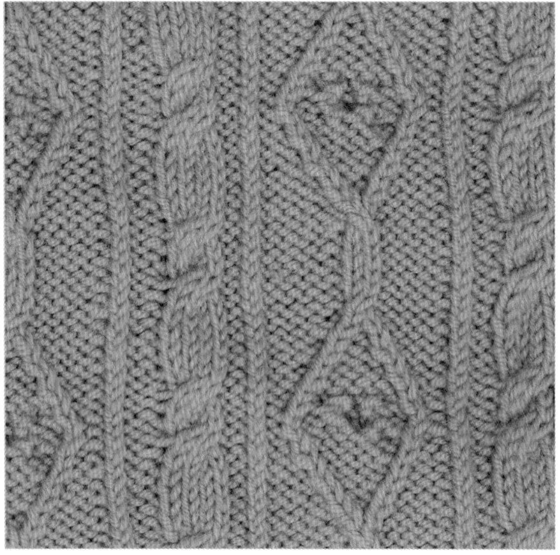

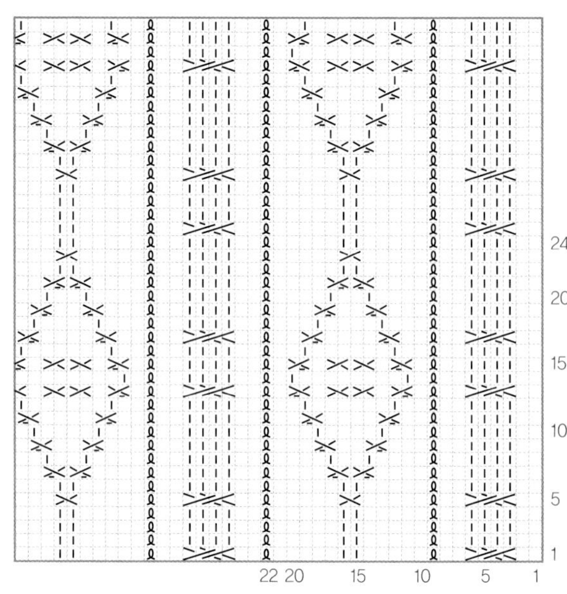

22 25코 16단 1무늬

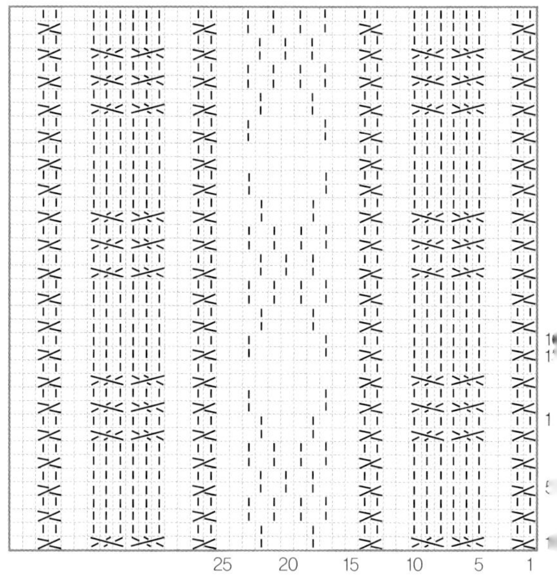

23 28코 32단 1무늬

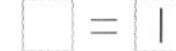

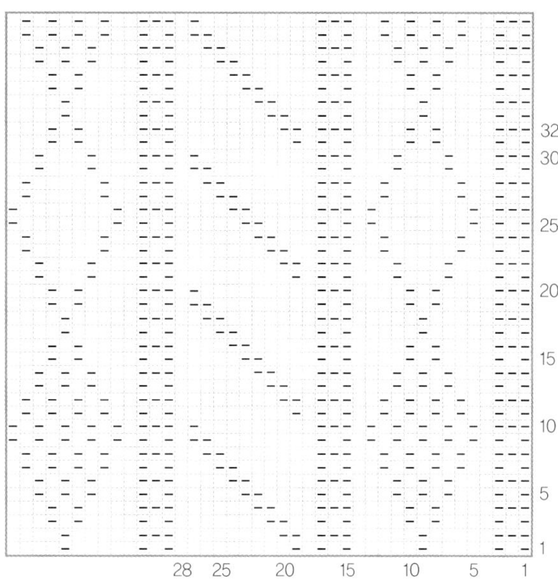

24 18코 18단 1무늬

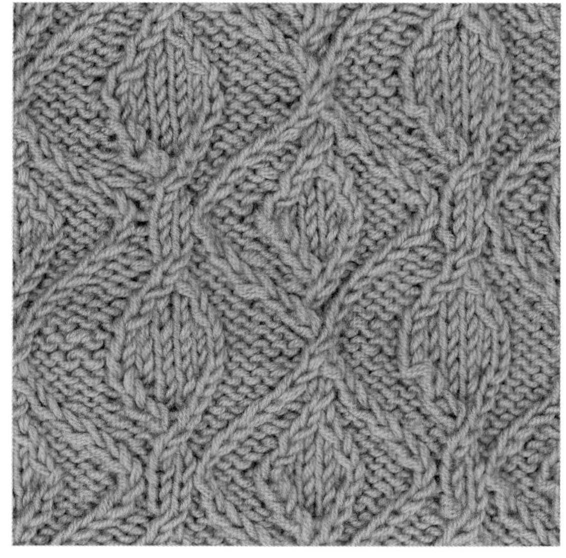

25 25코 16단 1무늬

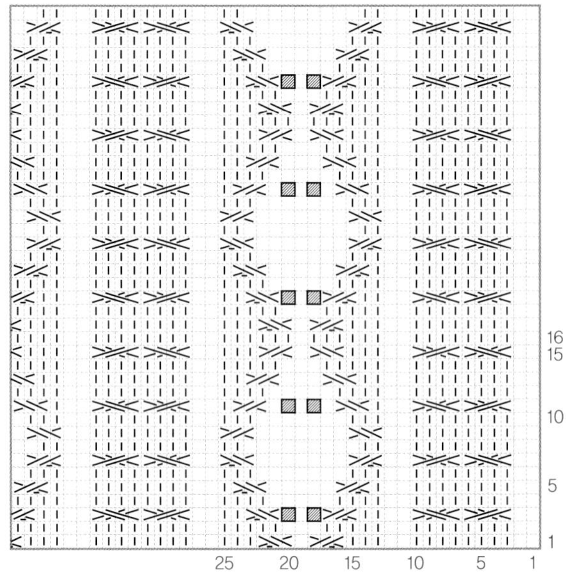

26 22코 28단 1무늬

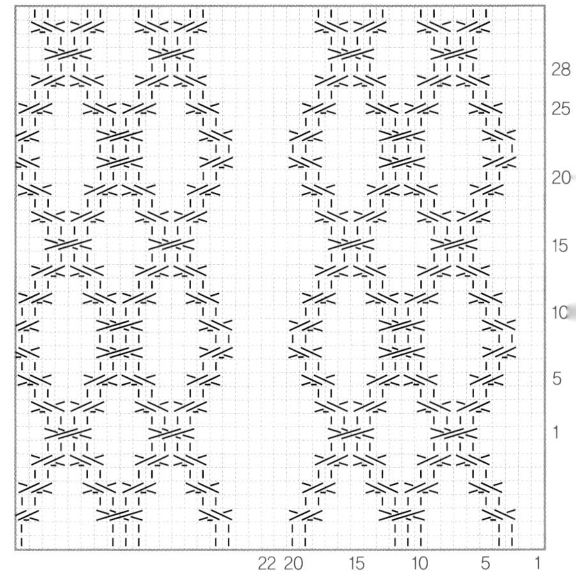

27 17코 12단 1무늬

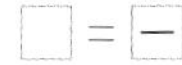

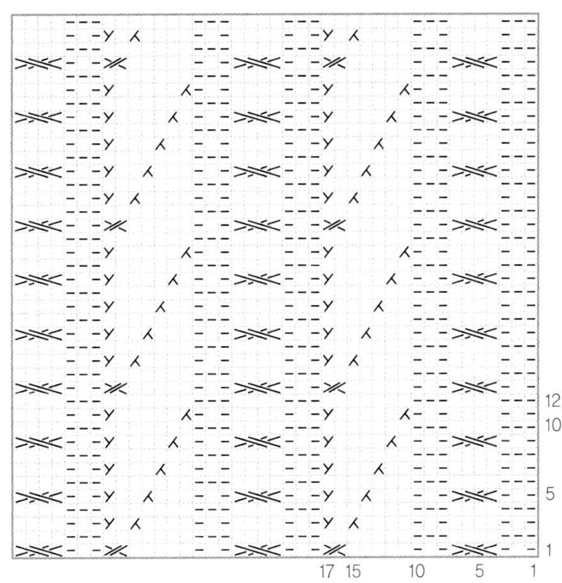

28 16코 14단 1무늬

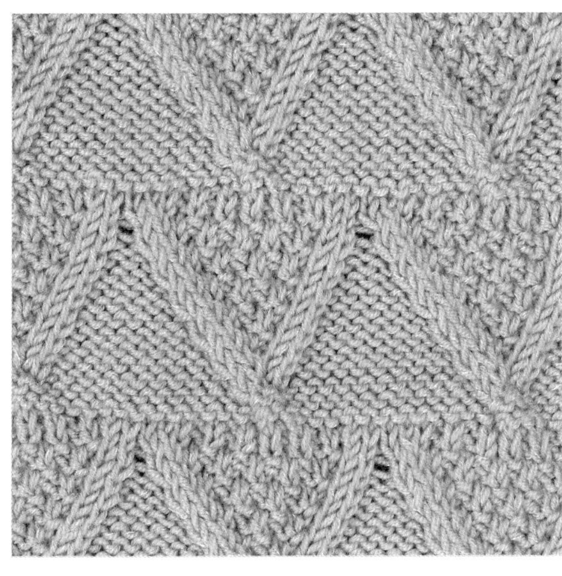

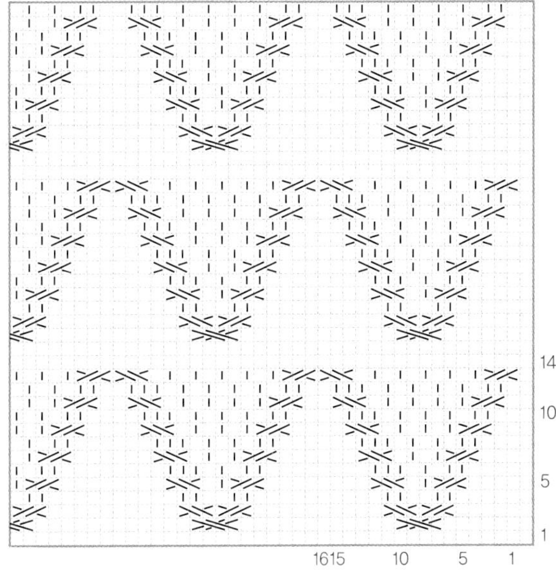

29 27코 20단 1무늬

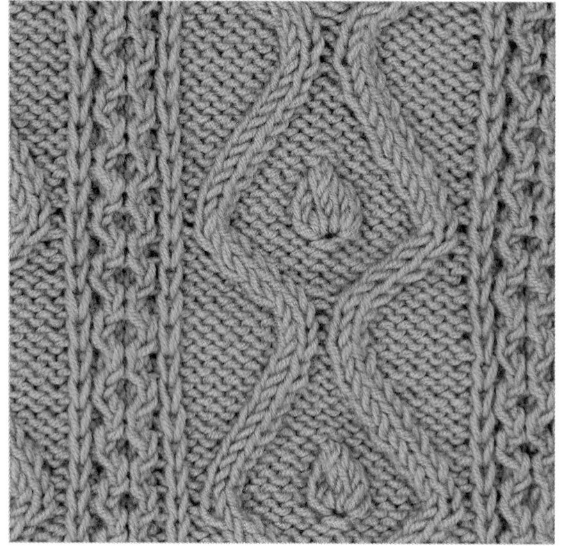

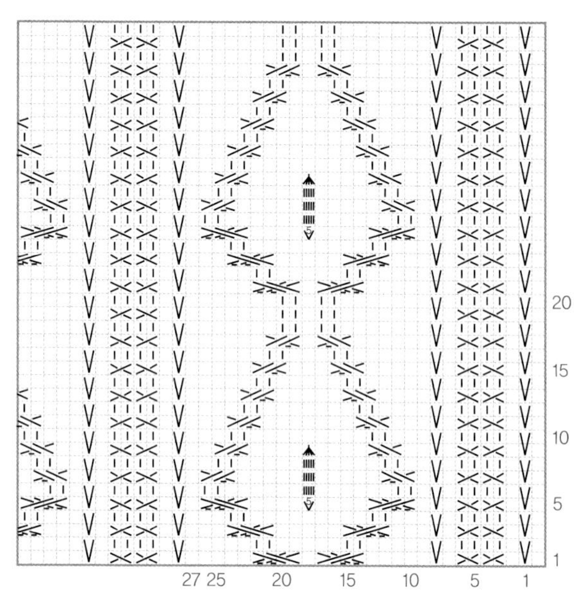

30 33코 16단 1무늬

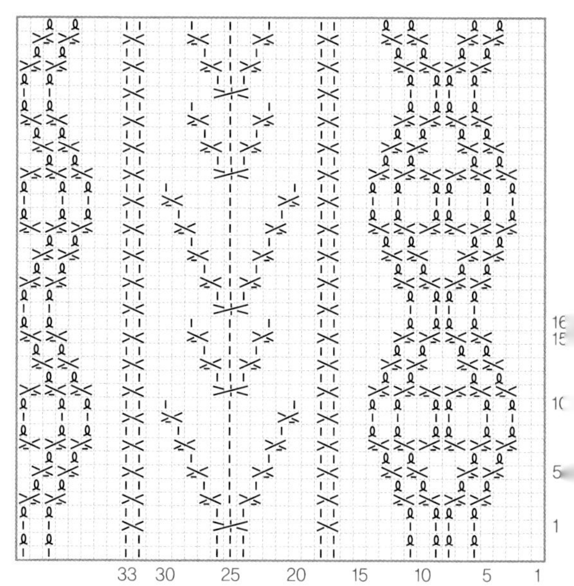

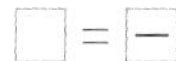

31 26코 28단 1무늬

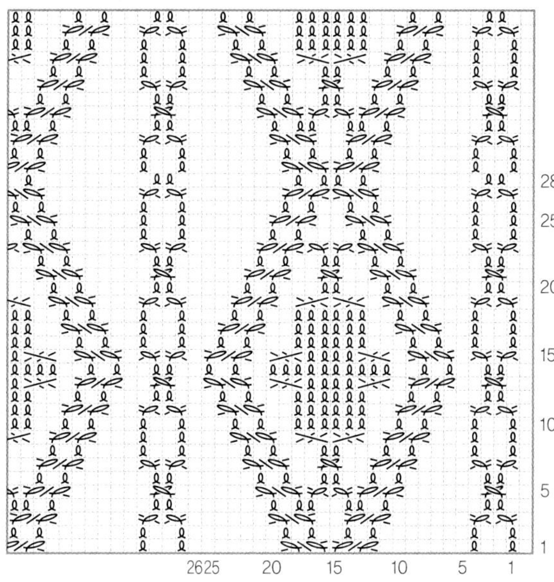

32 32코 8단 1무늬

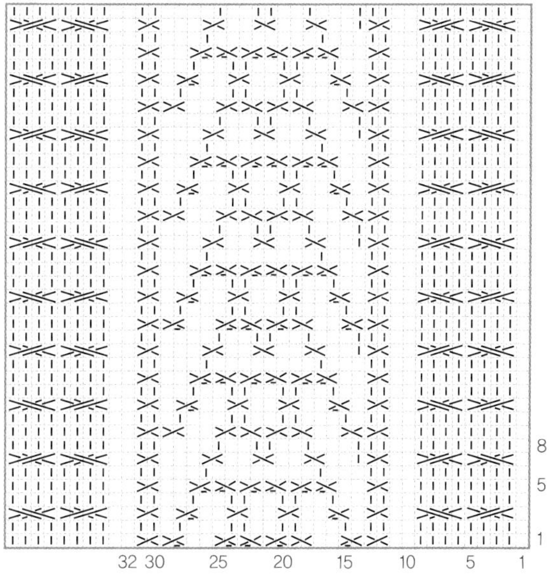

33 25코 24단 1무늬

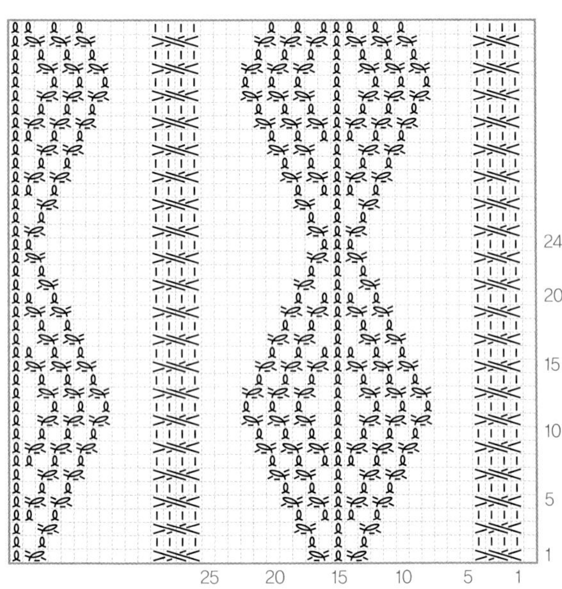

34 16코 24단 1무늬

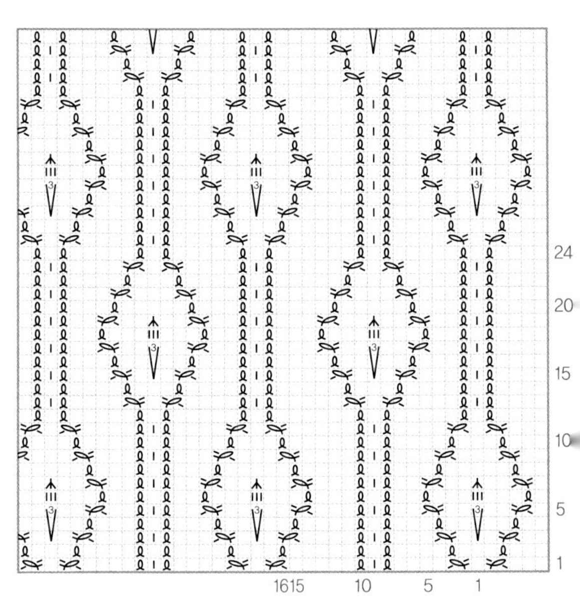

35 17코 22단 1무늬

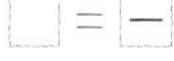

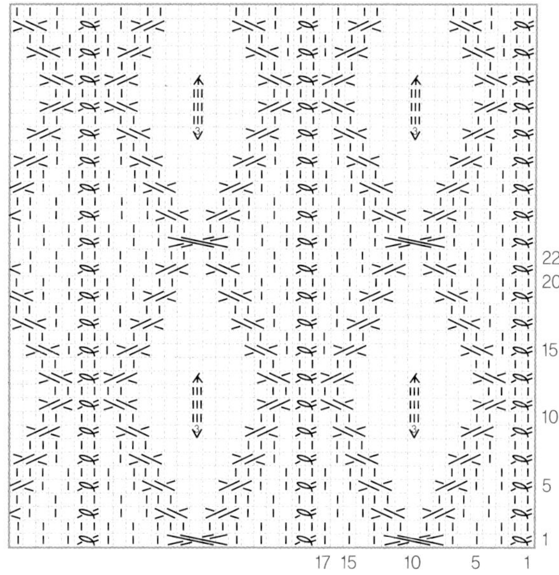

36 22코 24단 1무늬

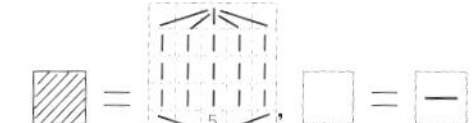

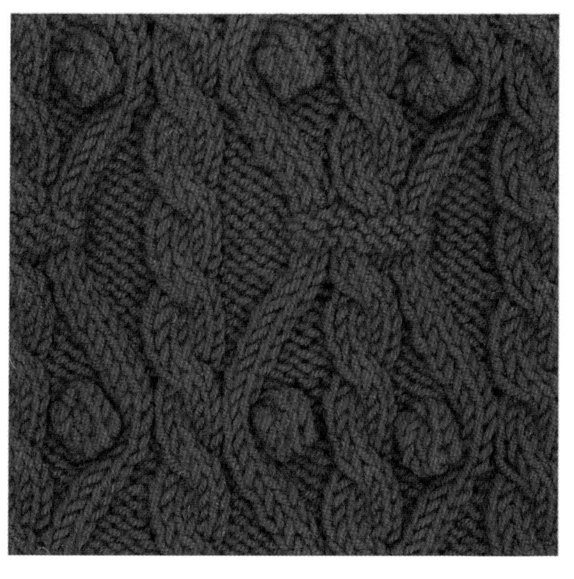

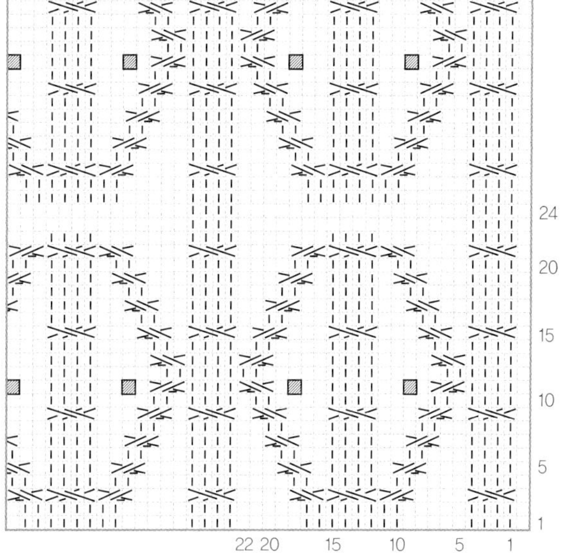

37 16코 30단 1무늬

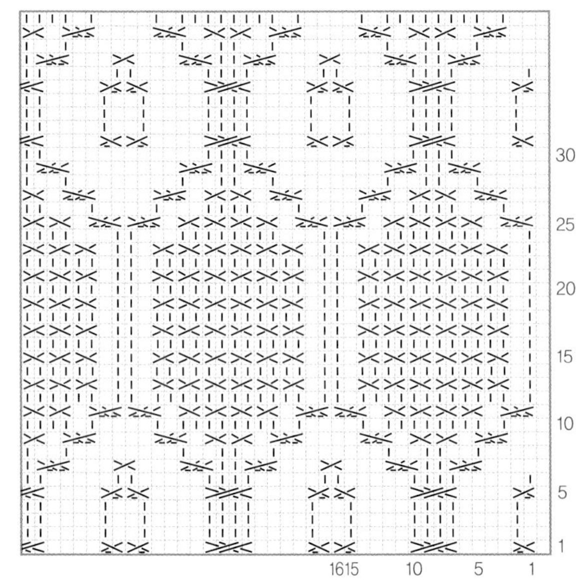

38 6코 26단 1무늬

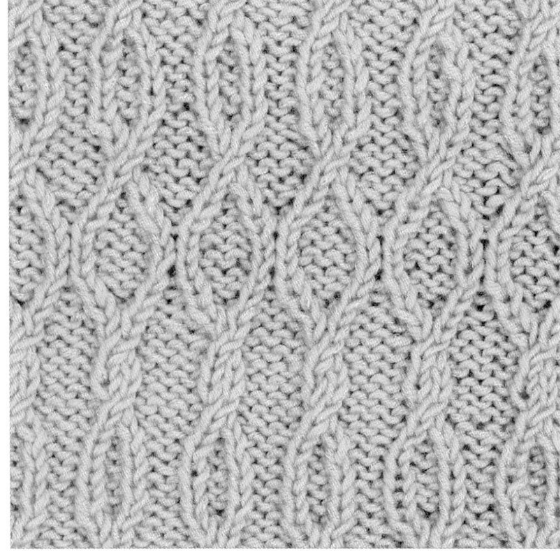

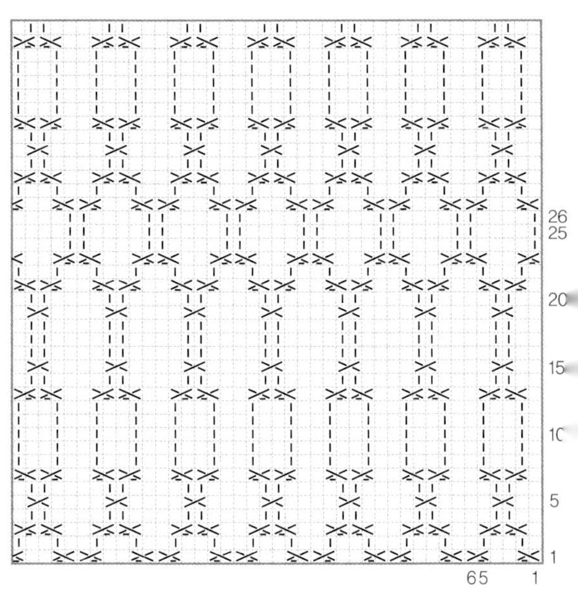

39 20코 24단 1무늬

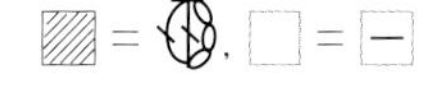

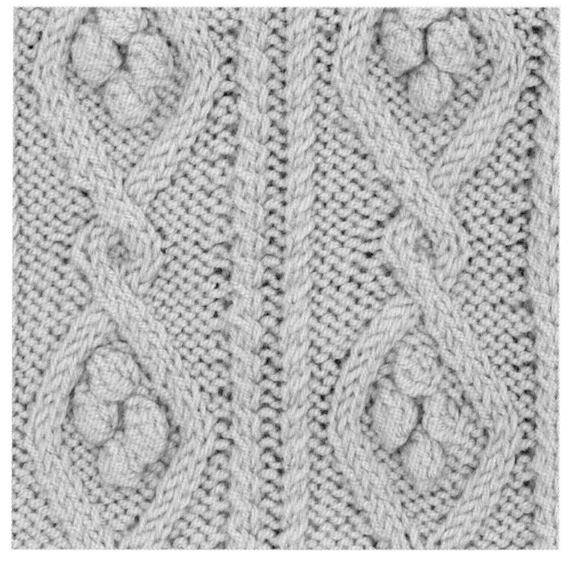

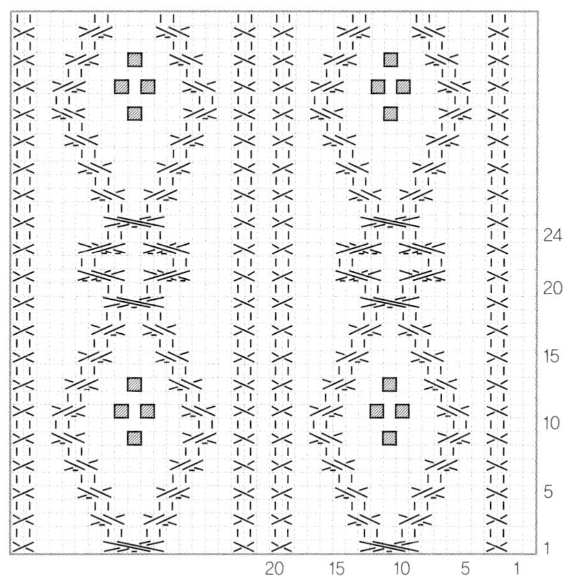

40 8코 28단 1무늬

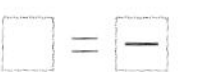

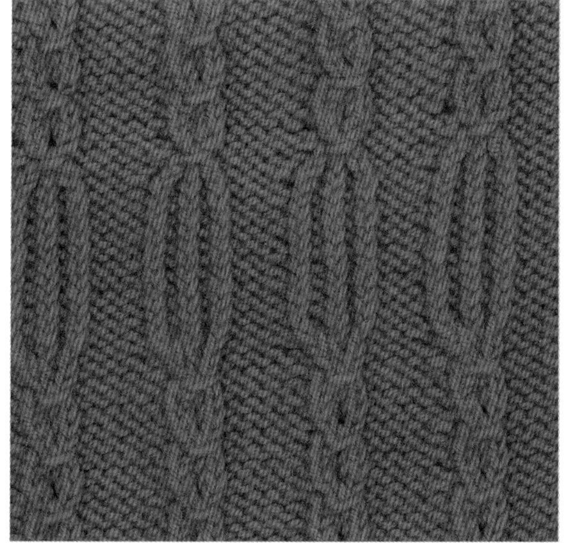

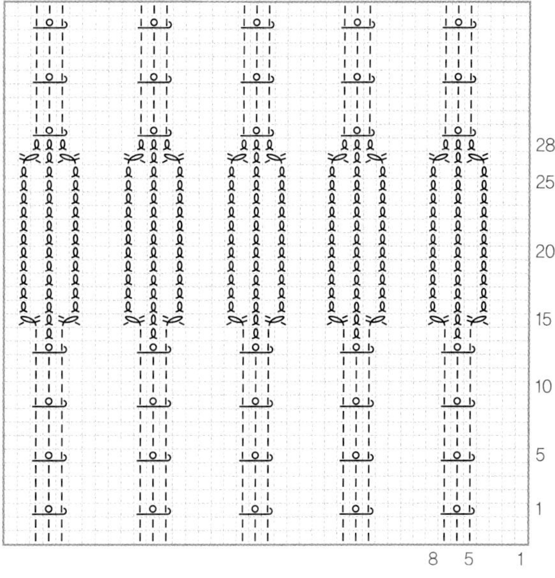

41 24코 12단 1무늬

□ = ⊟

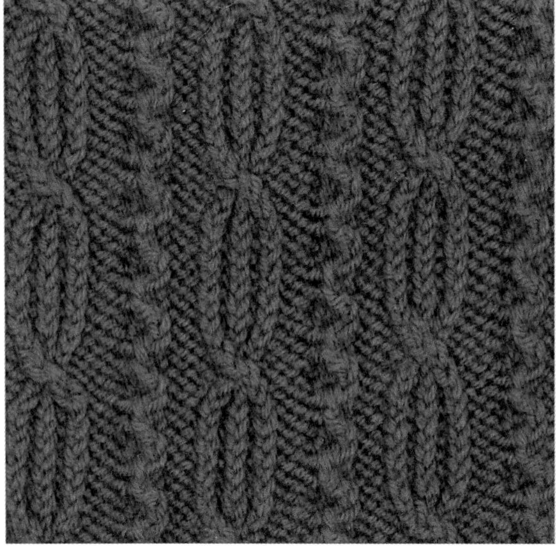

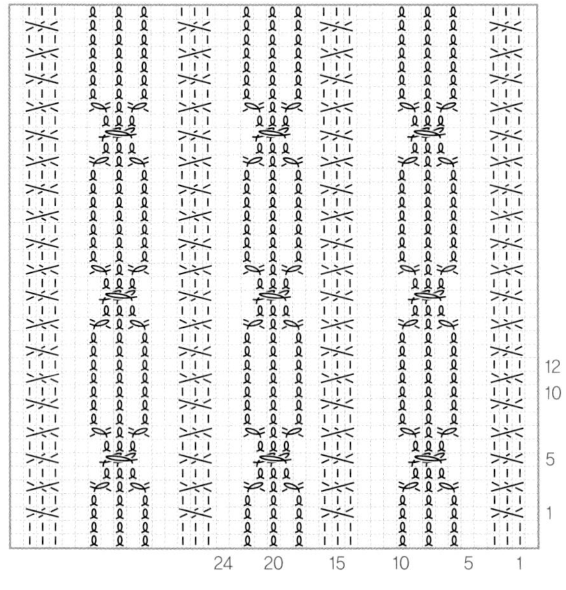

42 44코 14단 1무늬

□ = ⊟

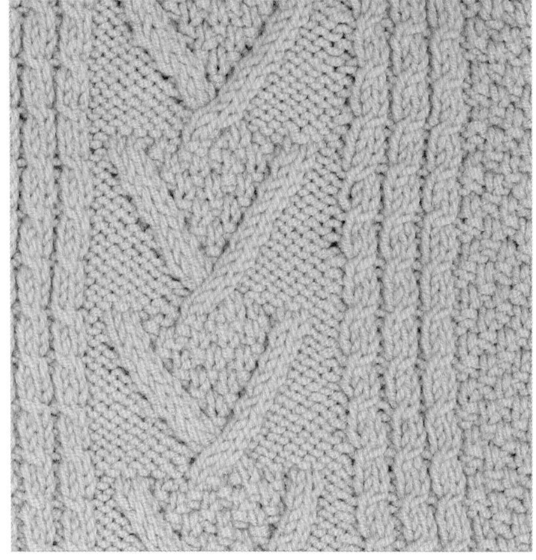

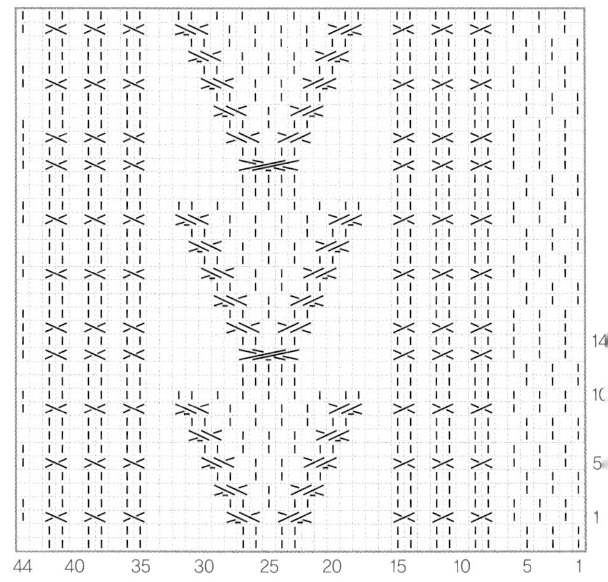

43 60코 24단 1무늬

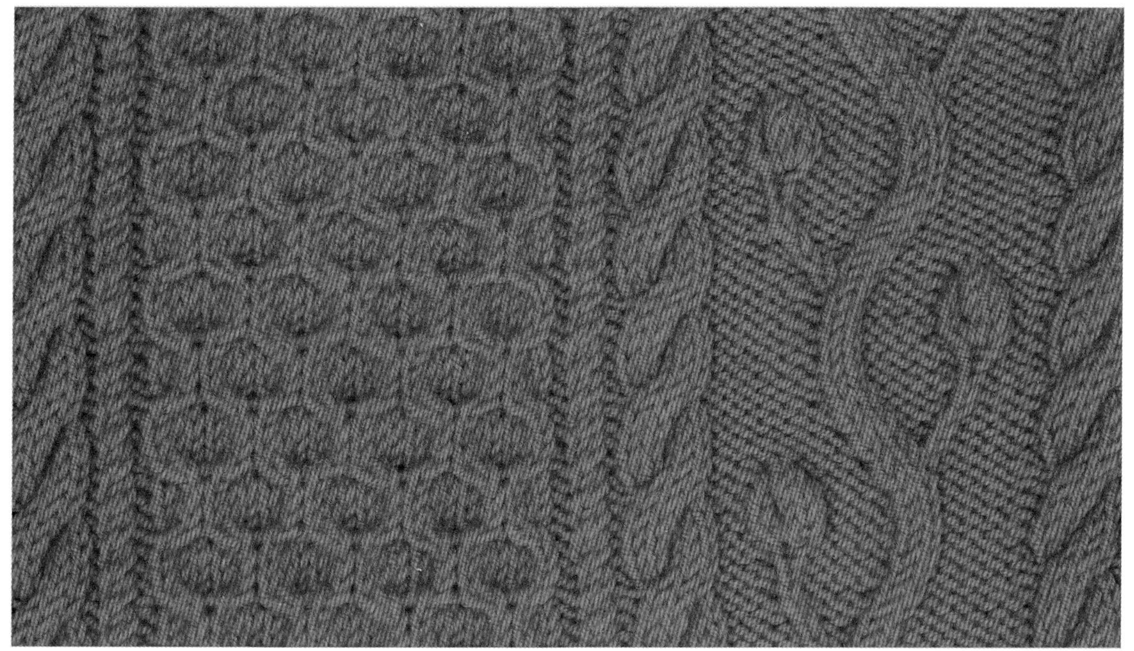

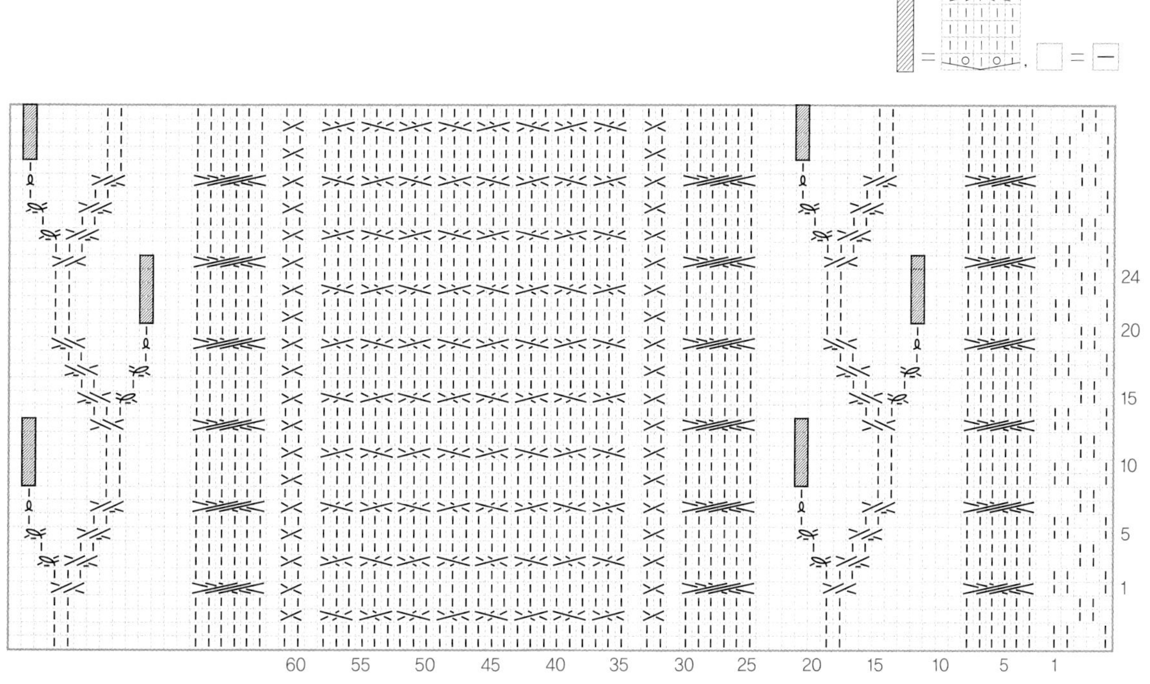

60코 34단 1무늬

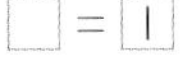

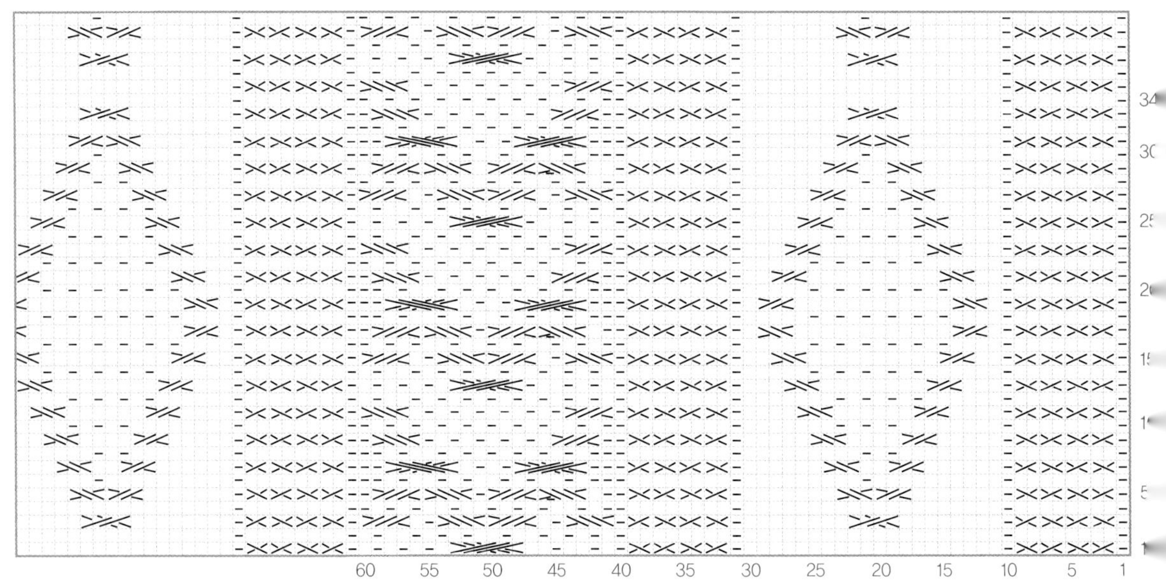

45 54코 38단 1무늬

□ = ⊟

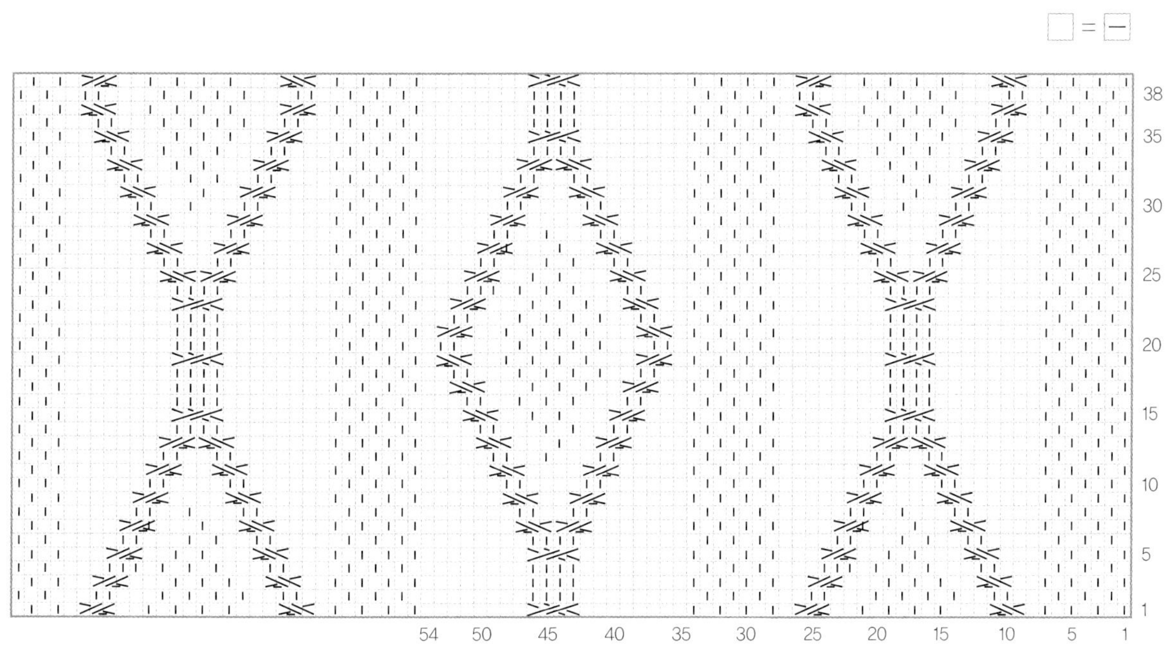

63코 52단 1무늬

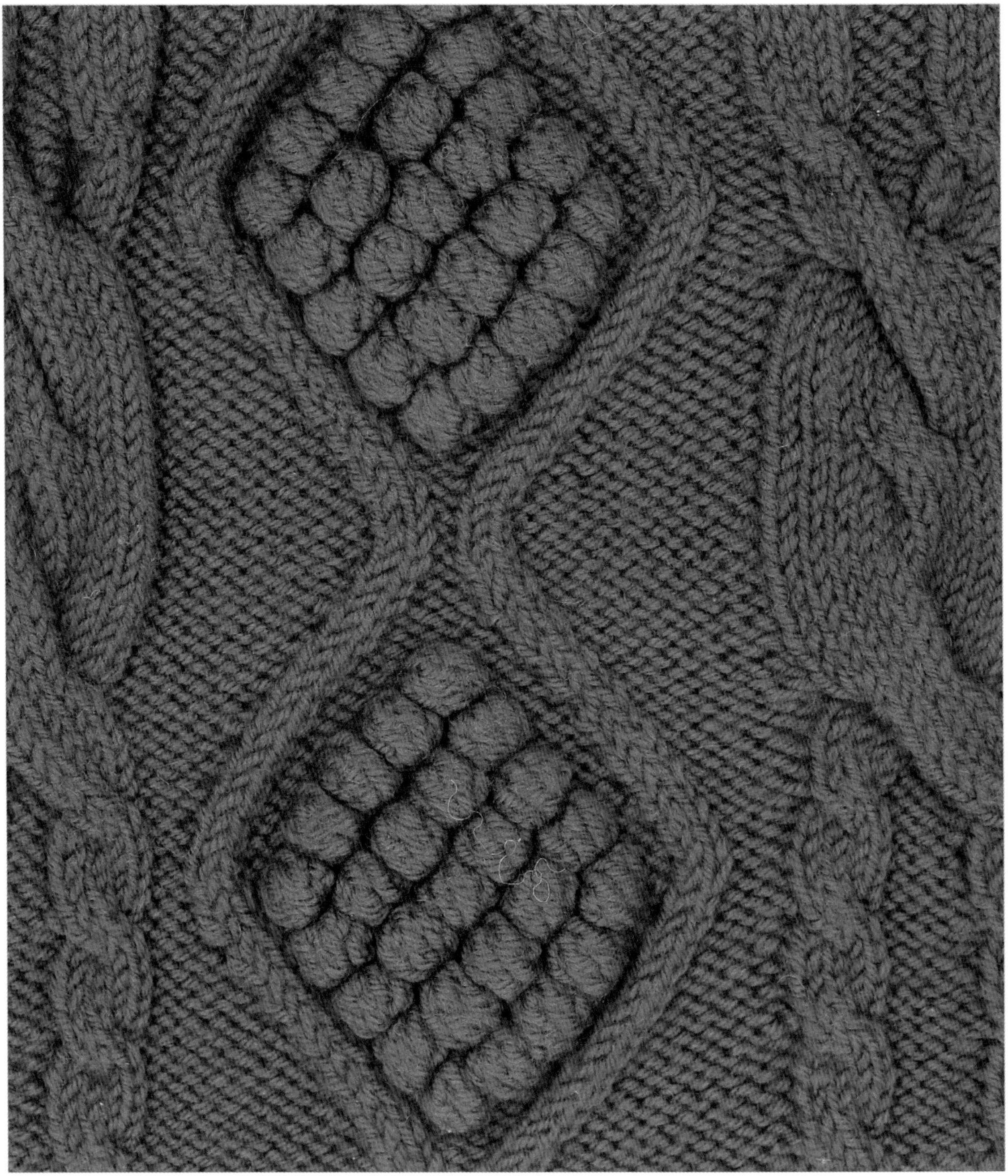

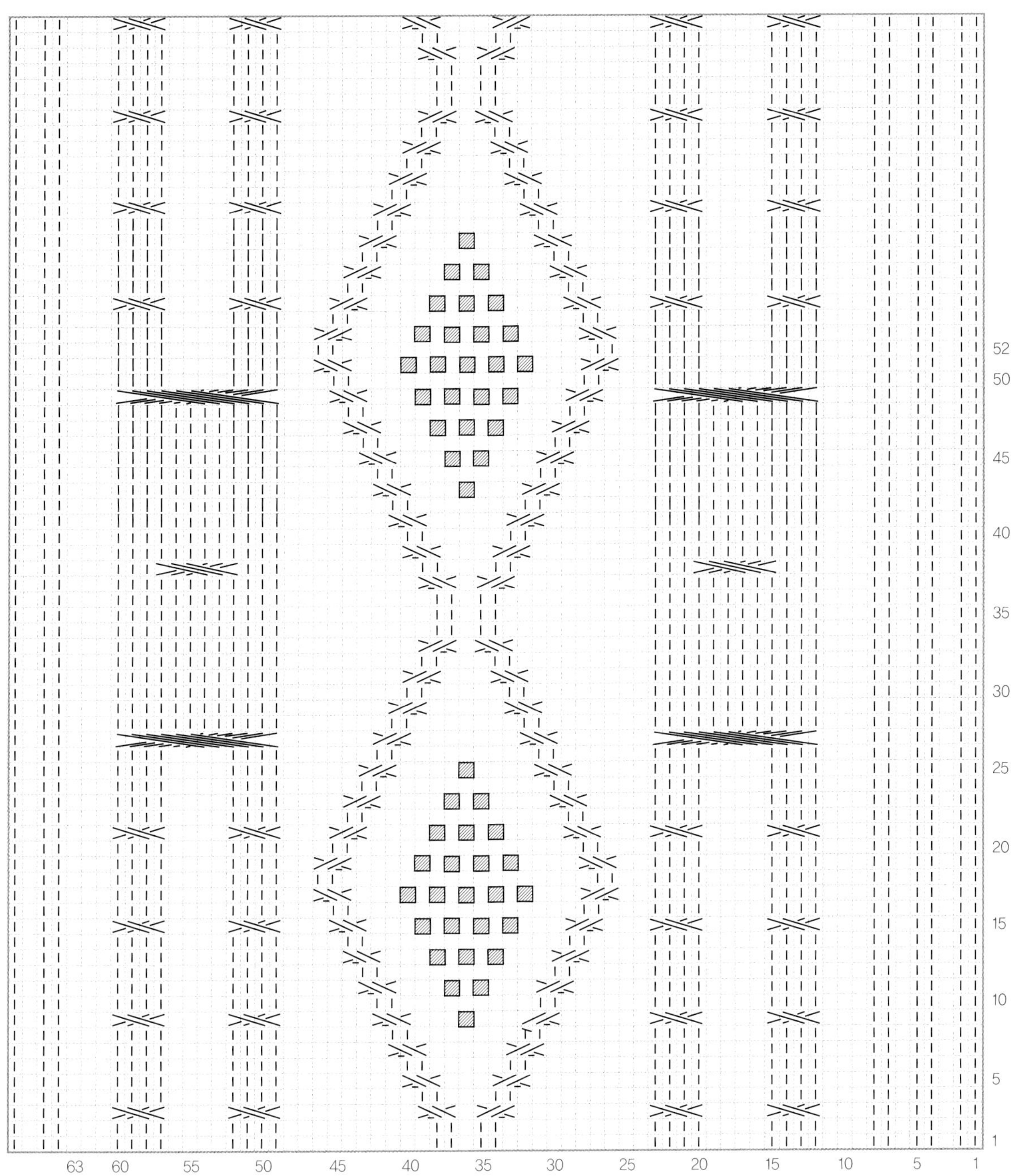
= , =
52
50
45
40
35
30
25
20
15
10
5
1
63 60 55 50 45 40 35 30 25 20 15 10 5 1

47 50코 48단 1무늬

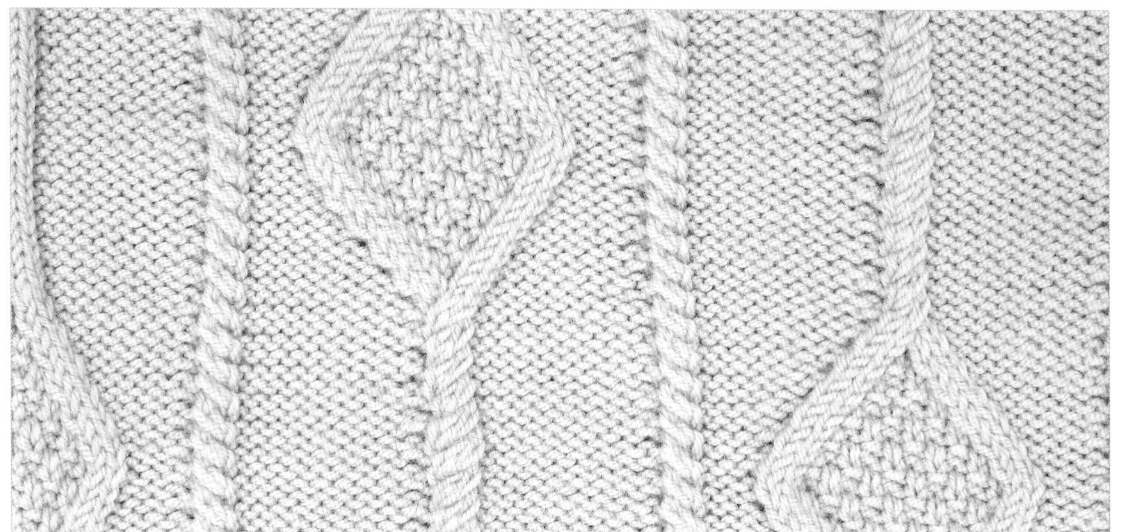

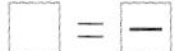

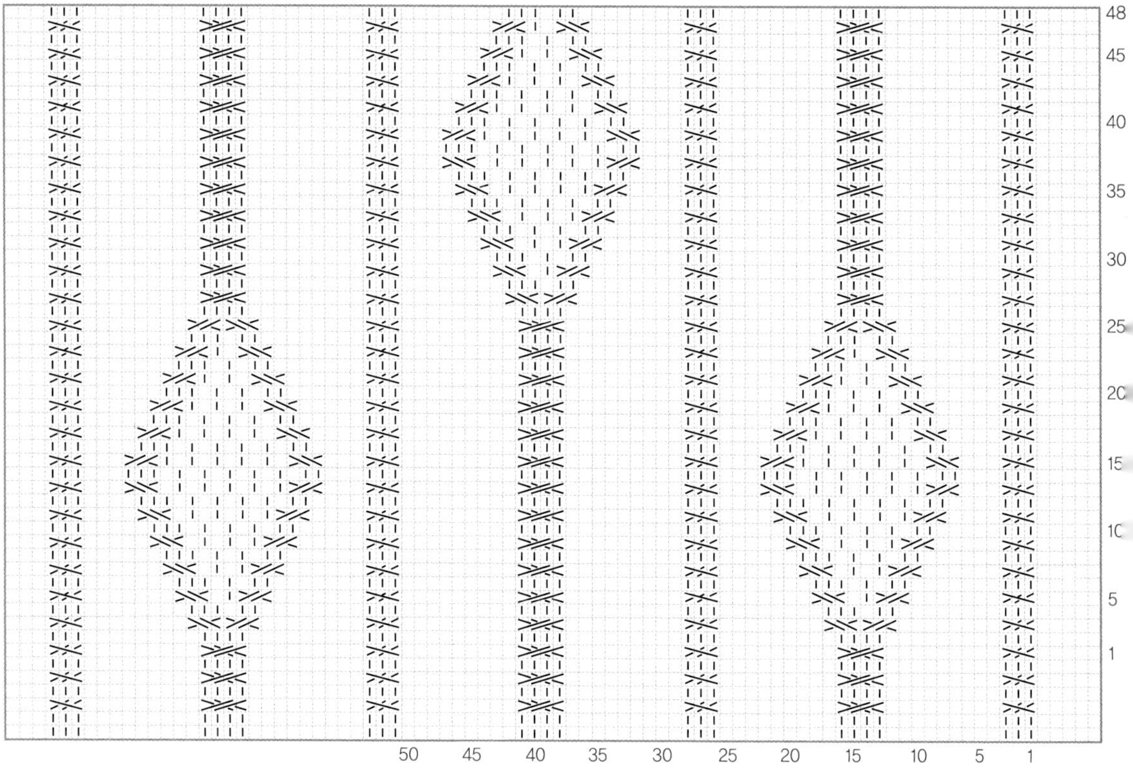

48 24코 52단 1무늬

□ = [−]

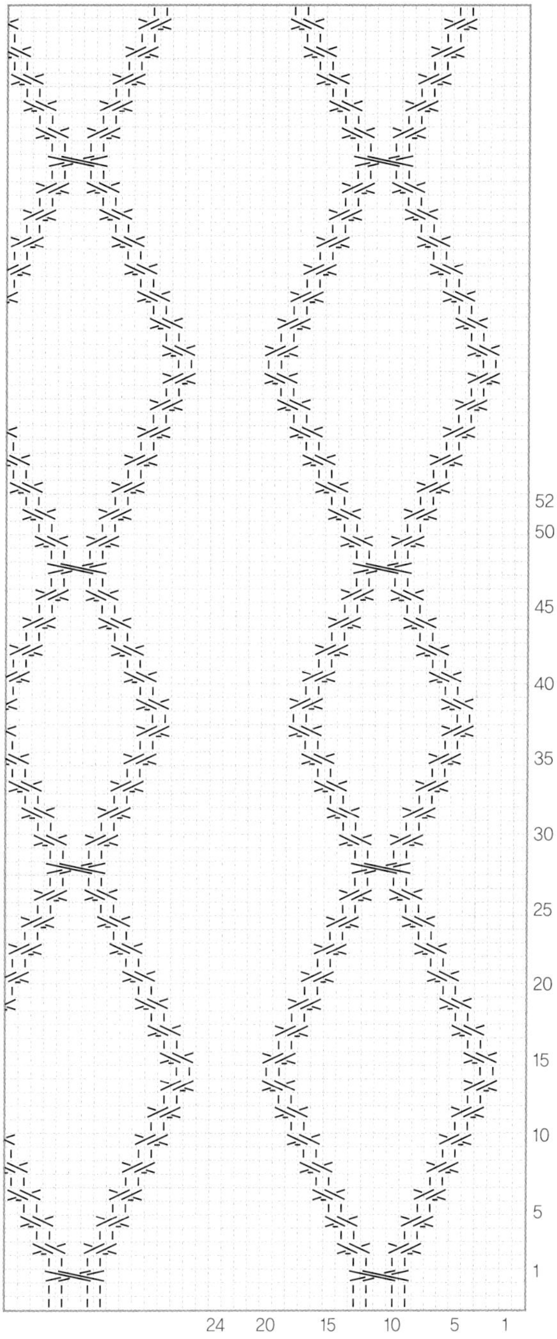

52 50 45 40 35 30 25 20 15 10 5 1

24 20 15 10 5 1

49 50코 10단 1무늬

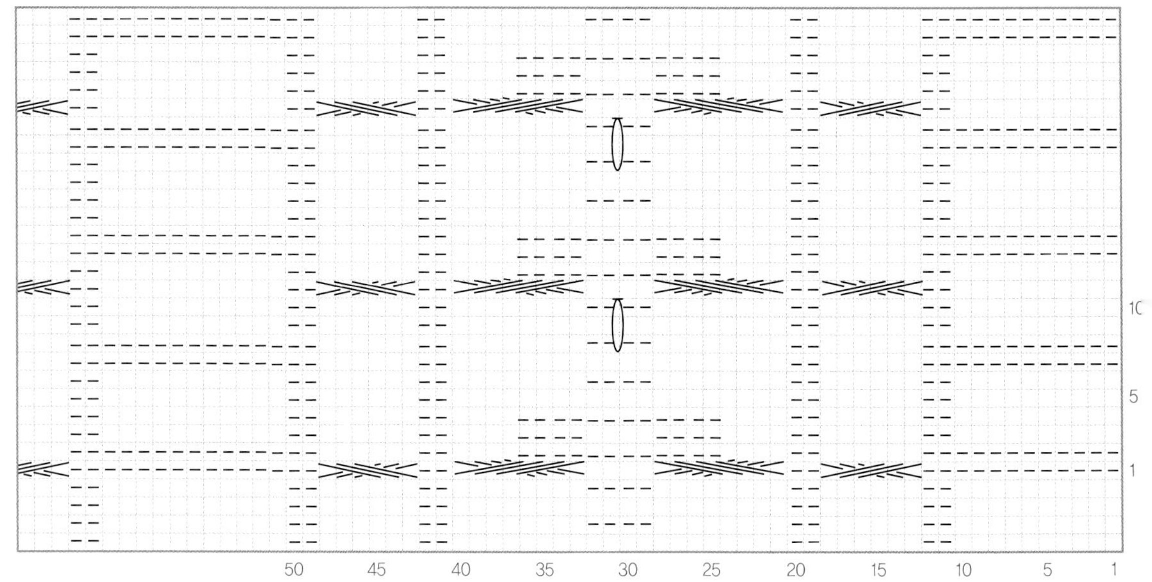

50 32코 24단 1무늬

□ = −

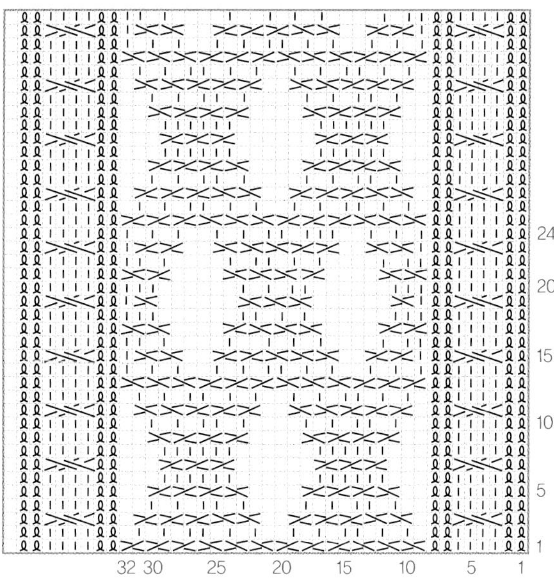

51 36코 44단 1무늬

□ = −

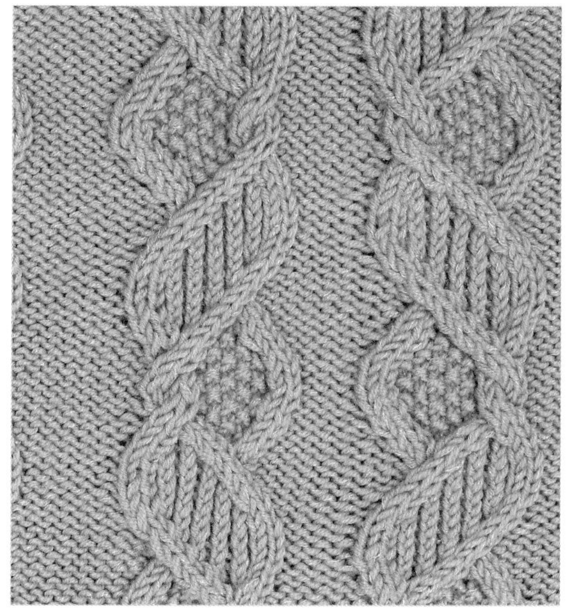

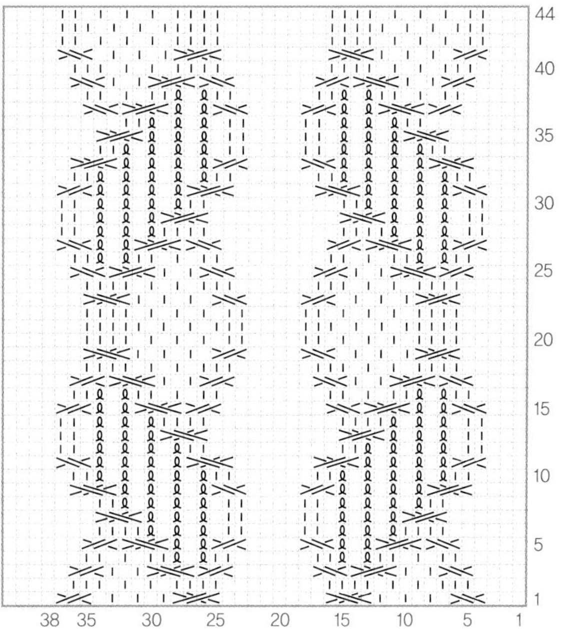

52 65코 36단 1무늬

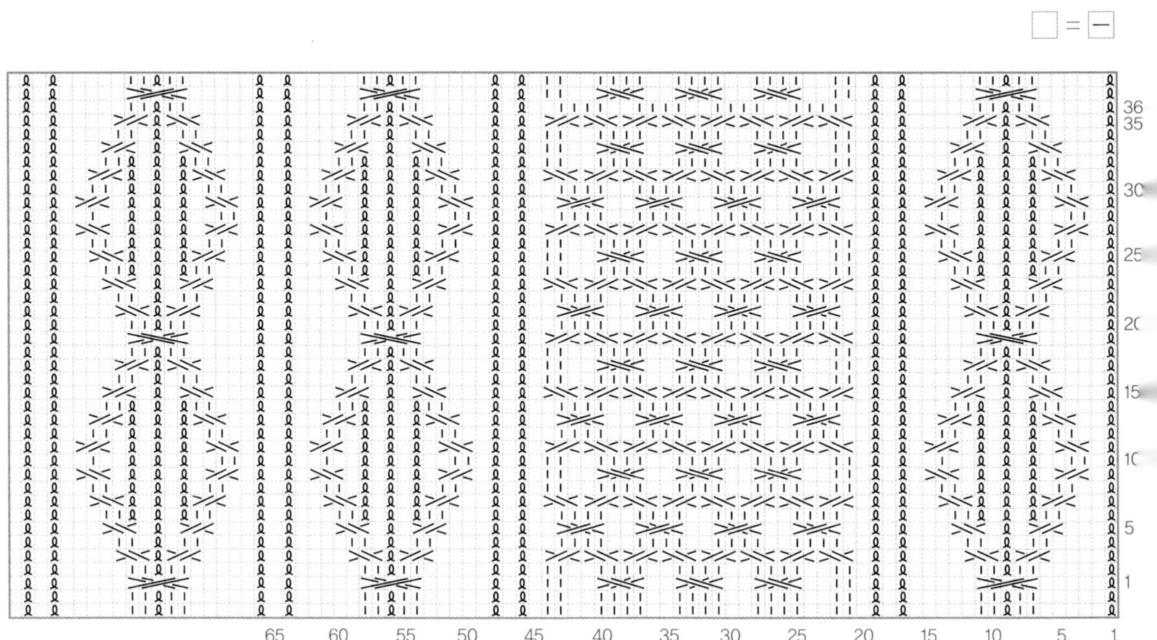

53 60코 36단 1무늬

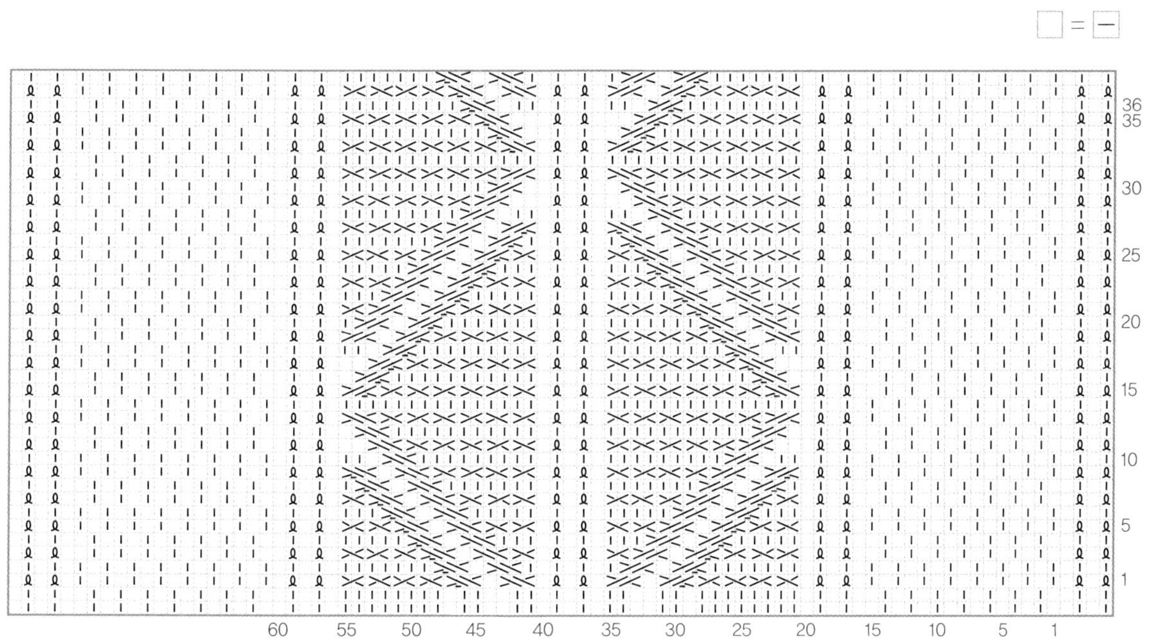

54 32코 20단 1무늬

□ = −

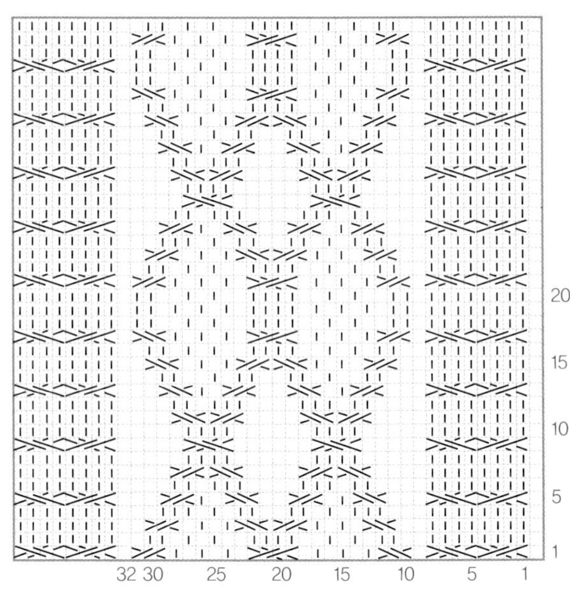

55 26코 24단 1무늬

□ = −

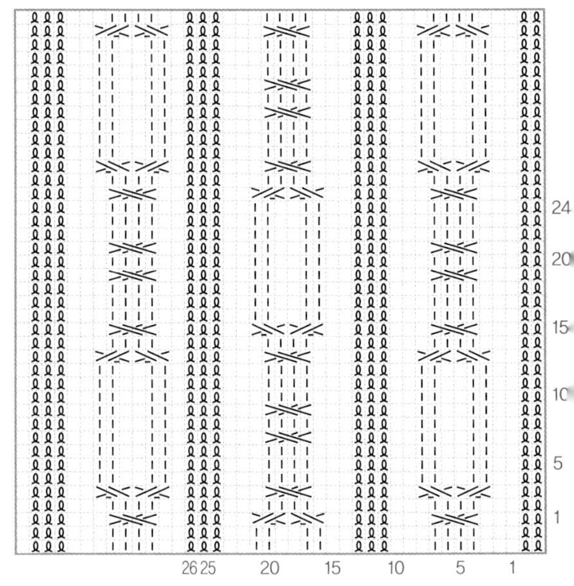

56 65코 36단 1무늬

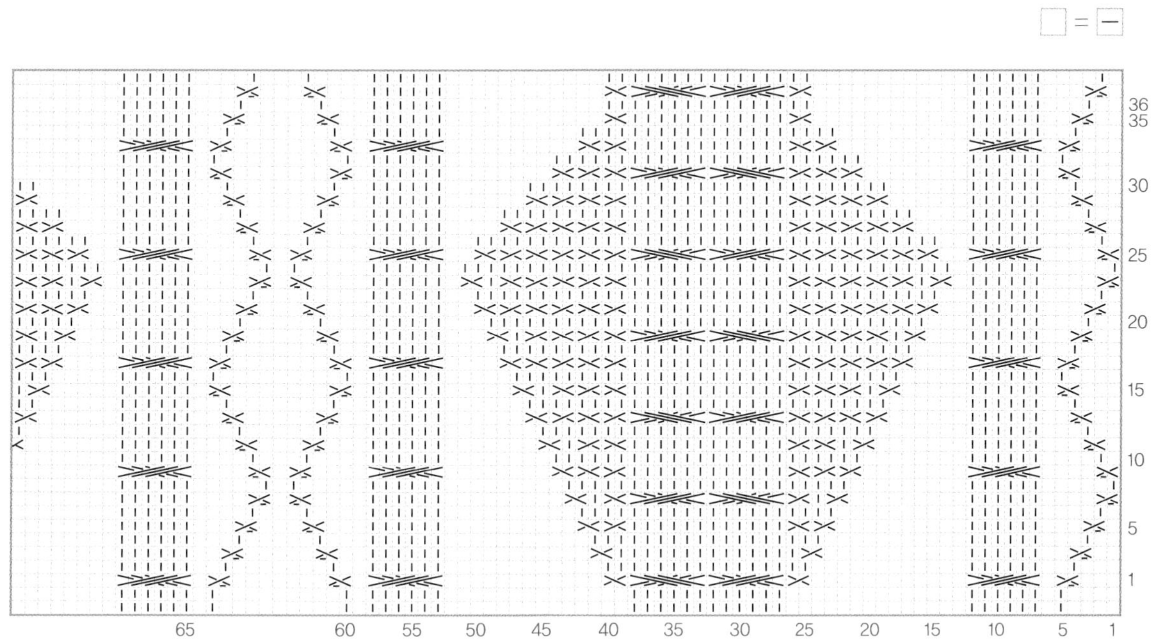

57 26코 24단 1무늬

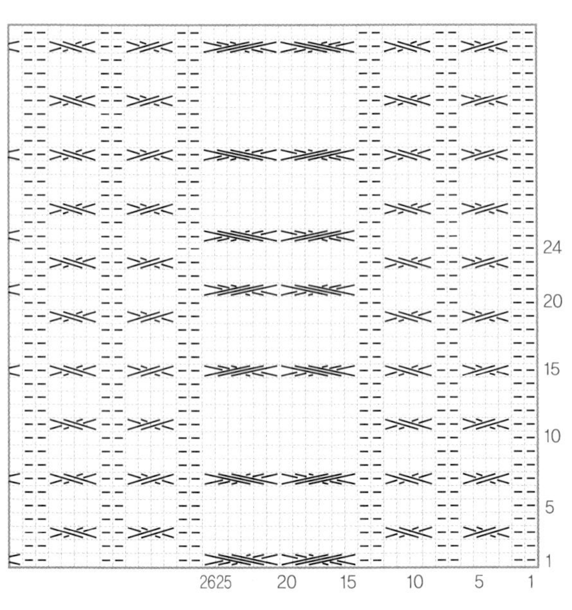

58 16코 28단 1무늬

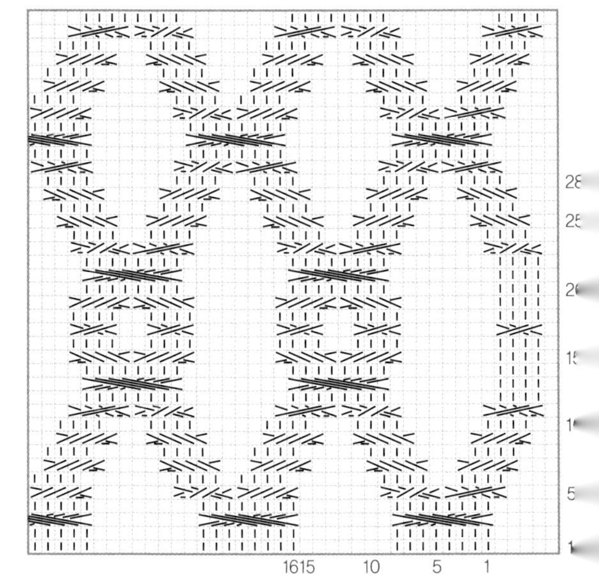

59 24코 24단 1무늬

□ = —

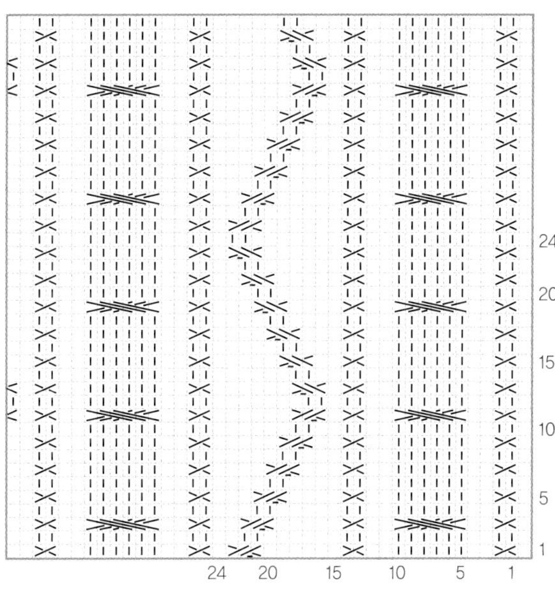

60 27코 16단 1무늬

□ = |

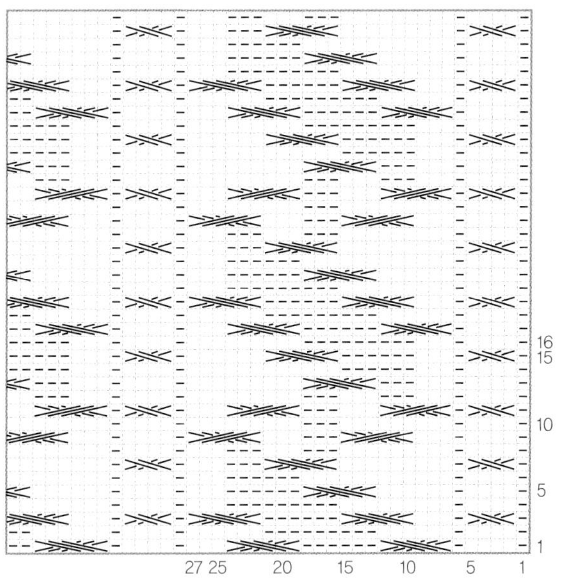

61 22코 20단 1무늬

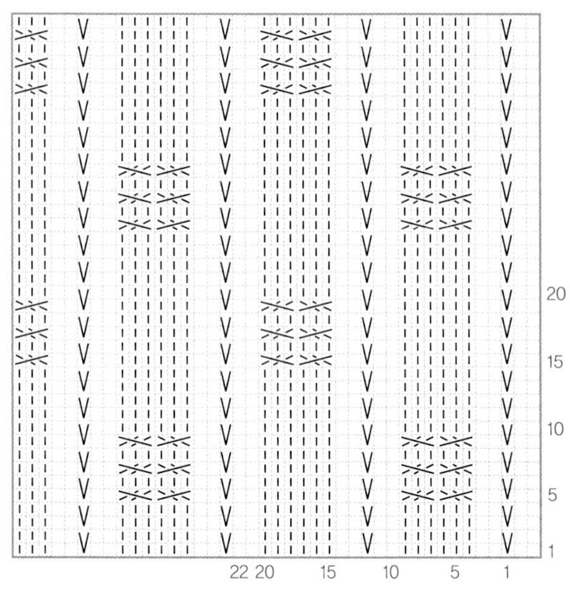

62 17코 18단 1무늬

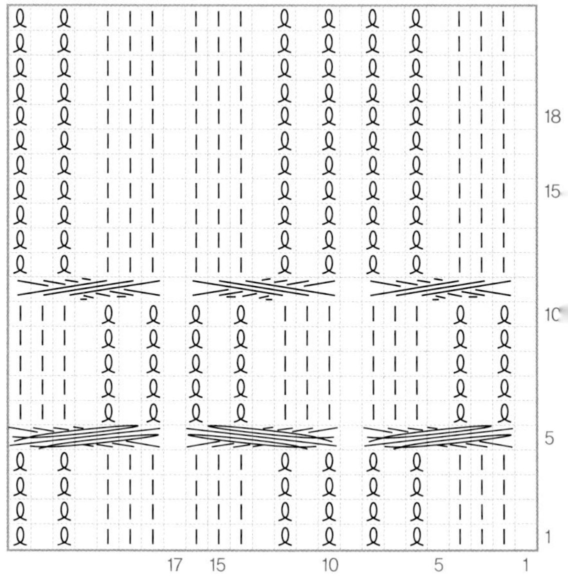

63 25코 24단 1무늬

□ = −

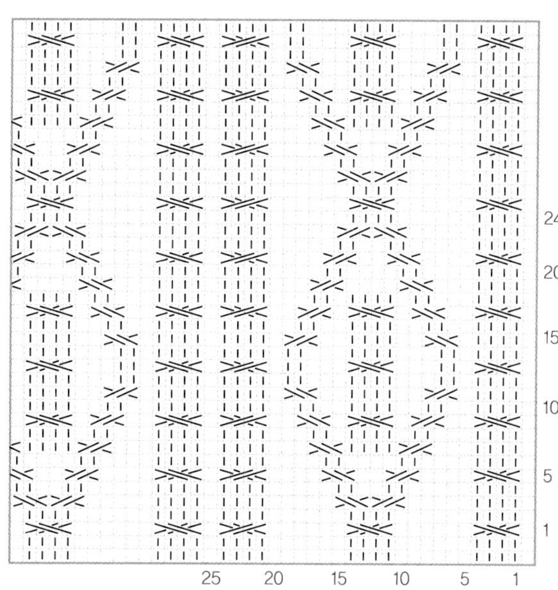

64 43코 8단 1무늬

□ = −

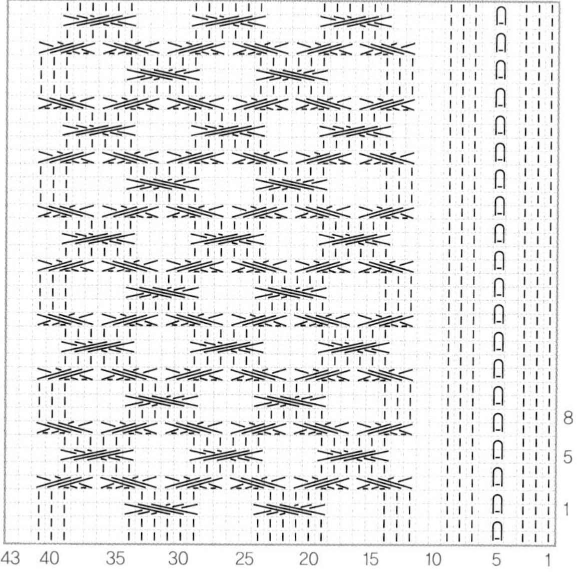

65 40코 16단 1무늬

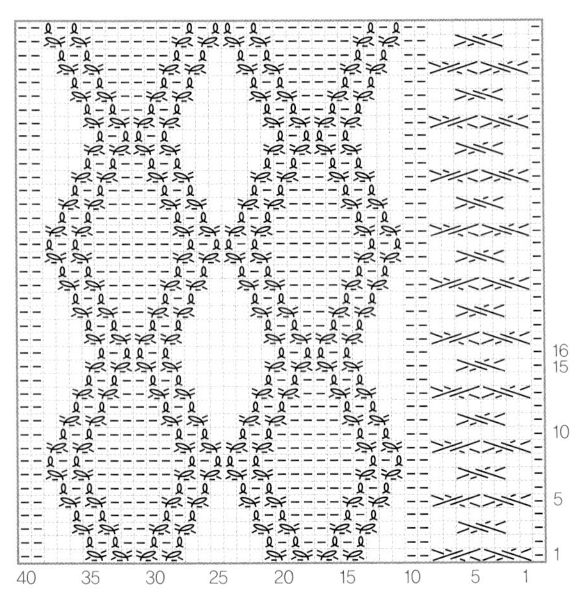

66 41코 20단 1무늬

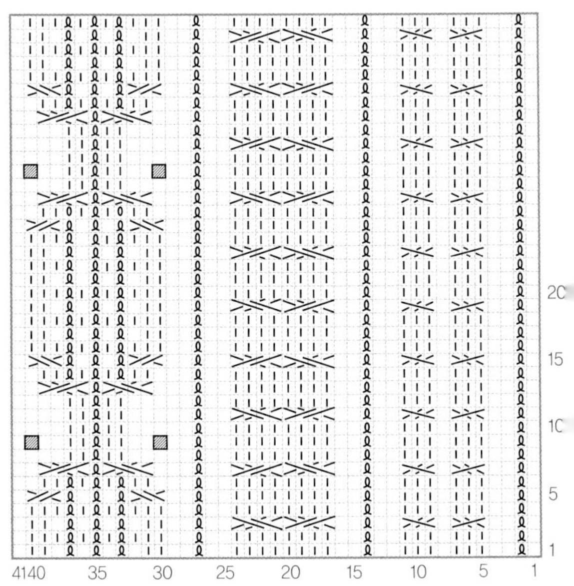

67 50코 28단 1무늬

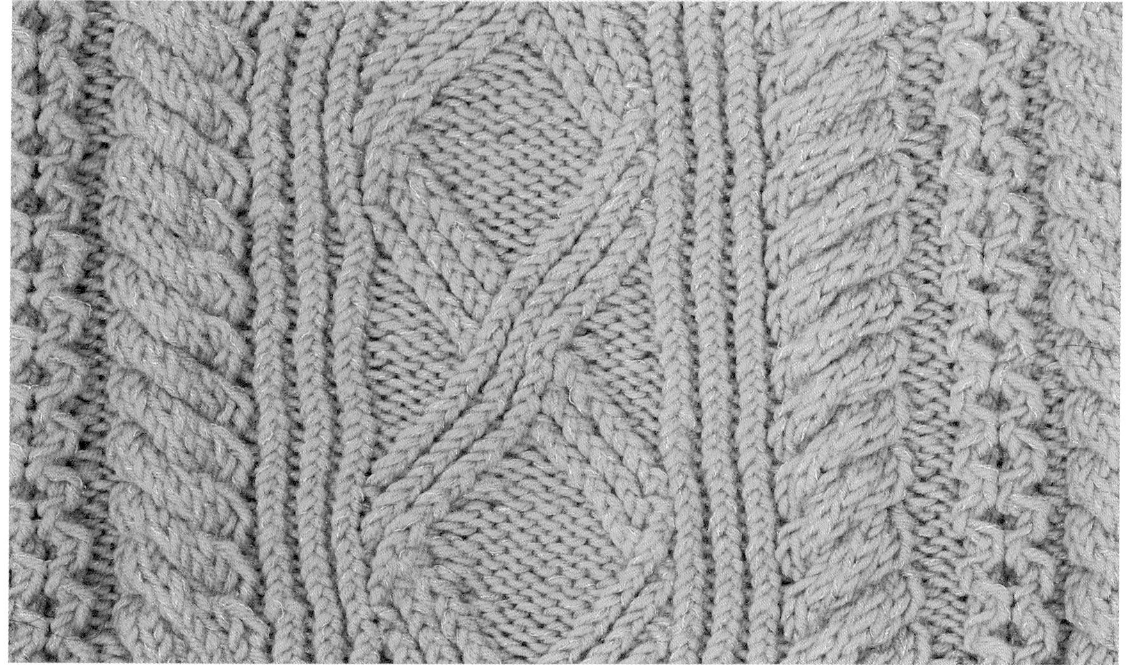

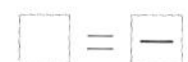

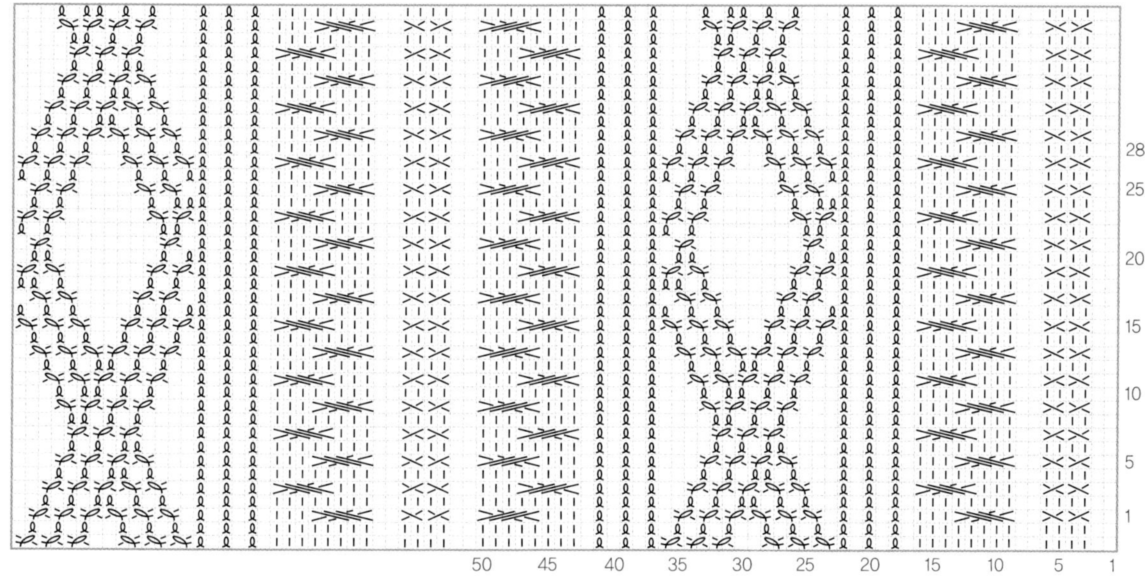

68 47코 14단 1무늬

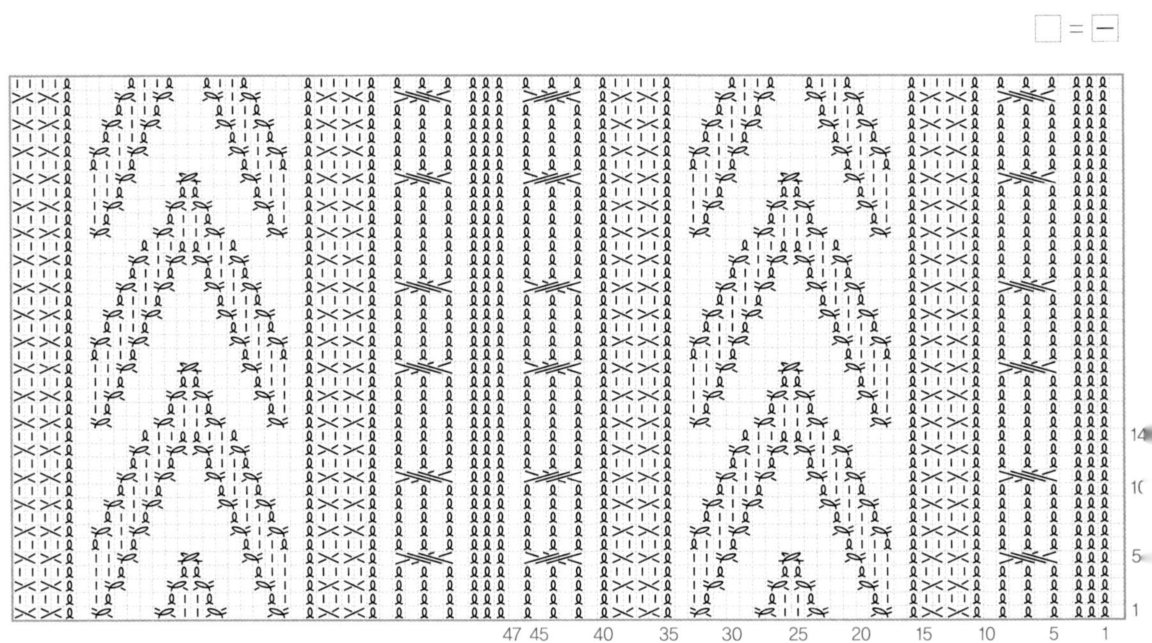

69 52코 16단 1무늬

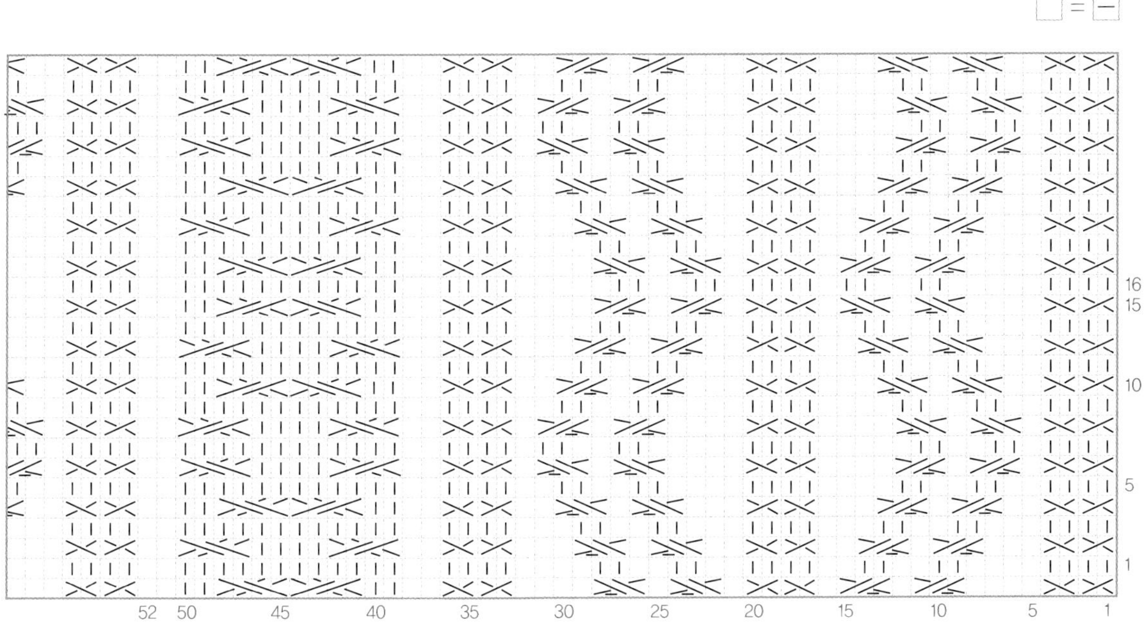

70 26코 48단 1무늬

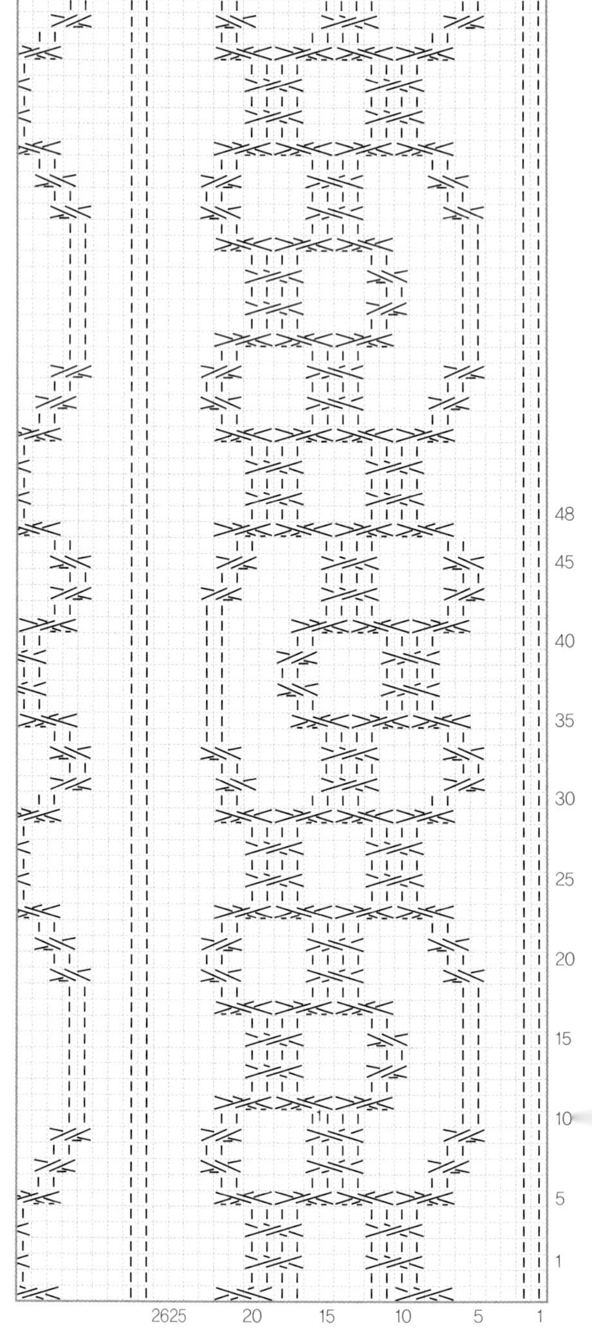

71 26코 16단 1무늬

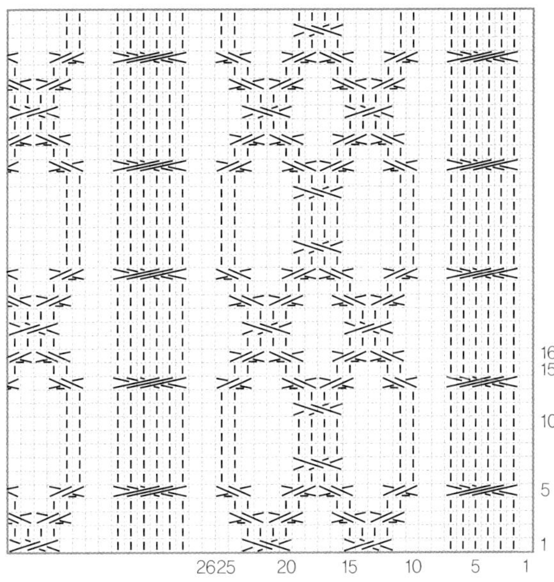

72 28코 16단 1무늬

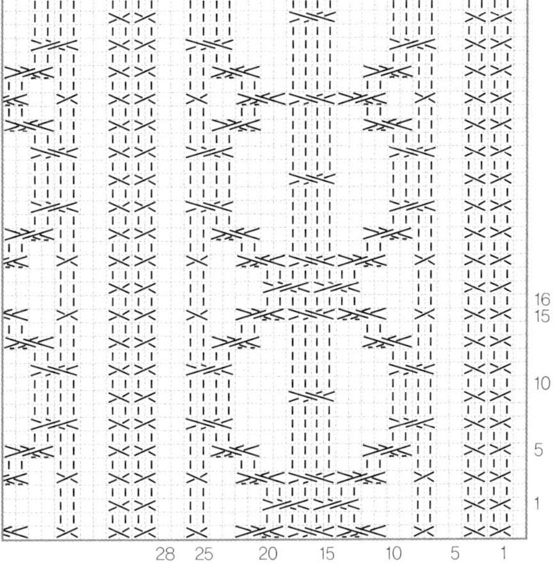

73 28코 8단 1무늬

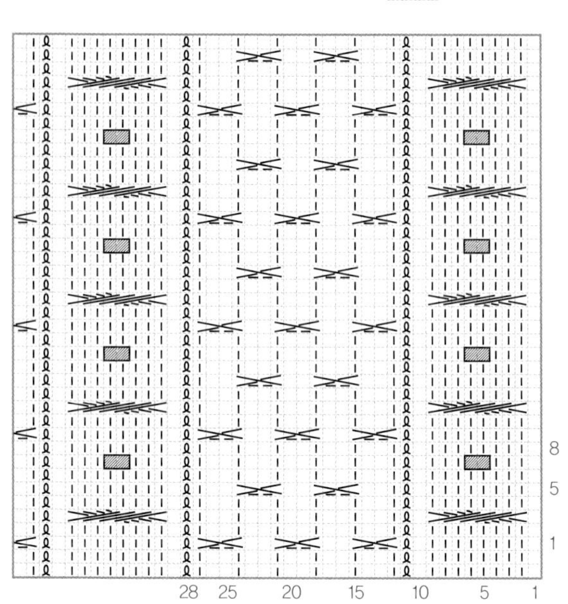

74 40코 24단 1무늬

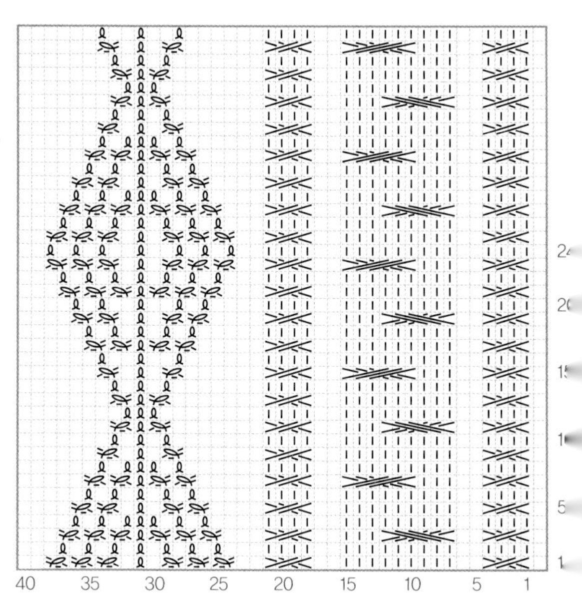

37코 38단 1무늬

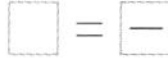

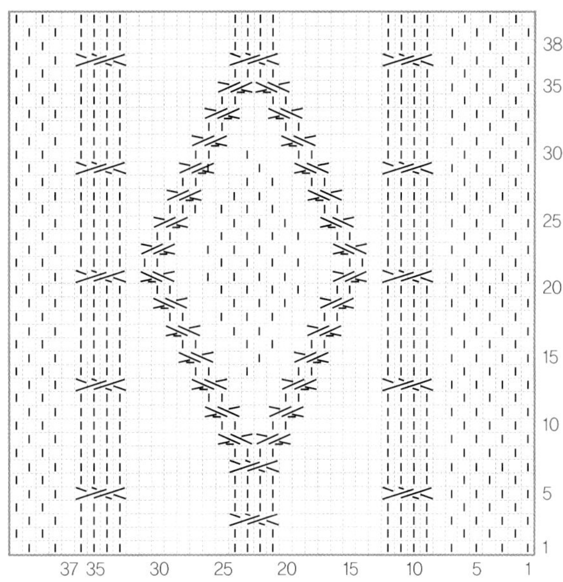

16코 44단 1무늬

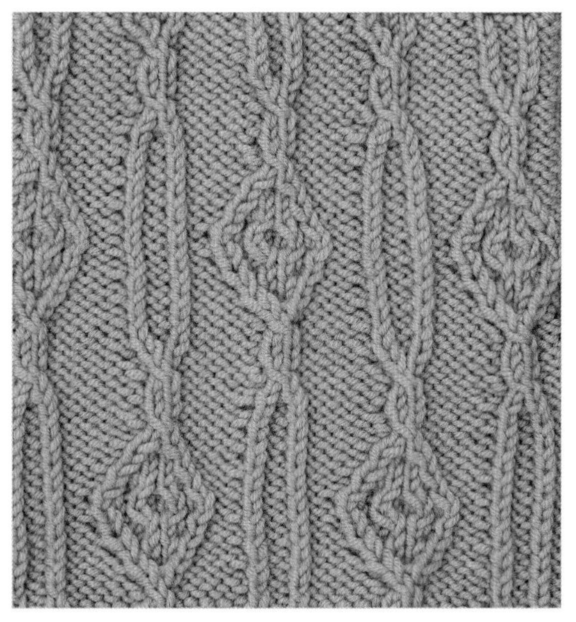

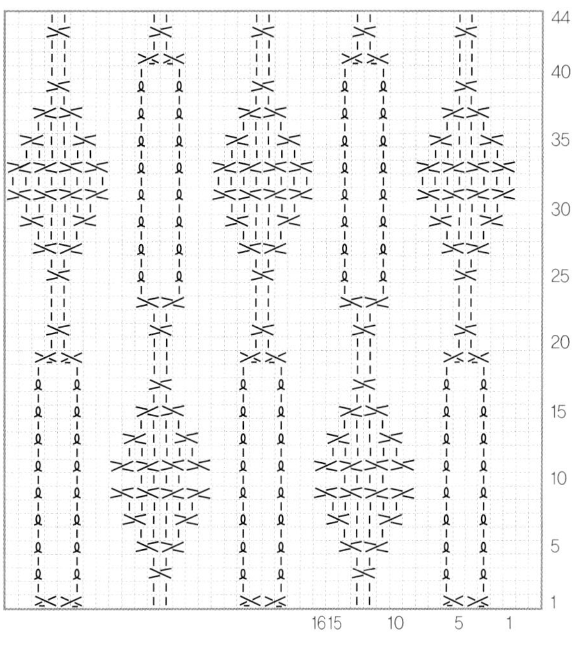

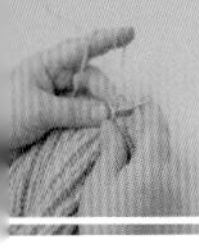

77 8코 24단 1무늬

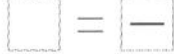

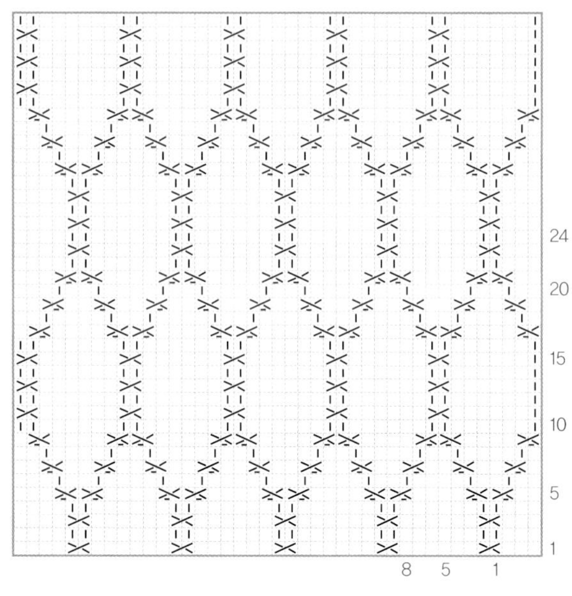

78 4코 12단 1무늬

79 6코 8단 1무늬

□ = |

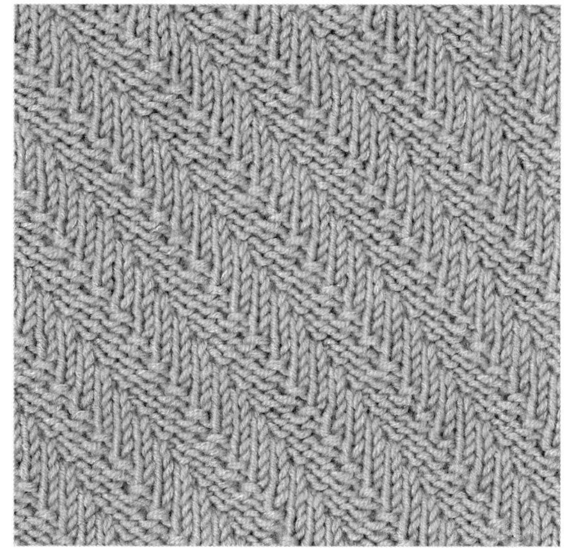

80 12코 12단 1무늬

□ = |

81 14코 22단 1무늬

□ = |

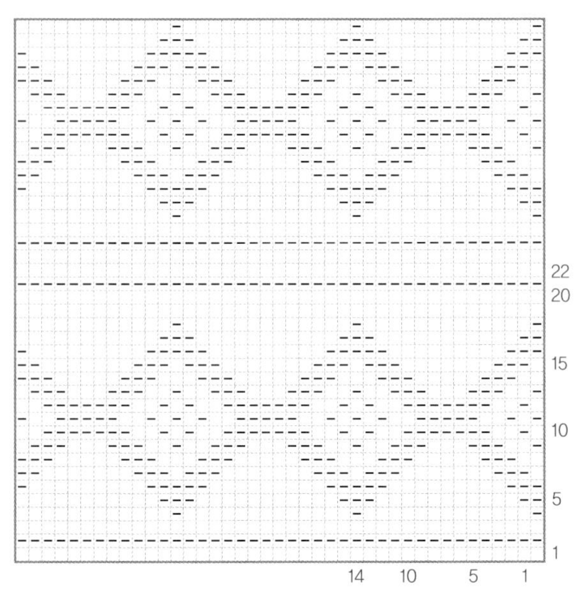

82 12코 20단 1무늬

□ = |

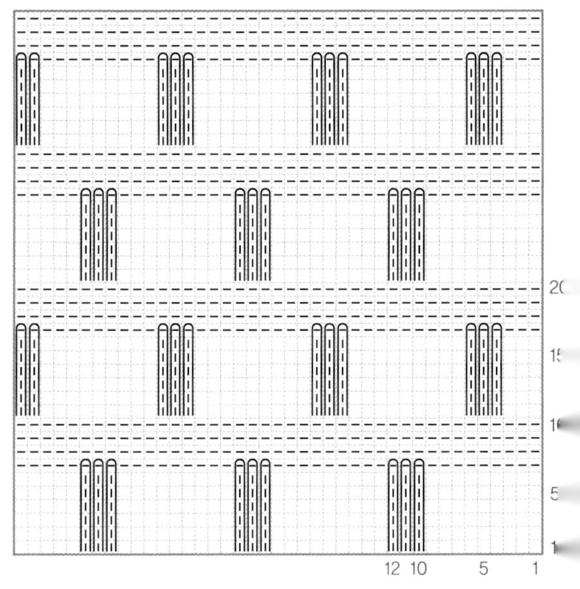

83 8코 16단 1무늬

□ = |

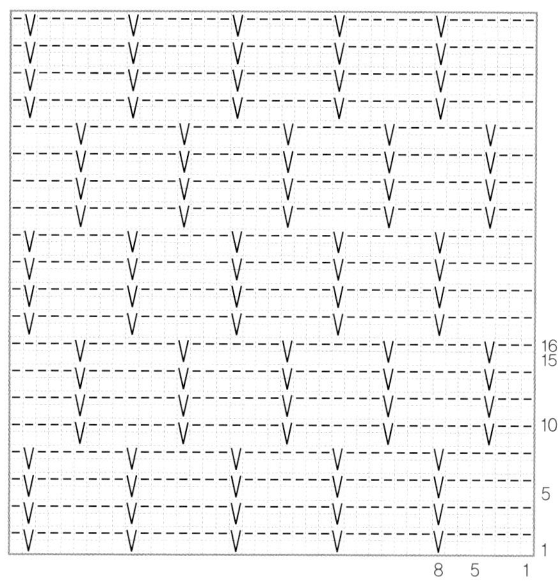

84 10코 16단 1무늬

□ = |

85 64코 36단 1무늬

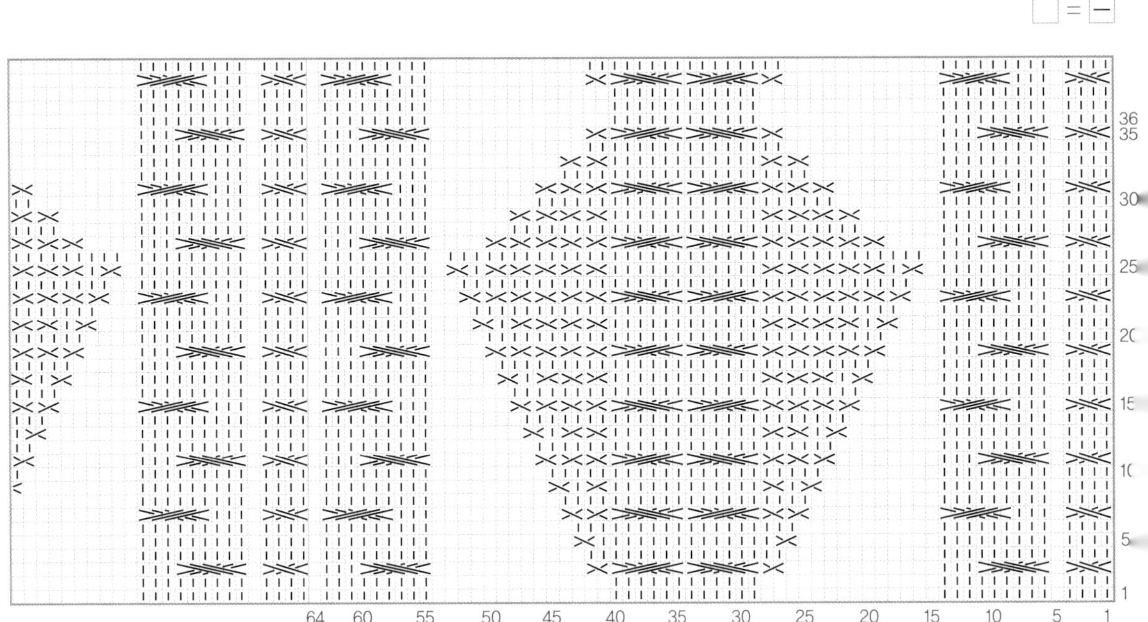

86 53코 22단 1무늬

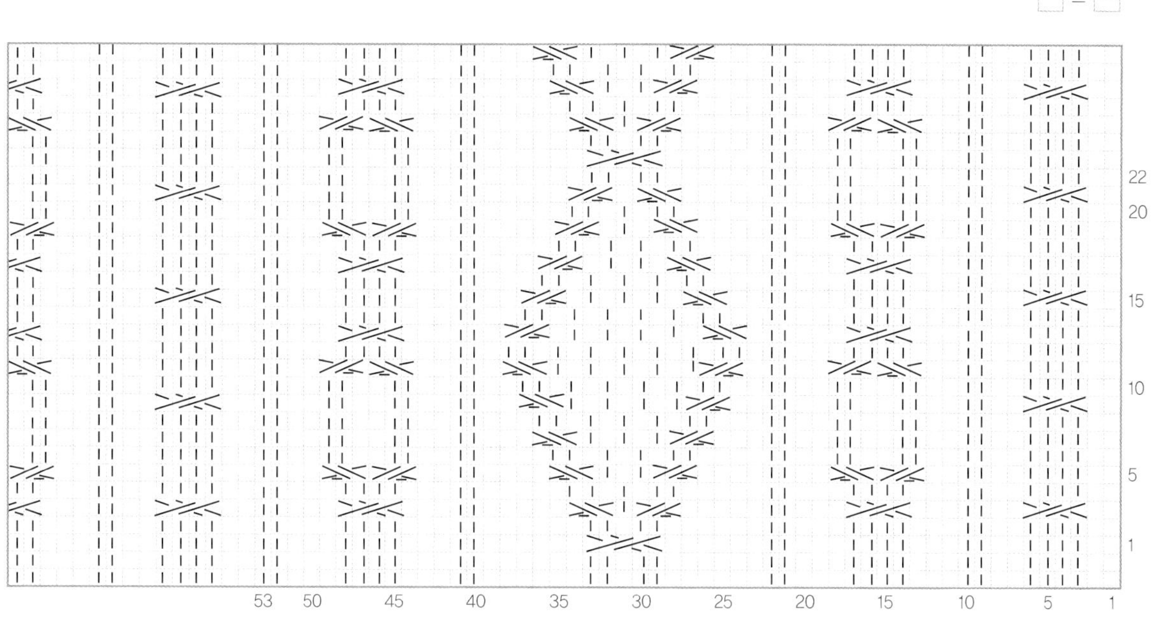

87 71코 16단 1무늬

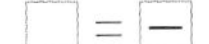

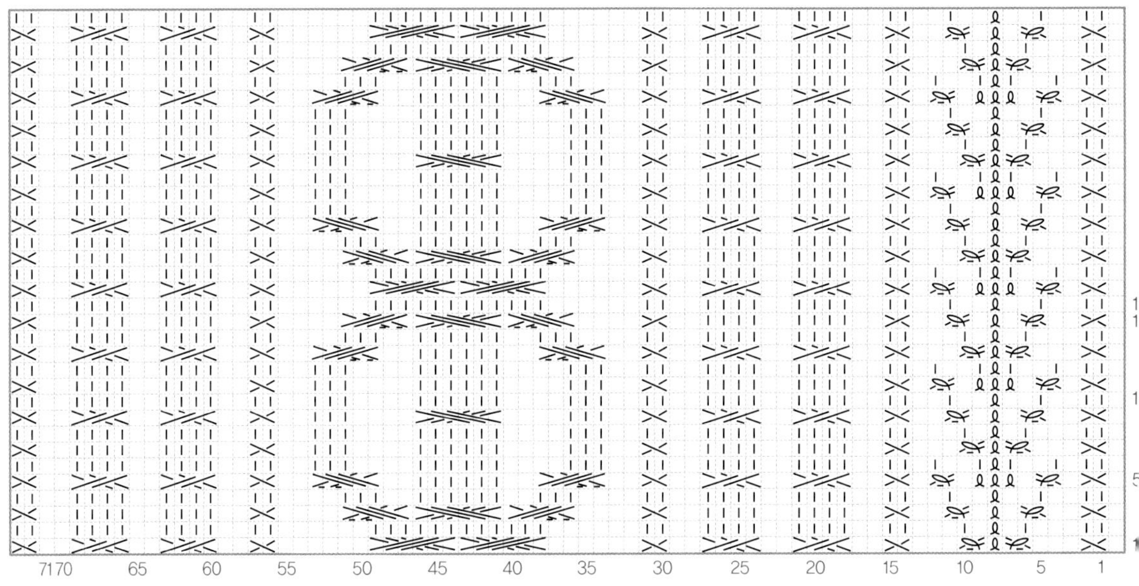

88 63코 30단 1무늬

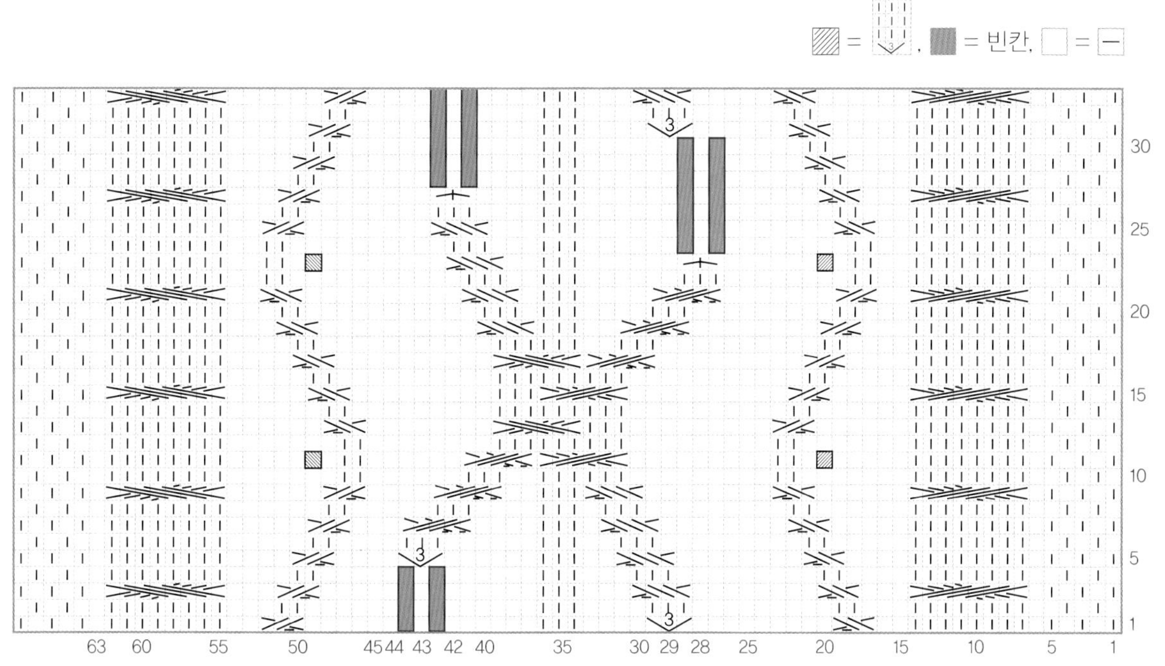

89 76코 36단 1무늬

□ = −

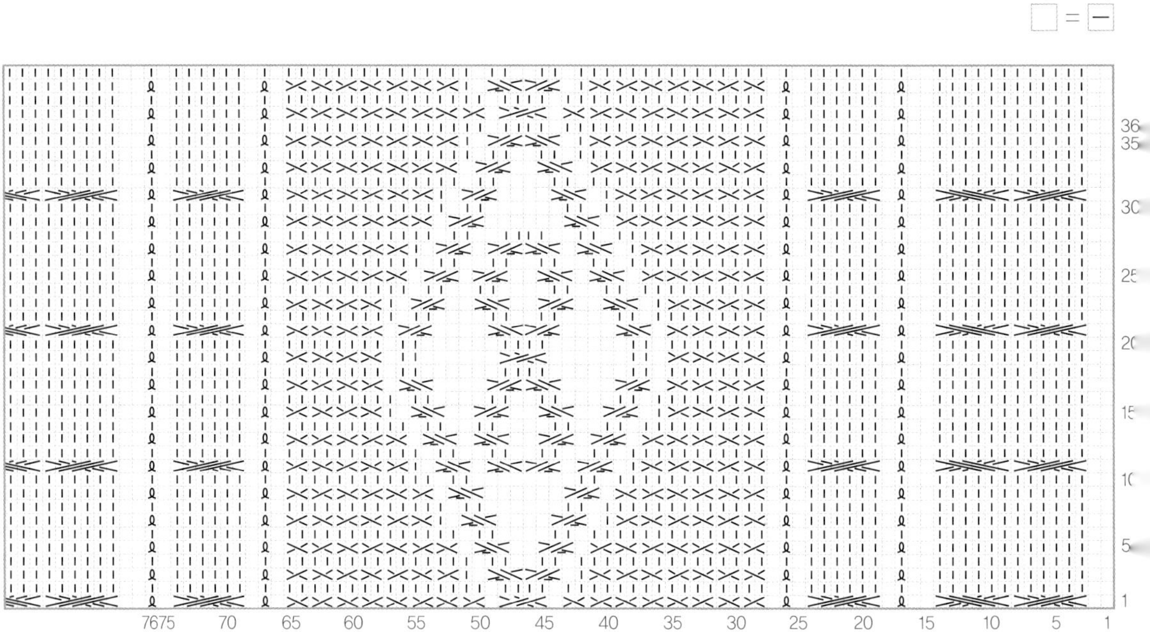

90 64코 20단 1무늬

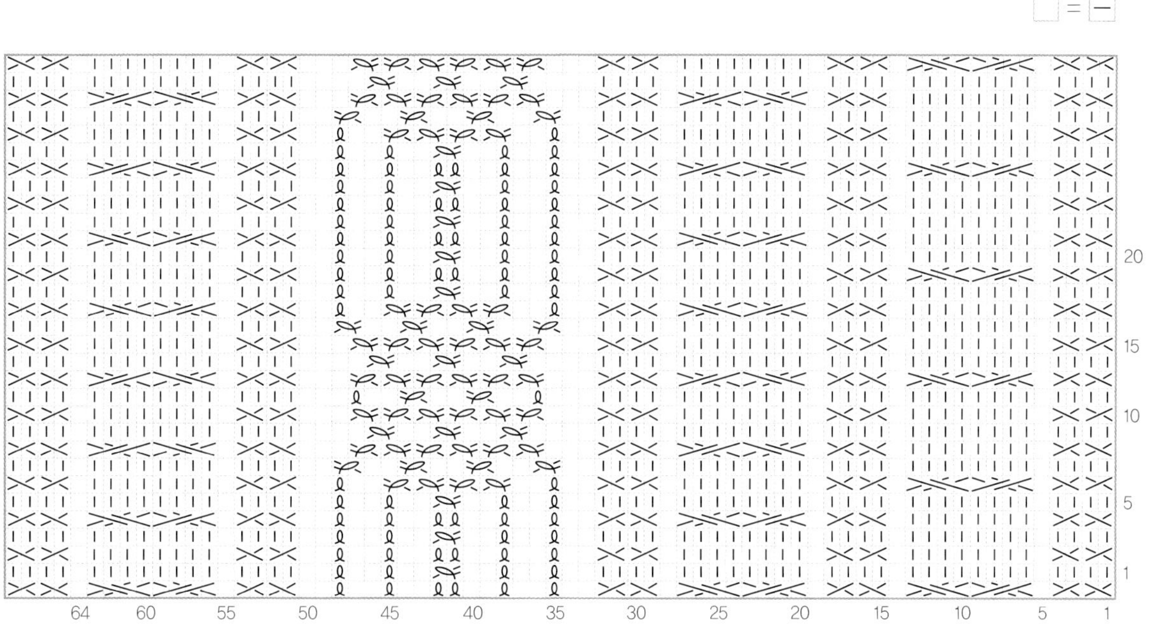

91 71코 44단 1무늬

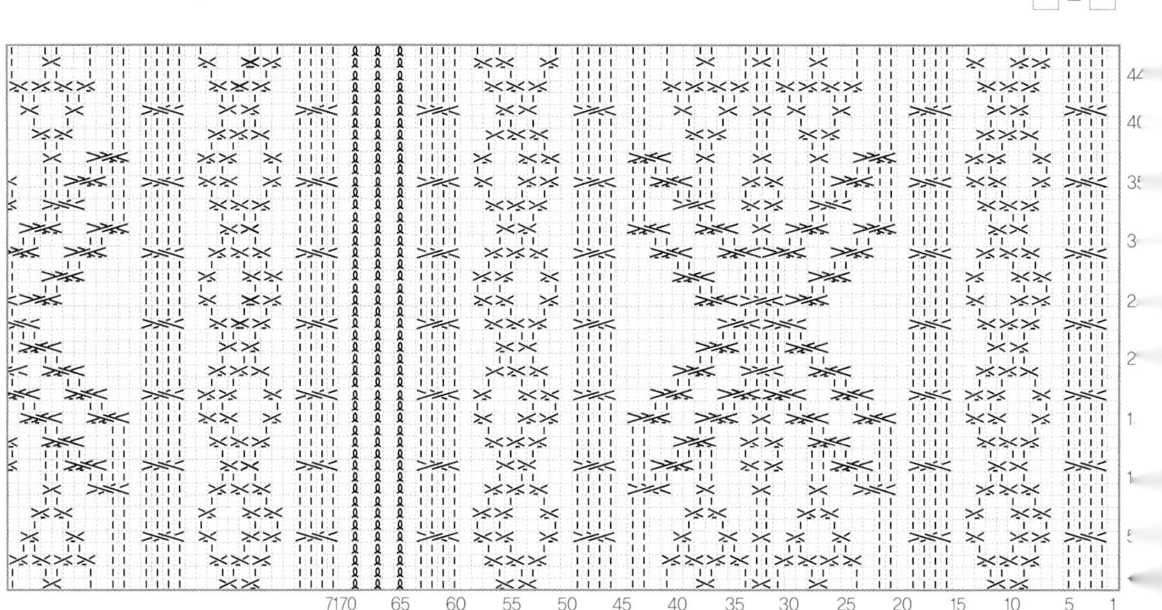

92 52코 28단 1무늬

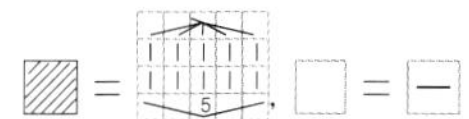

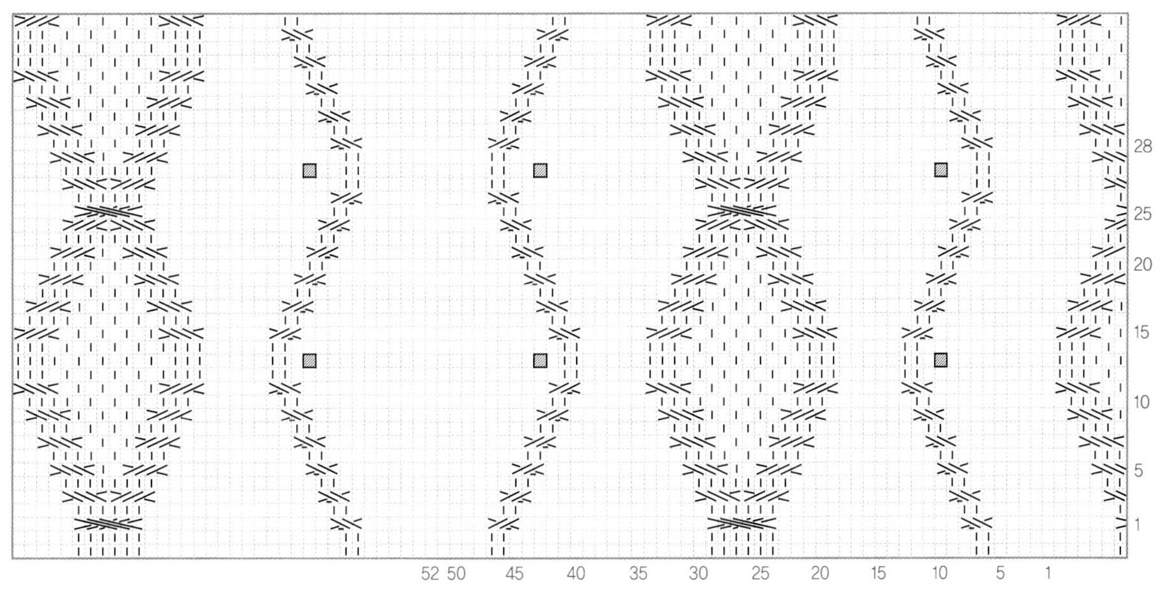

93 12코 54단 1무늬

□ = |

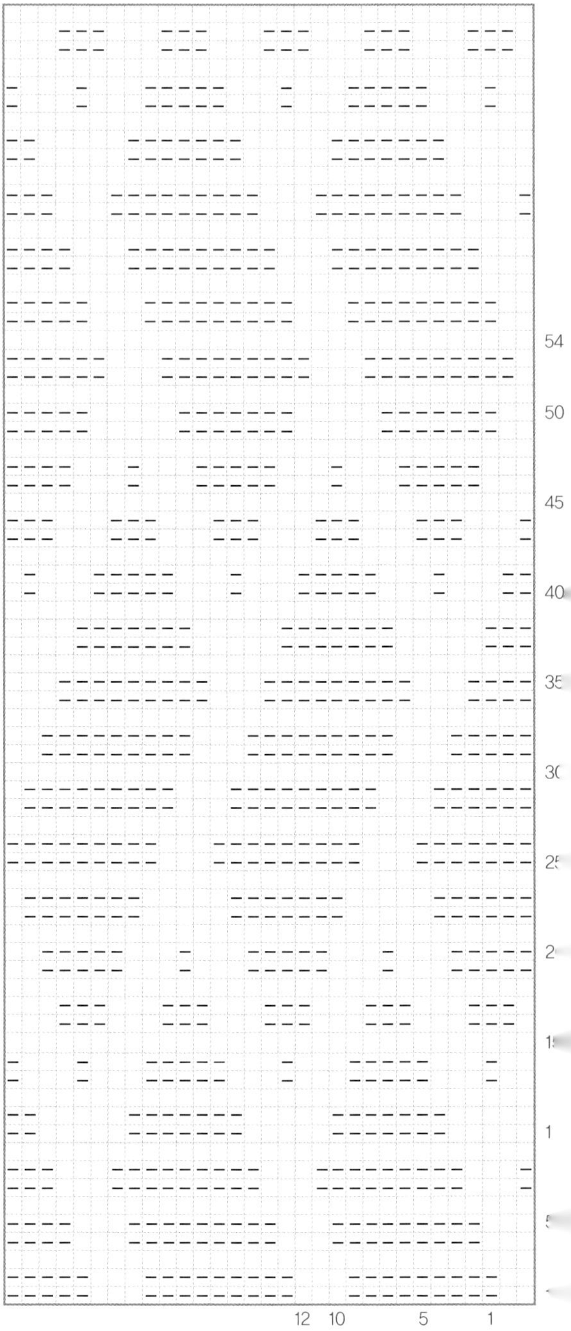

94 6코 20단 1무늬

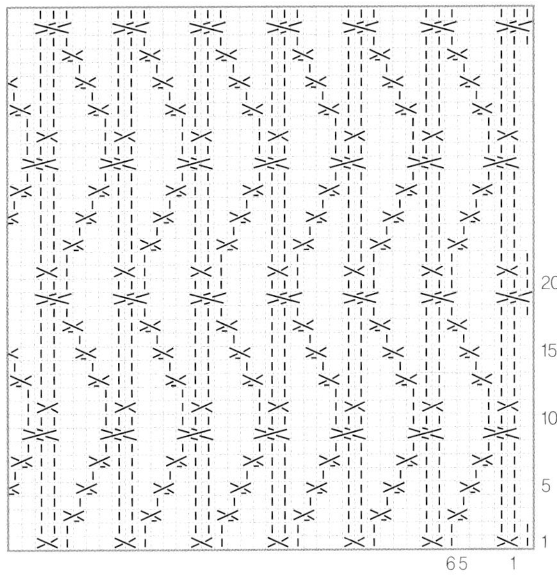

95 21코 16단 1무늬

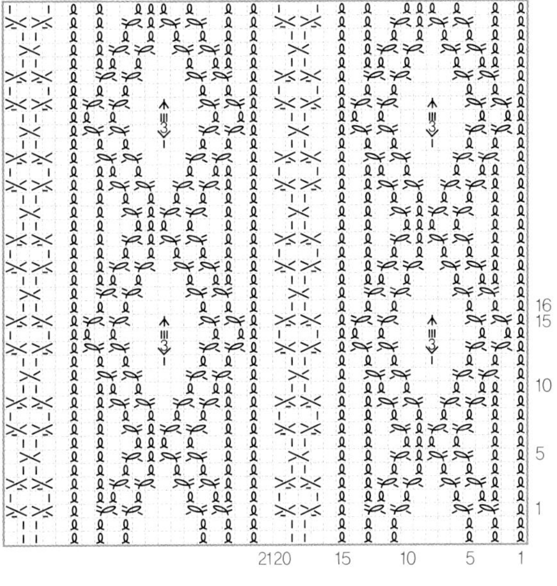

96 8코 12단 1무늬

□ = |

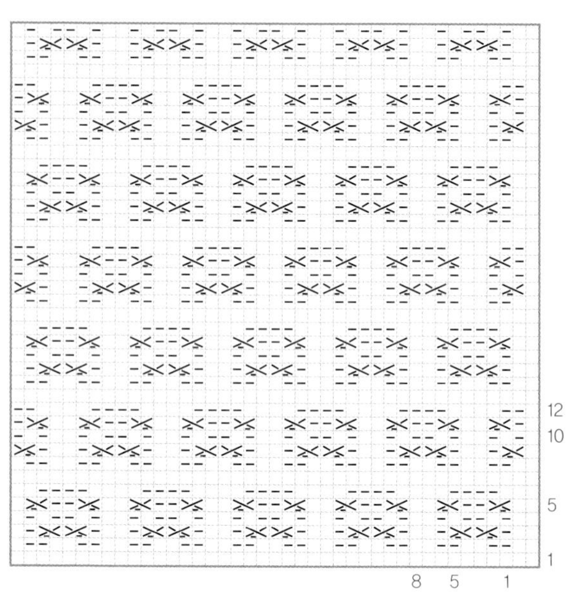

97 35코 12단 1무늬

□ = —

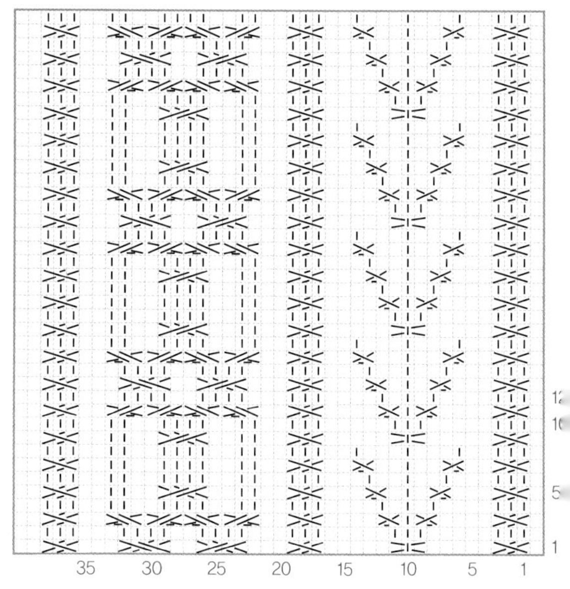

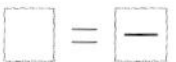

98 20코 16단 1무늬

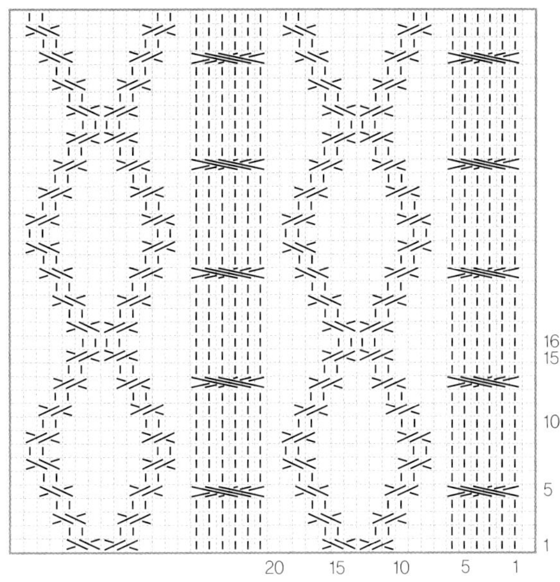

99 16코 32단 1무늬

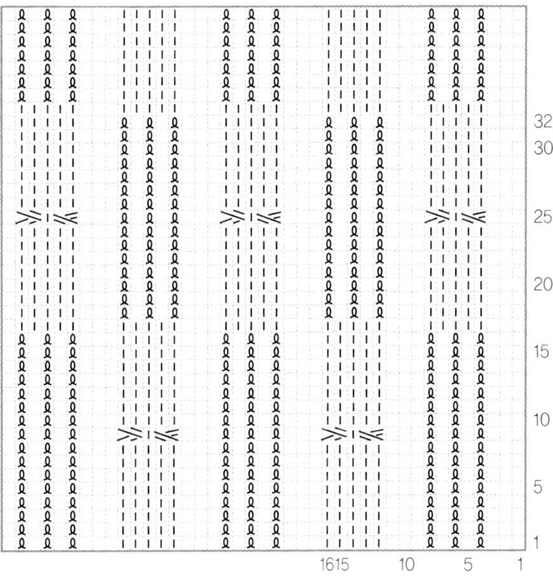

100 24코 16단 1무늬

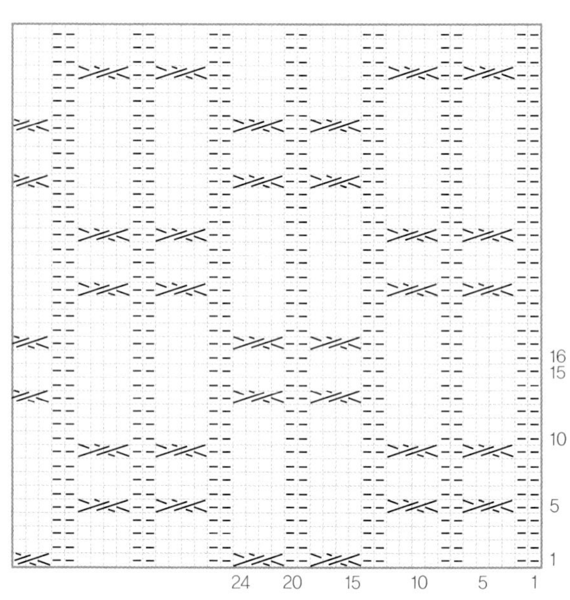

101 20코 36단 1무늬

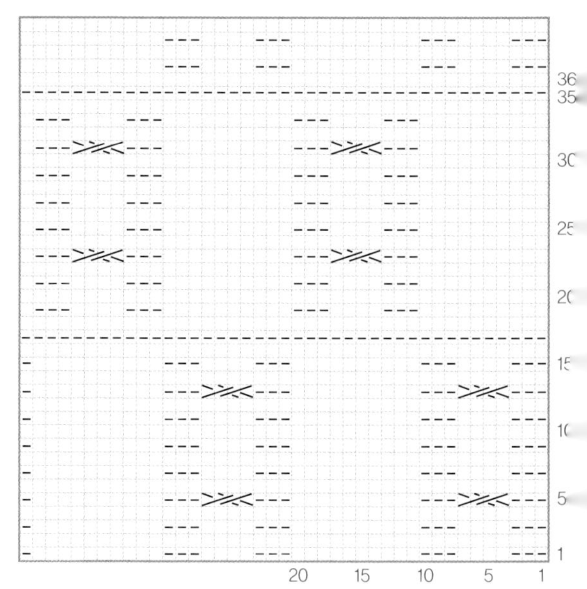

18코 14단 1무늬

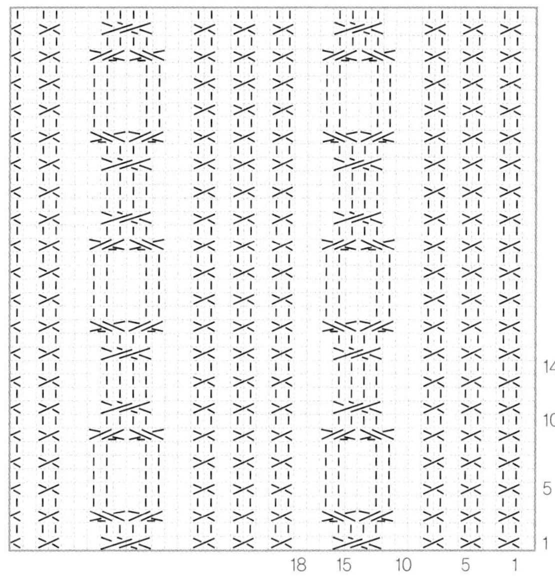

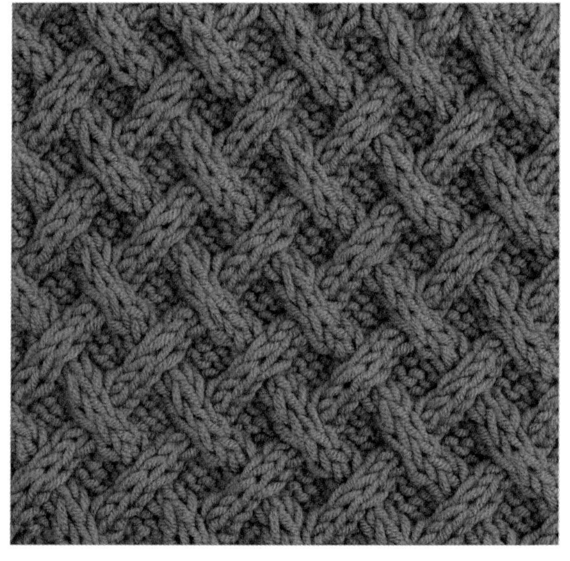

8코 8단 1무늬

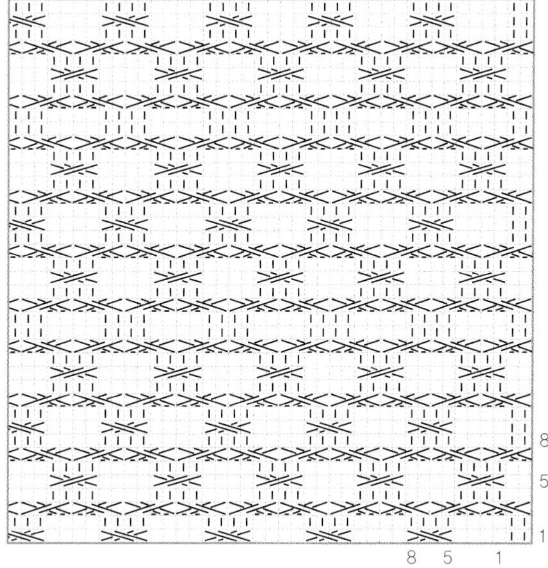

104 25코 24단 1무늬

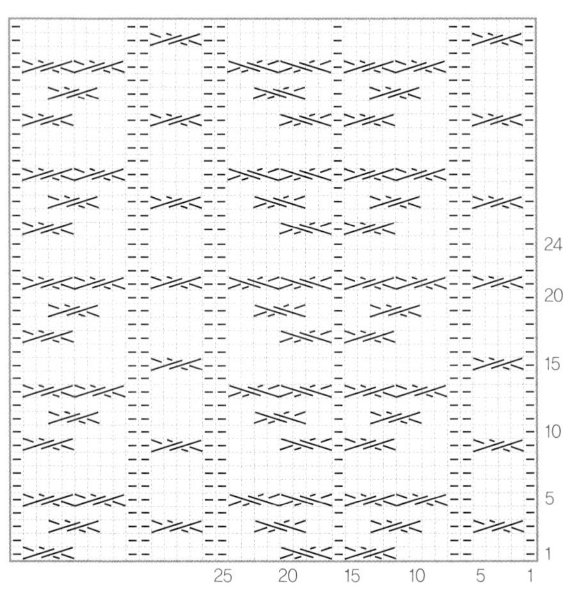

105 27코 20단 1무늬

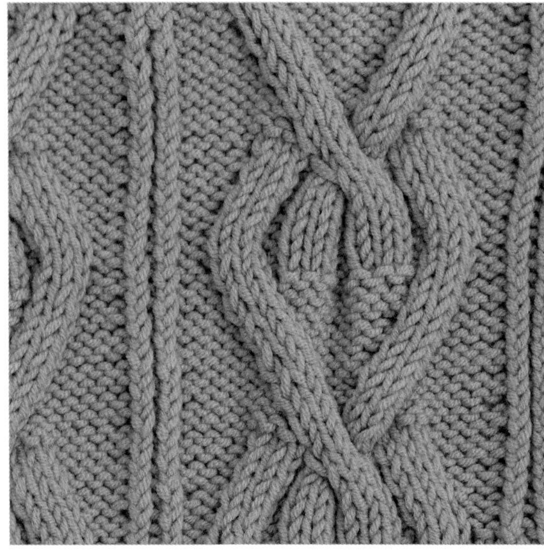

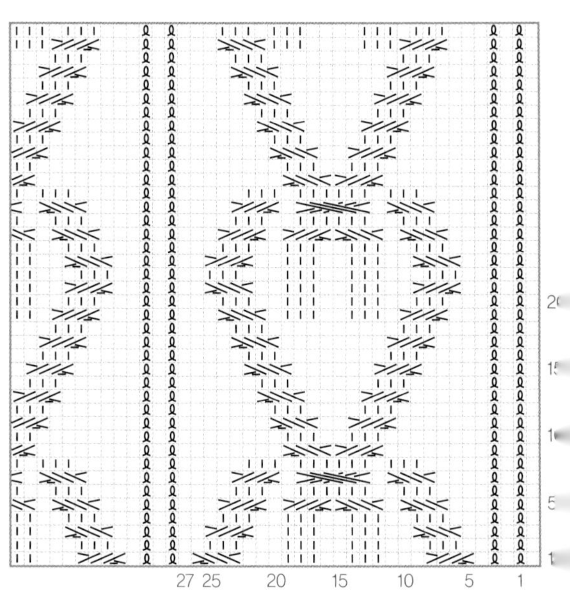

106 22코 28단 1무늬

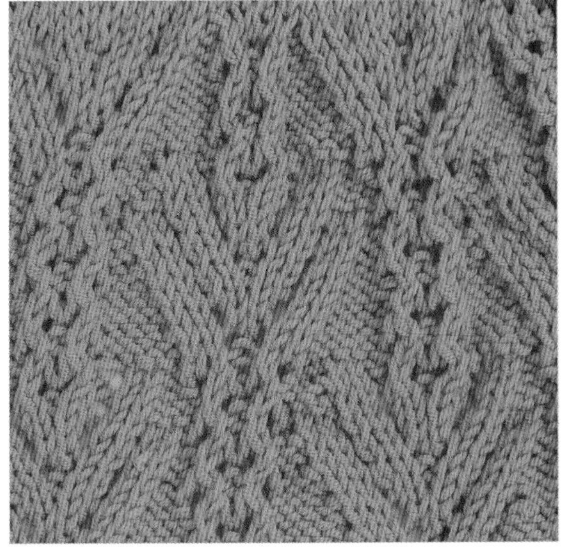

107 12코 28단 1무늬

108 10코 22단 1무늬

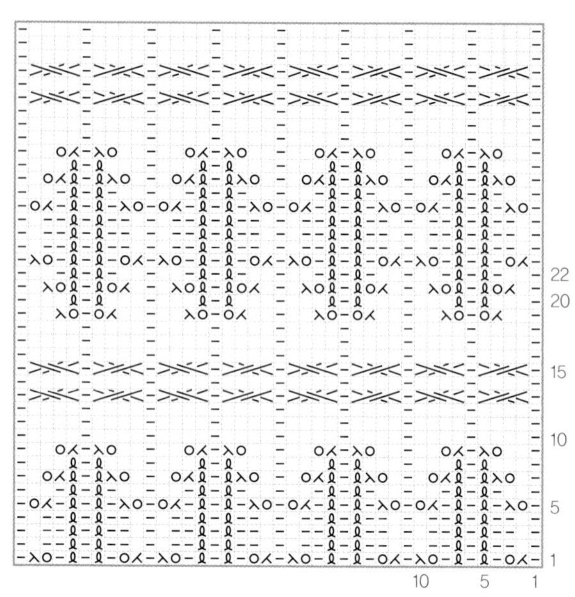

109 19코 26단 1무늬

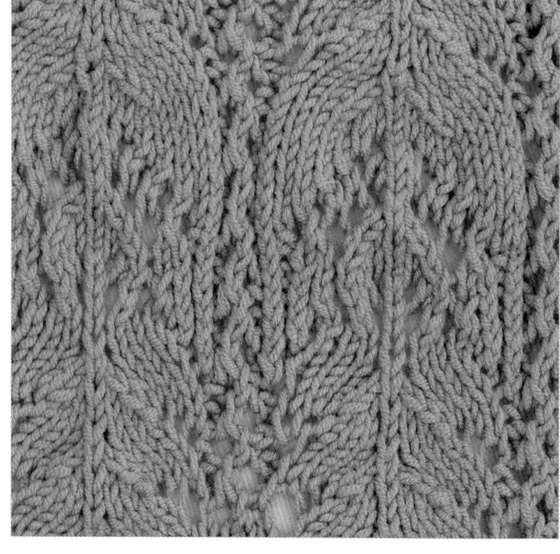

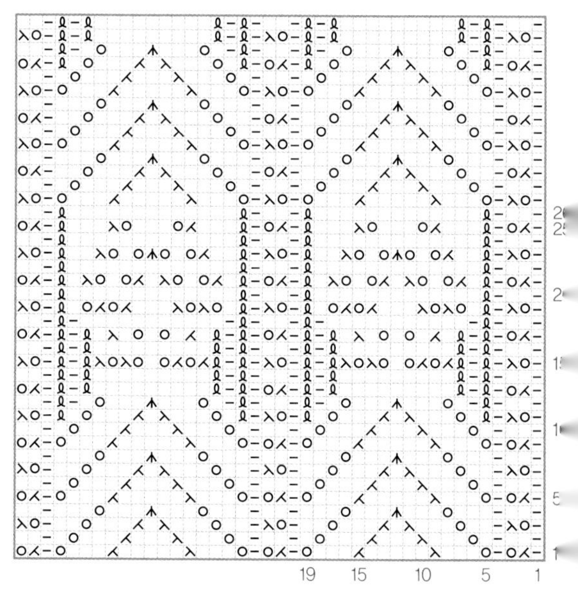

110 15코 20단 1무늬

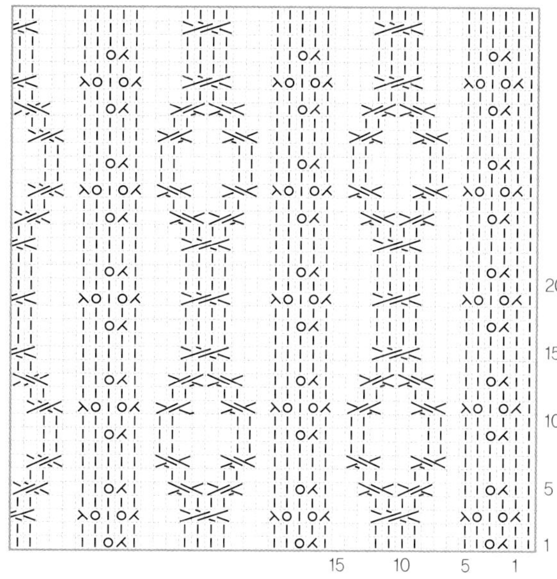

111 16코 24단 1무늬

112 21코 8단 1무늬

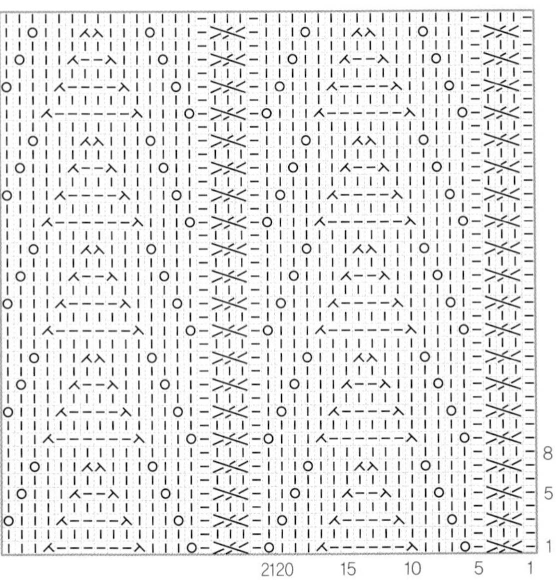

113 17코 10단 1무늬

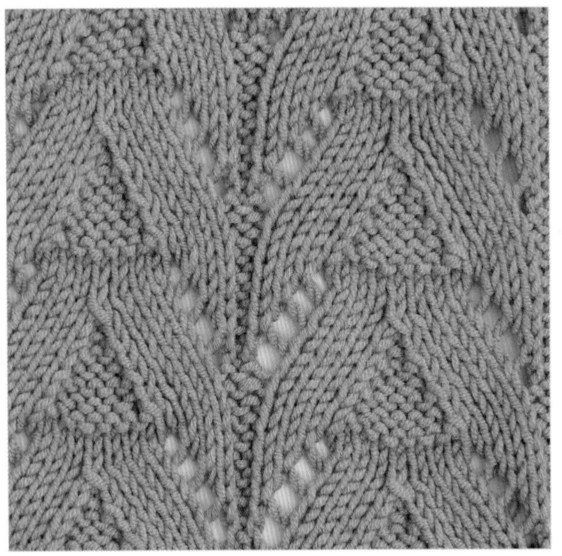

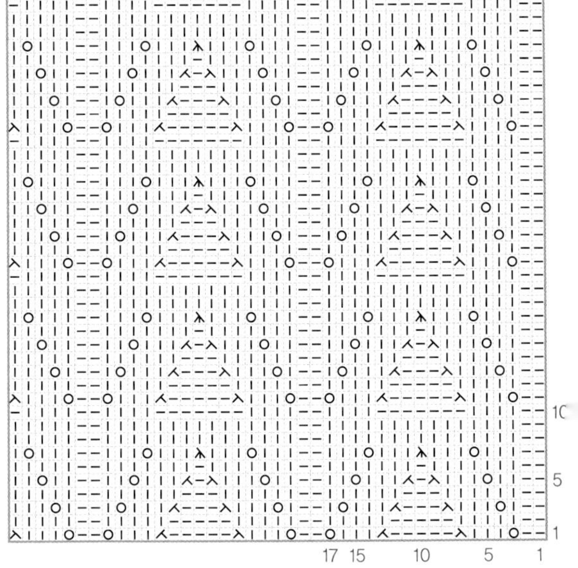

114 12코 10단 1무늬

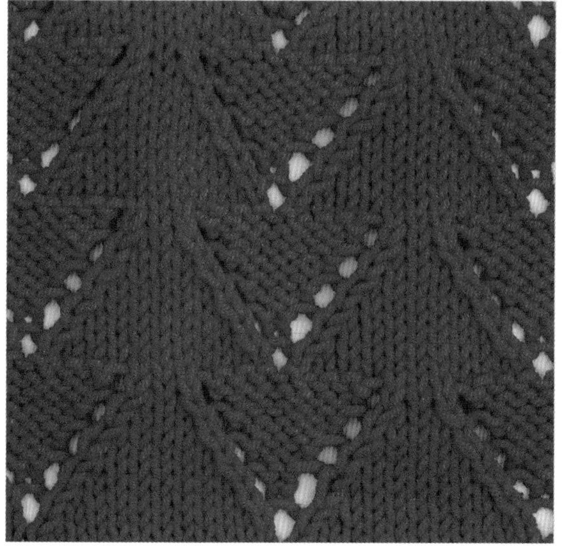

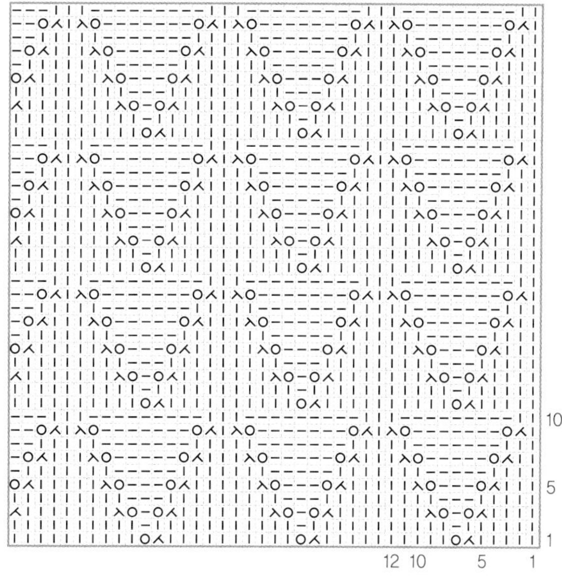

115 12코 12단 1무늬

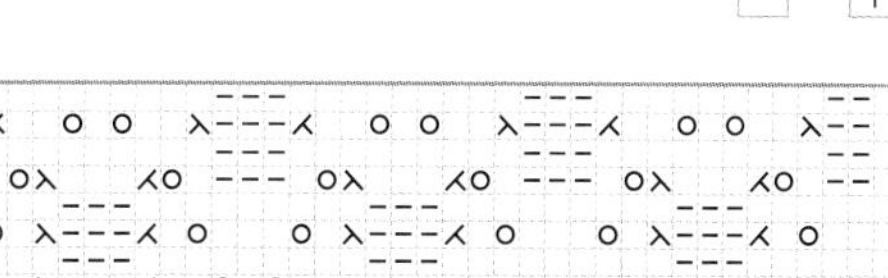

12
10
5
1
12 10 5 1

116 14코 20단 1무늬

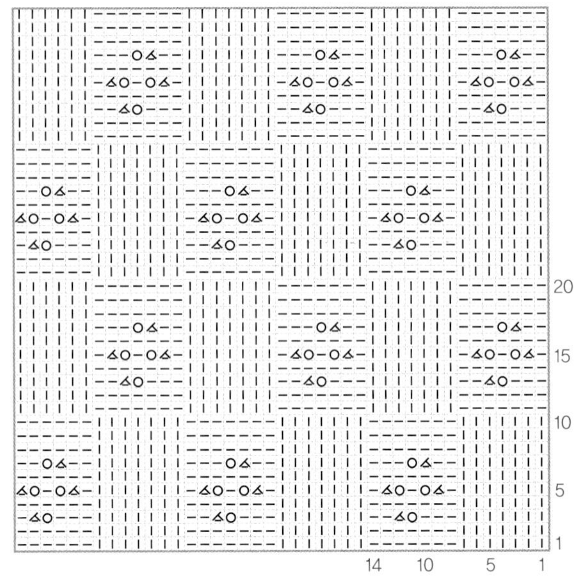

117 10코 12단 1무늬

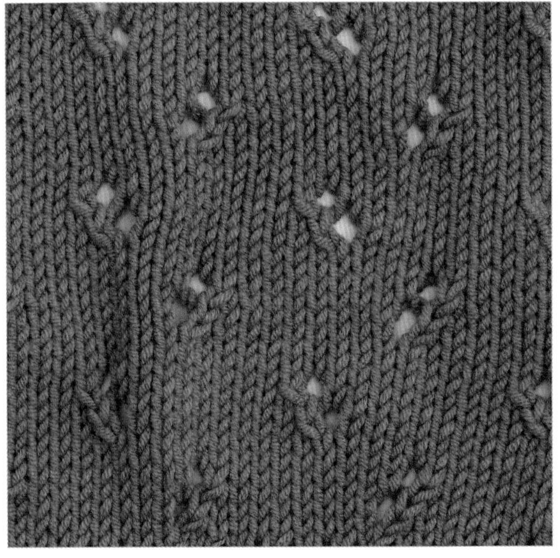

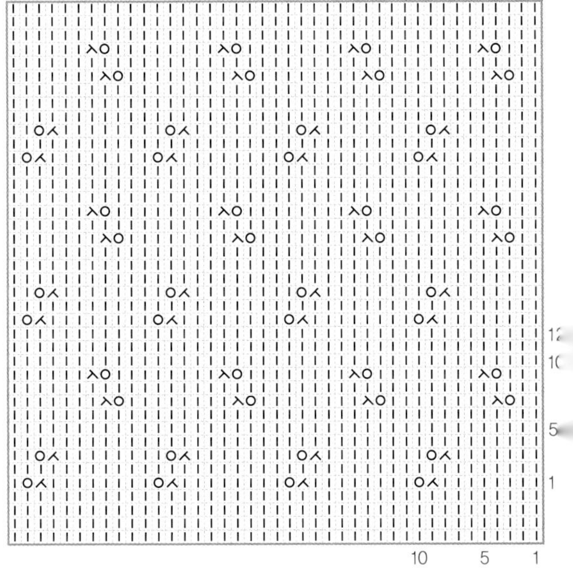

118 76코 24단 1무늬

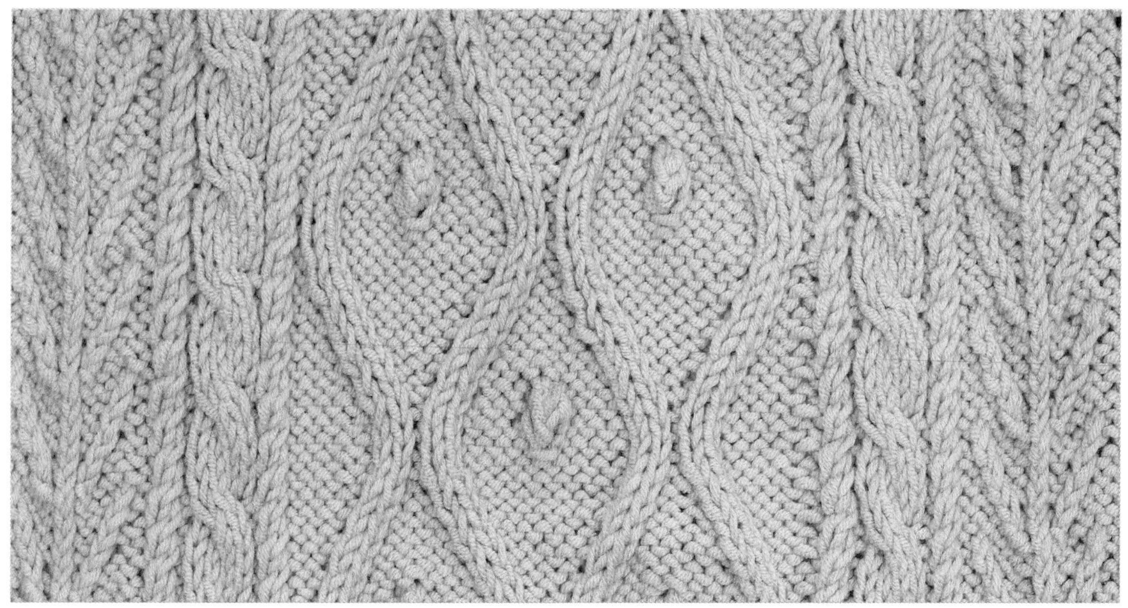

□ = —

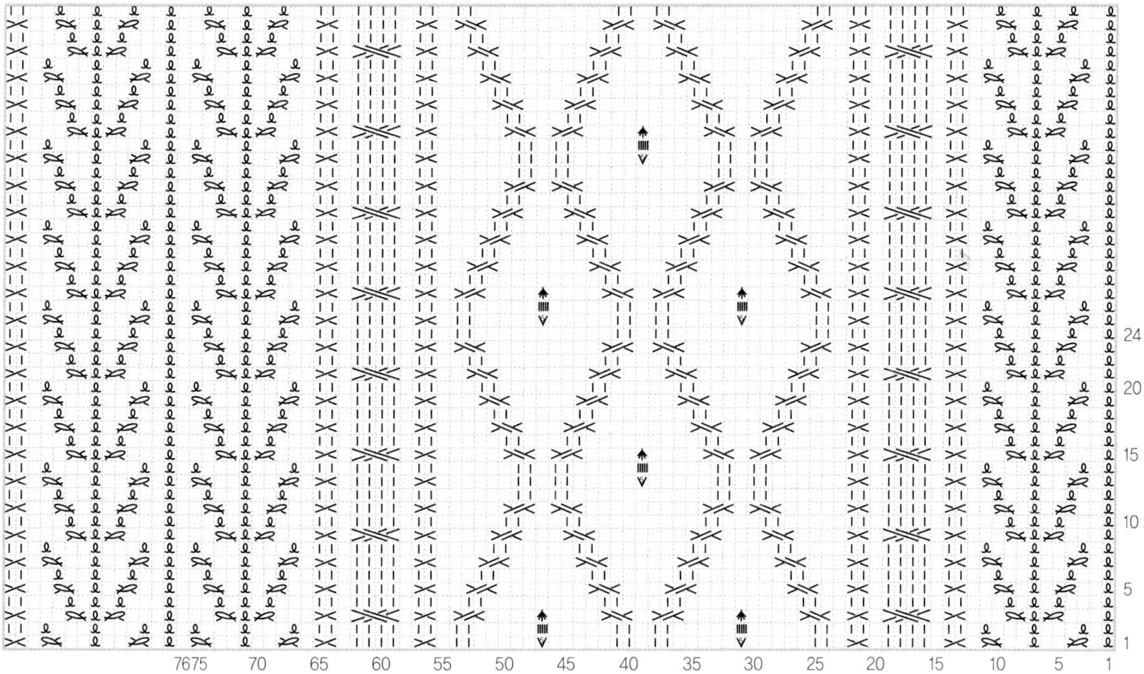

24
20
15
10
5
1

7675 70 65 60 55 50 45 40 35 30 25 20 15 10 5 1

119 87코 14단 1무늬

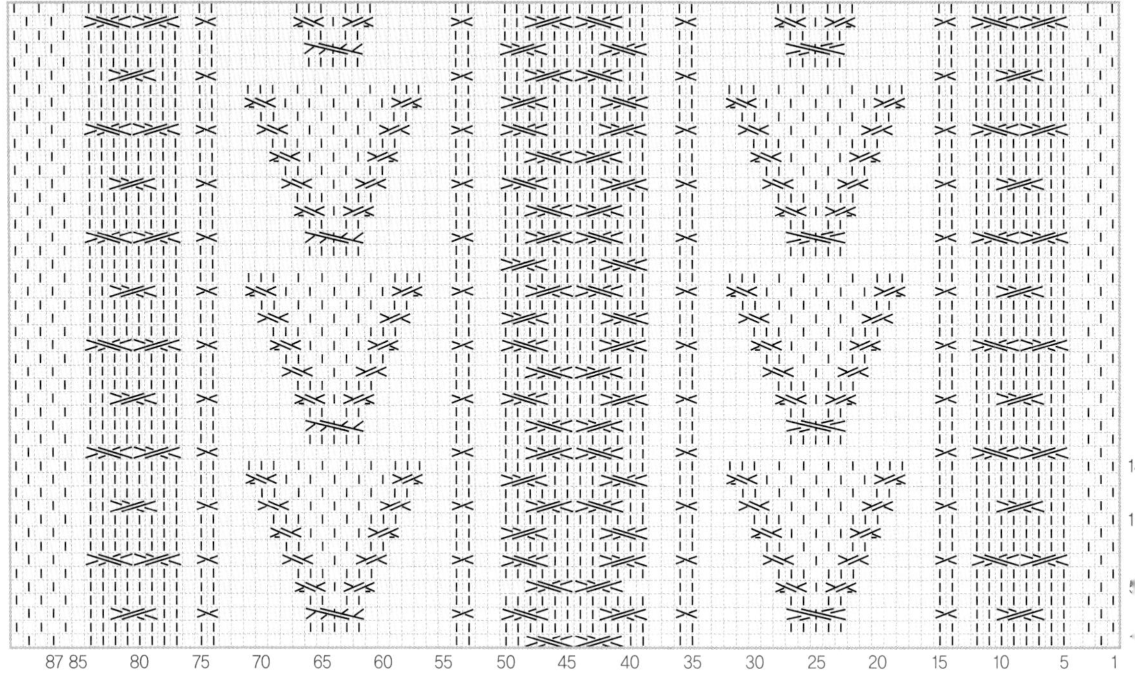

120 62코 20단 1무늬

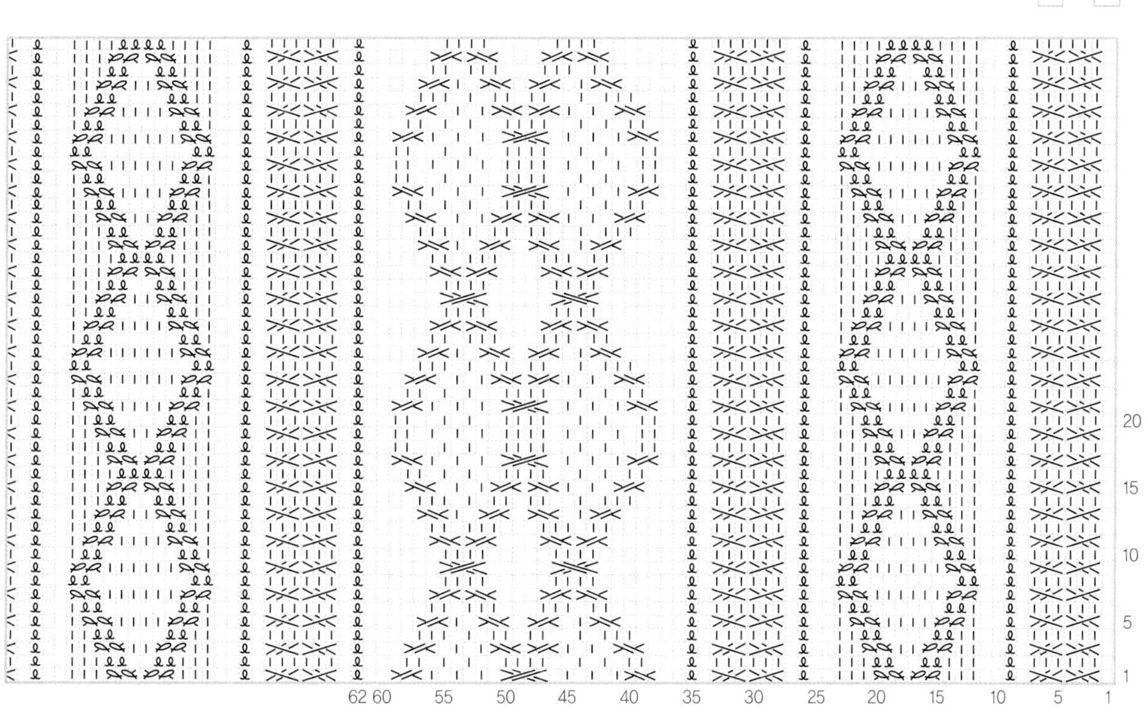

121 77코 16단 1무늬

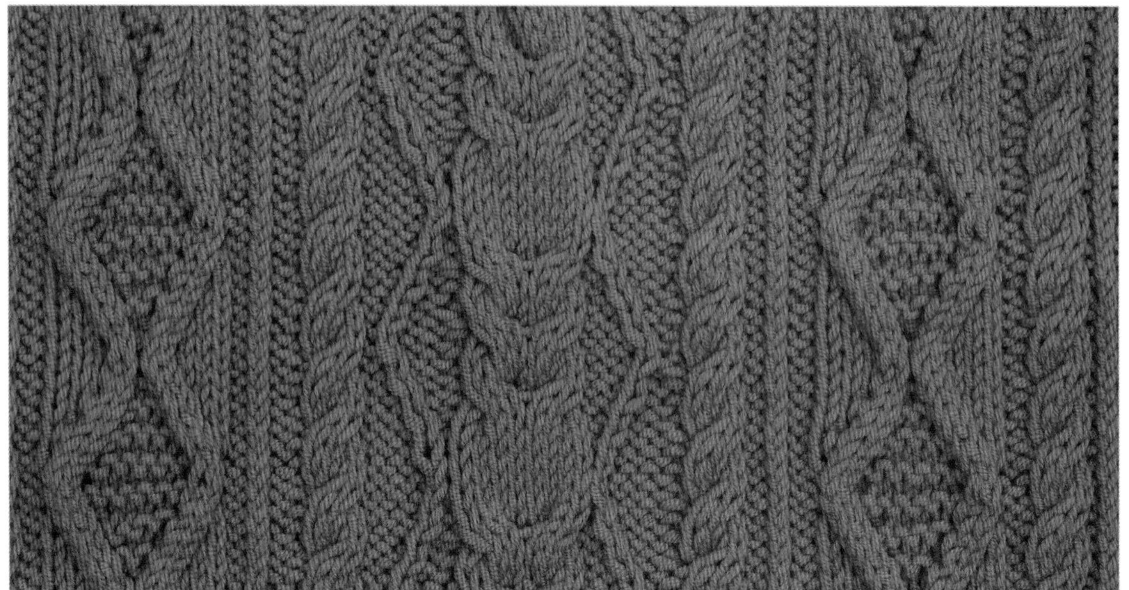

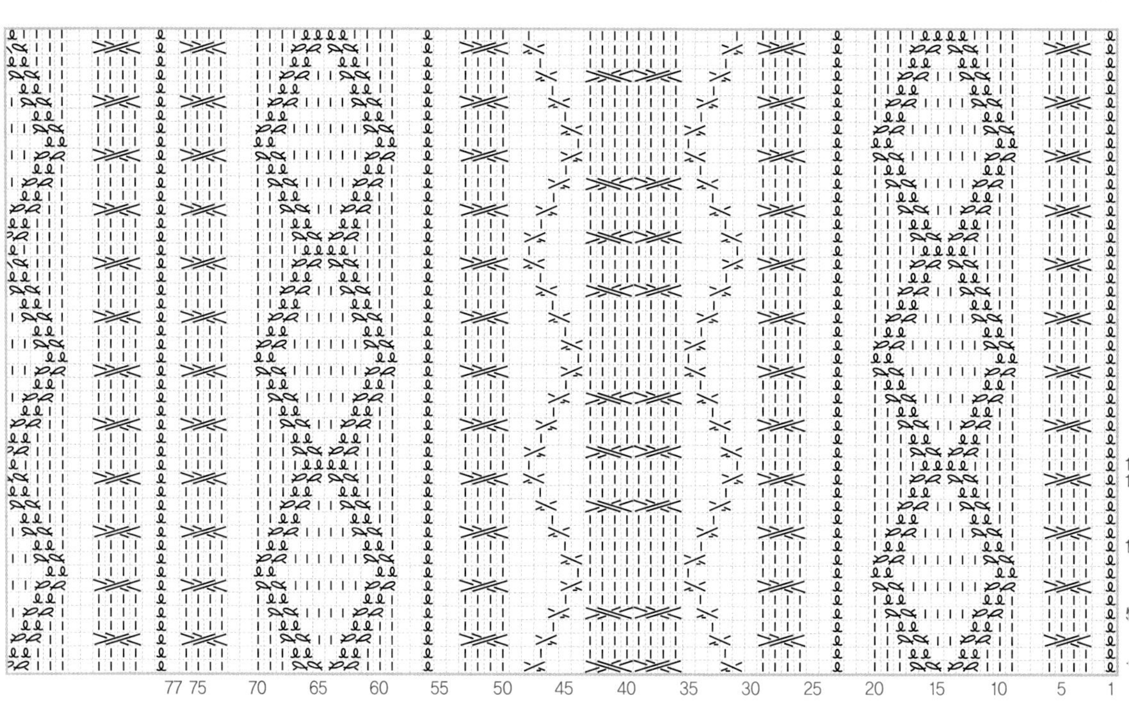

122 91코 32단 1무늬

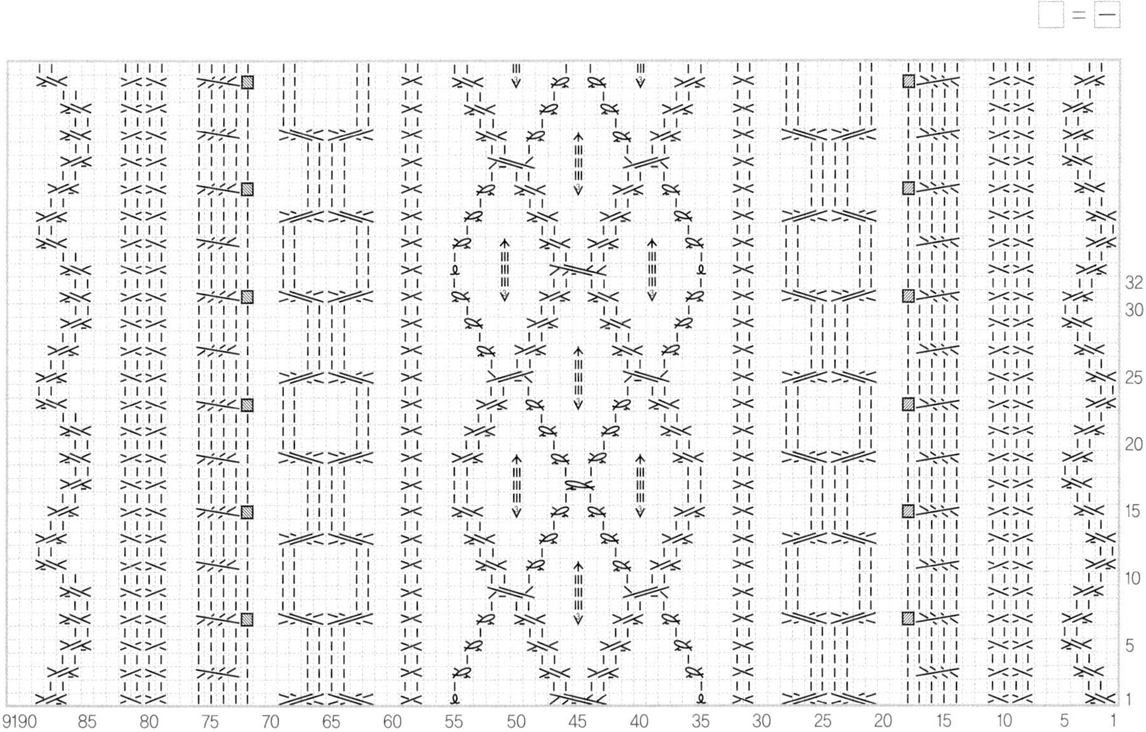

□ = —

123 64코 20단 1무늬

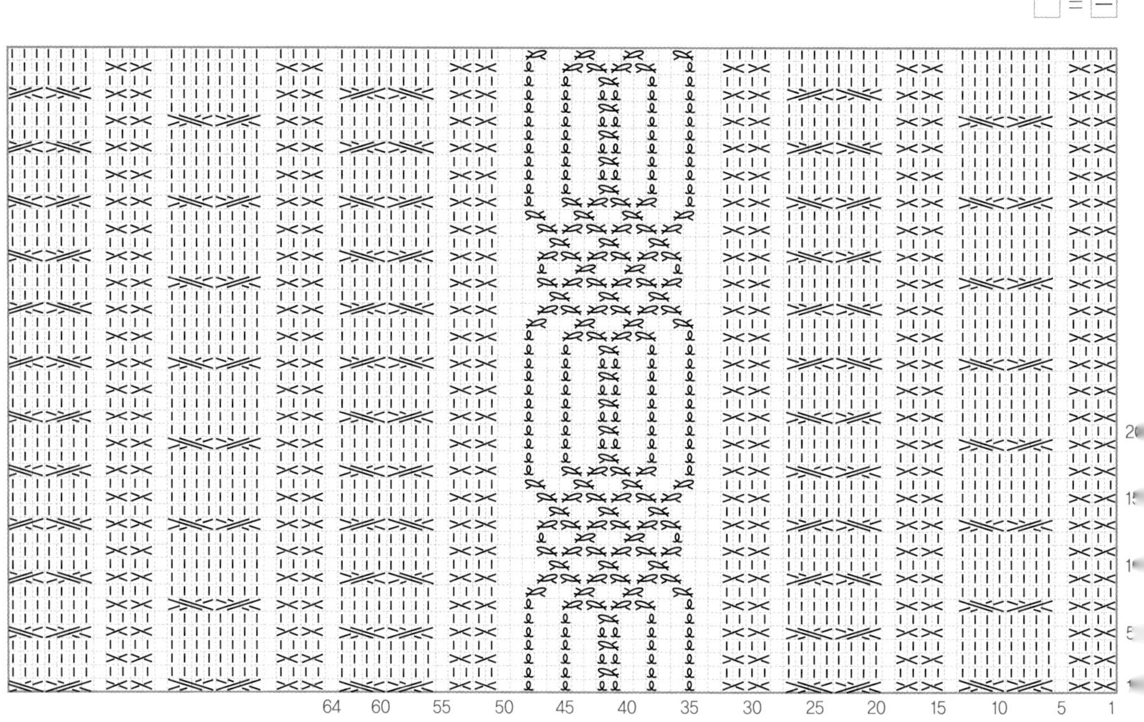

124 70코 18단 1무늬

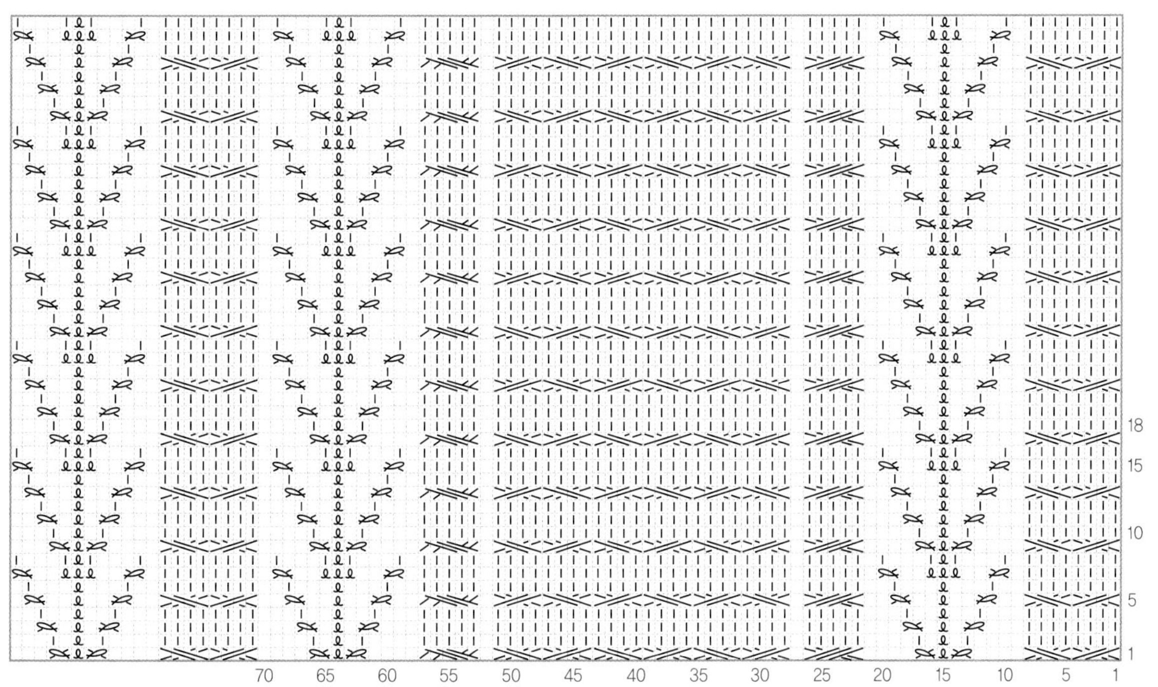

125 62코 16단 1무늬

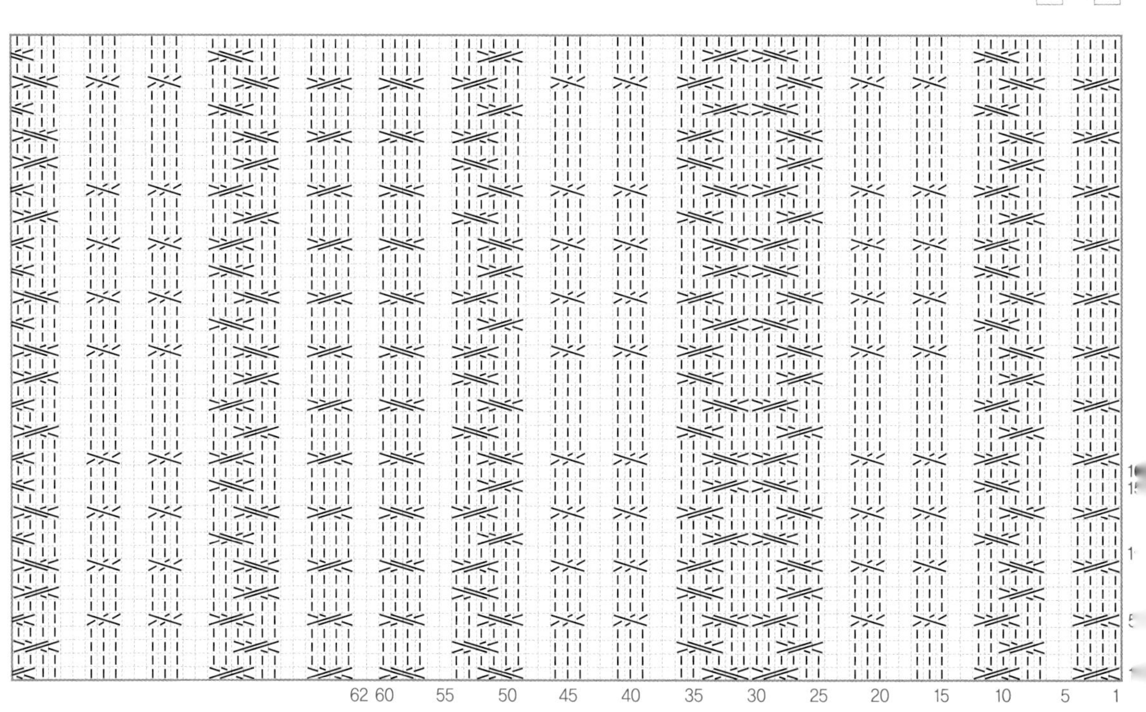

126 78코 30단 1무늬

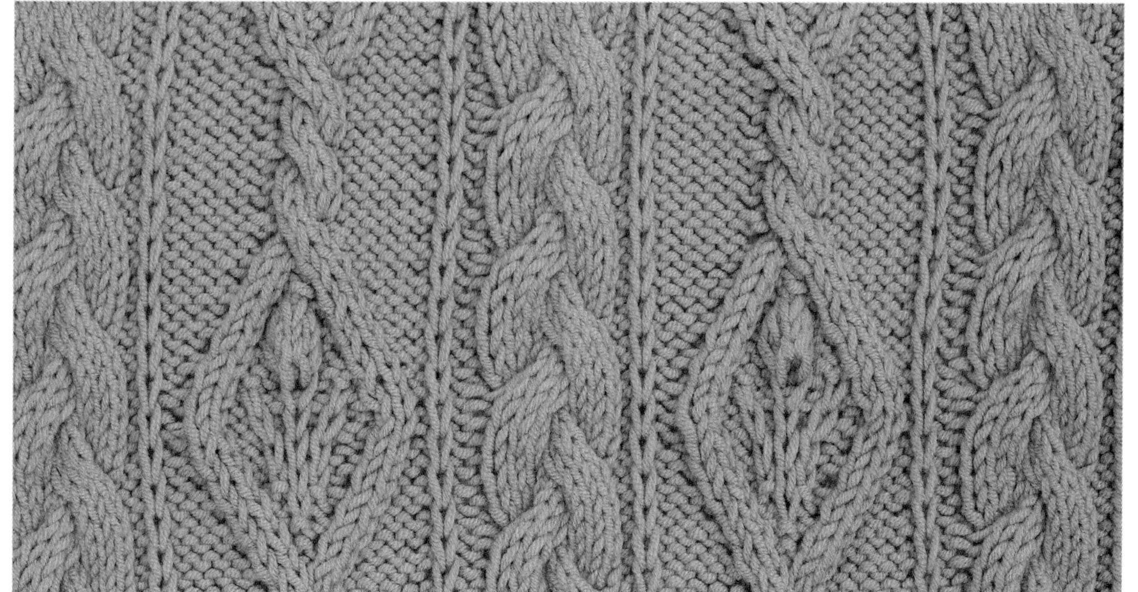

□ = −

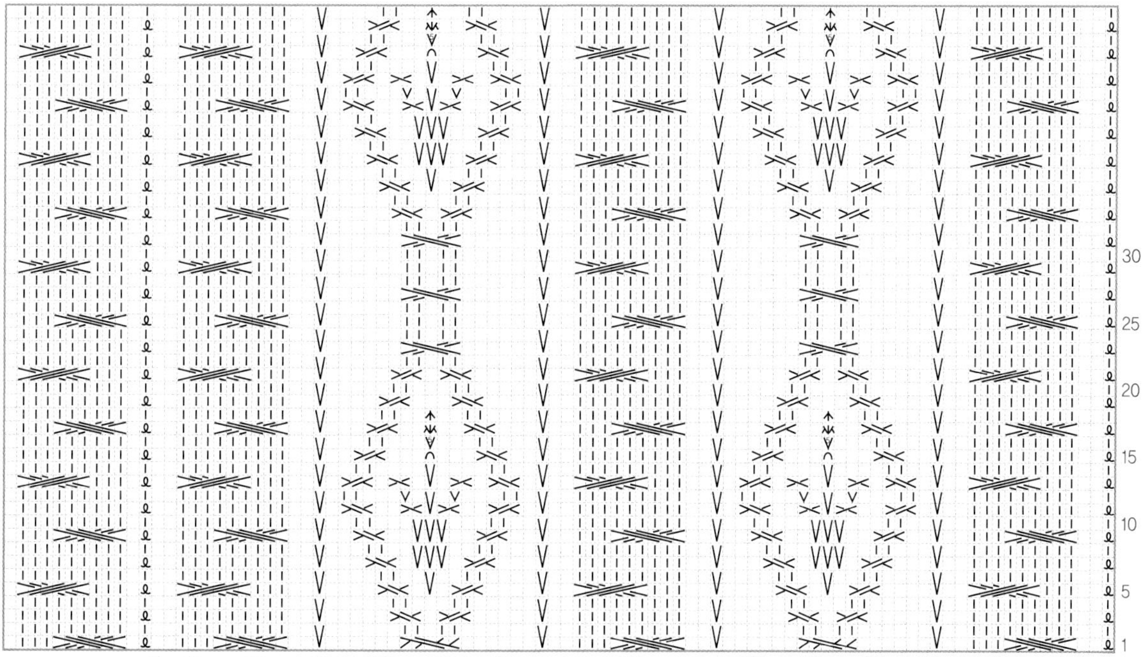

127 64코 16단 1무늬

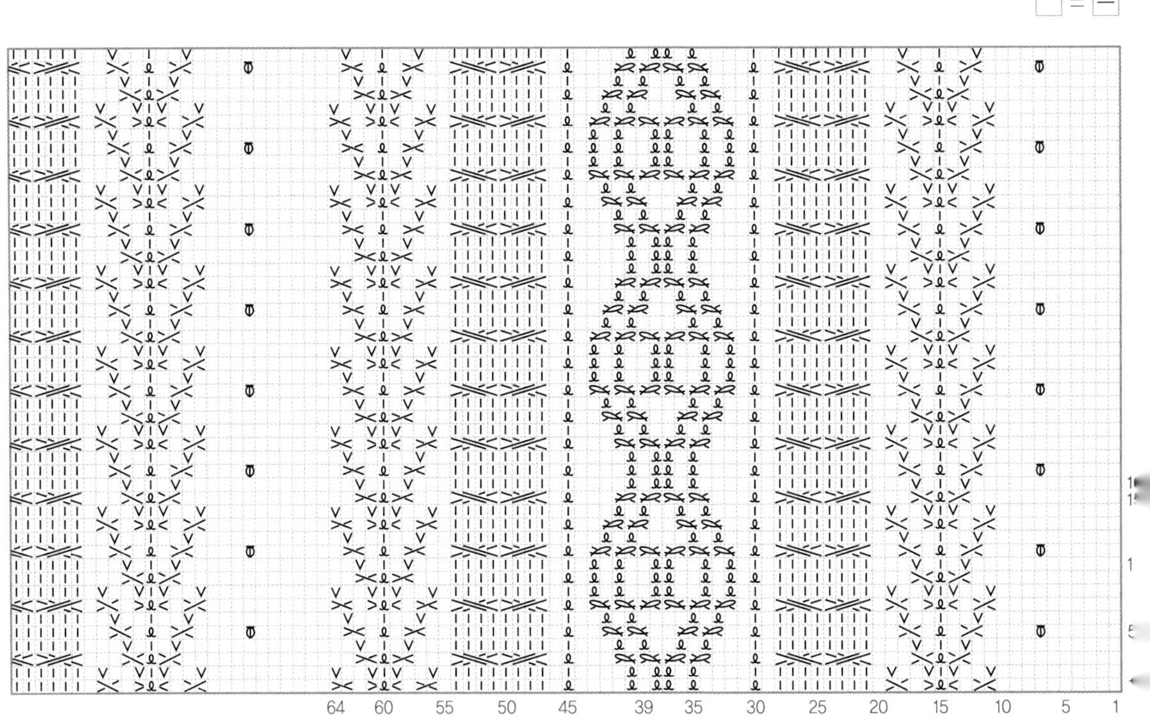

128 76코 36단 1무늬

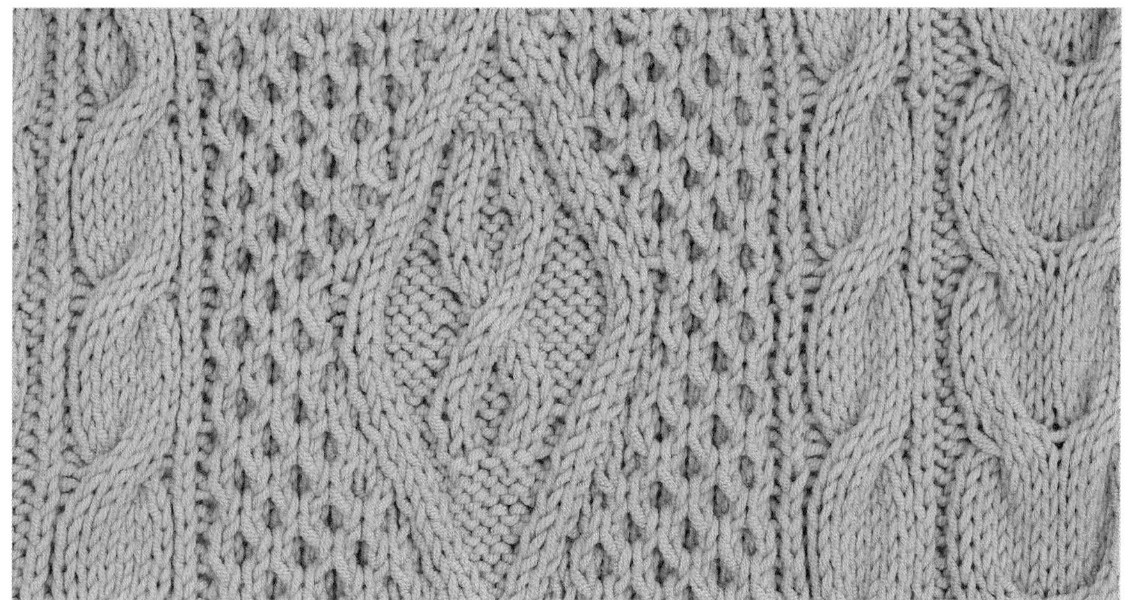

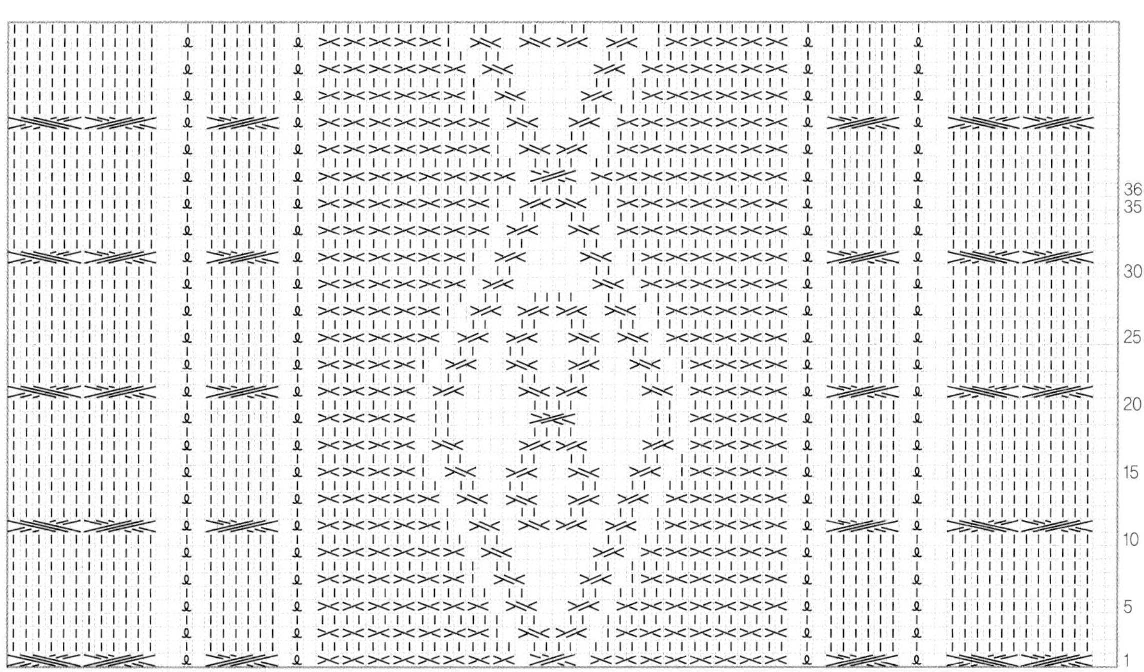

129 111코 24단 1무늬

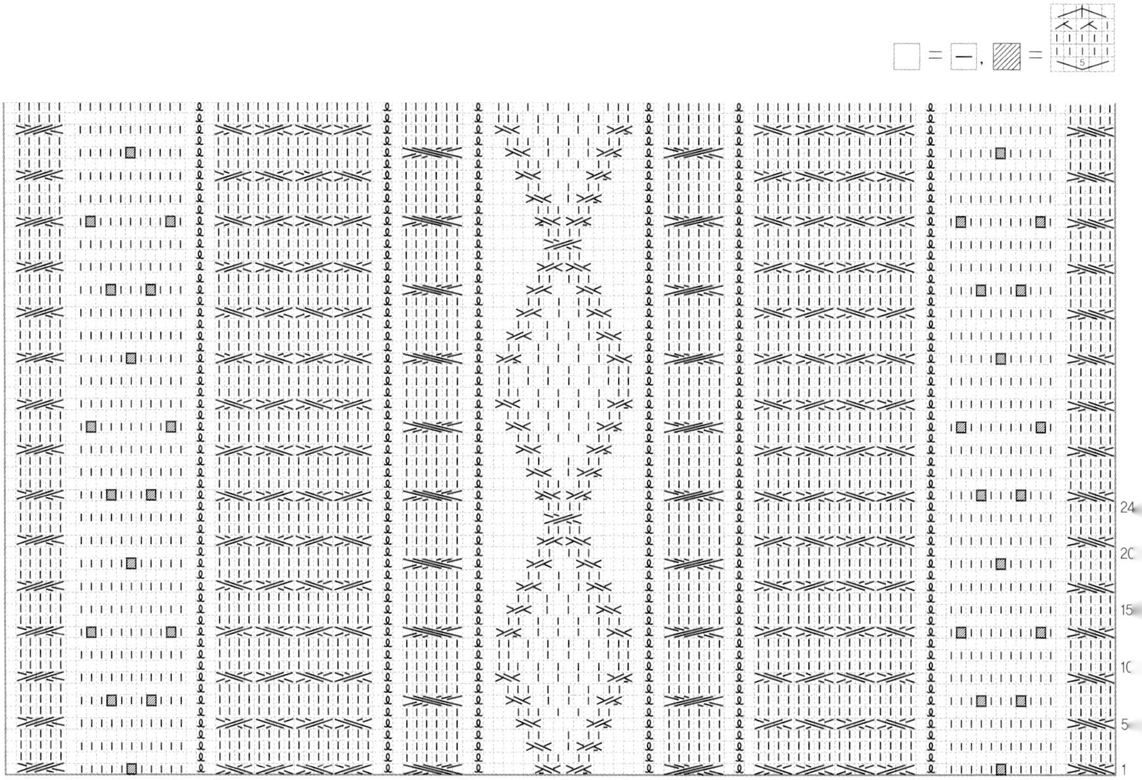

□ = —, ▨ = 5

130 8코 18단 1무늬

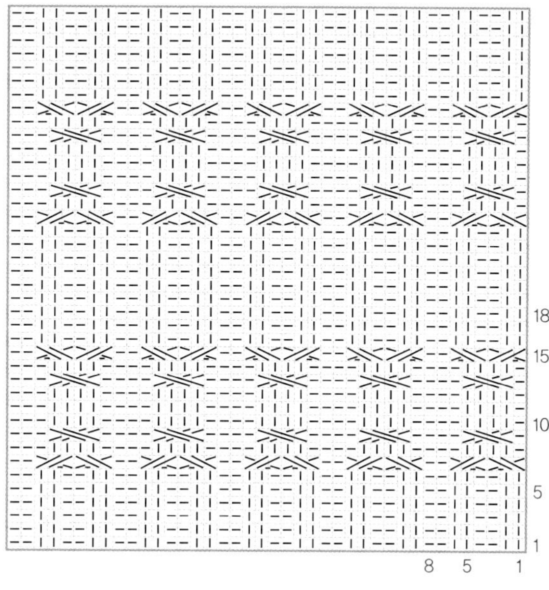

131 20코 24단 1무늬

□ = ㅡ, ▨ = 빈칸

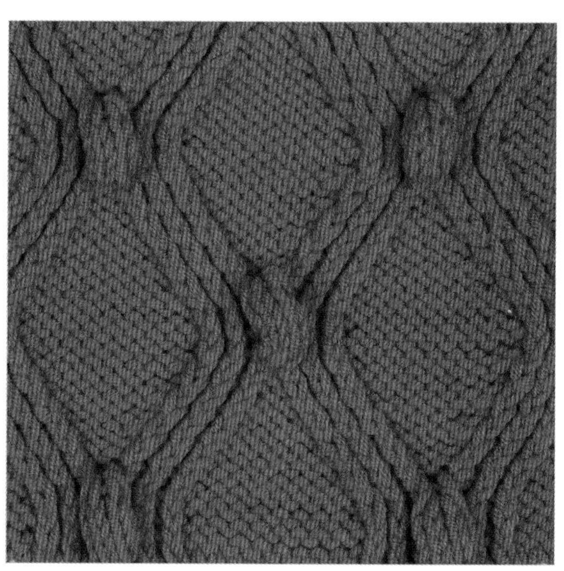

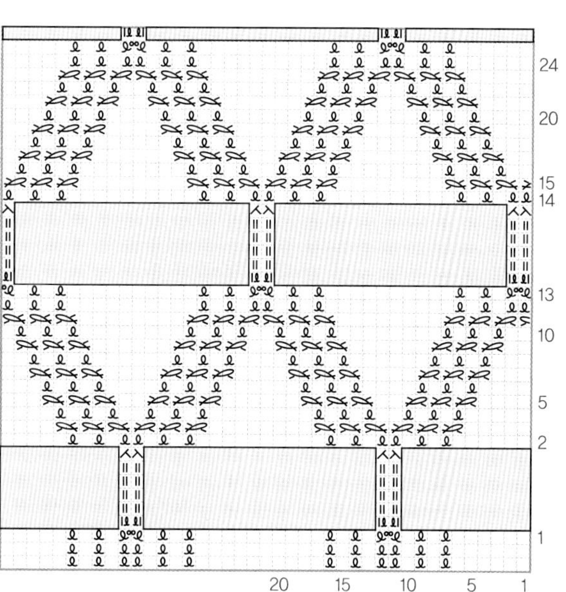

132 27코 30단 1무늬

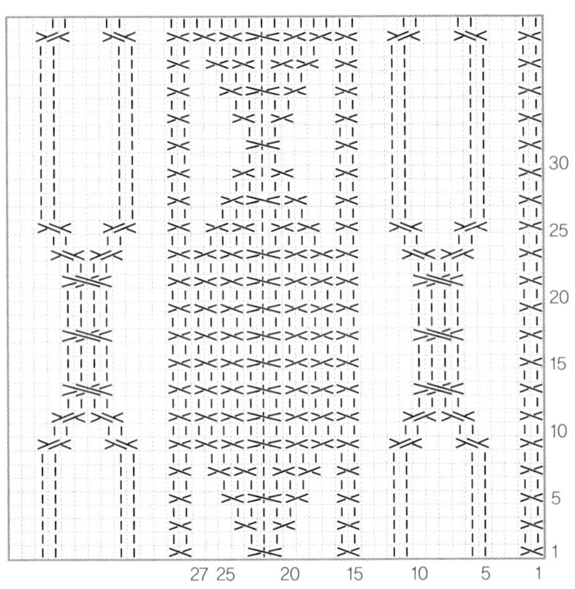

133 8코 8단 1무늬

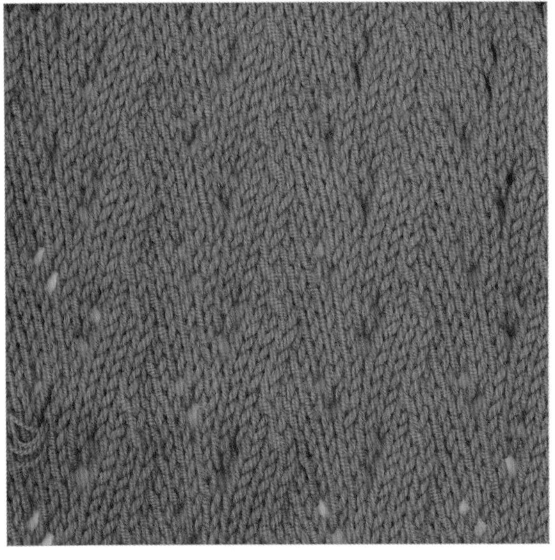

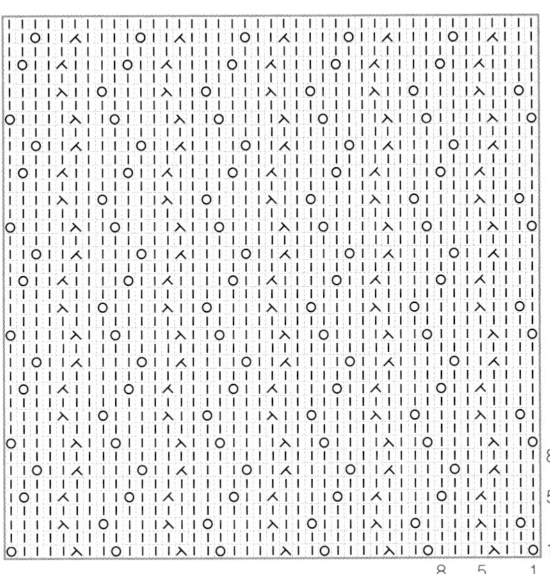

134 58코 30단 1무늬

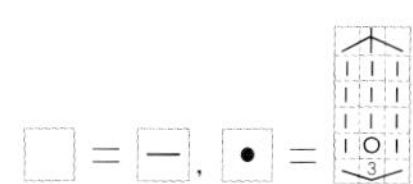

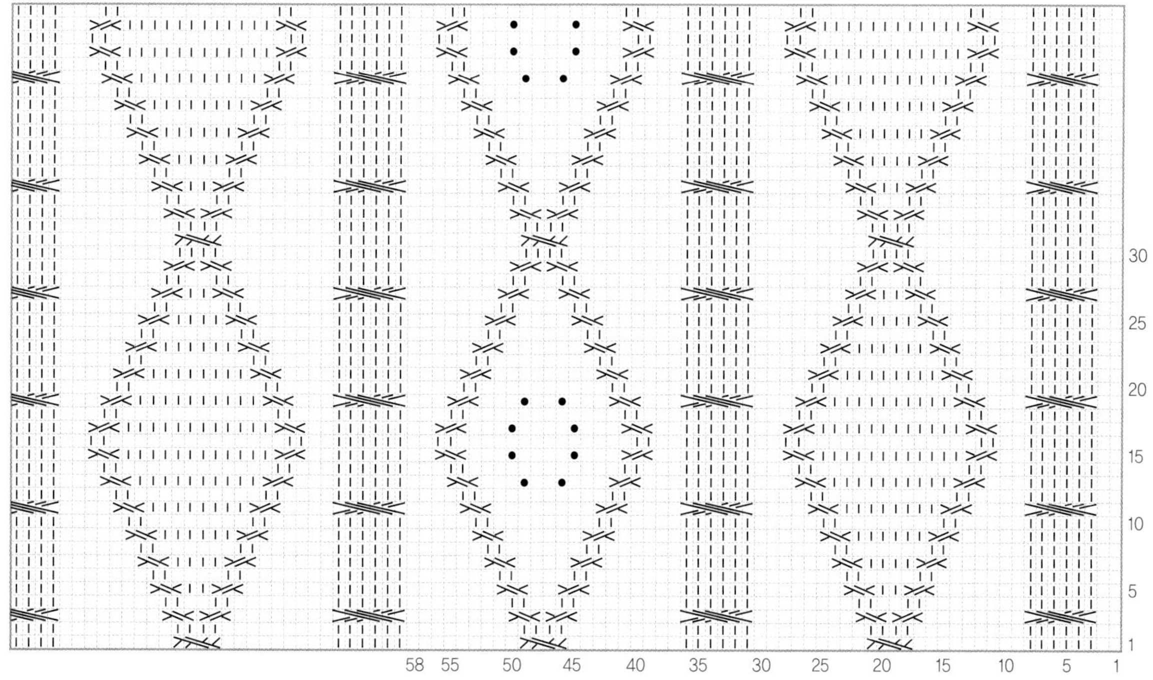

135 42코 20단 1무늬

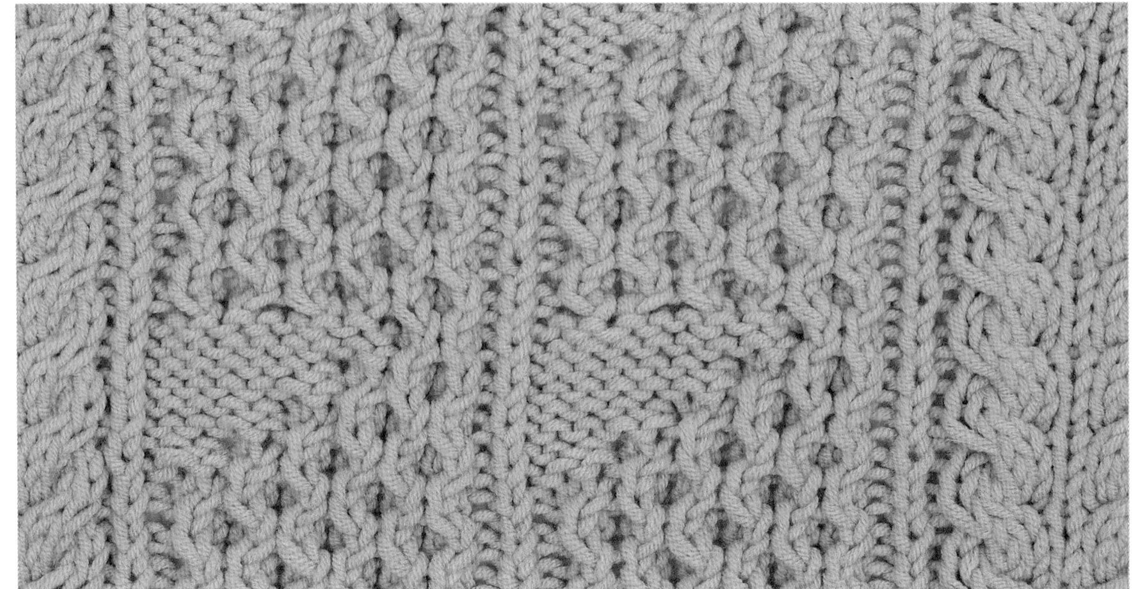

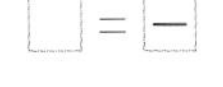

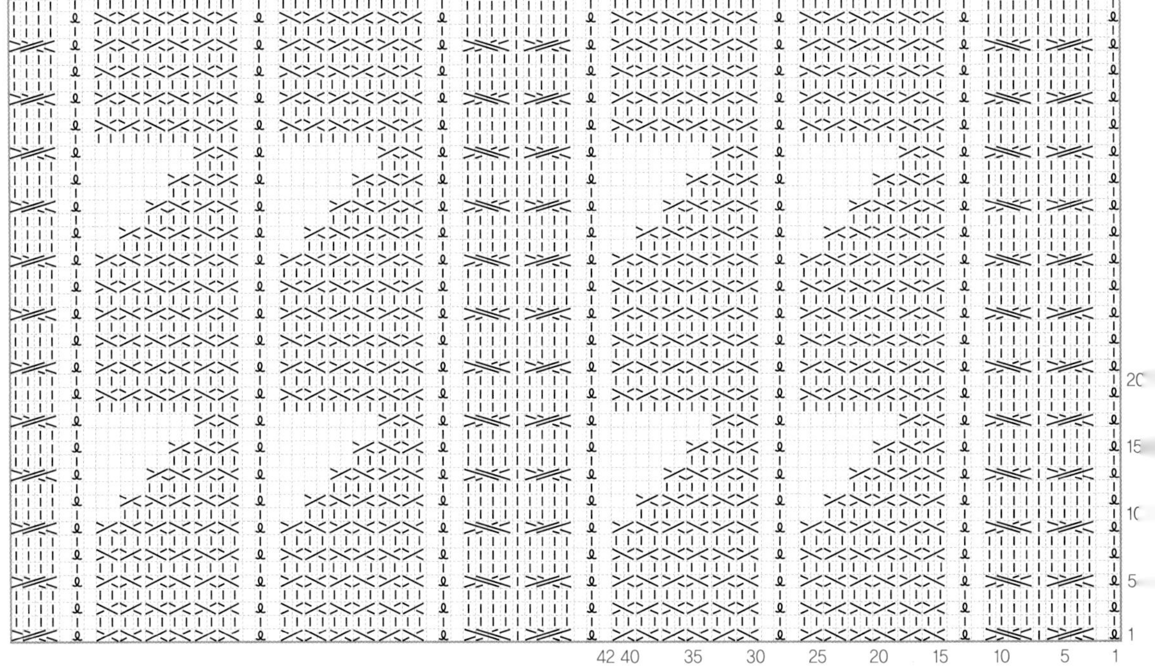

136 49코 22단 1무늬

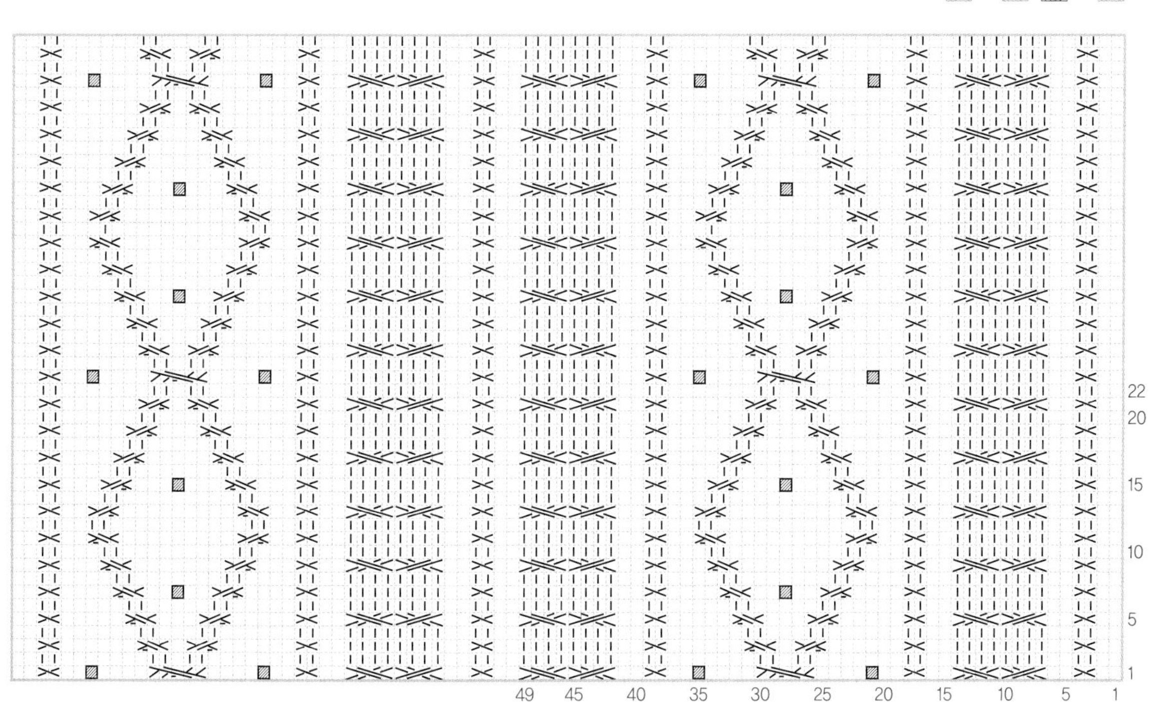

137 39코 20단 1무늬

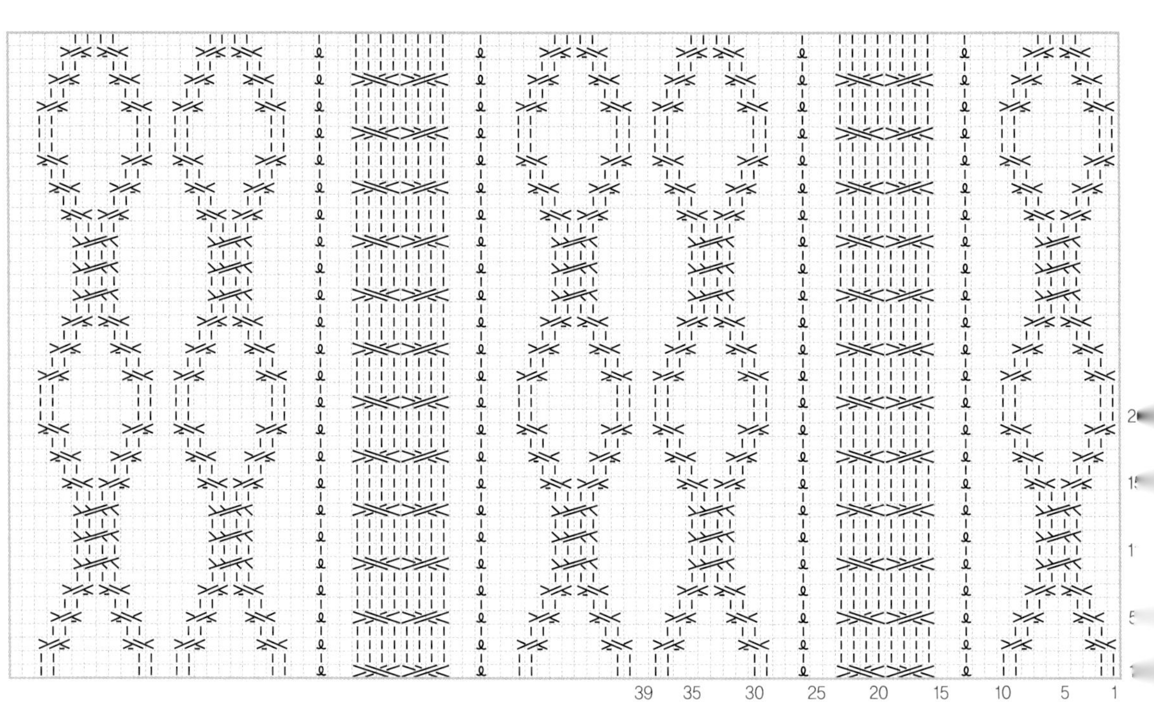

138 53코 26단 1무늬

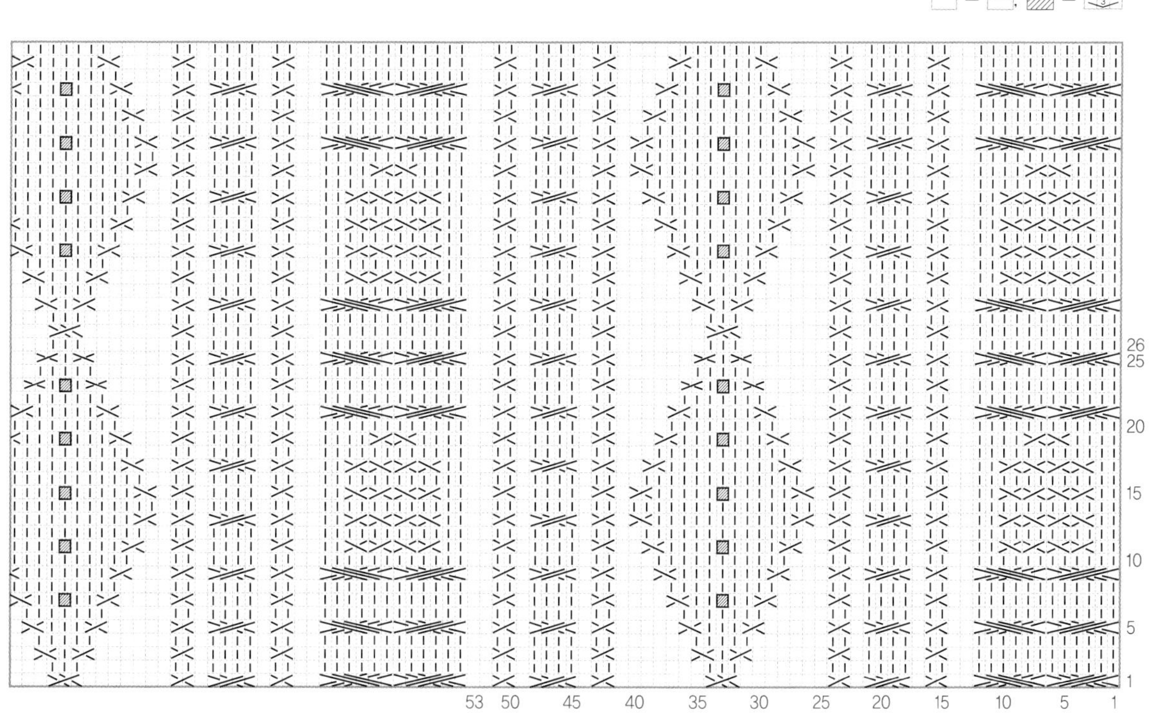

139 52코 16단 1무늬

□ = –

52 50 45 40 35 30 25 20 15 10 5 1

140 54코 16단 1무늬

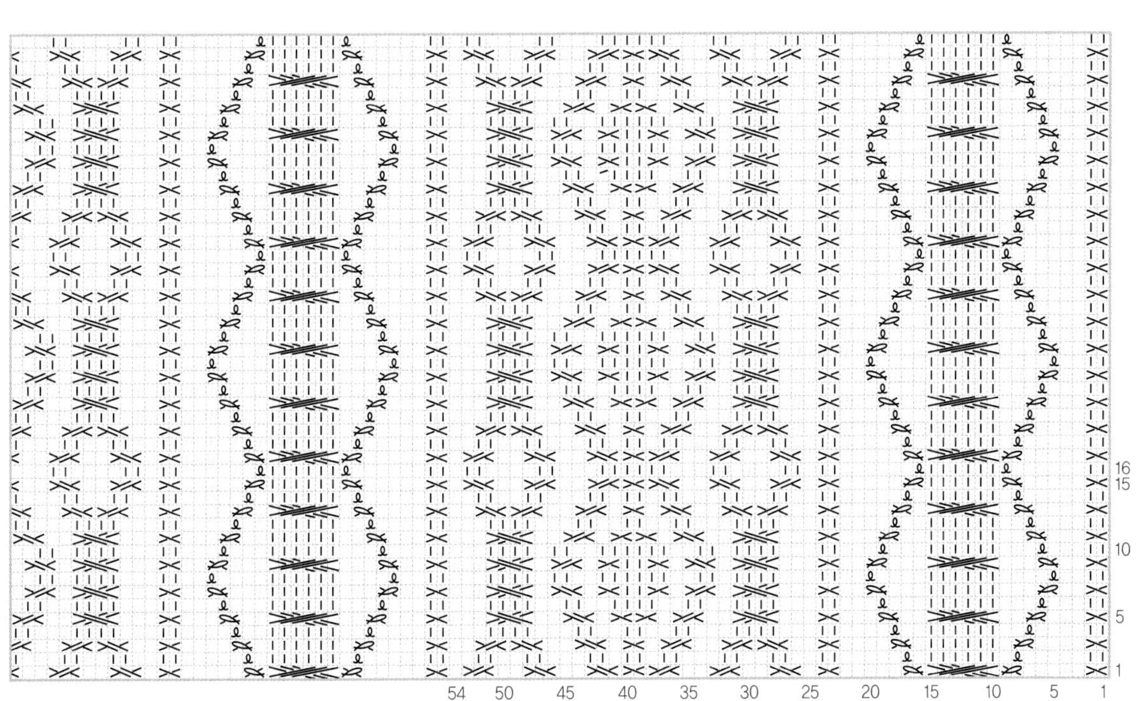

141 47코 24단 1무늬

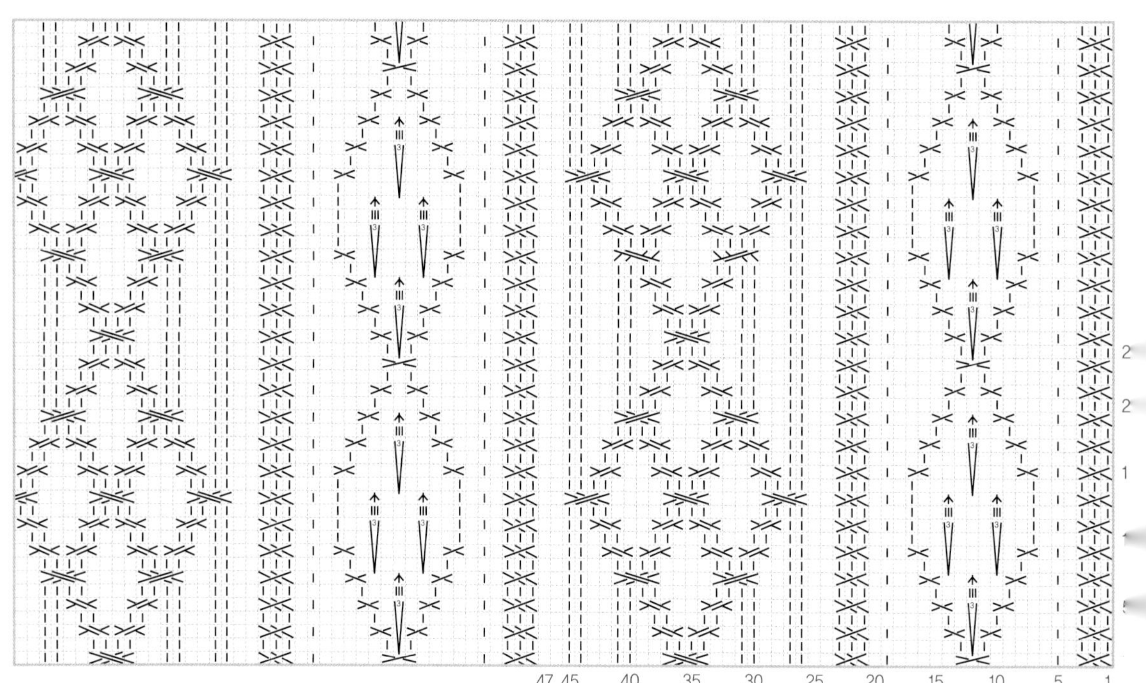

142 47코 24단 1무늬

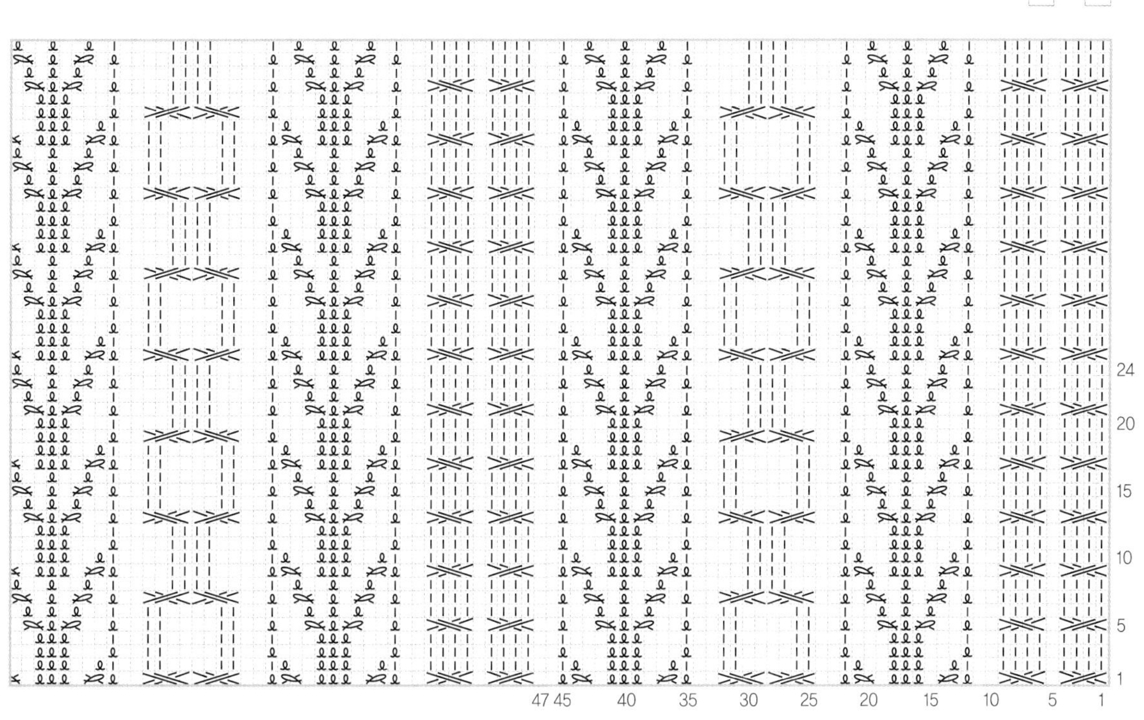

143 84코 16단 1무늬

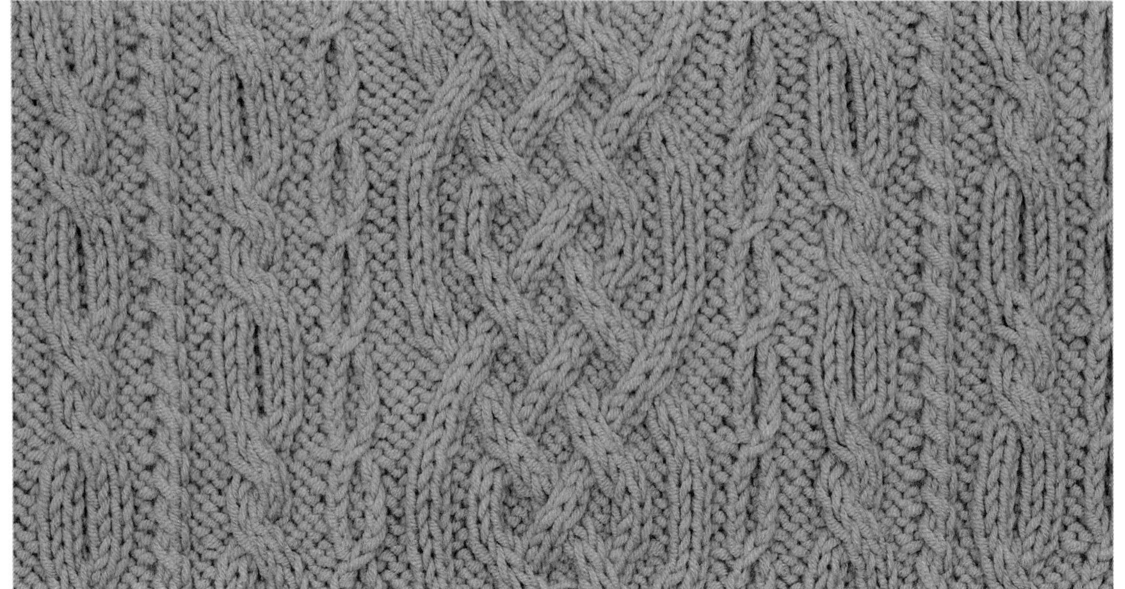

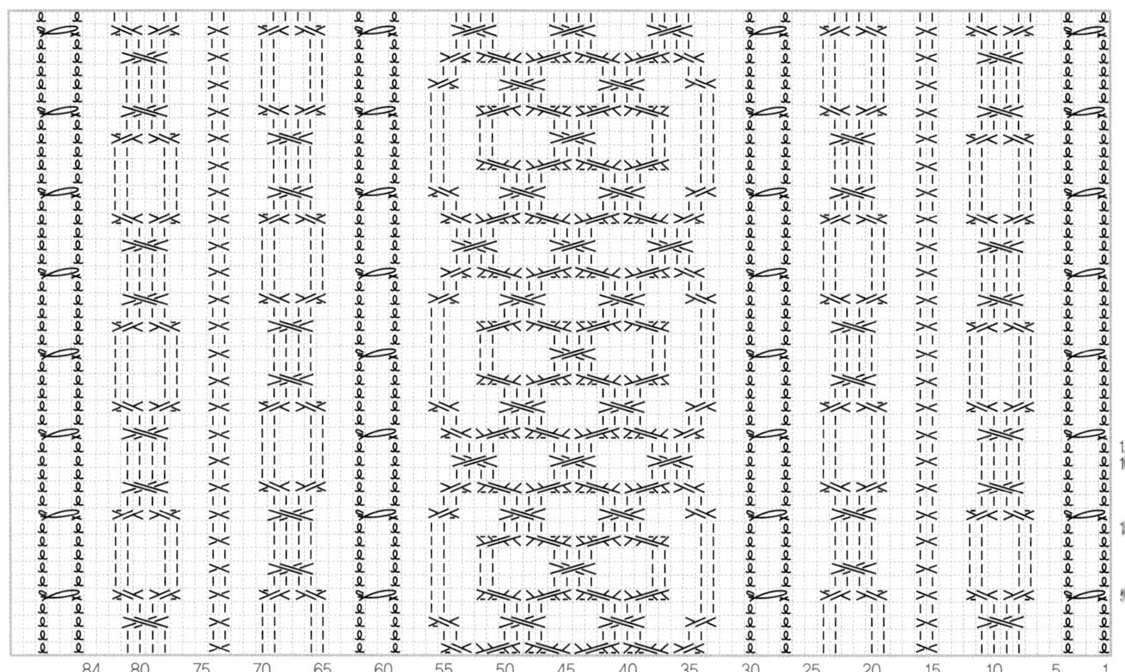

144 76코 28단 1무늬

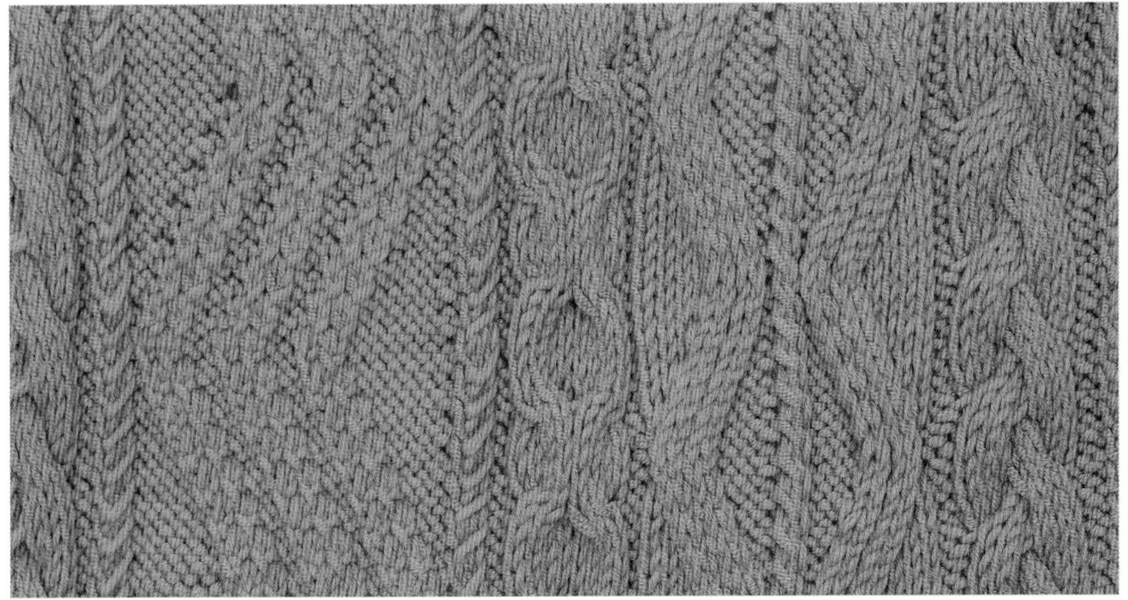

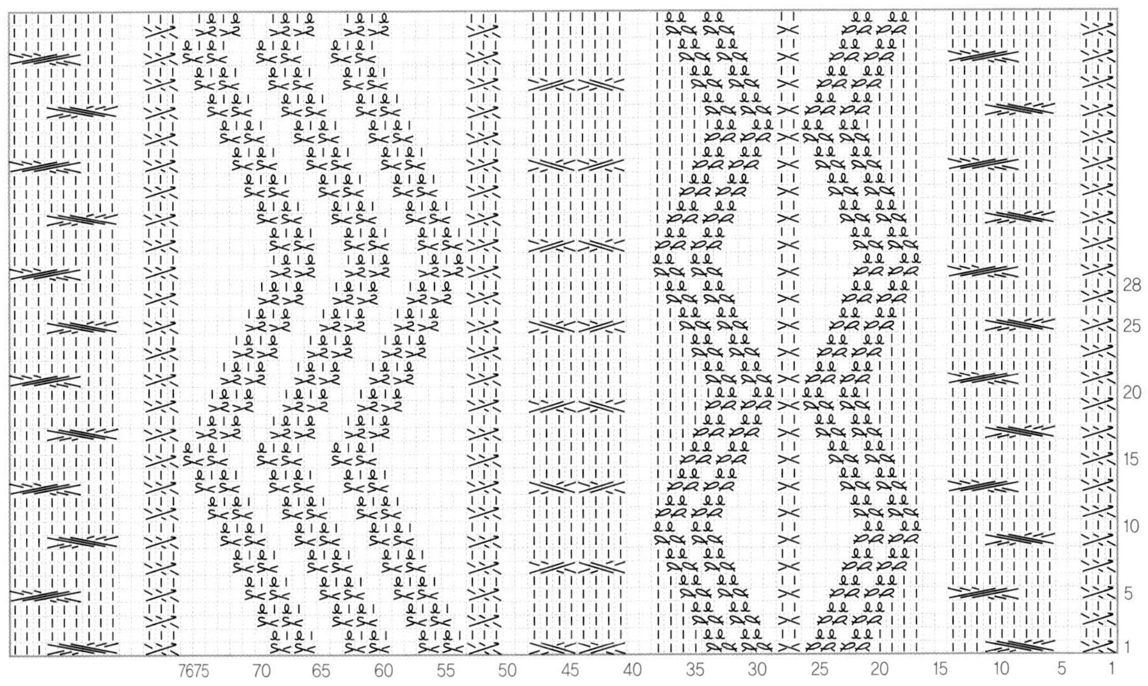

145 75코 16단 1무늬

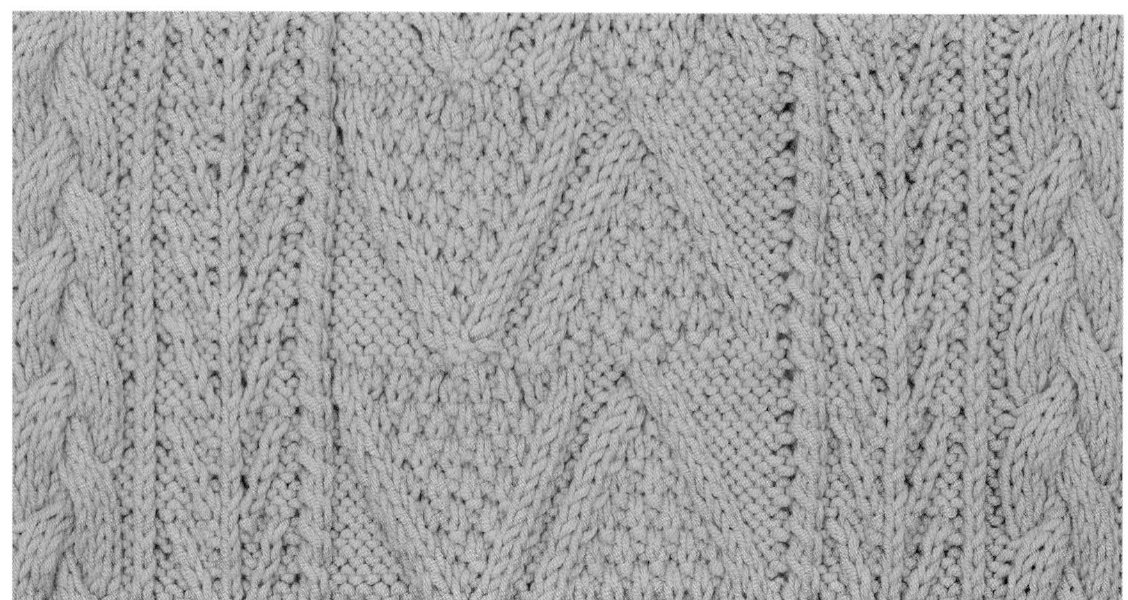

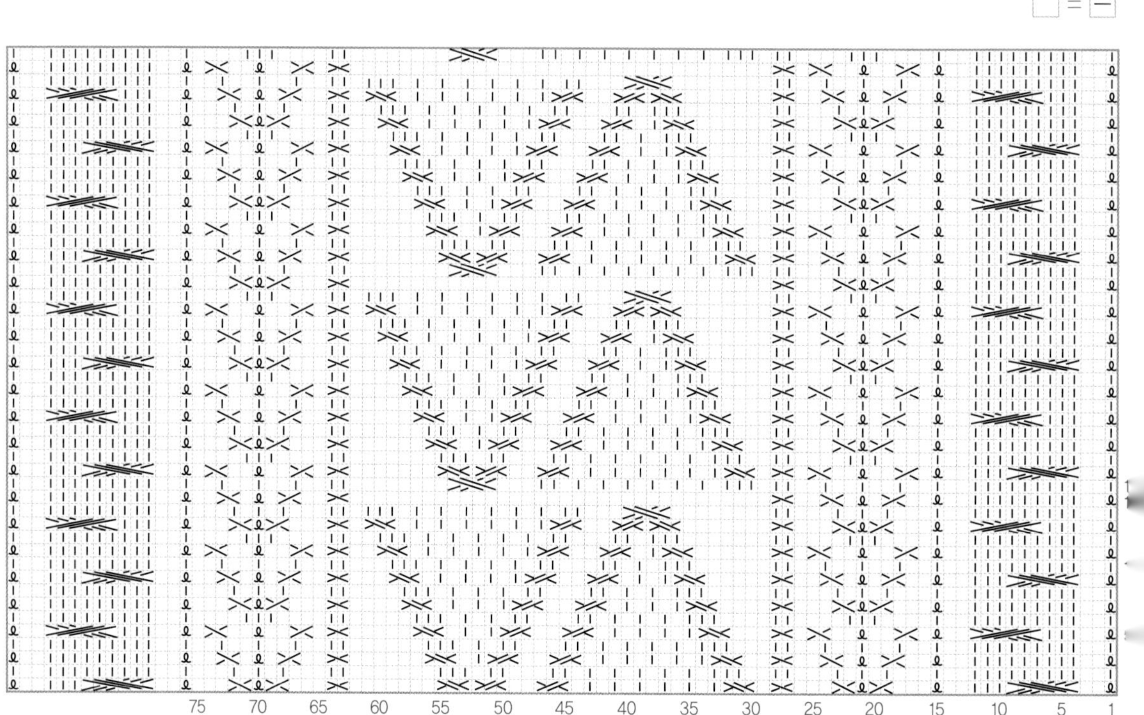

146 86코 8단 1무늬

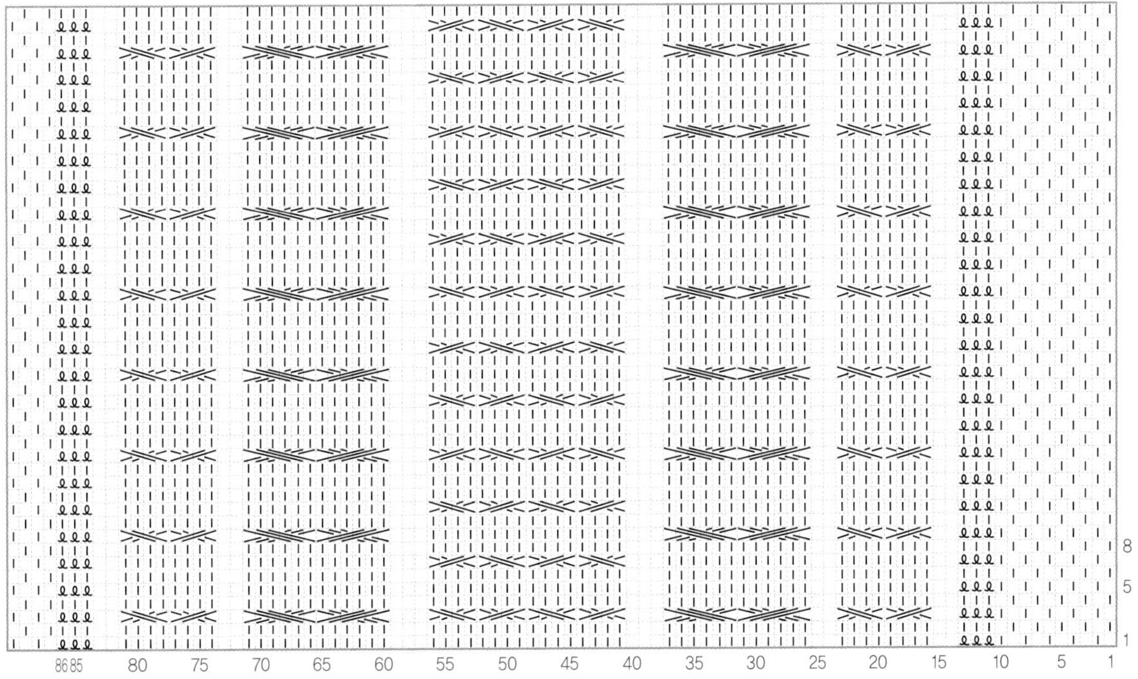

147 59코 8단 1무늬

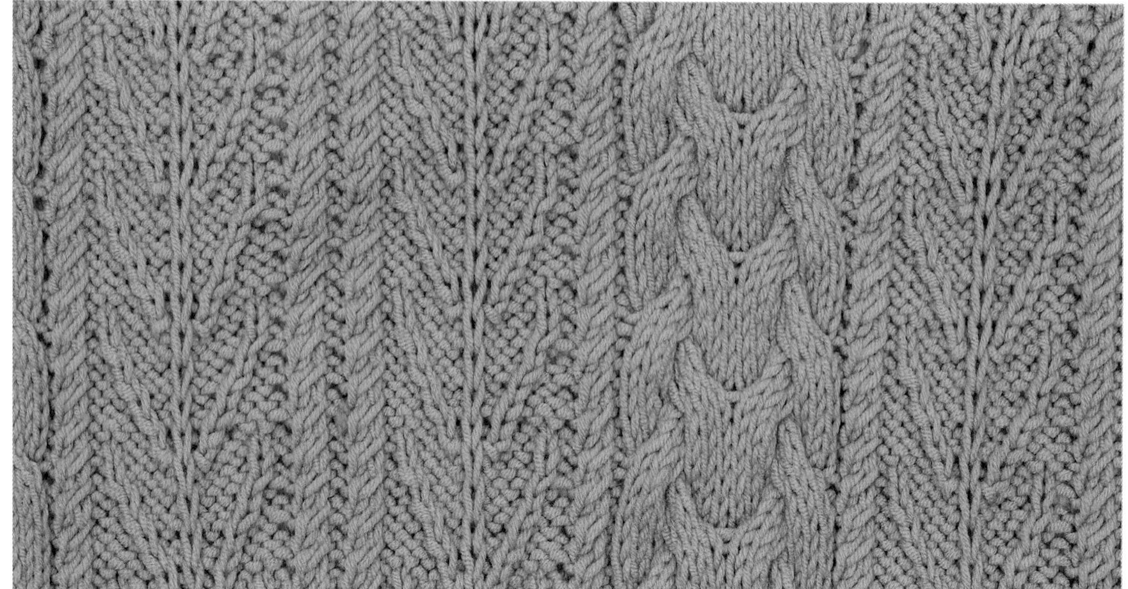

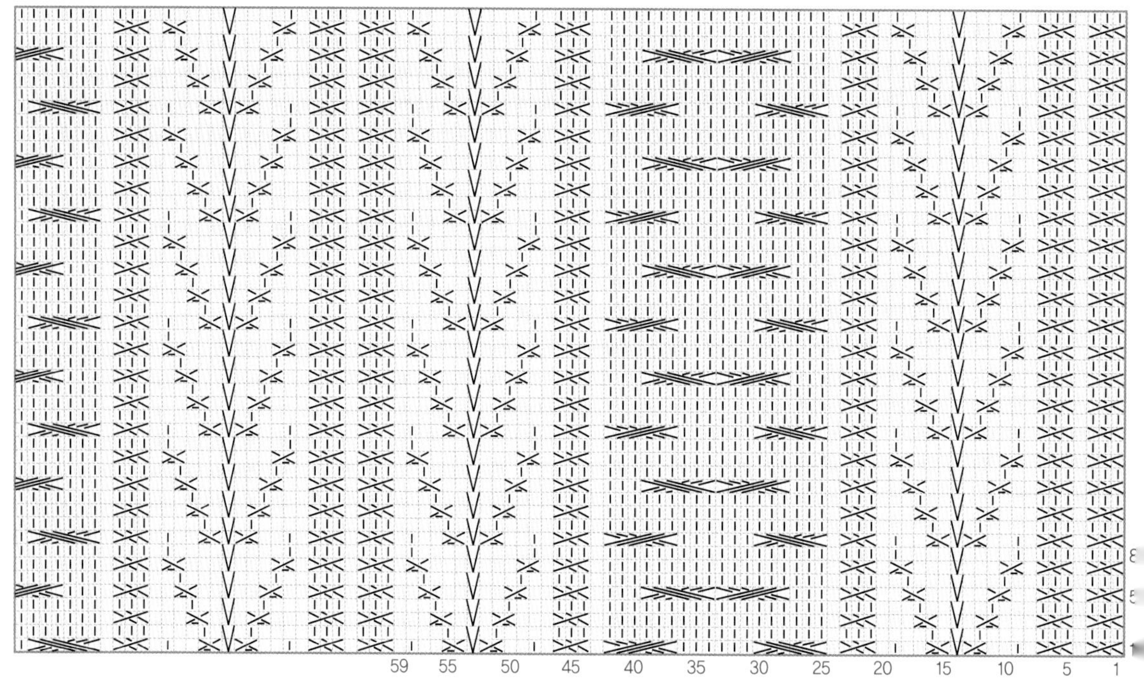

83코 12단 1무늬

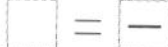

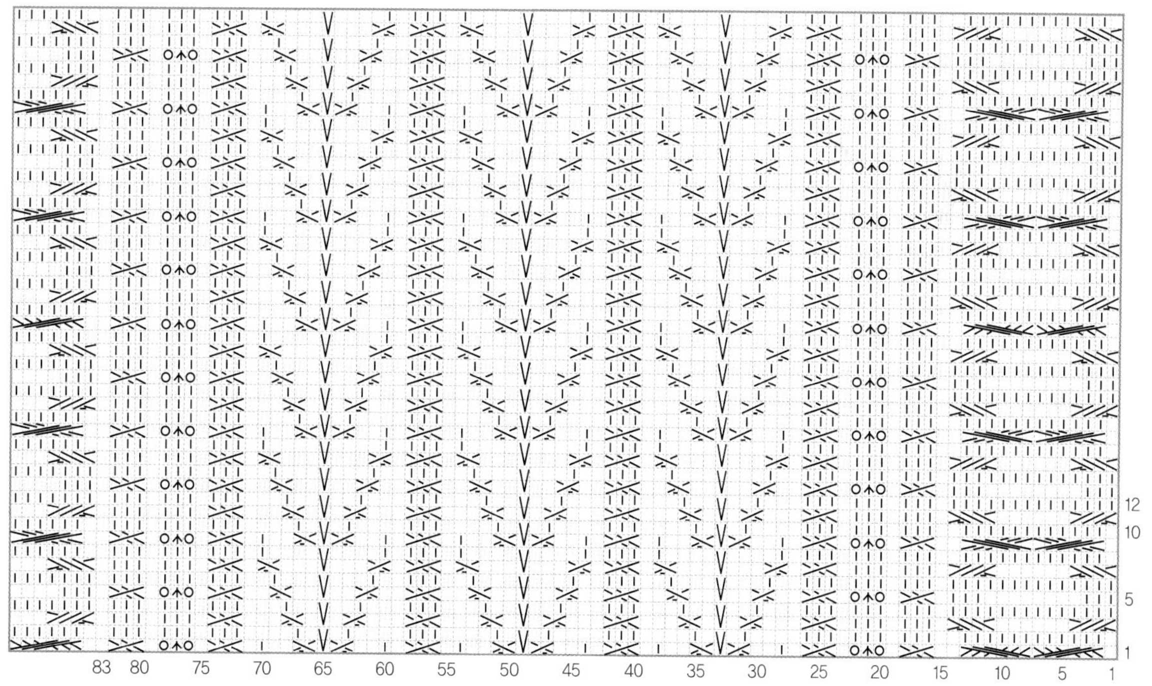

149 90코 24단 1무늬

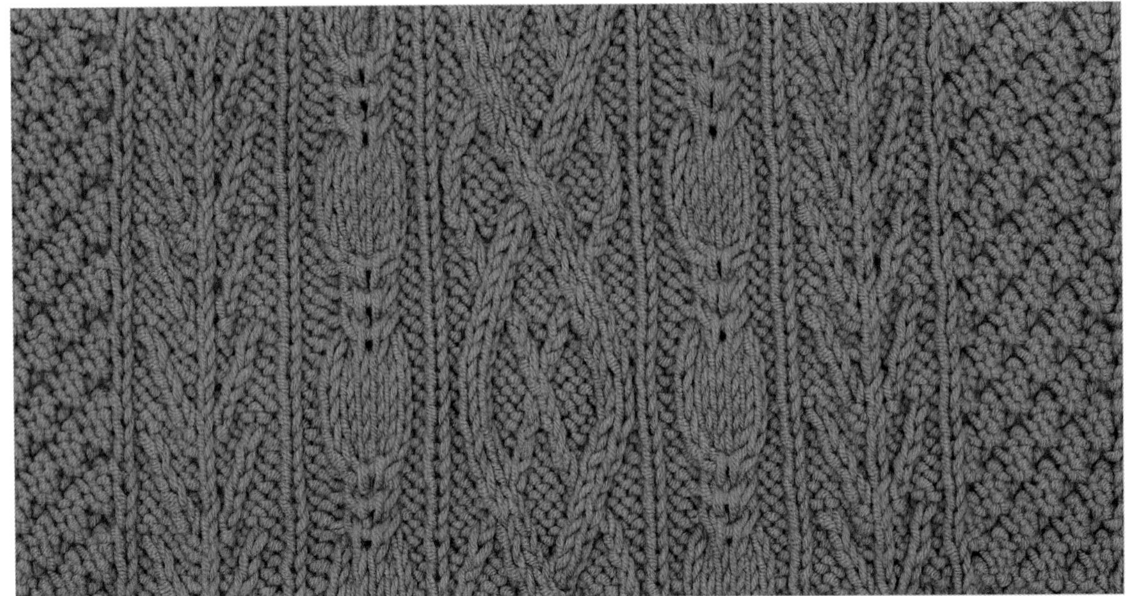

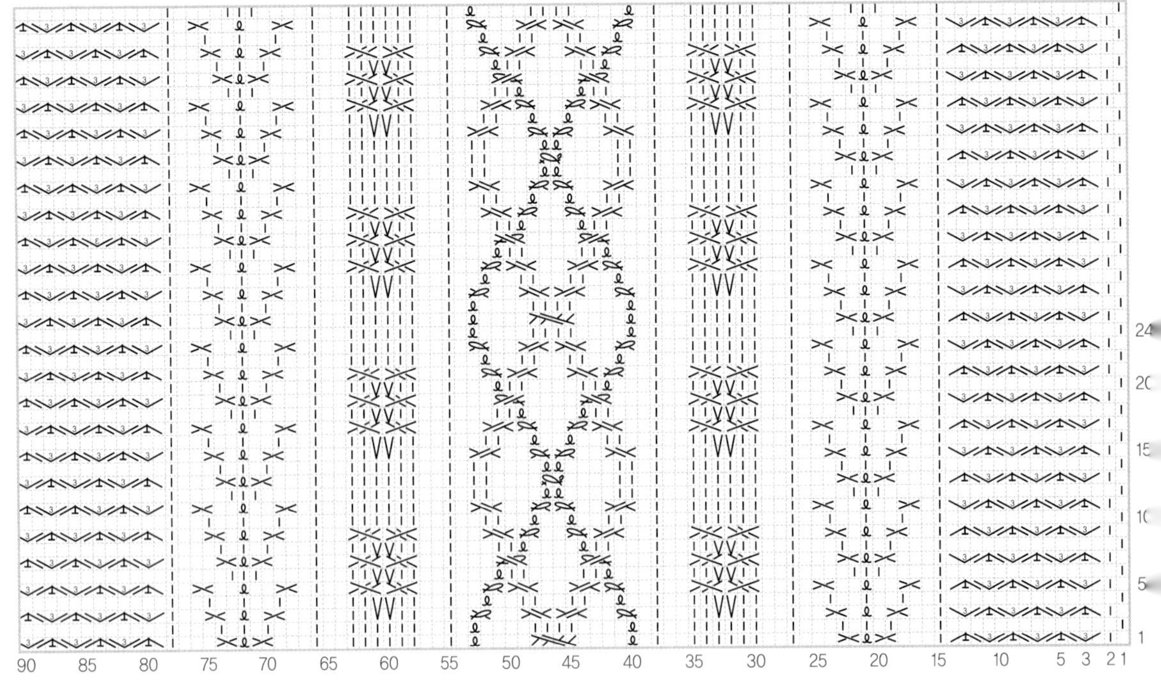

150 76코 12단 1무늬

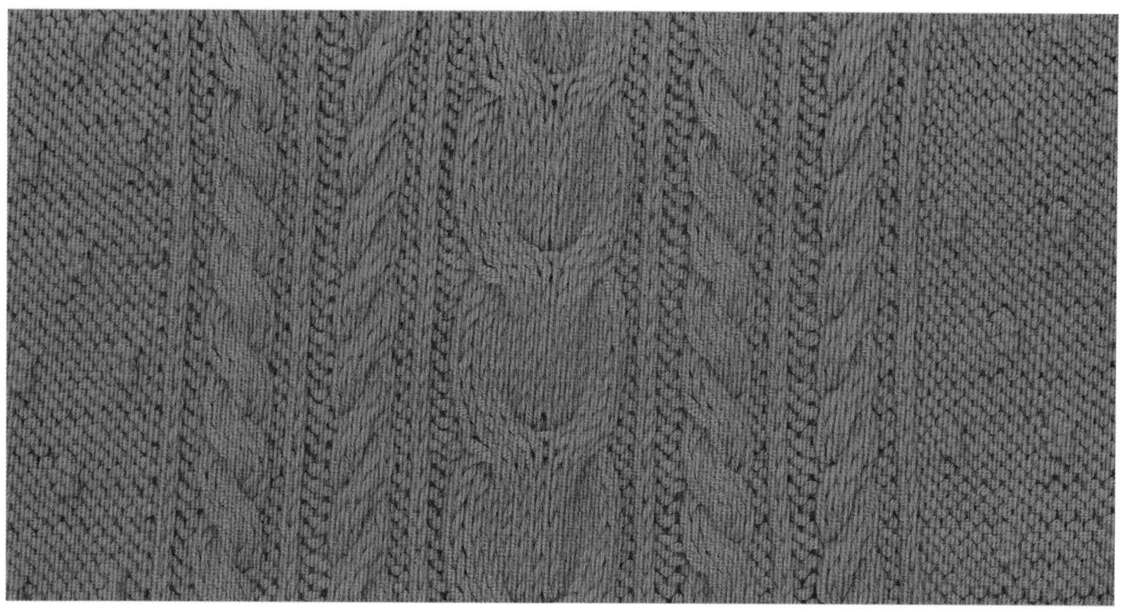

□ = ⊟

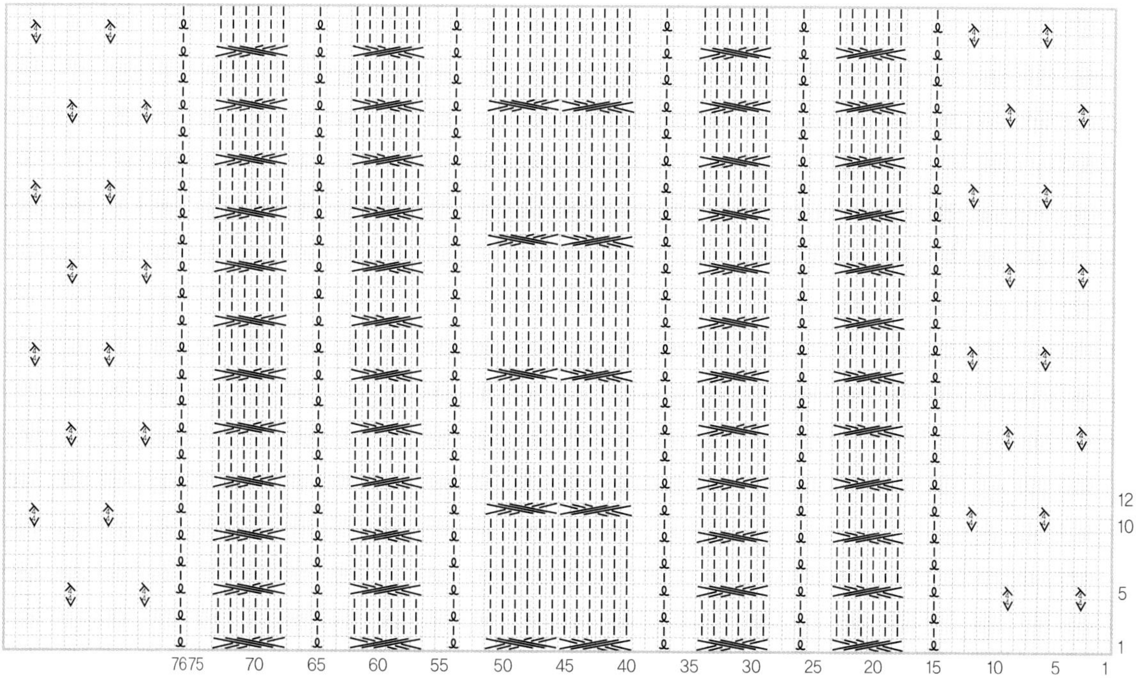

12
10
5
1

76 75 70 65 60 55 50 45 40 35 30 25 20 15 10 5 1

151 98코 28단 1무늬

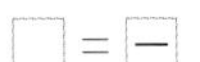

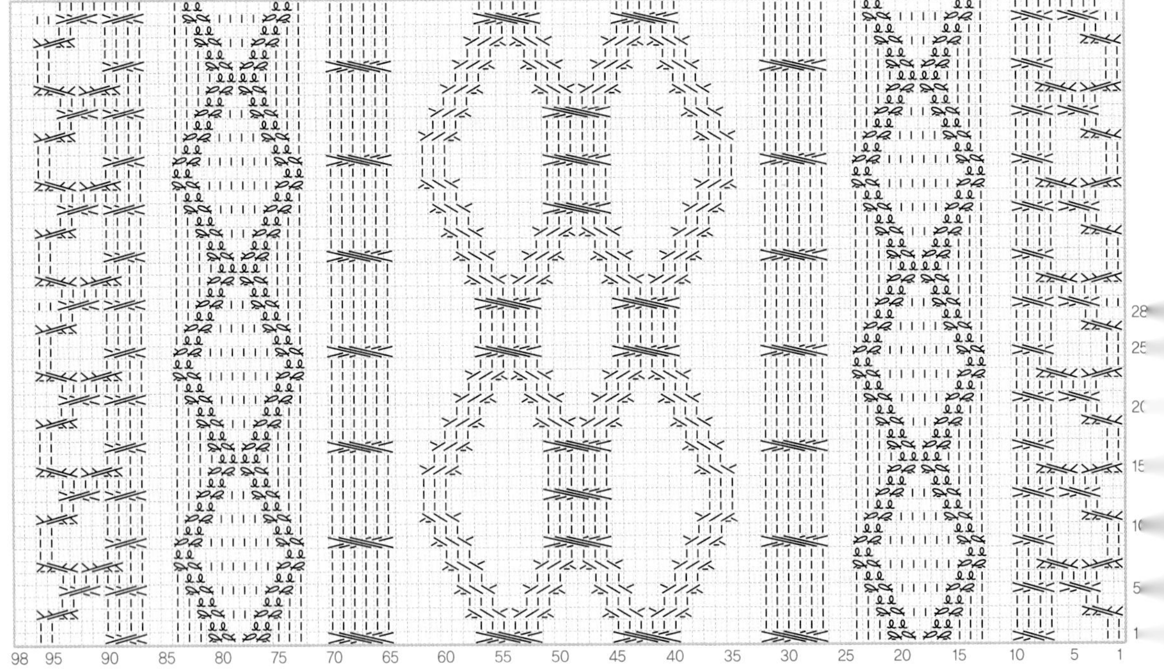

152 71코 16단 1무늬

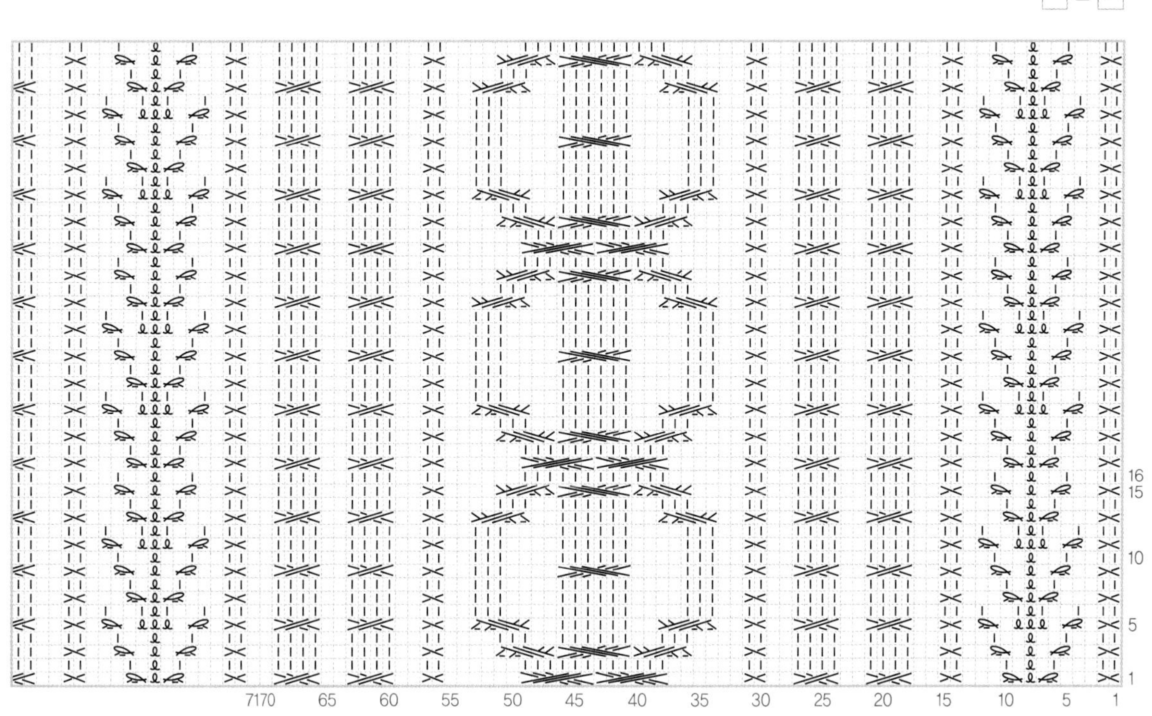

153 82코 28단 1무늬

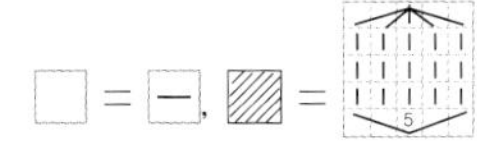

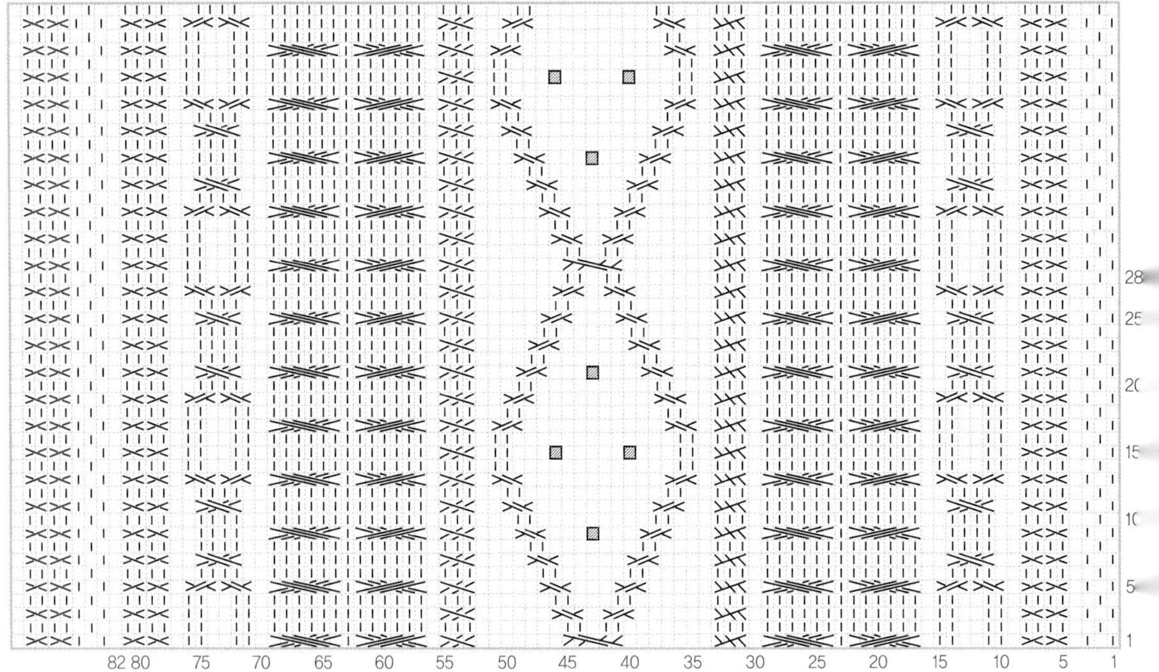

154 91코 16단 1무늬

□ = —

155 11코 12단 1무늬

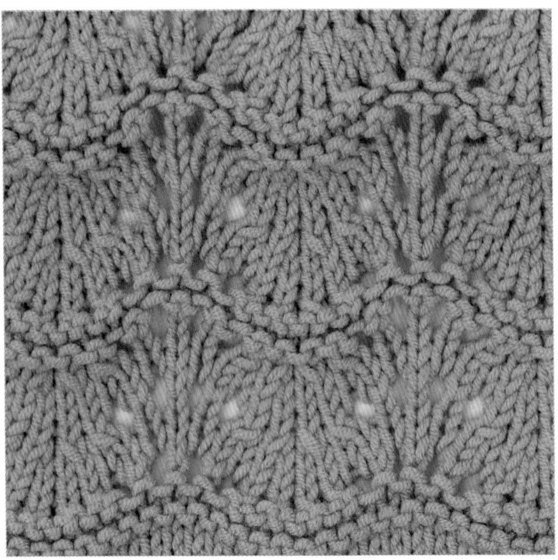

156 11코 6단 1무늬

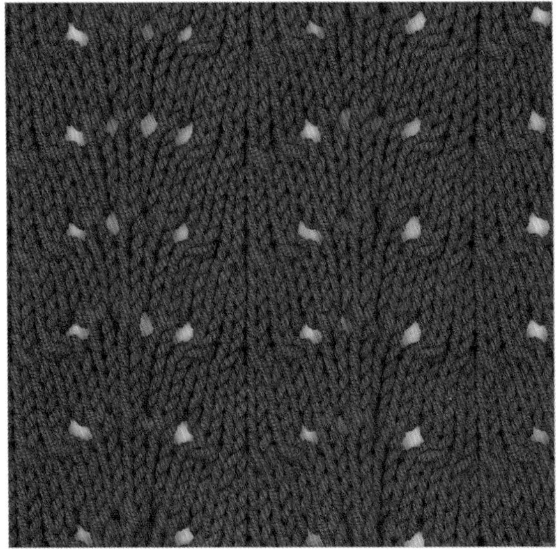

157 10코 12단 1무늬

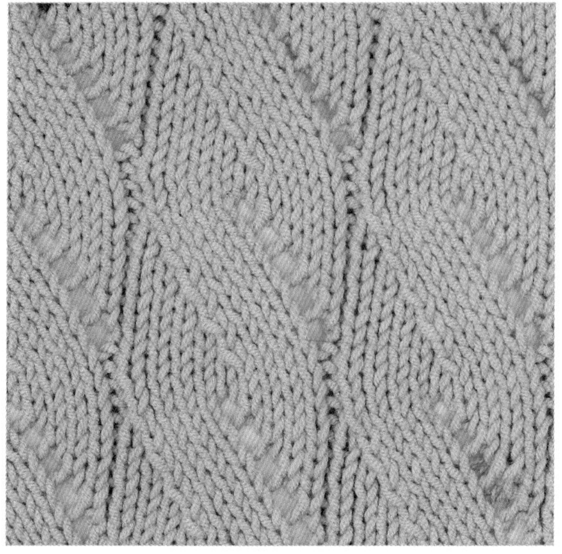

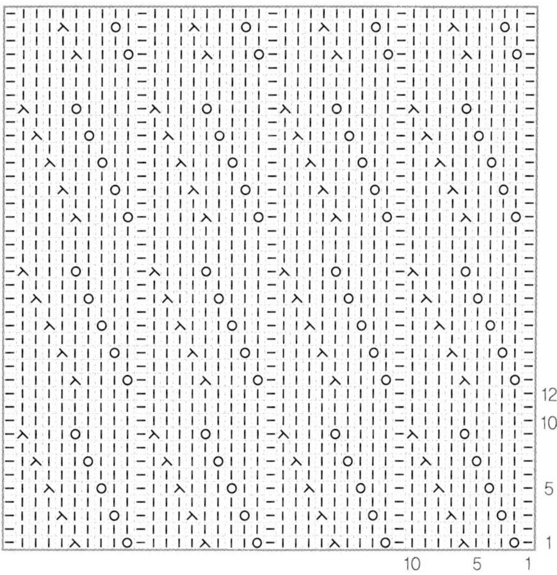

158 21코 28단 1무늬

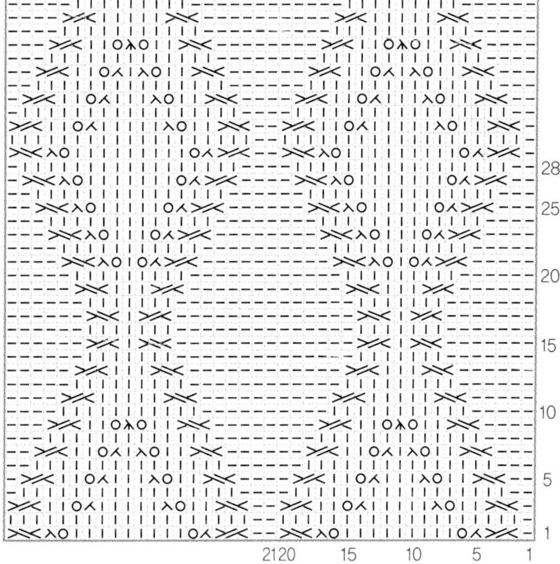

159 8코 12단 1무늬

160 18코 8단 1무늬

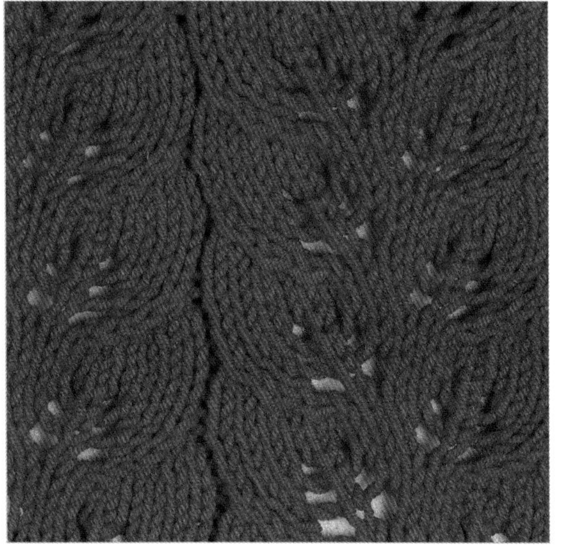

161 10코 20단 1무늬

162 12코 24단 1무늬

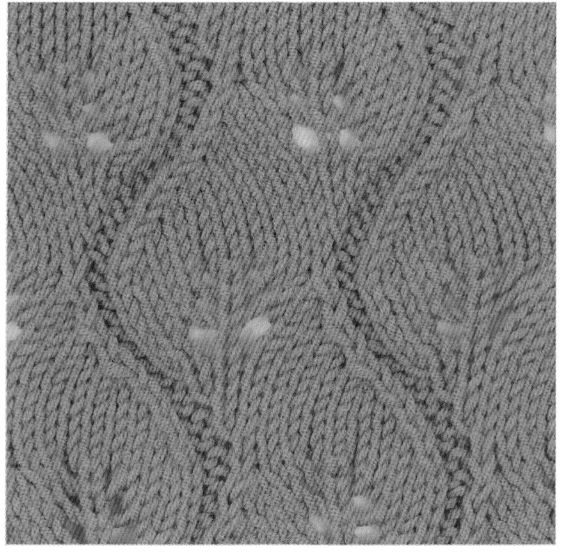

163 16코 16단 1무늬

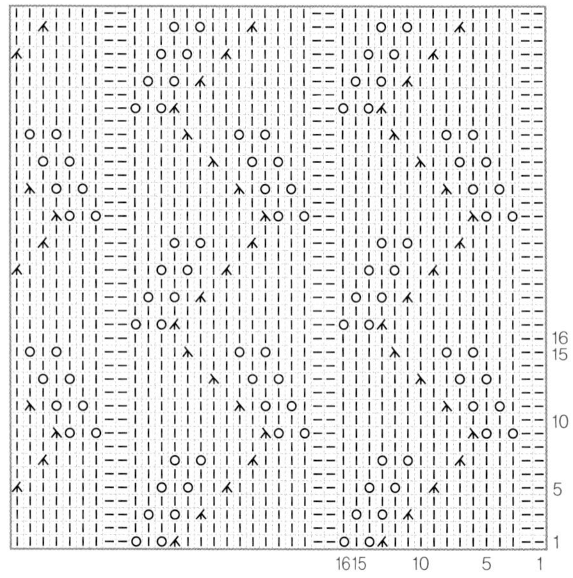

164 18코 20단 1무늬

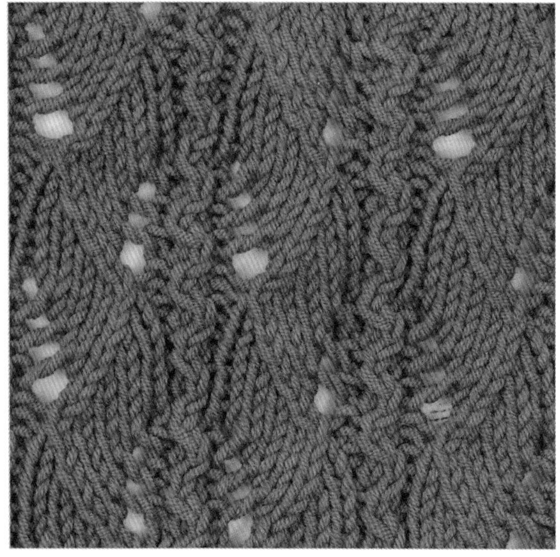

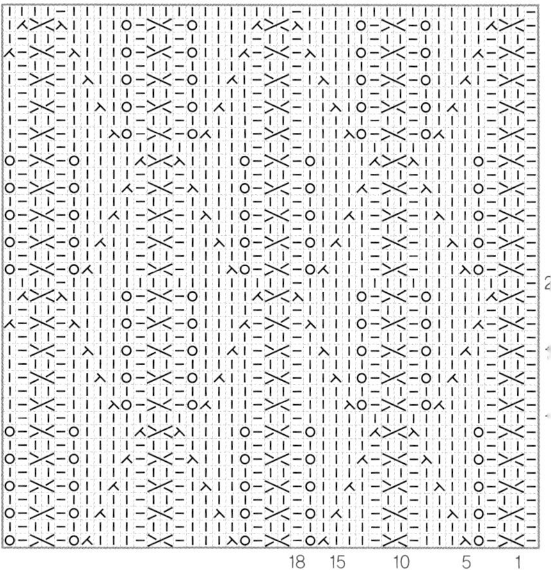

165 12코 20단 1무늬

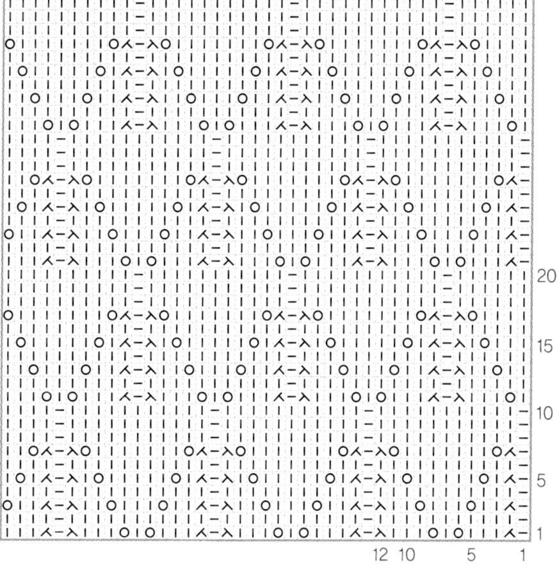

166 8코 16단 1무늬

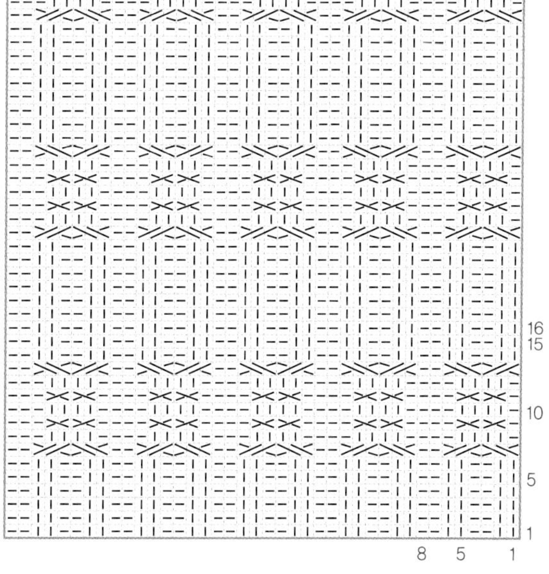

167 33코 28단 1무늬

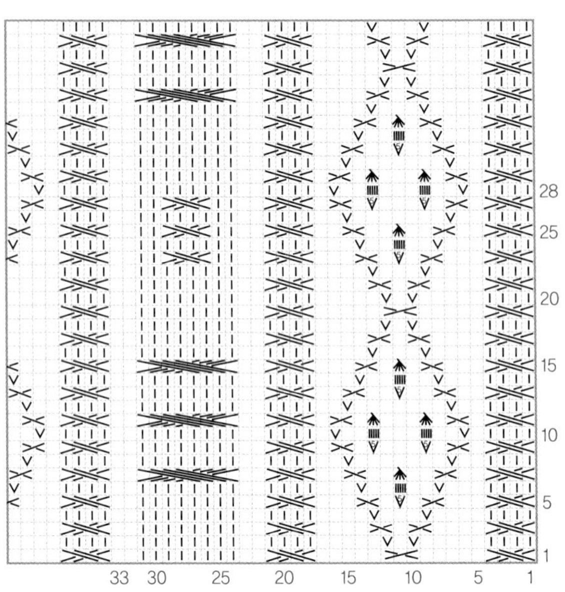

168 24코 22단 1무늬

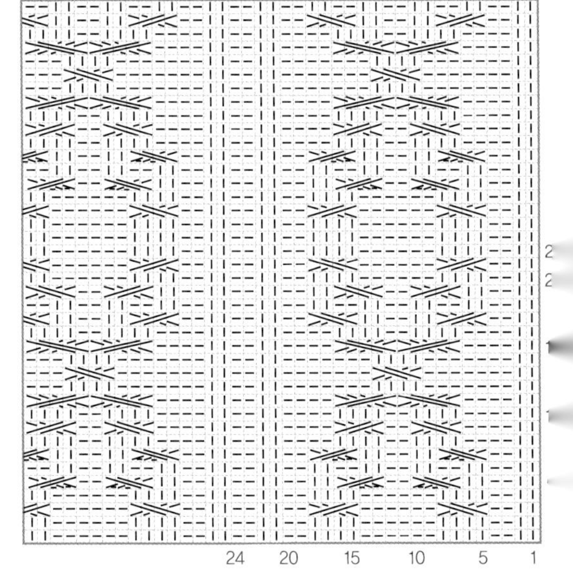

40코 26단 1무늬

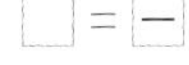

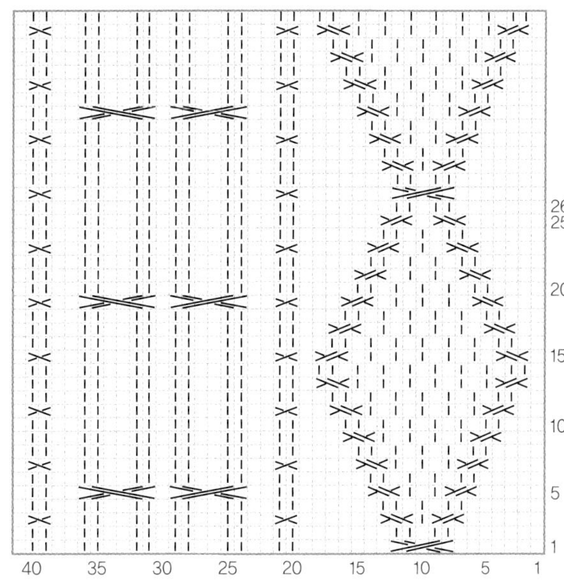

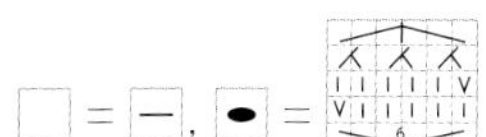

33코 18단 1무늬

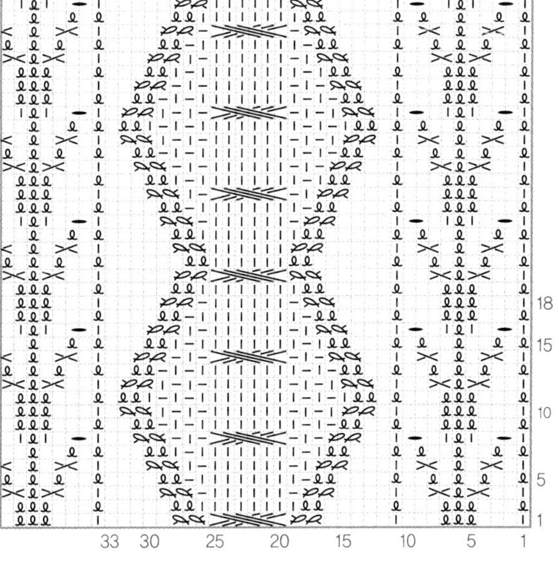

171 31코 34단 1무늬

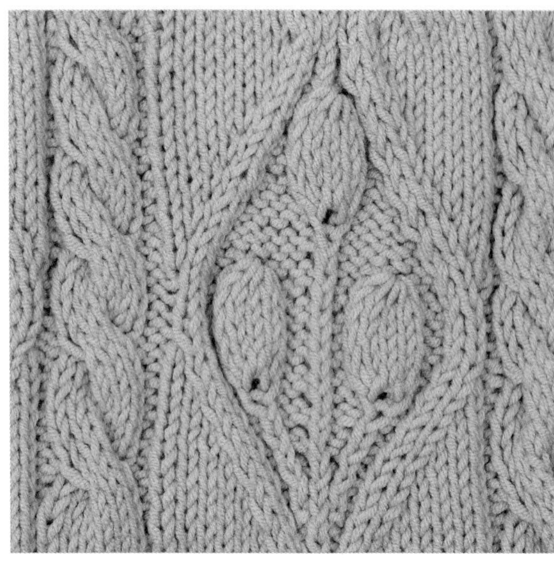

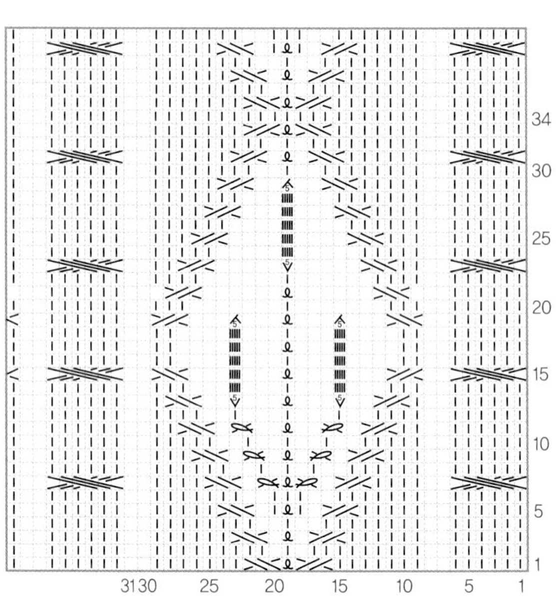

172 39코 38단 1무늬

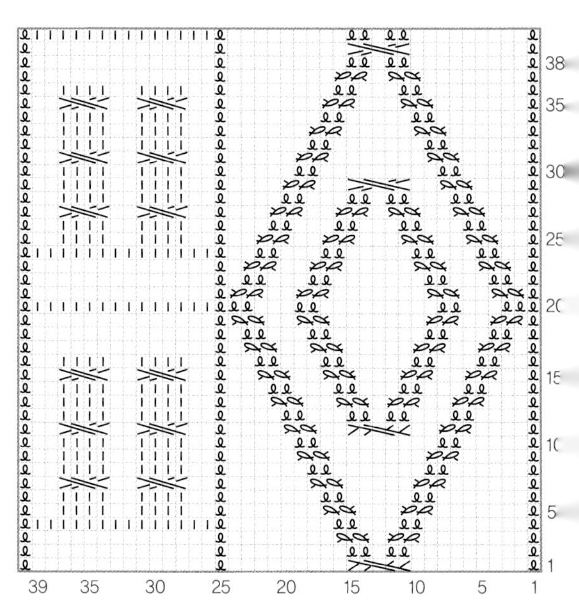

40코 8단 1무늬

□ = —

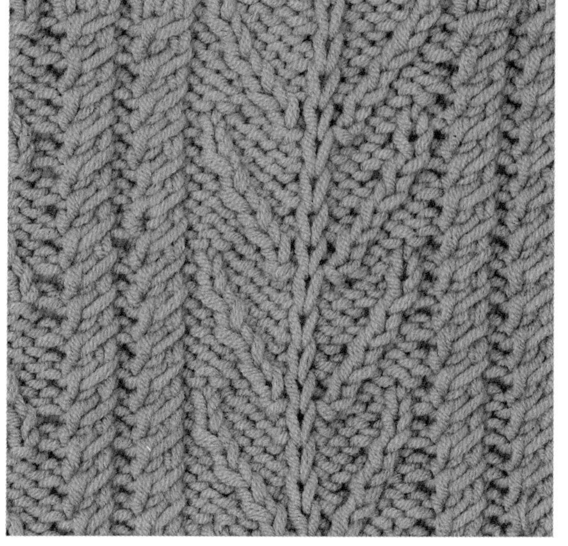

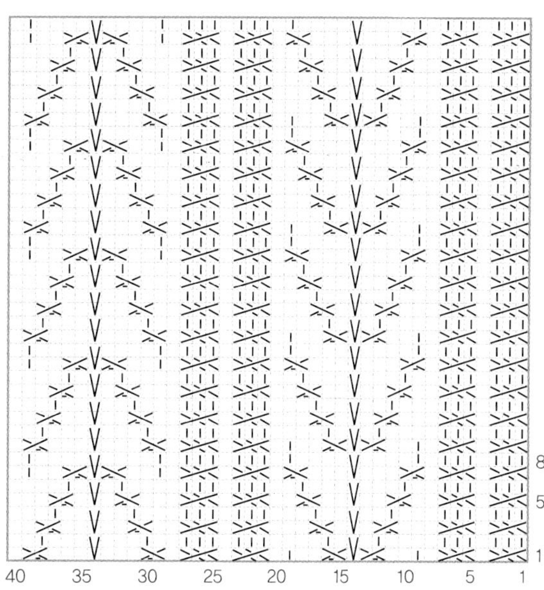

18코 40단 1무늬

□ = —

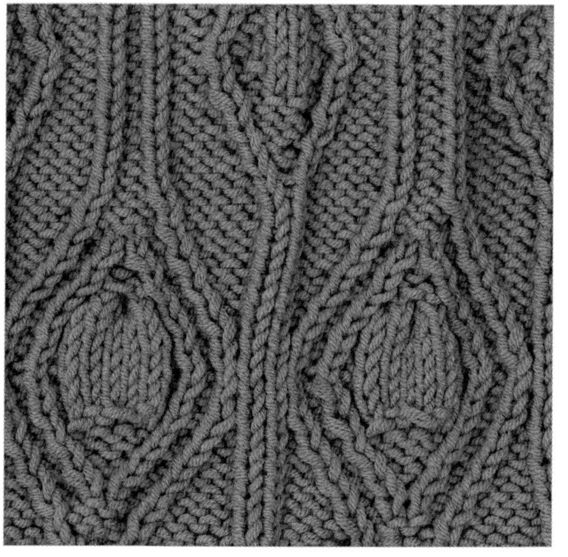

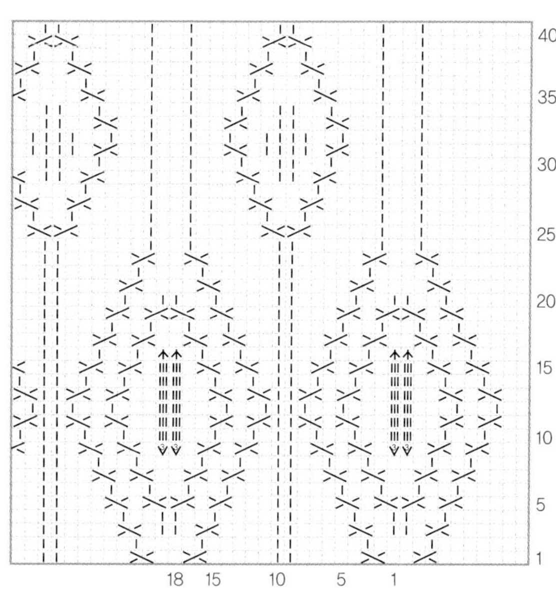

175 37코 24단 1무늬

□ = −

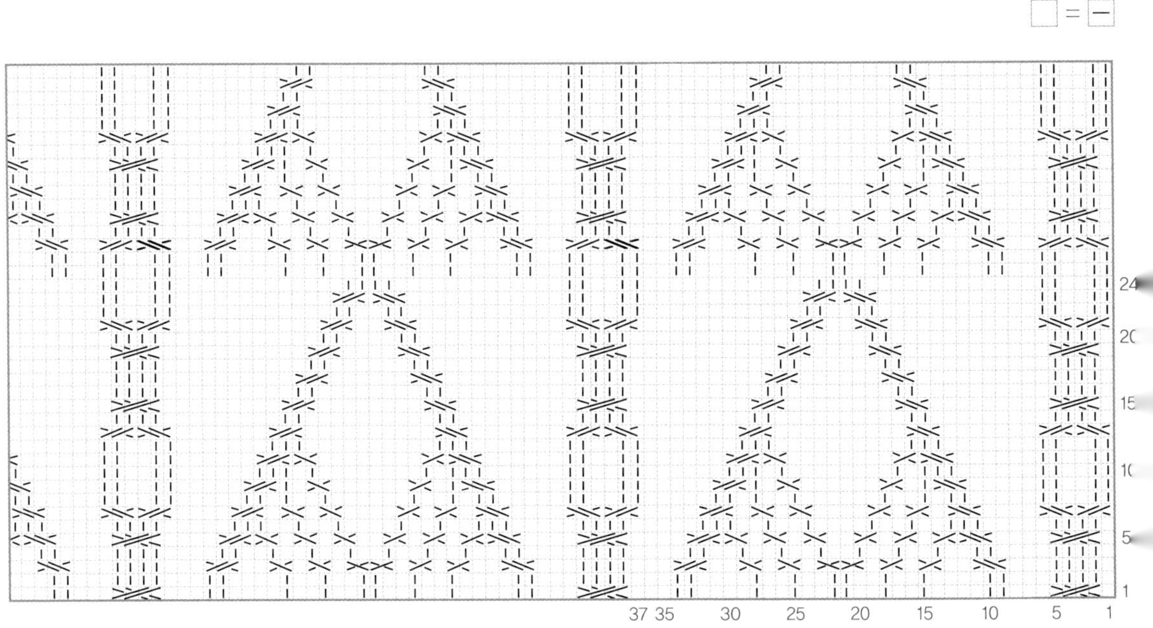

176 31코 22단 1무늬

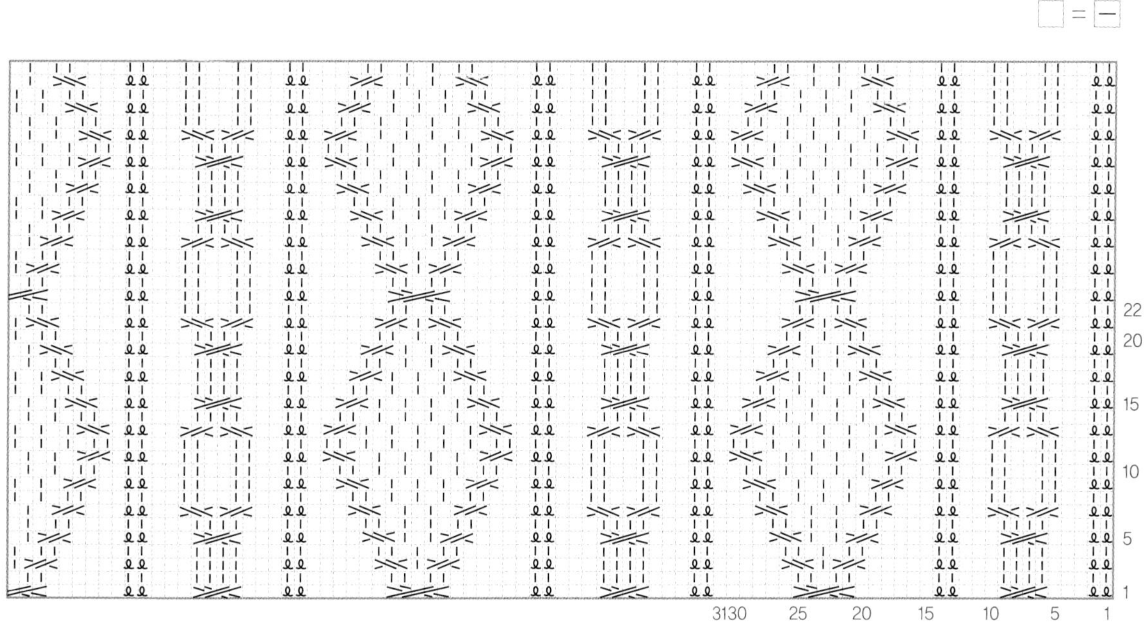

177 20코 32단 1무늬

□ = ⊟

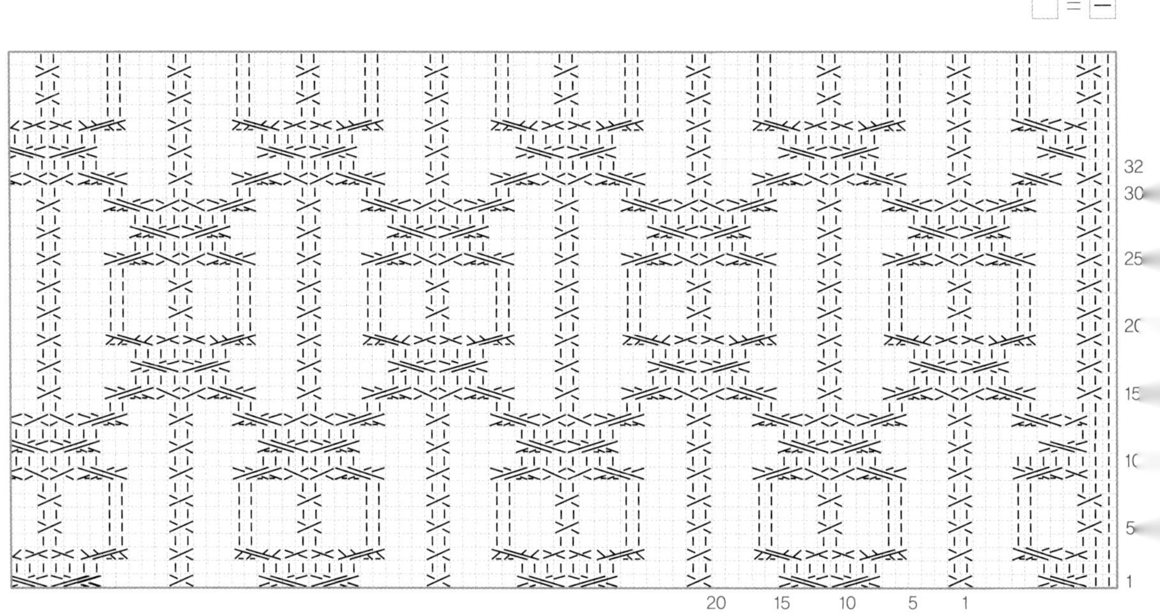

178 23코 12단 1무늬

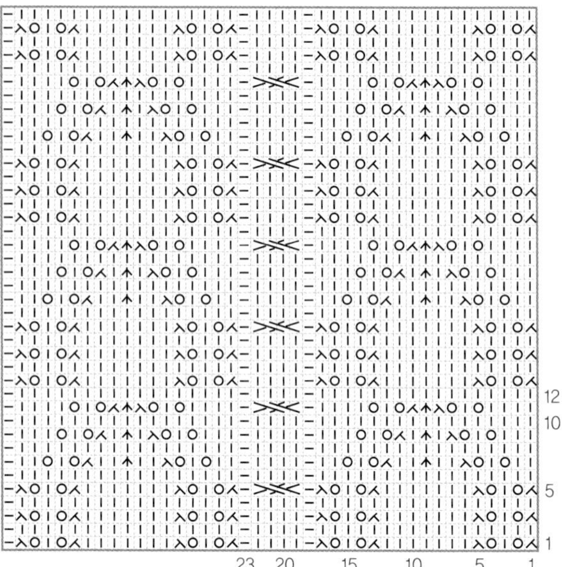

179 14코 20단 1무늬

180 12코 12단 1무늬

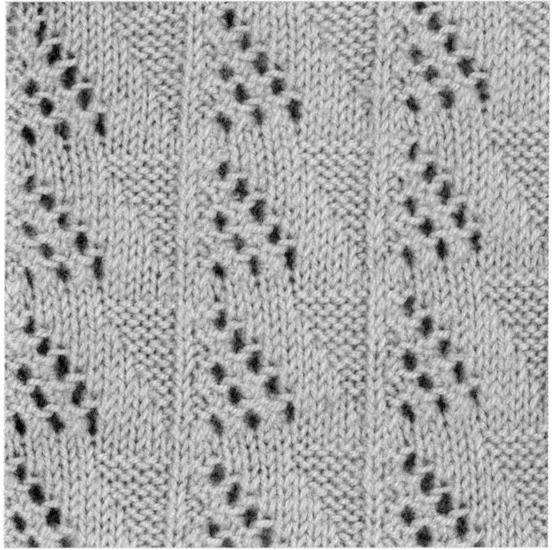

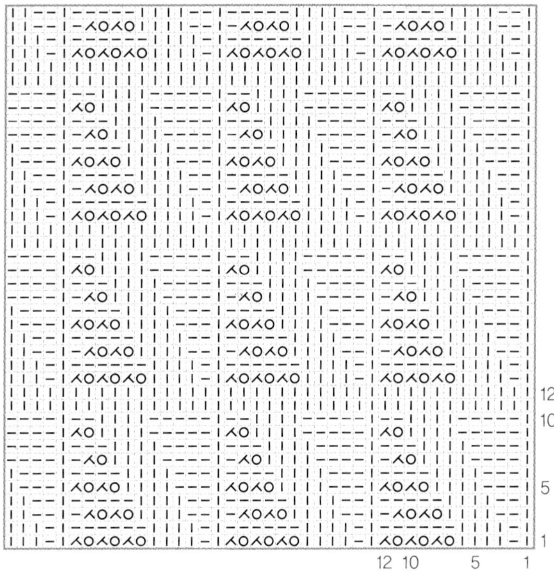

181 12코 32단 1무늬

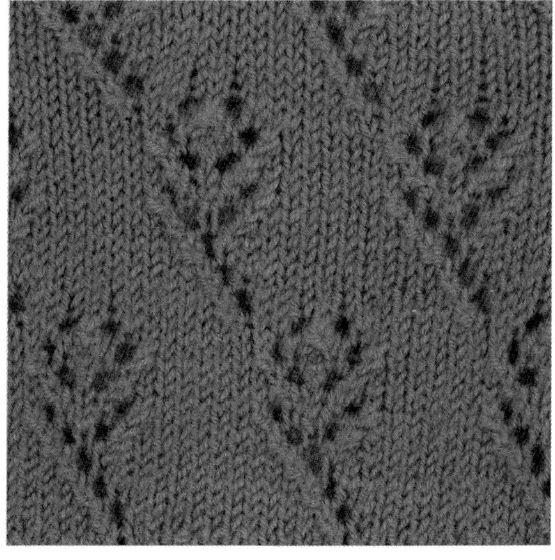

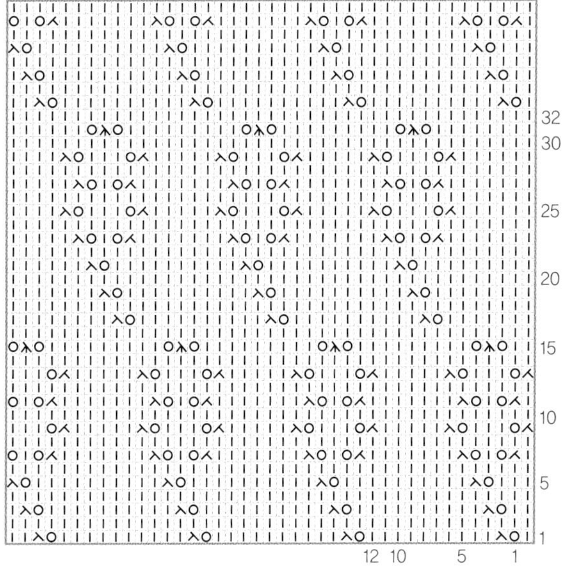

182 19코 8단 1무늬

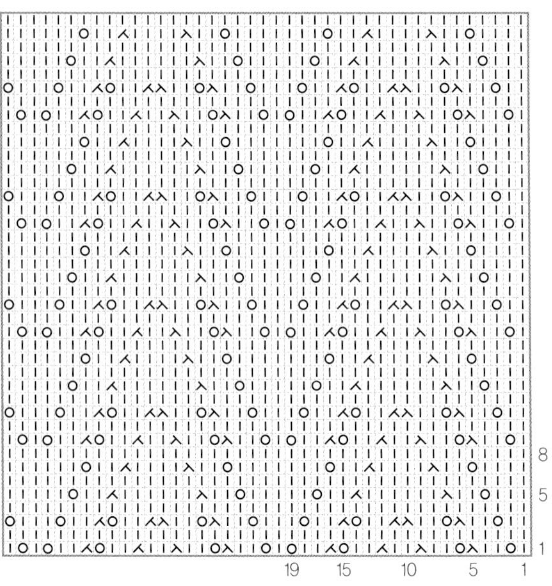

183 24코 24단 1무늬

● = (사슬 5코 피코뜨기)

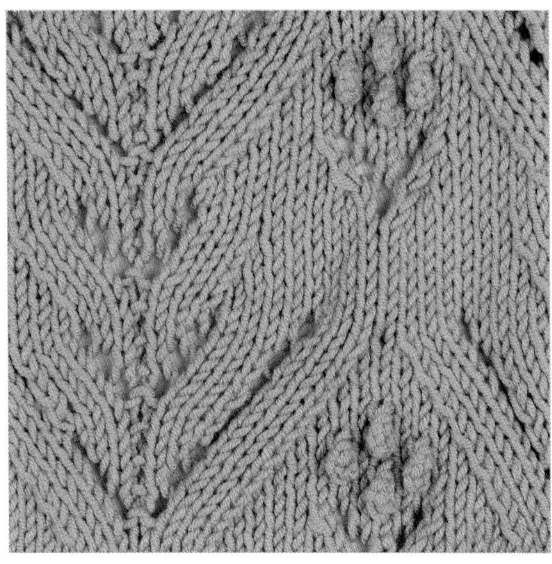

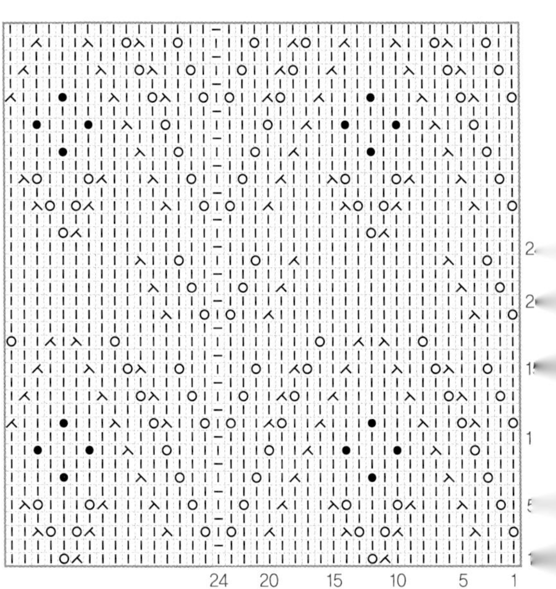

184 10코 24단 1무늬

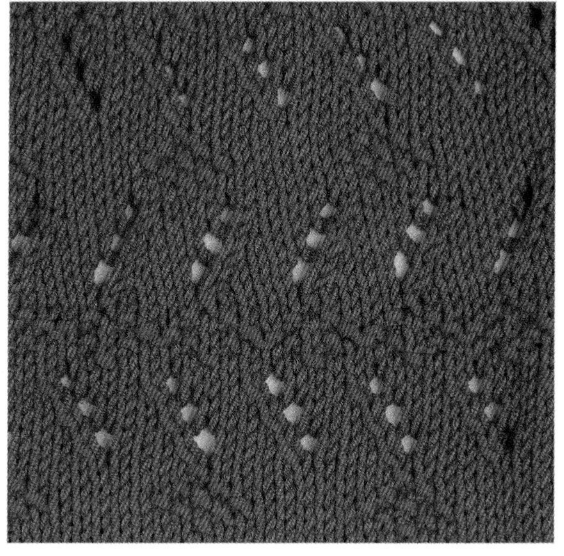

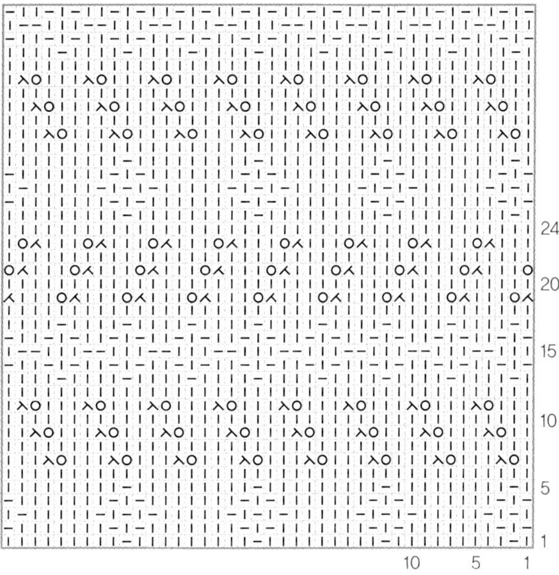

185 34코 24단 1무늬

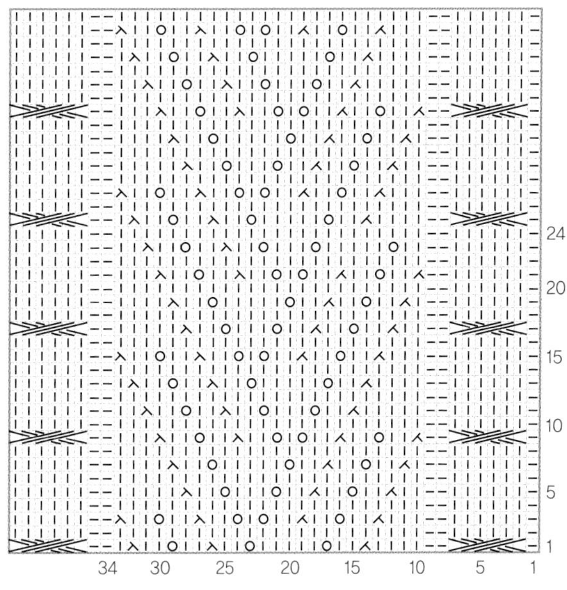

186 11코 12단 1무늬

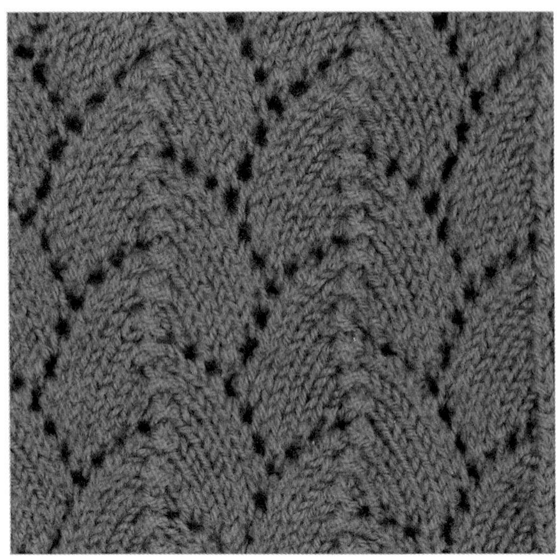

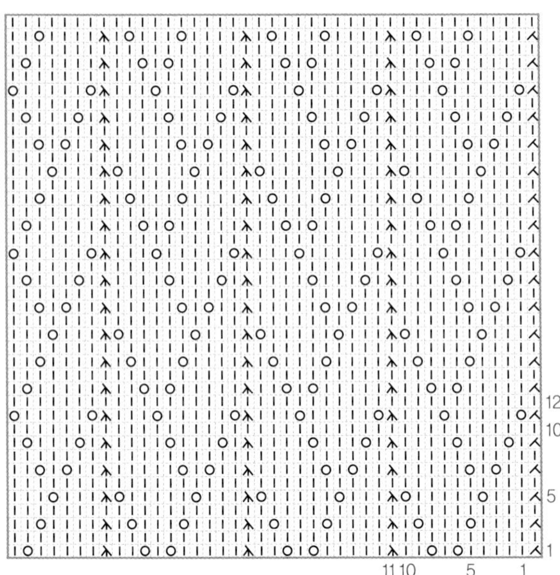

187 17코 6단 1무늬

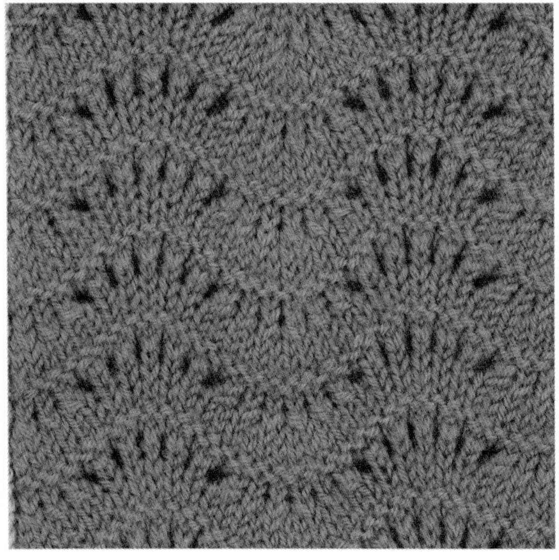

17 15 10 5 1

188 15코 16단 1무늬

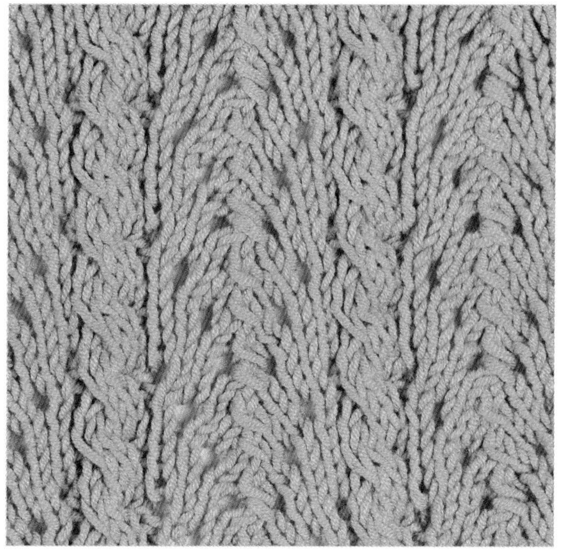

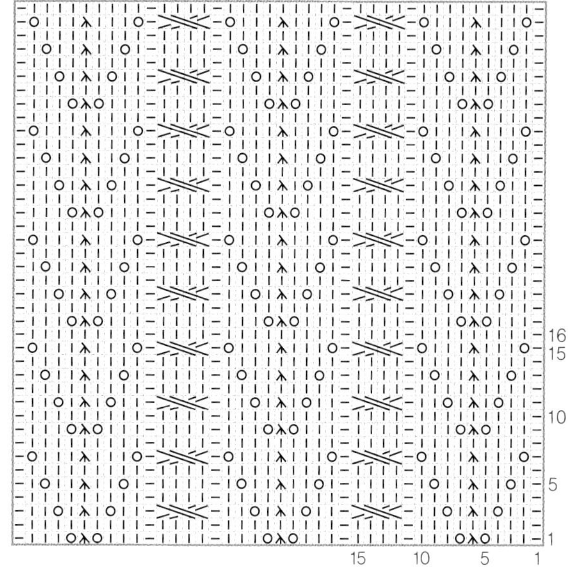

189 26코 36단 1무늬

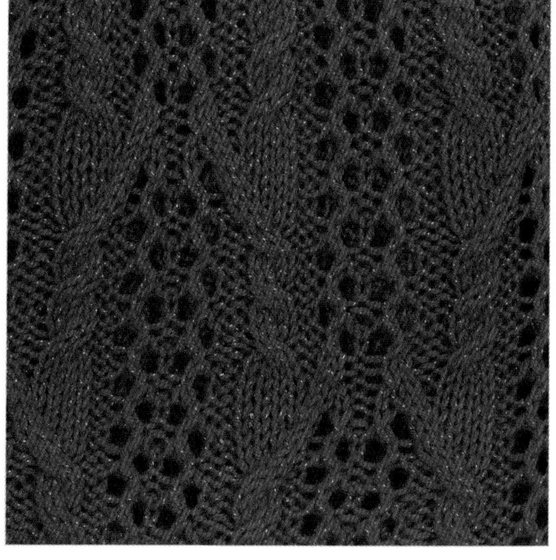

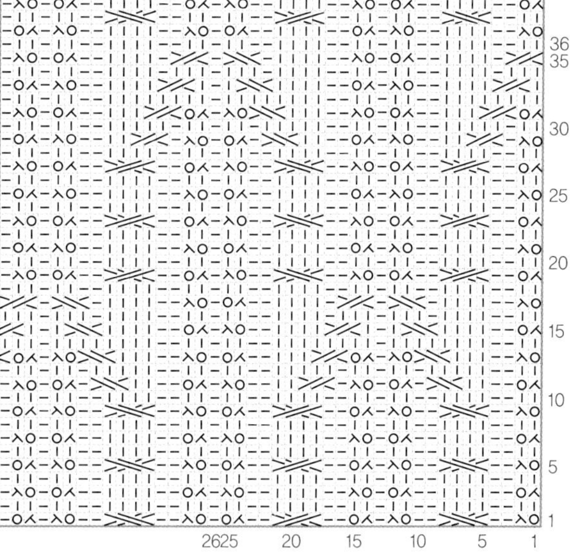

190 26코 24단 1무늬

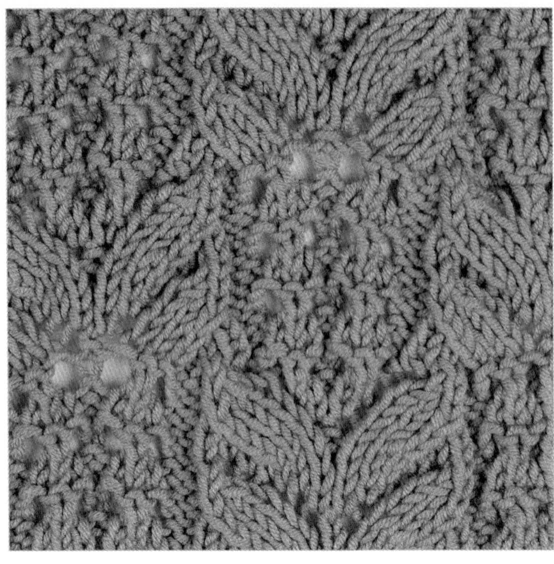

191 10코 16단 1무늬

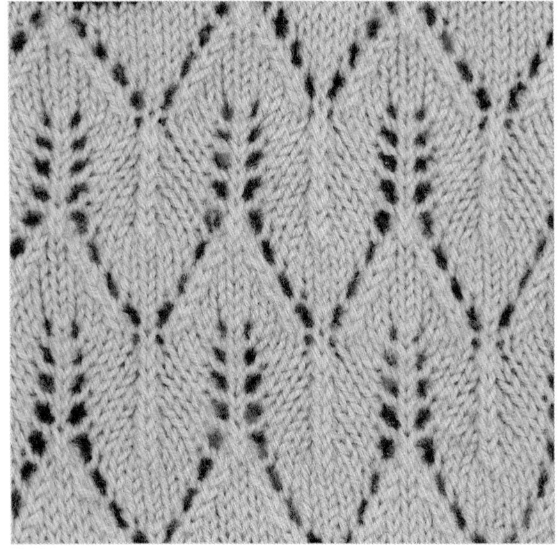

192 23코 10단 1무늬

193 8코 10단 1무늬

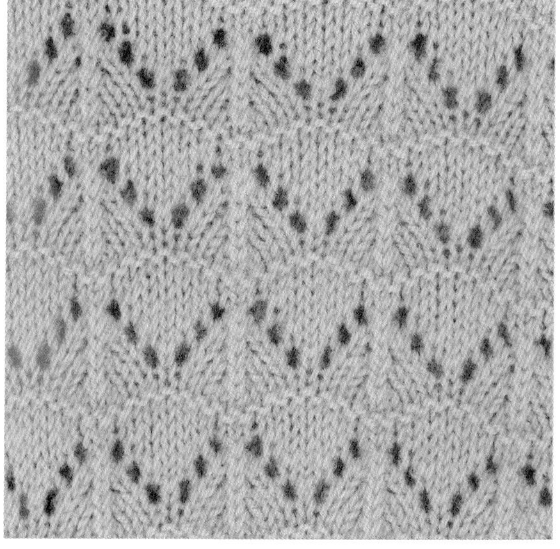

194 20코 24단 1무늬

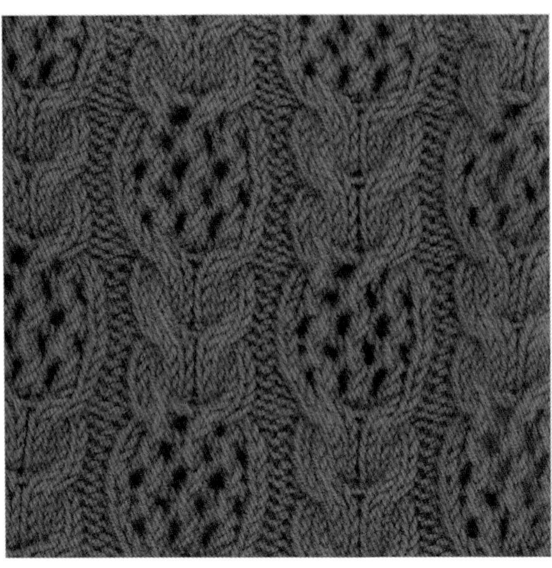

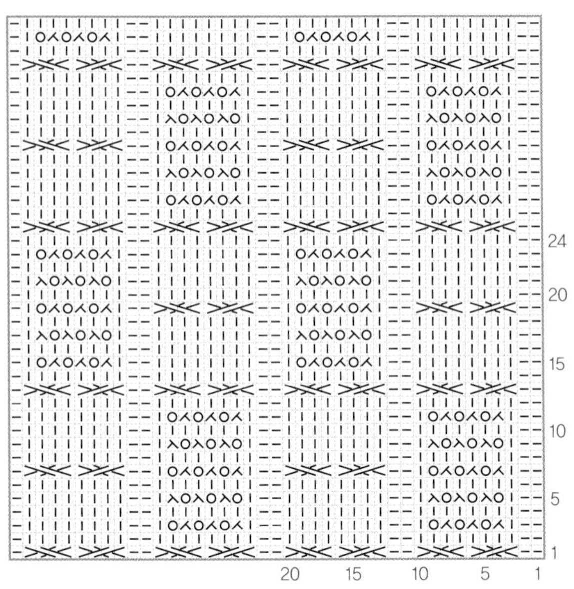

195 19코 10단 1무늬

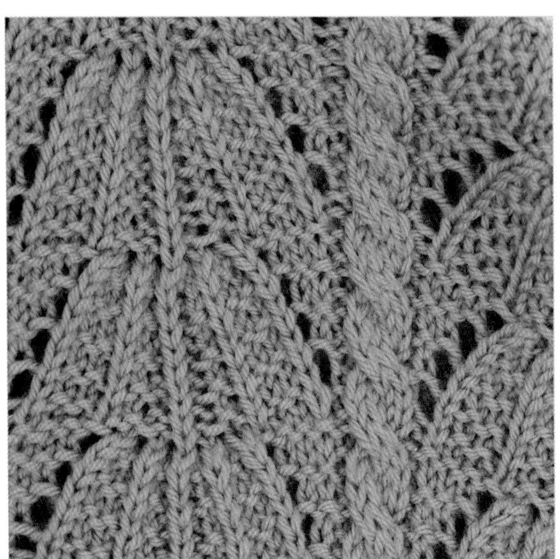

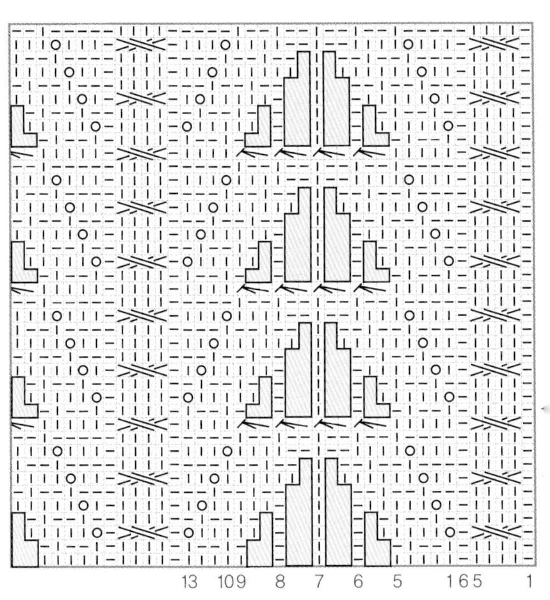

196 12코 20단 1무늬

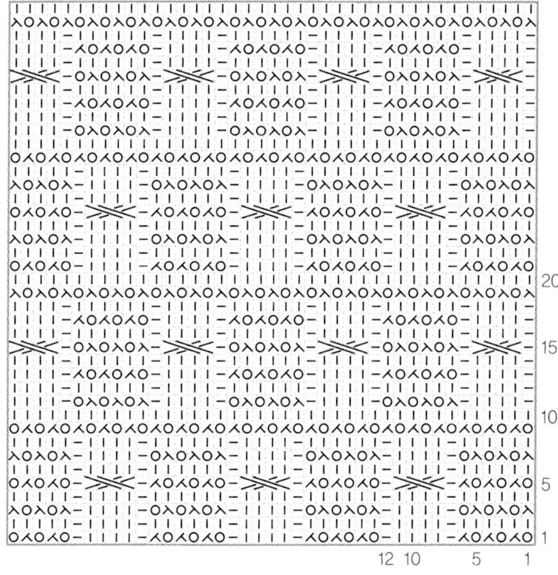

197 18코 24단 1무늬

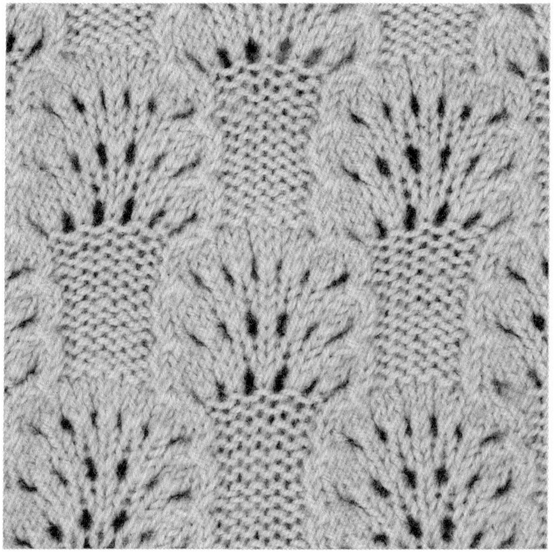

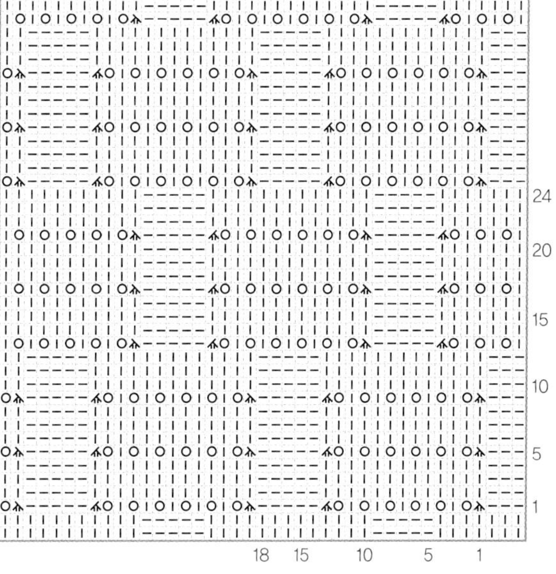

198 36코 8단 1무늬

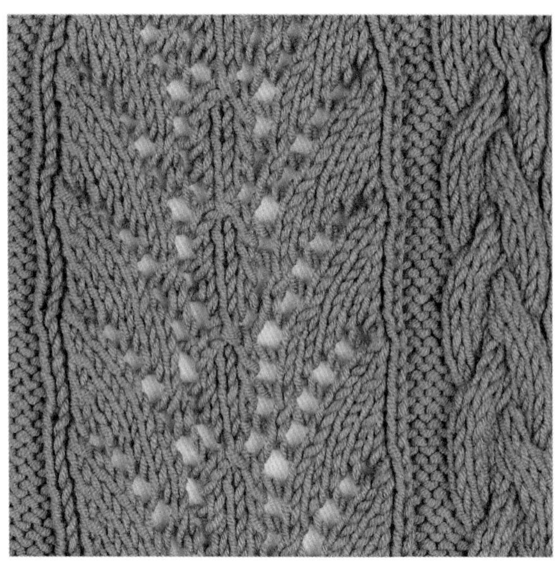

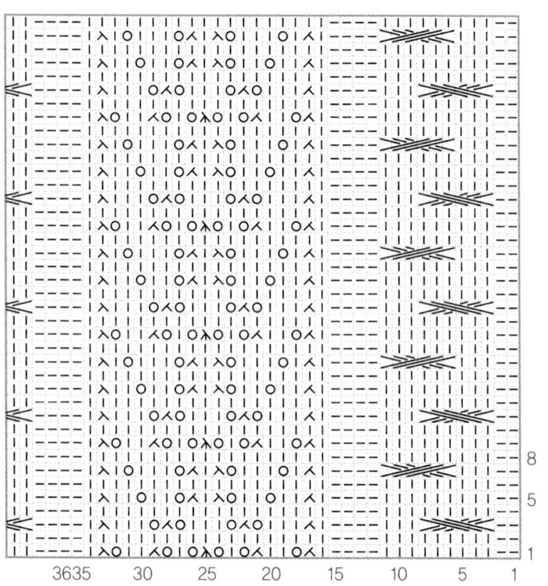

199 10코 14단 1무늬

10 5 1

200 34코 24단 1무늬

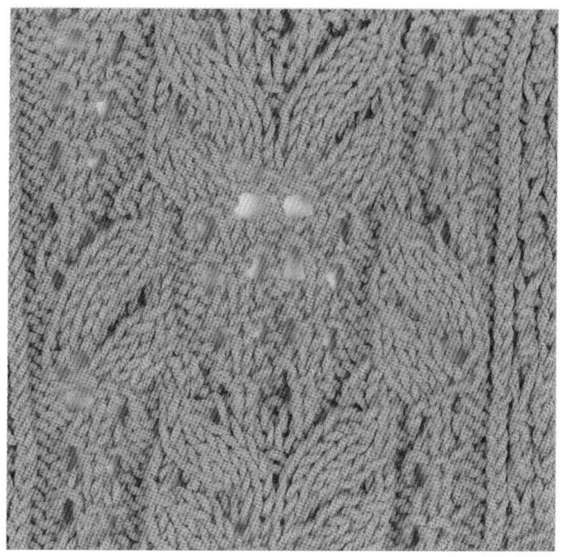

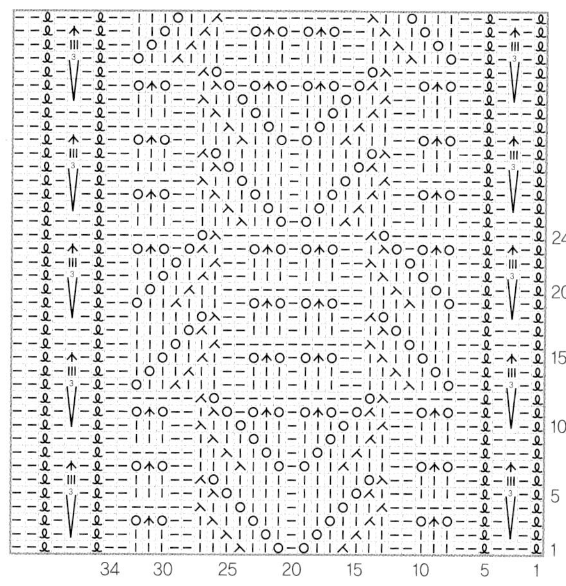

201 21코 8단 1무늬

8
5
1
2120 15 10 5 1

202 32코 28단 1무늬

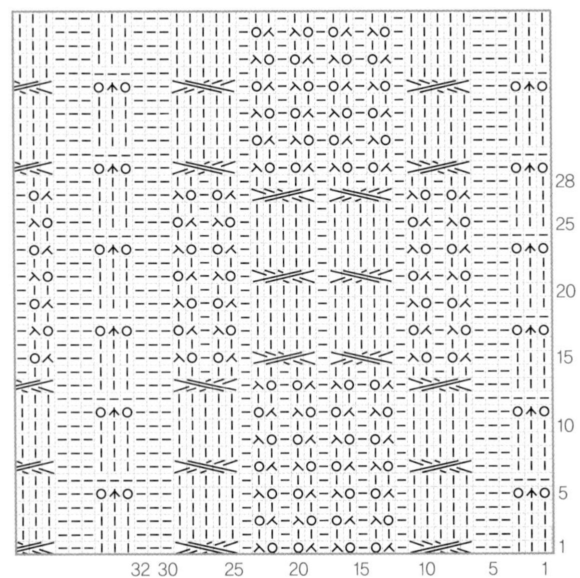

203 8코 12단 1무늬

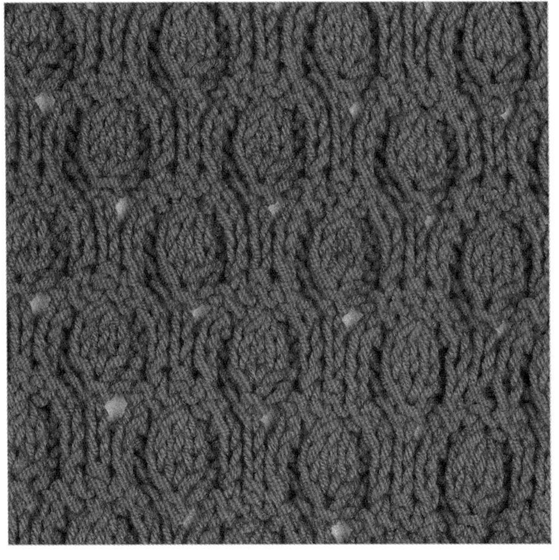

204 14코 20단 1무늬

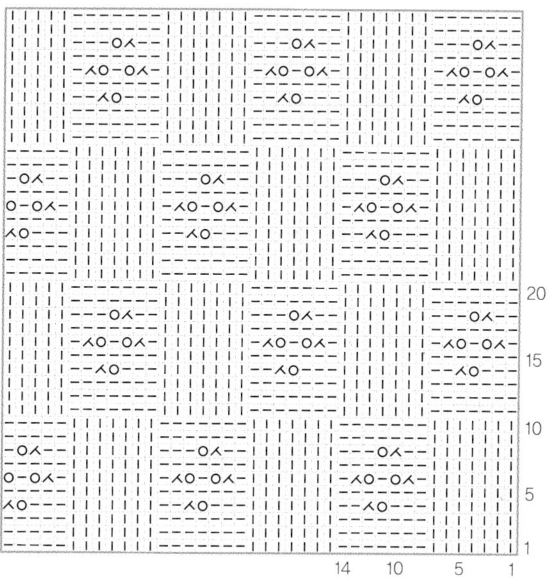

205 10코 14단 1무늬

206 6코 12단 1무늬

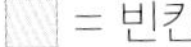 = 빈칸

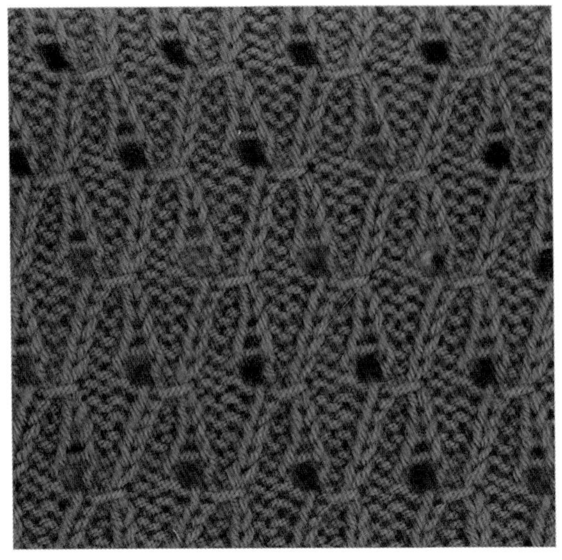

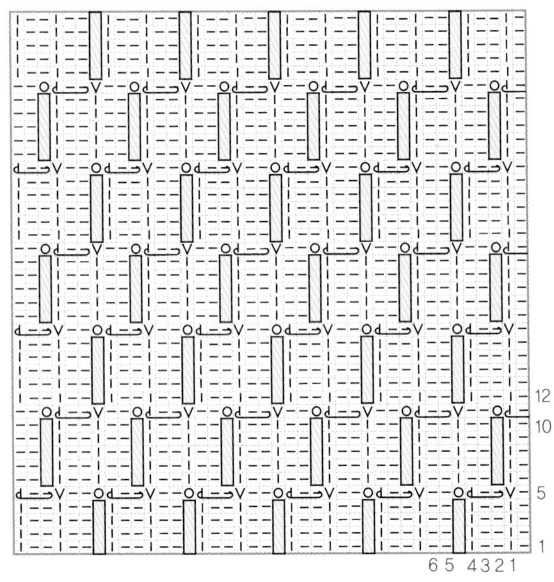

207 9코 4단 1무늬

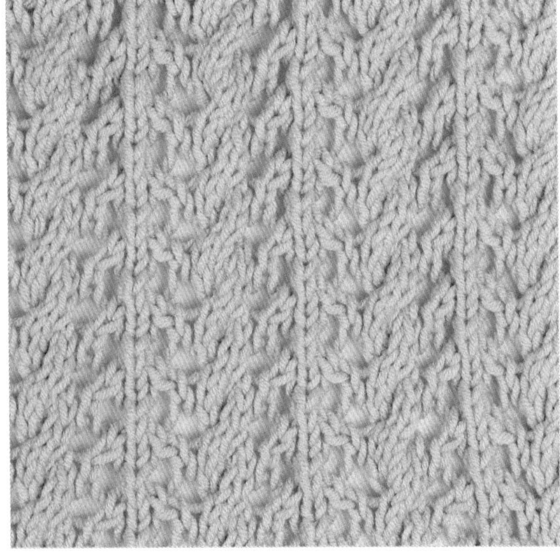

9 5 1

208 16코 32단 1무늬

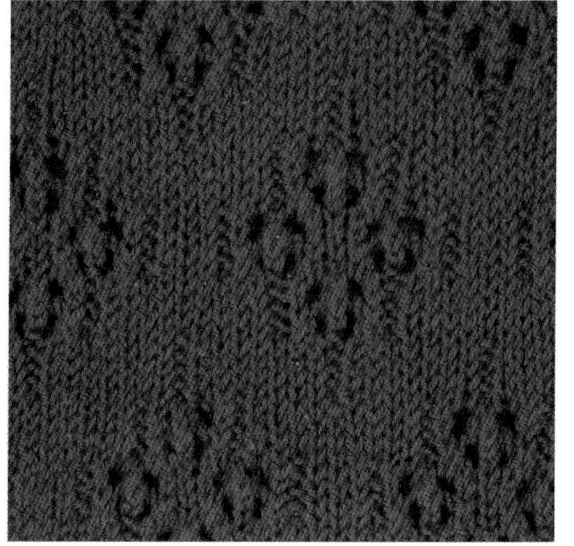

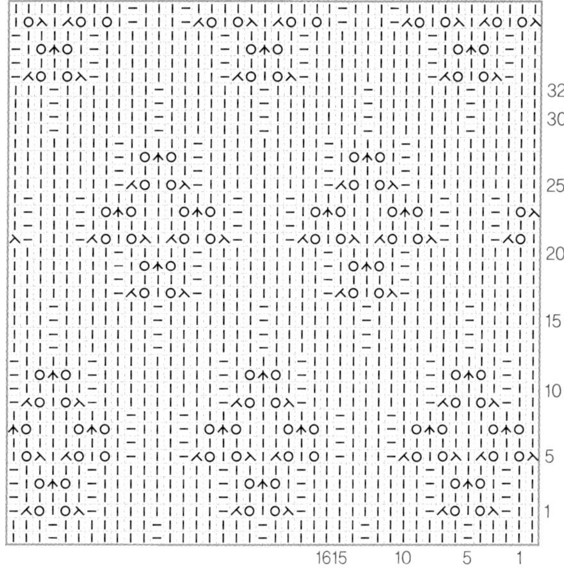

209 8코 20단 1무늬

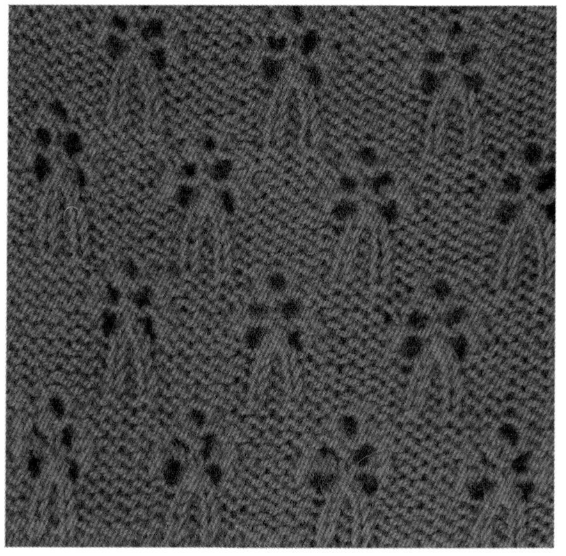

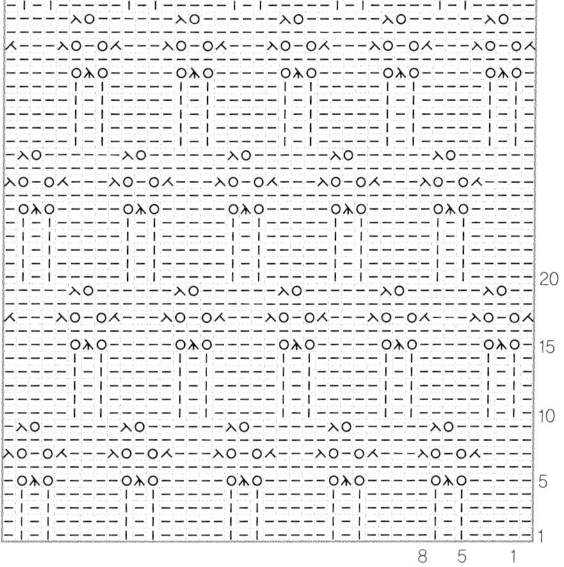

210 17코 8단 1무늬

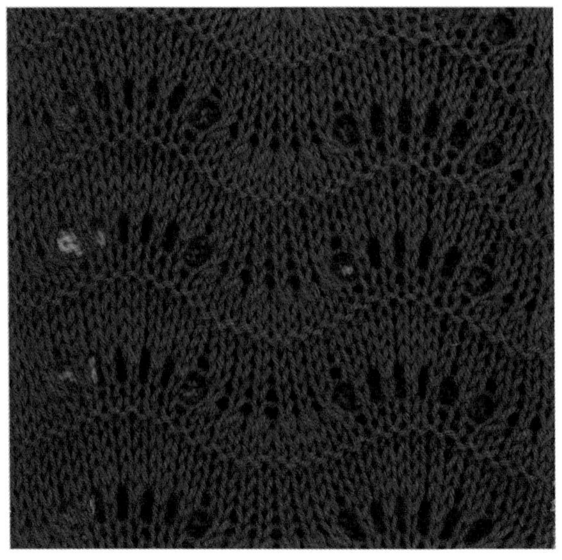

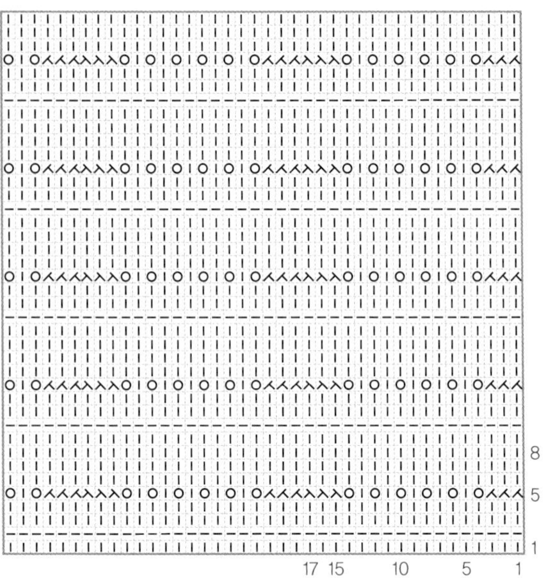

211 17코 24단 1무늬

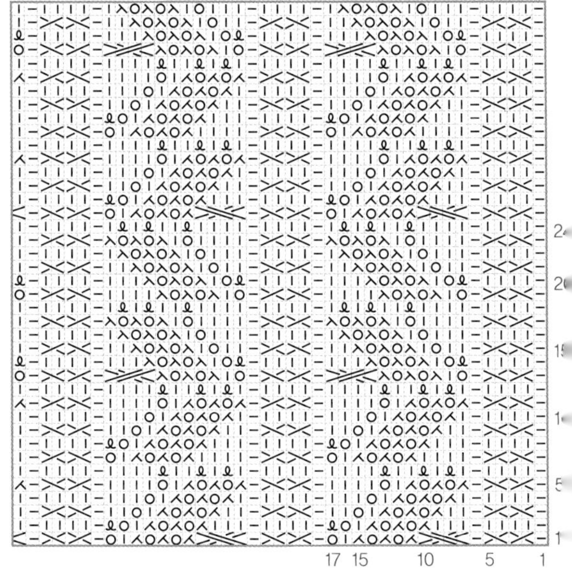

212 22코 28단 1무늬

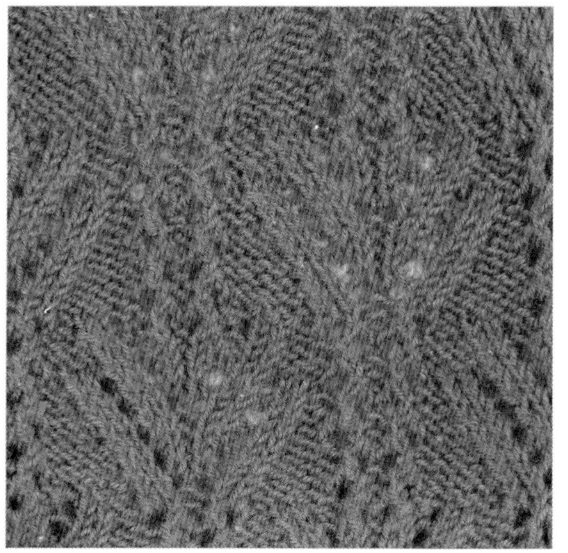

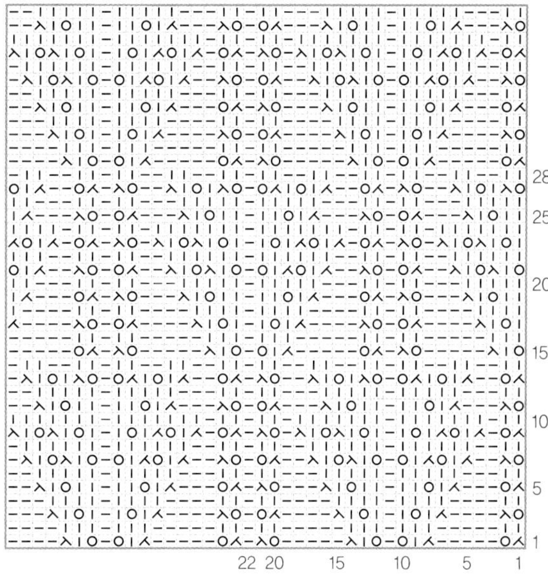

213 16코 24단 1무늬

214 4코 18단 1무늬

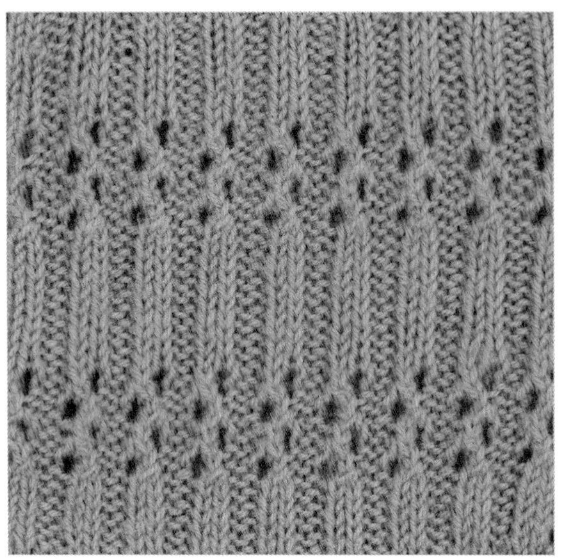

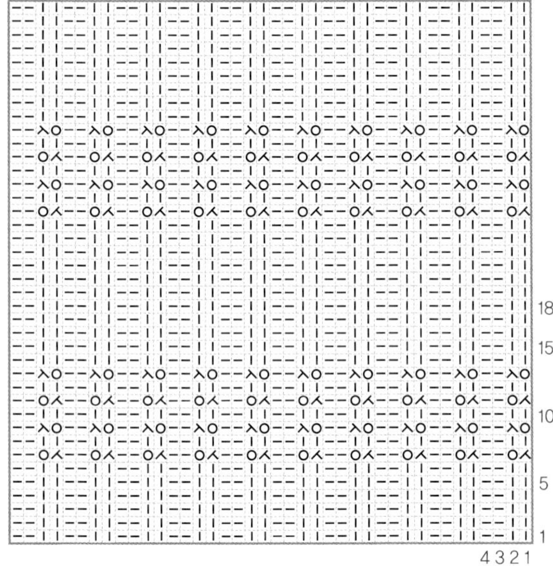

215 10코 4단 1무늬

10 5 1

216 16코 24단 1무늬

● = (사슬 5코 피코뜨기)

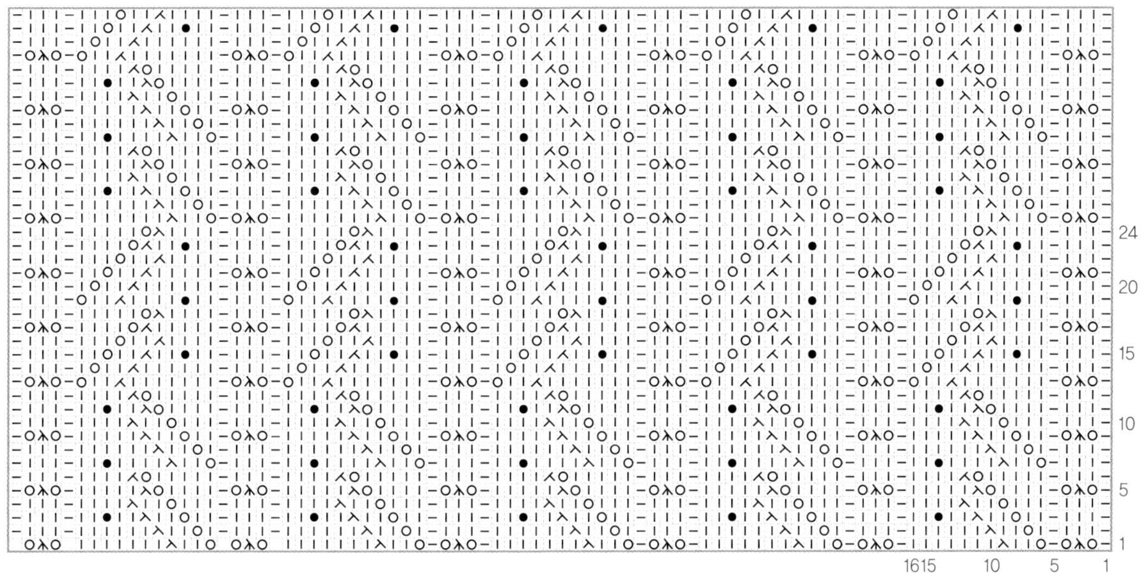

217 25코 30단 1무늬

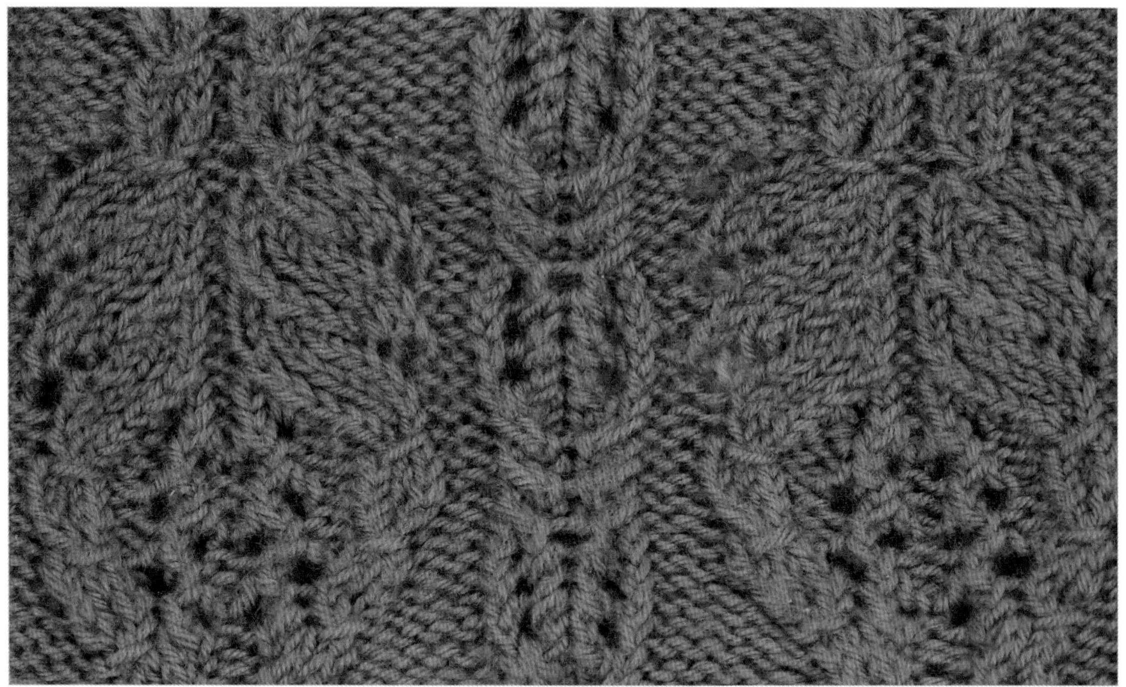

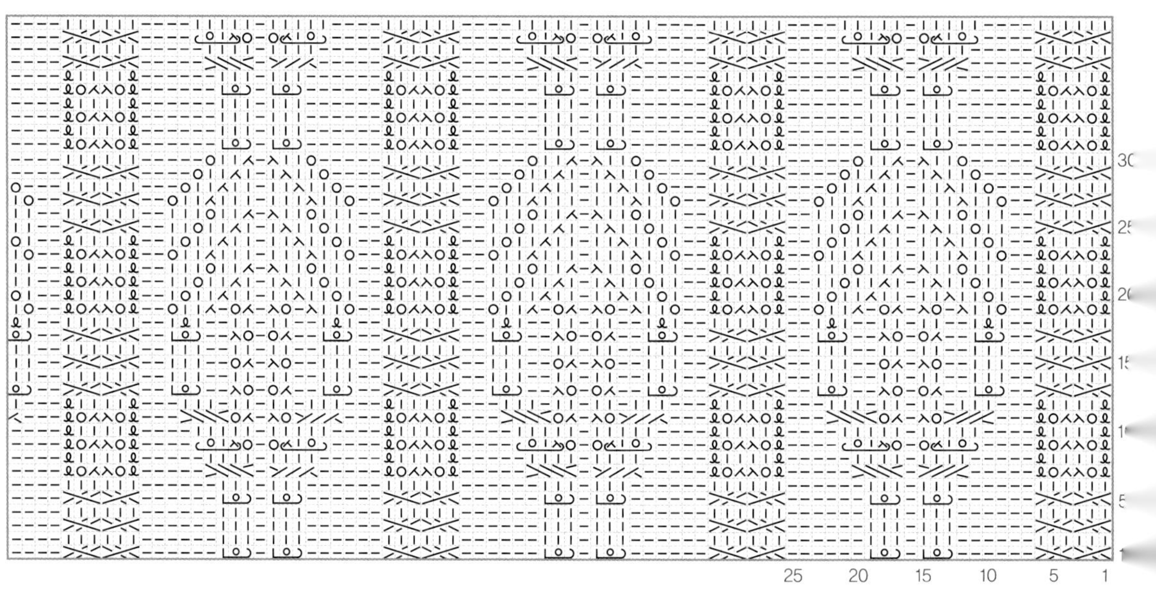

218 20코 8단 1무늬

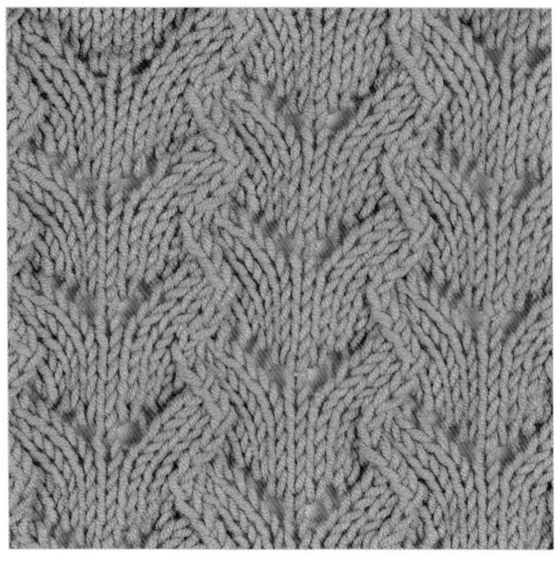

219 16코 16단 1무늬

220 11코 12단 1무늬

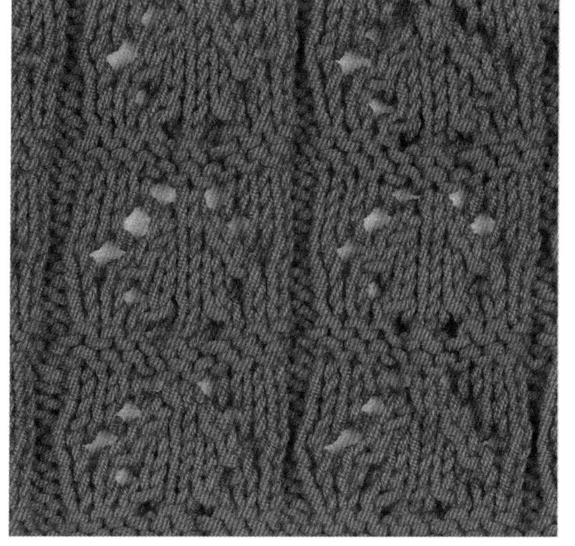

12
10
5
1

1110 5 1

221 23코 6단 1무늬

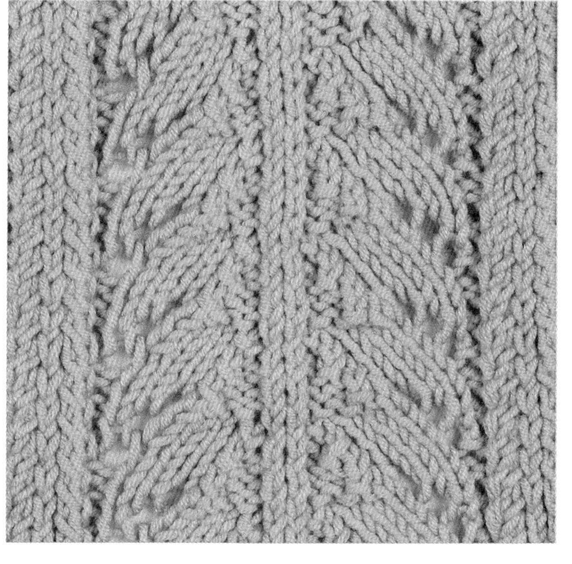

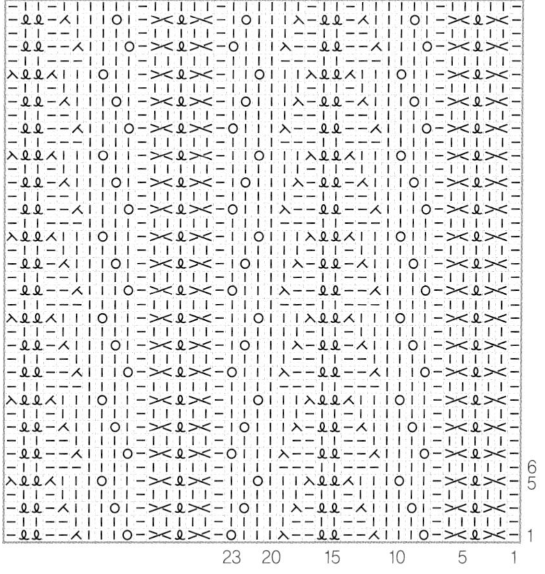

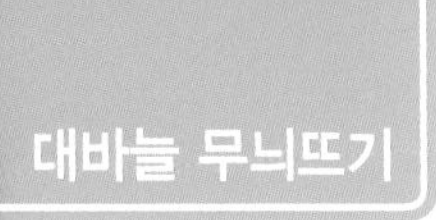

222 8코 4단 1무늬

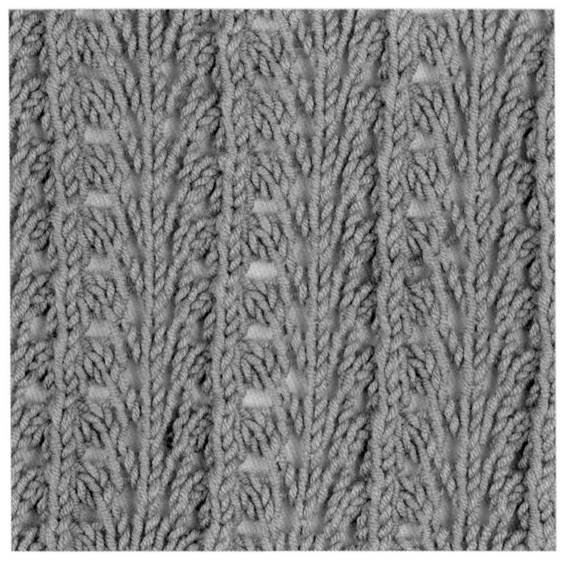

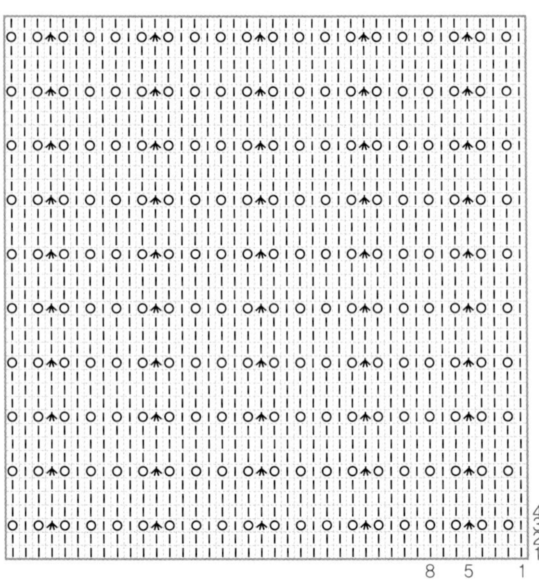

223 22코 12단 1무늬

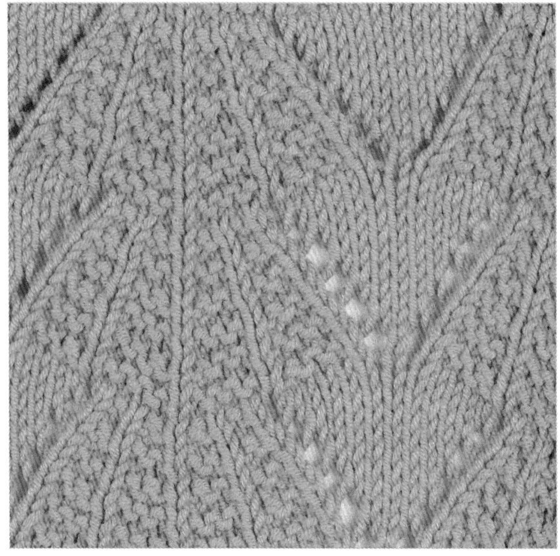

22 20 15 10 5 1

224 21코 8단 1무늬

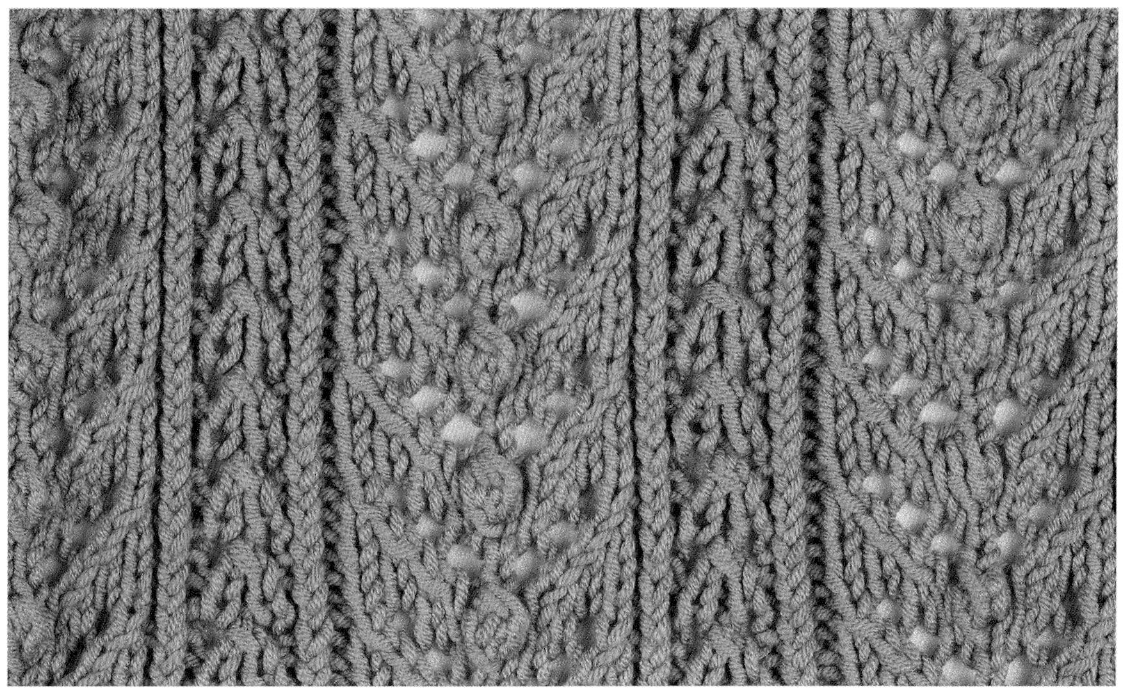

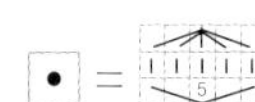

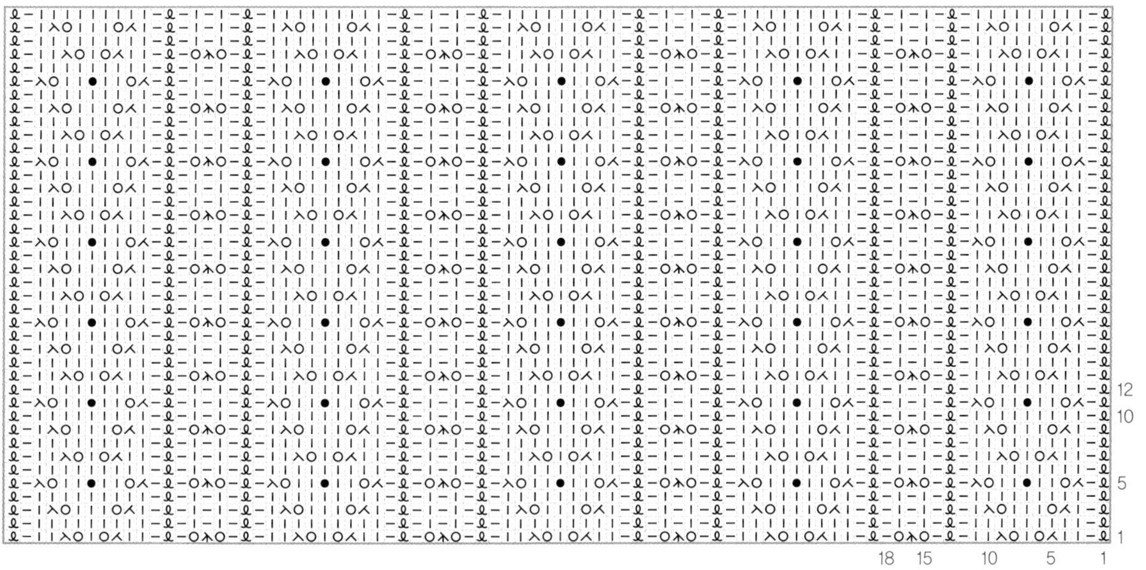

225 22코 16단 1무늬

22 20 15 10 5 1

226 26코 16단 1무늬

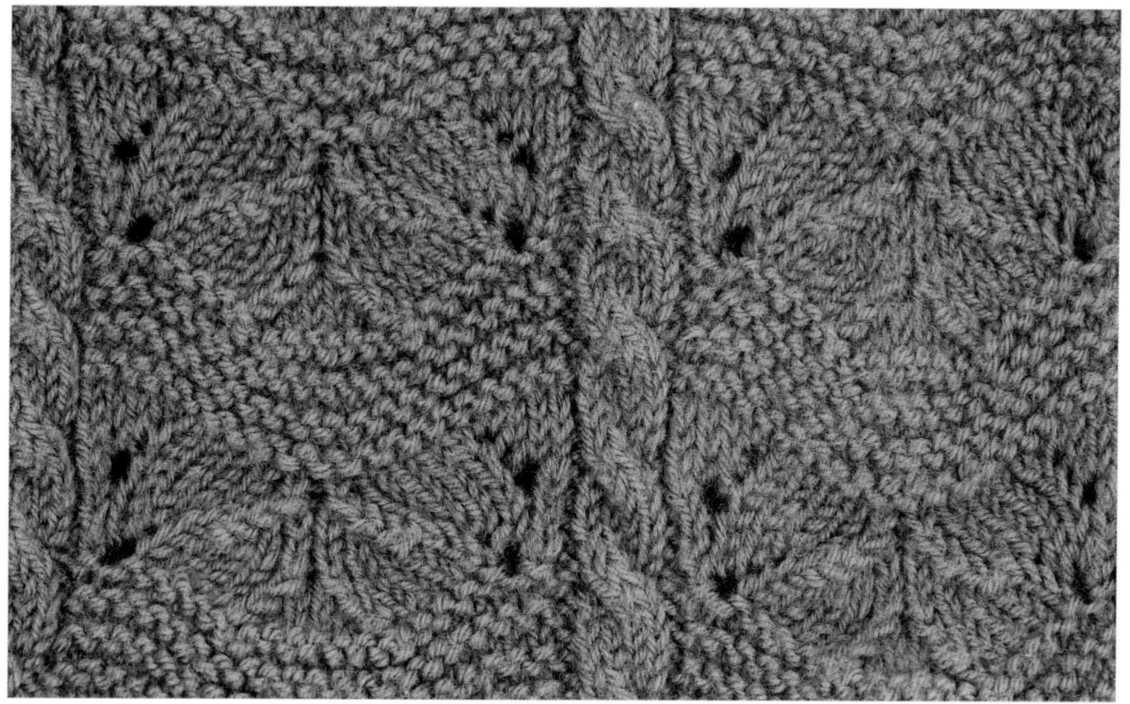

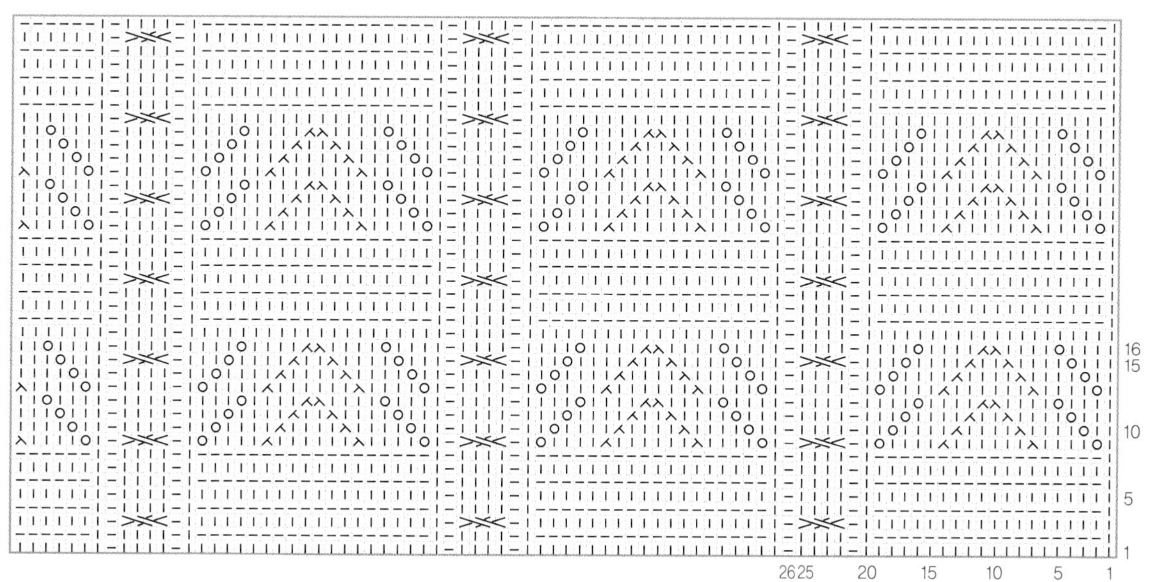

227 28코 48단 1무늬

● = (bobble symbol)

48
45
40
35
30

28 25 20 15 10 5 1

228 30코 8단 1무늬

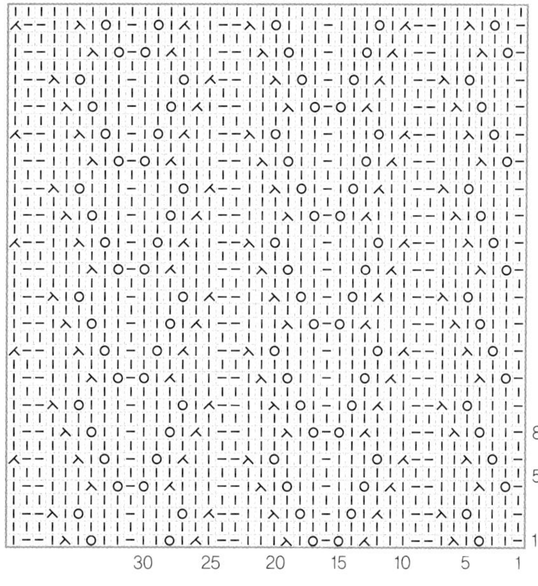

229 7코 12단 1무늬

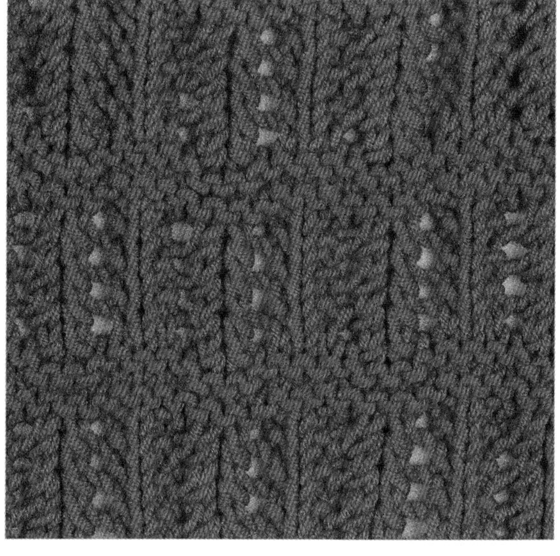

230 27코 12단 1무늬

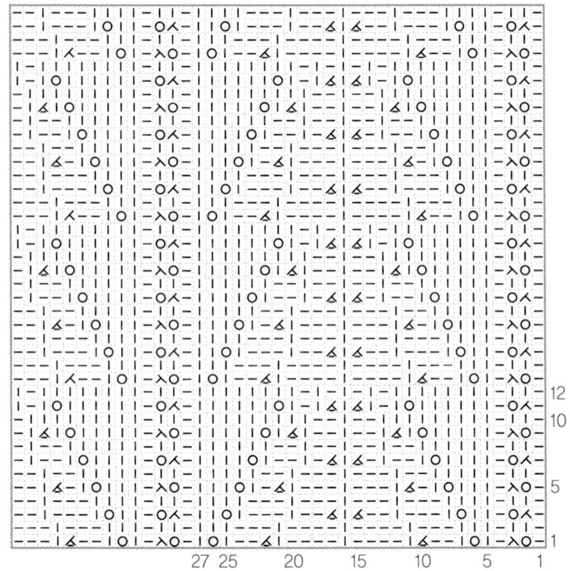

231 17코 6단 1무늬

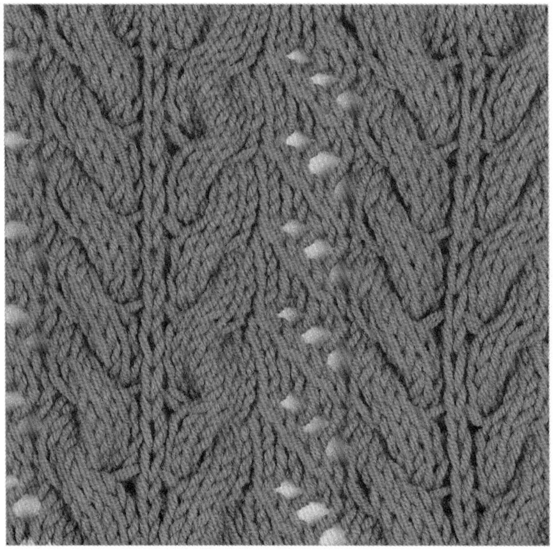

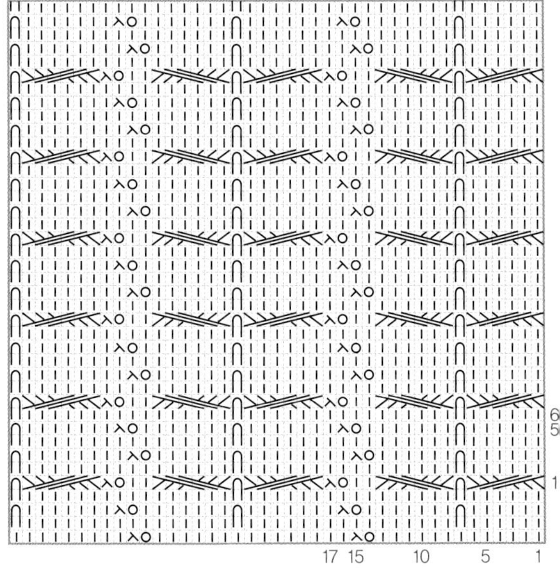

232 10코 4단 1무늬

4 3 2 1

10 5 1

233 10코 24단 1무늬

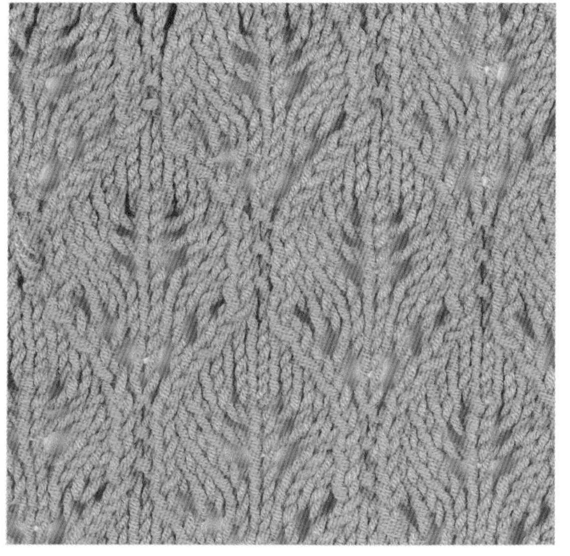

24 20 15 10 5 1

10 5 1

234 20코 8단 1무늬

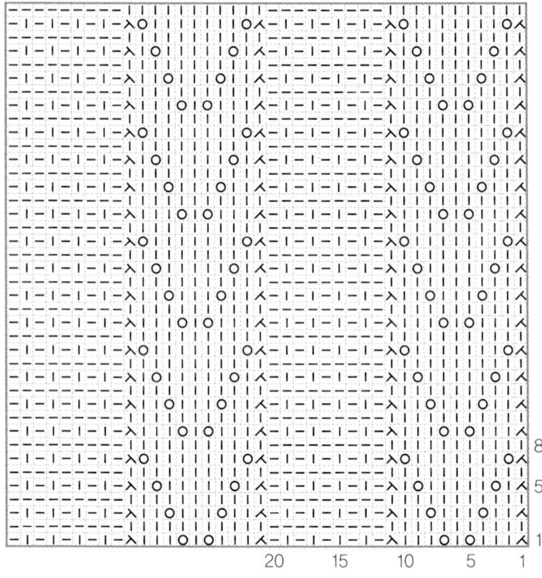

235 26코 12단 1무늬

236 16코 4단 1무늬

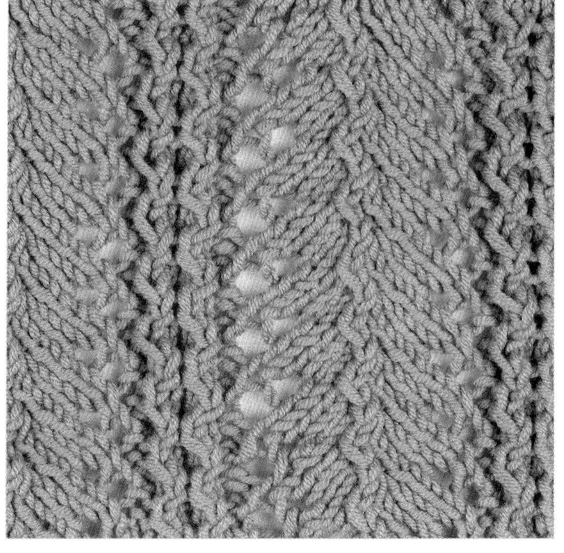

237 20코 32단 1무늬

238 12코 20단 1무늬

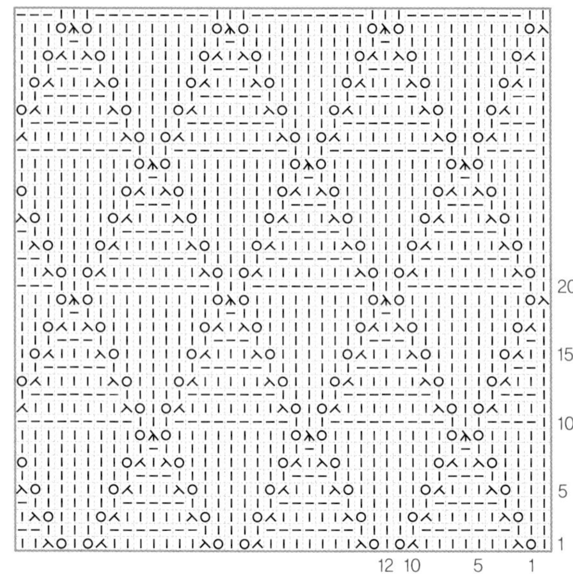

239 16코 16단 1무늬

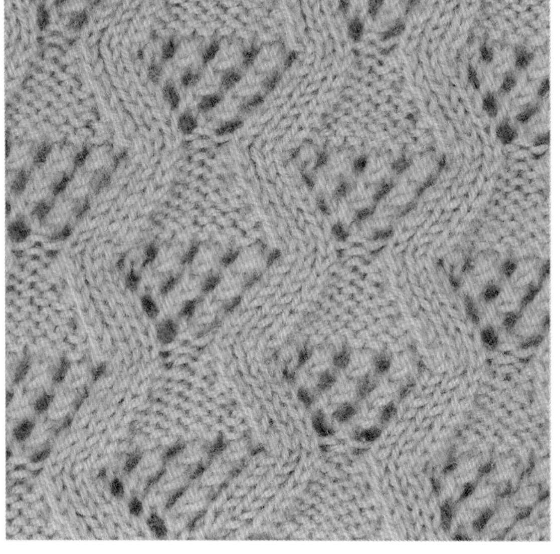

1615 10 5 1

240 19코 10단 1무늬

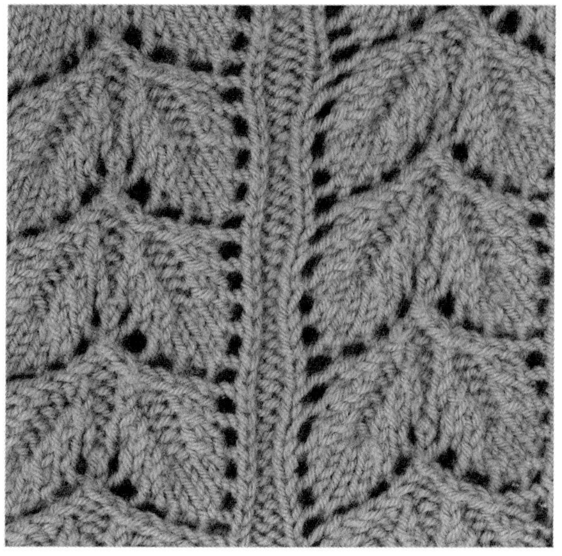

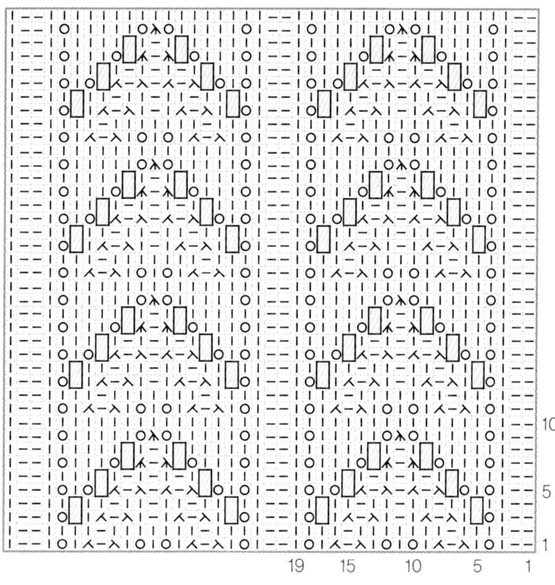

241 16코 16단 1무늬

16
15
10
5
1
1615 10 5 1

242 14코 12단 1무늬

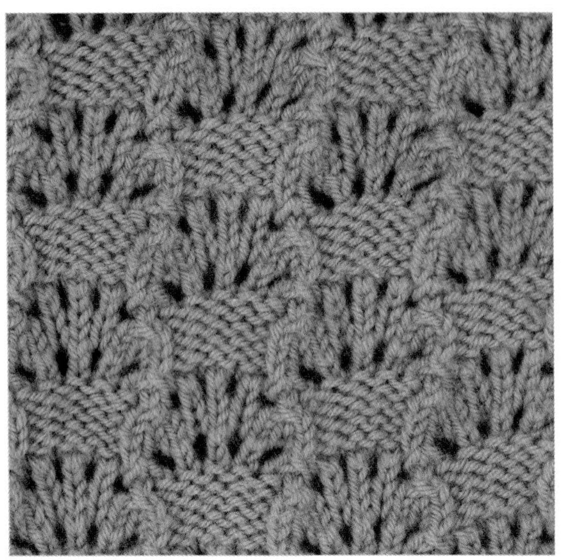

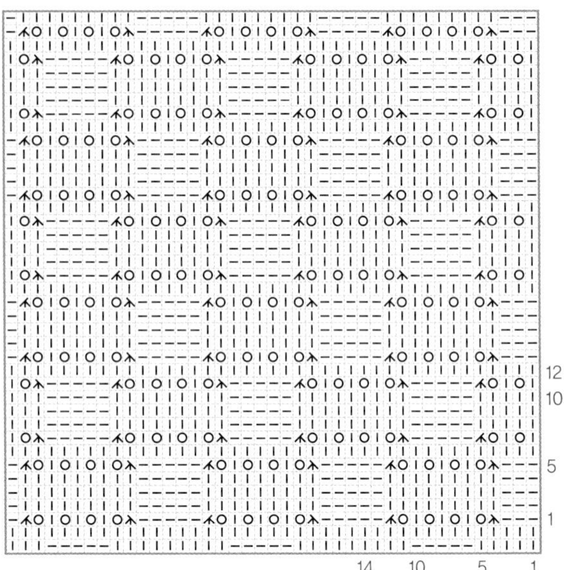

243 20코 12단 1무늬

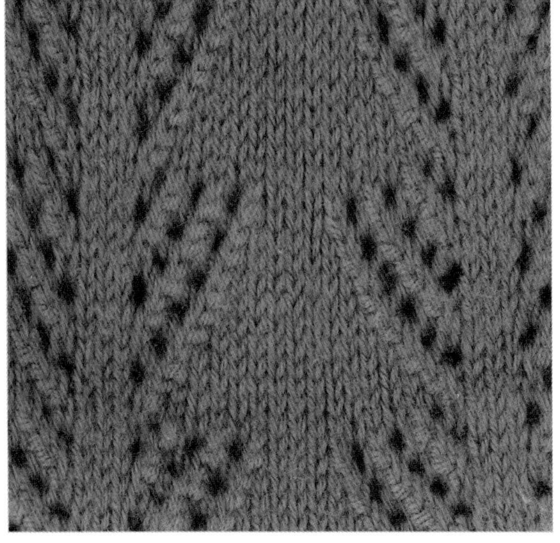

20 15 10 5 1

244 13코 24단 1무늬

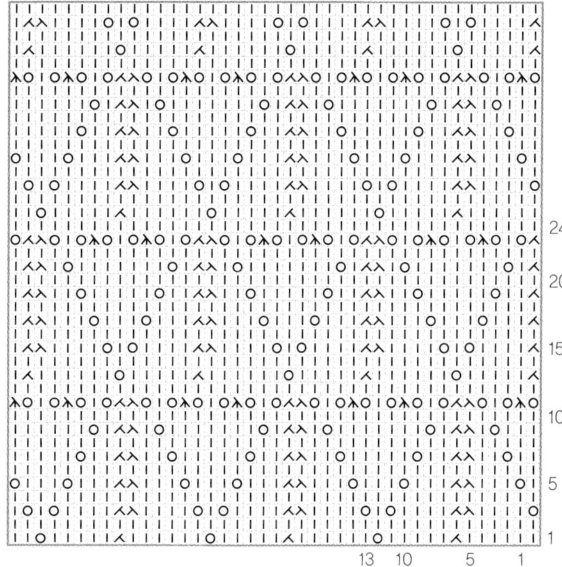

245 12코 16단 1무늬

16
15
10
5
1
12 10 5 1

246 6코 12단 1무늬

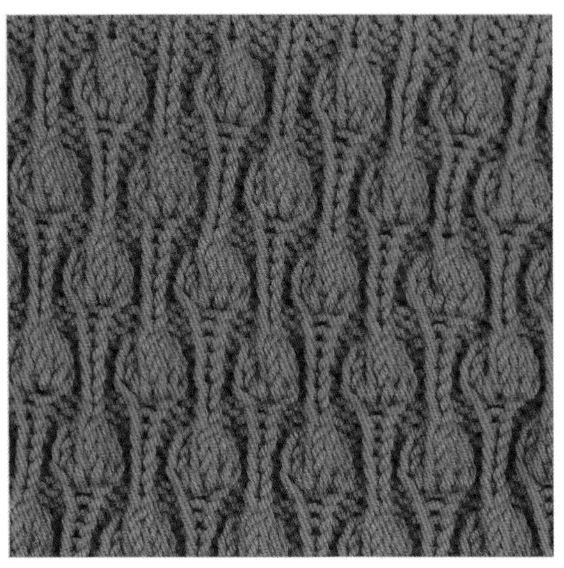

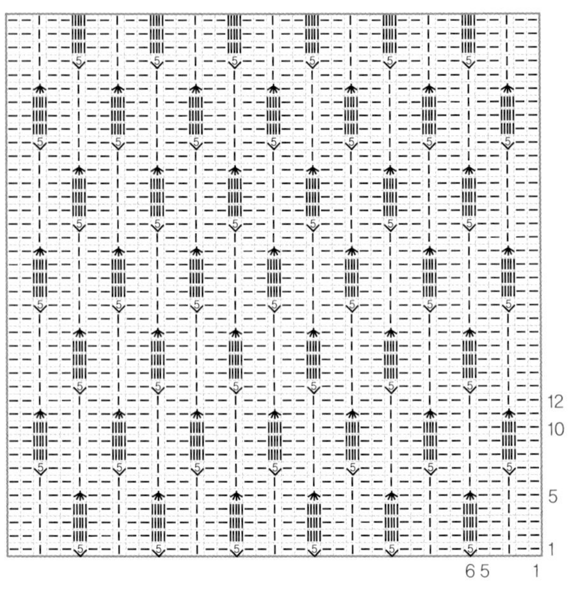

247 13코 12단 1무늬

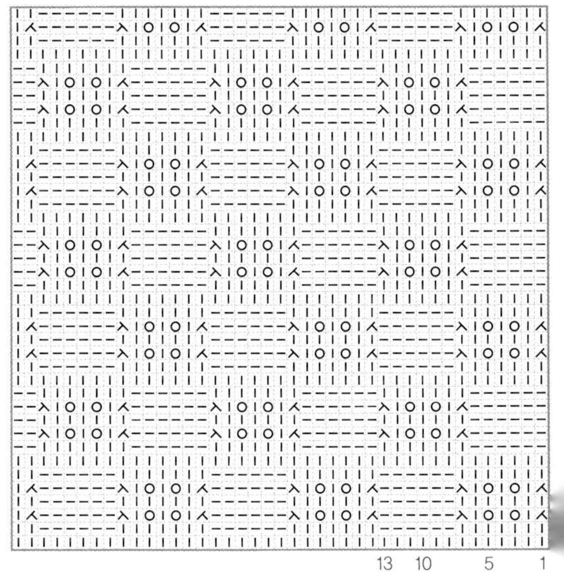

248 9코 20단 1무늬

249 9코 18단 1무늬

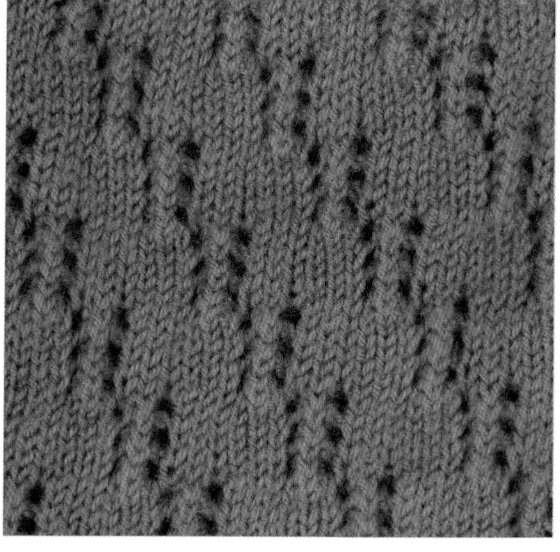

250 10코 16단 1무늬

251 31코 18단 1무늬

252 12코 24단 1무늬

253 12코 20단 1무늬

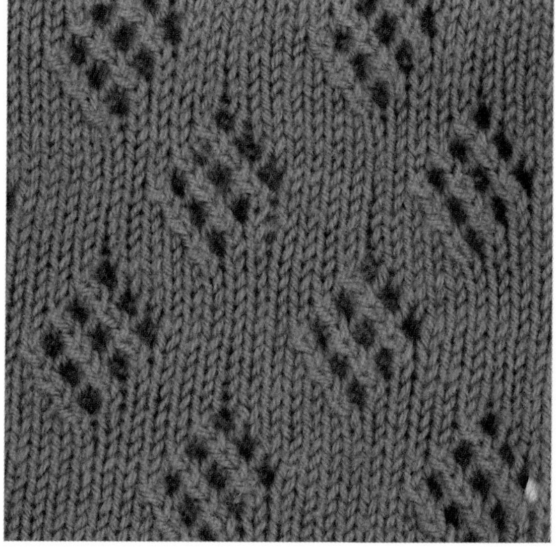

254 12코 20단 1무늬

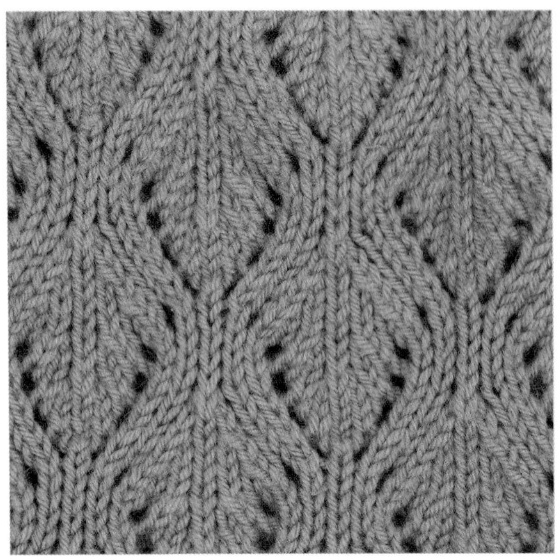

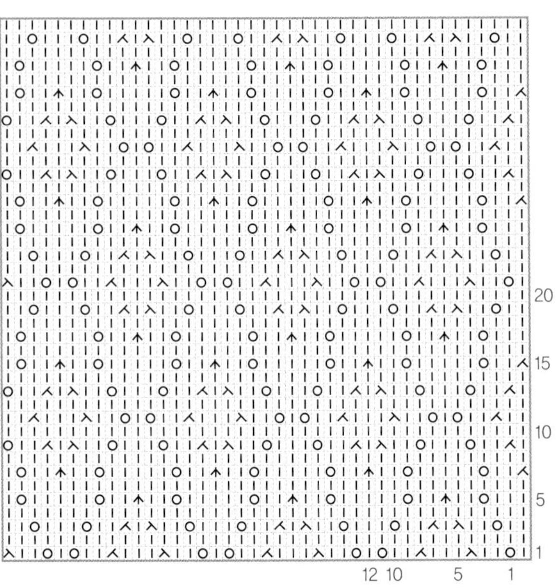

255 16코 16단 1무늬

16 15 10 5 1

256 14코 24단 1무늬

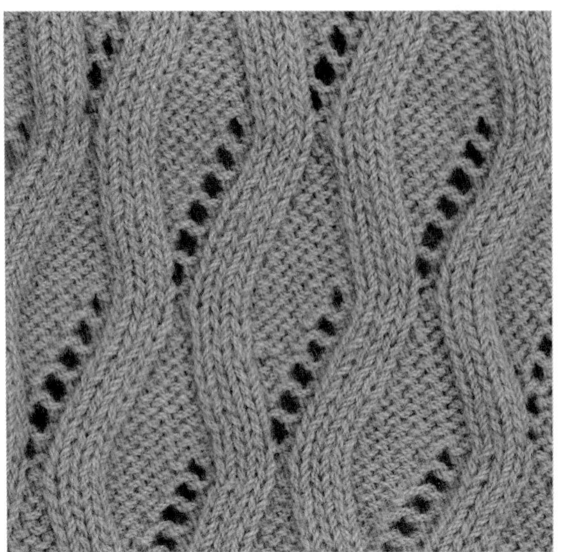

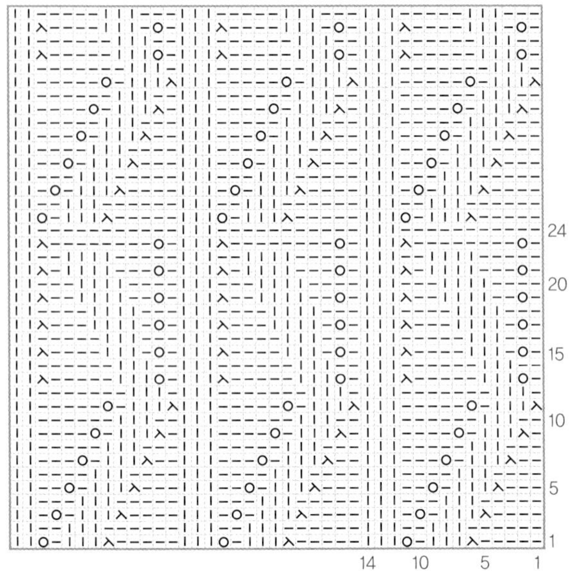

257 12코 24단 1무늬

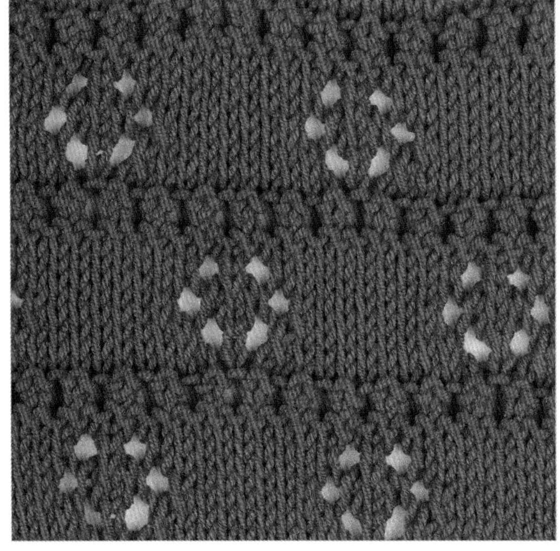

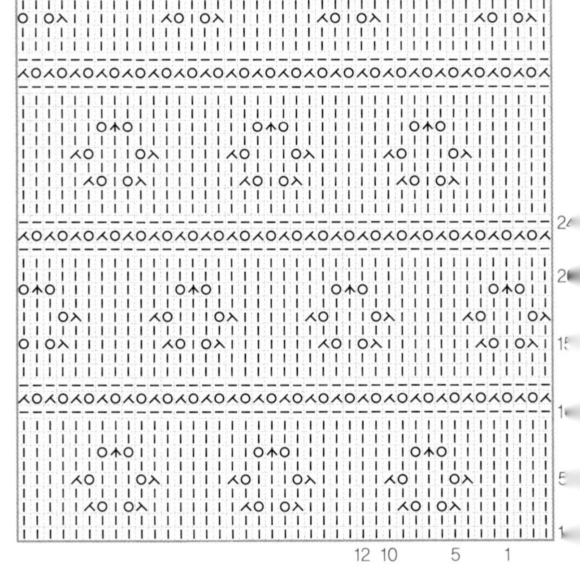

258 18코 10단 1무늬

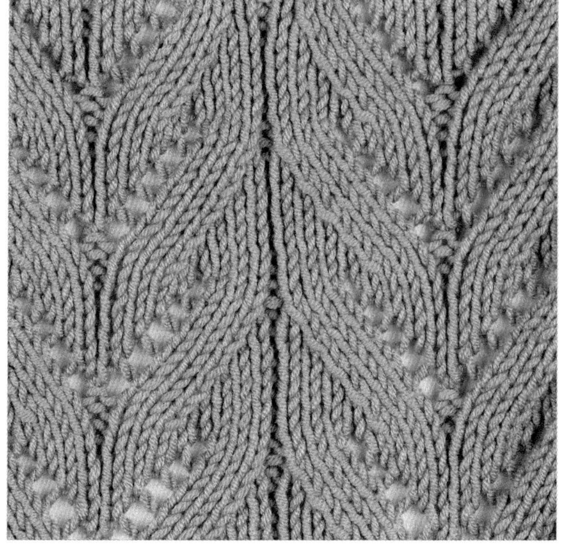

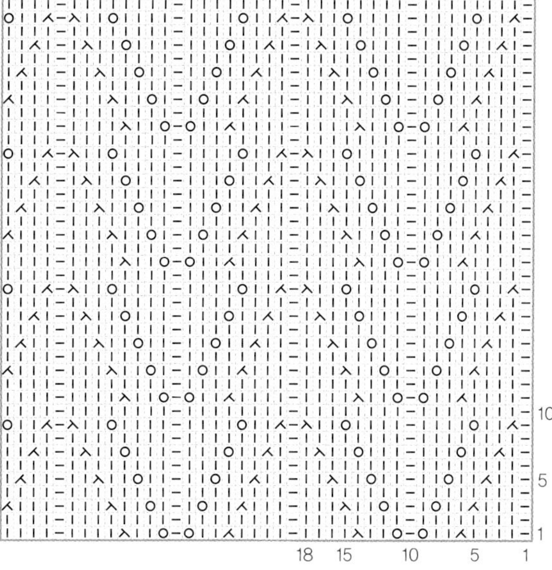

259 10코 12단 1무늬

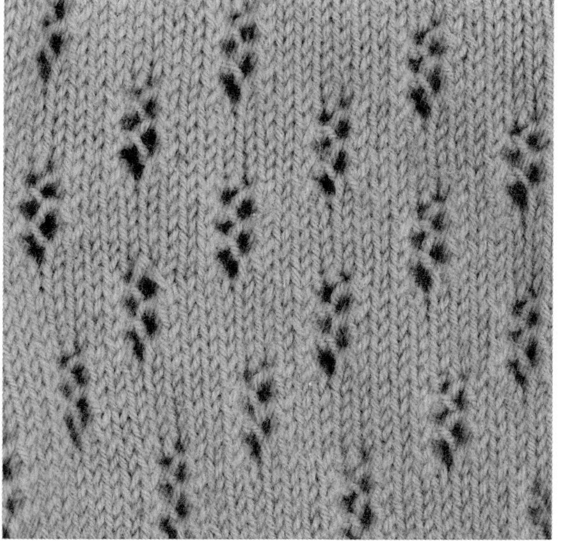

260 12코 20단 1무늬

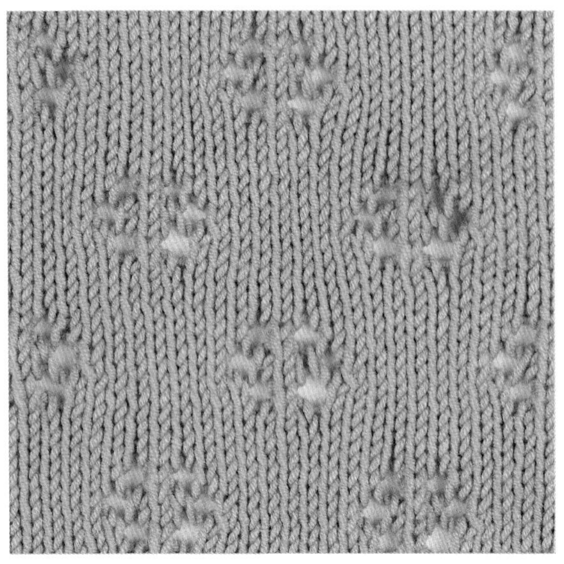

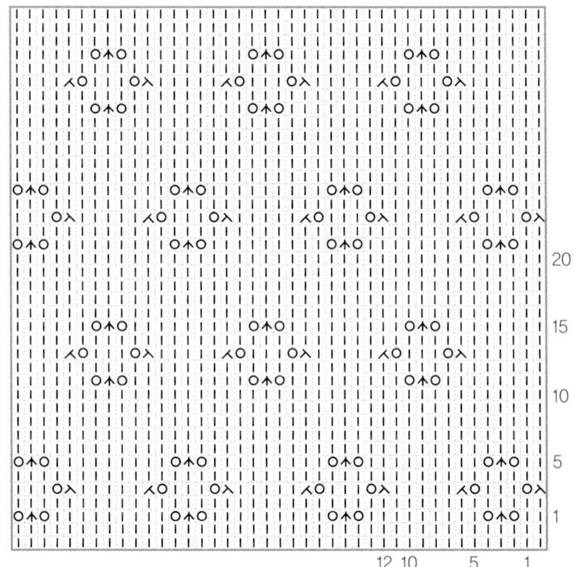

261 8코 24단 1무늬

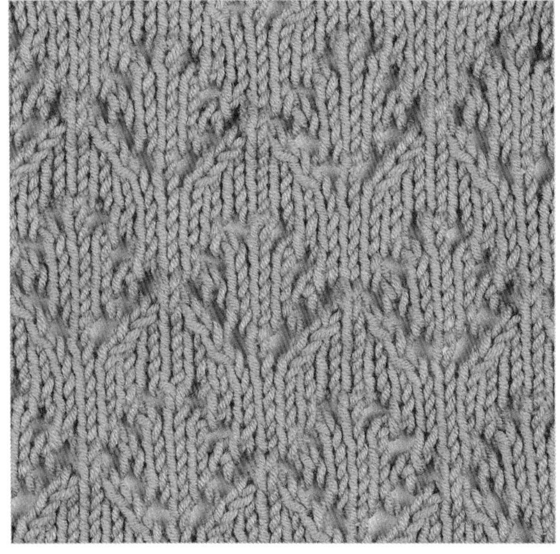

24
20
15
10
5
1

8 5 1

262 16코 16단 1무늬

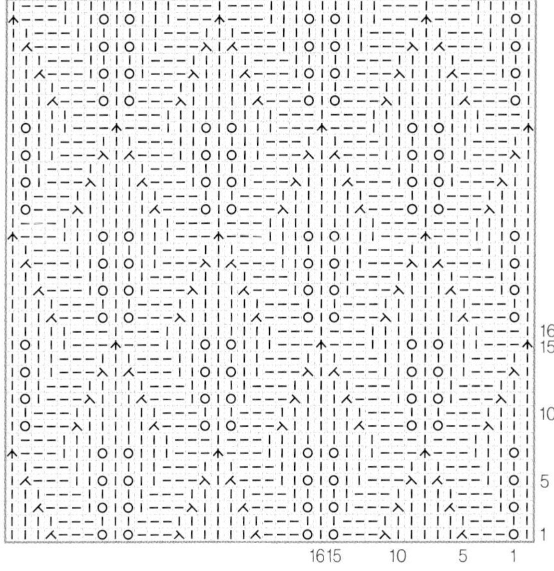

263 10코 20단 1무늬

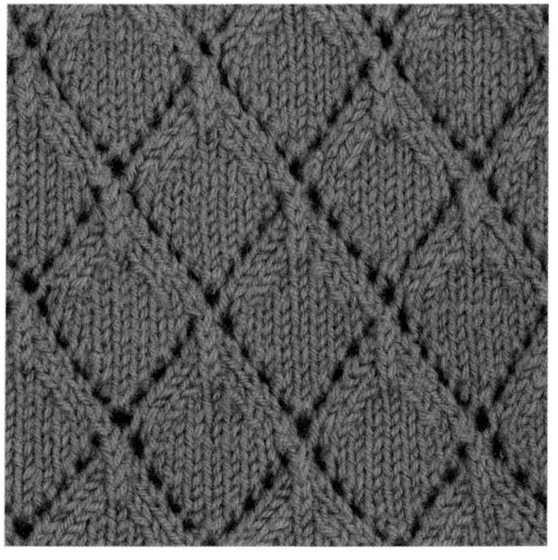

264 10코 12단 1무늬

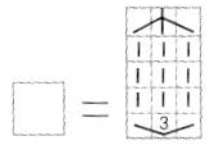

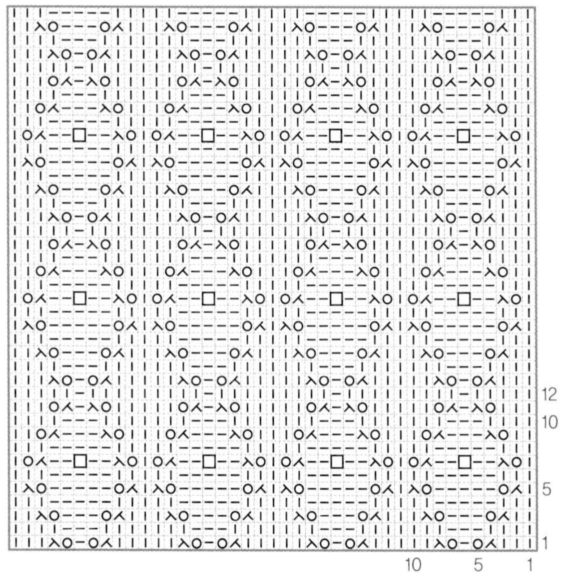

265 15코 8단 1무늬

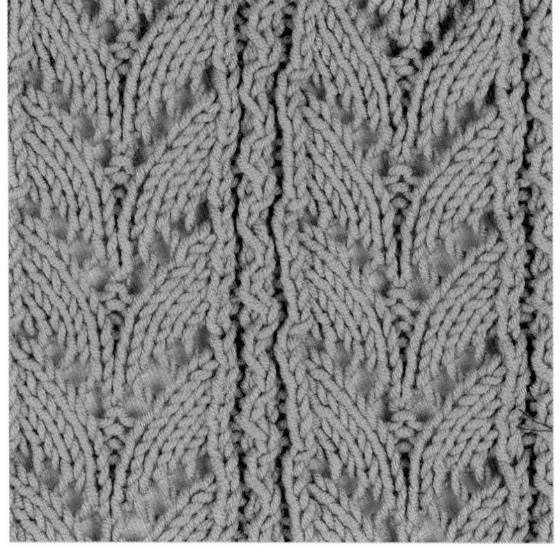

266 13코 6단 1무늬

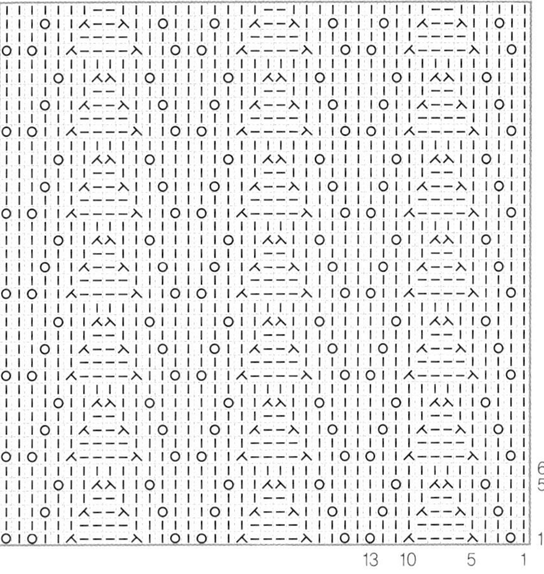

267 20코 20단 1무늬

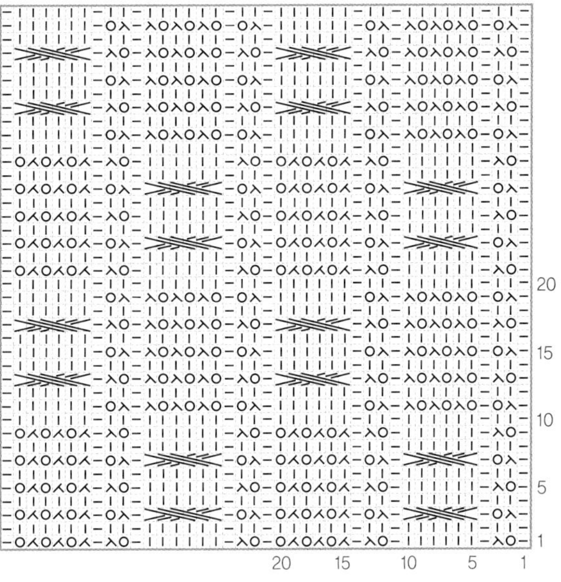

268 16코 32단 1무늬

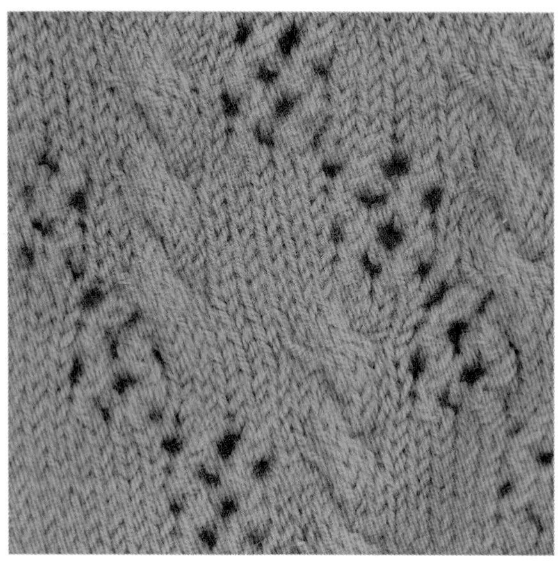

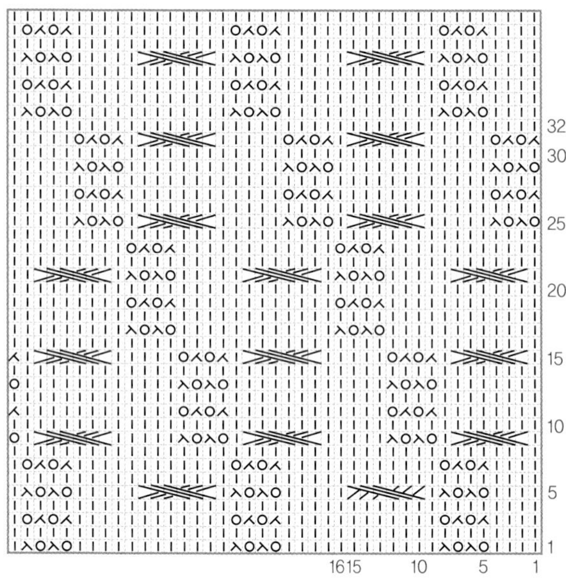

269 16코 16단 1무늬

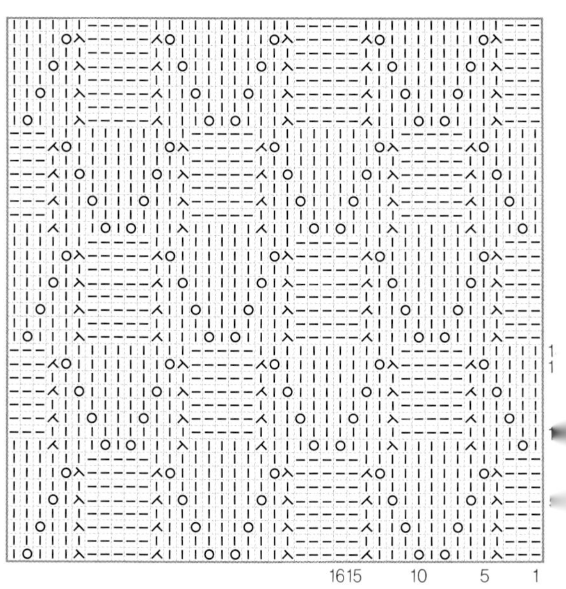

270 10코 16단 1무늬

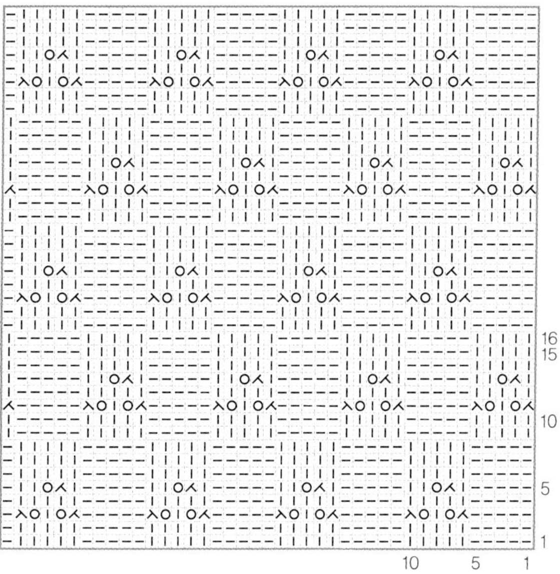

271 8코 12단 1무늬

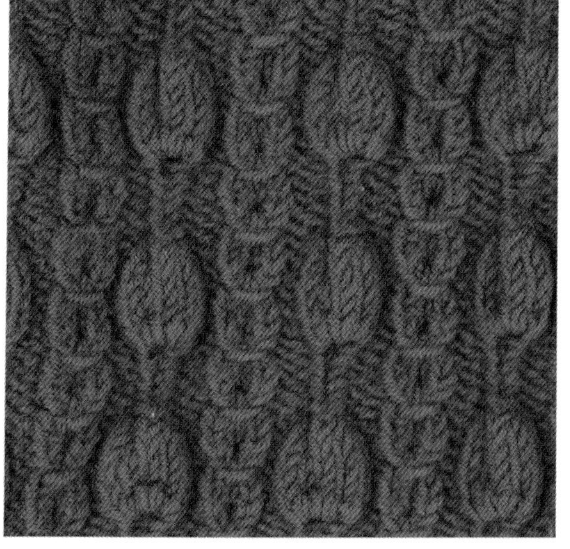

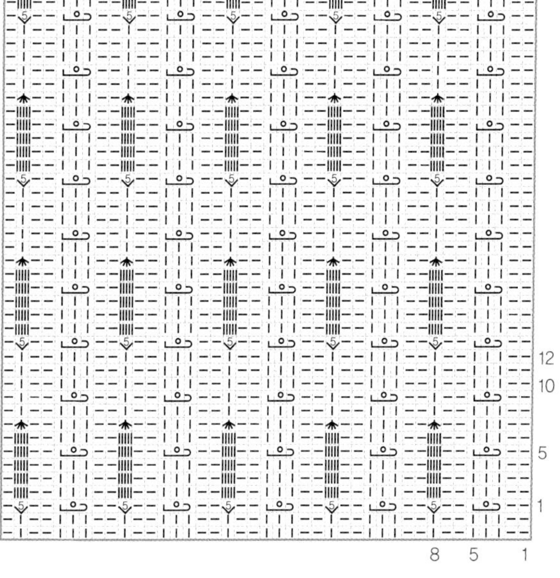

272 8코 12단 1무늬

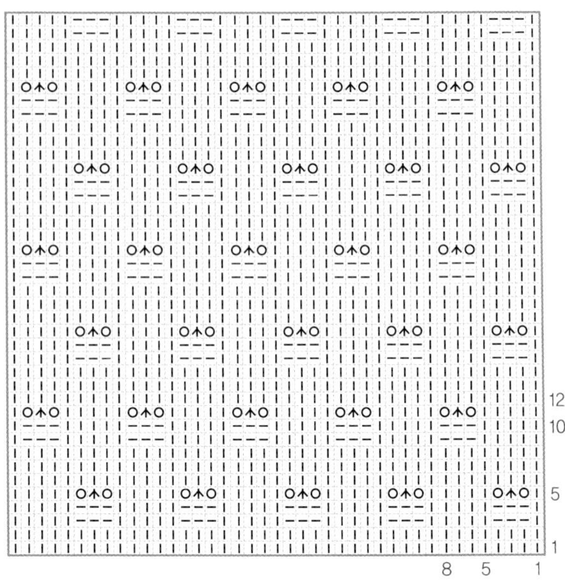

273 7코 6단 1무늬

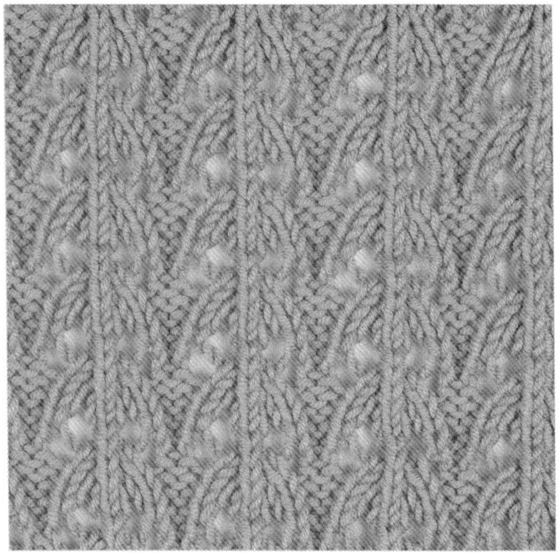

7 5 1

274 2코 10단 1무늬

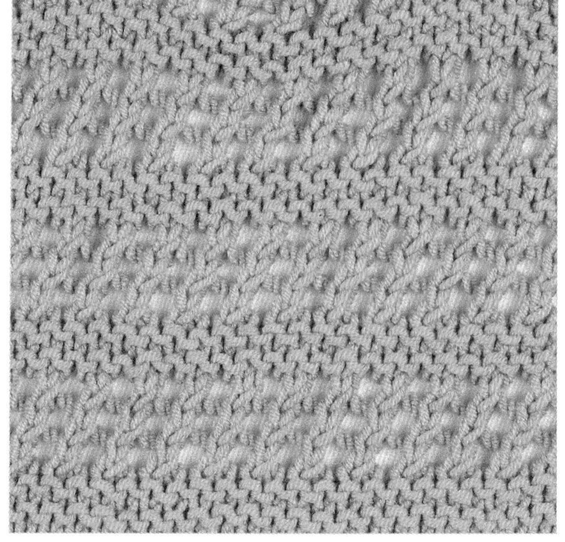

275 14코 14단 1무늬

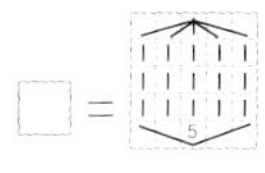

276 12코 14단 1무늬

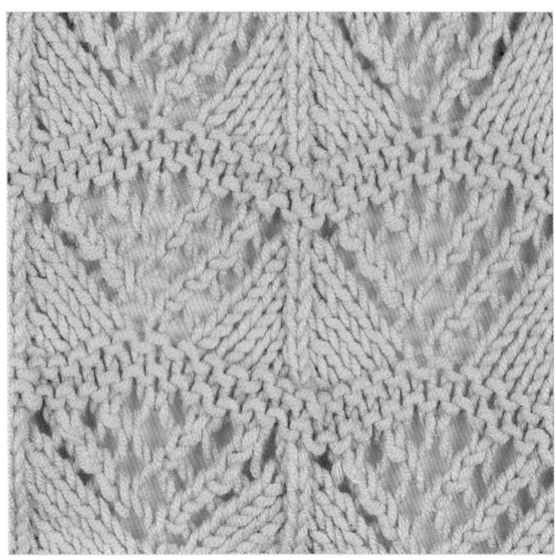

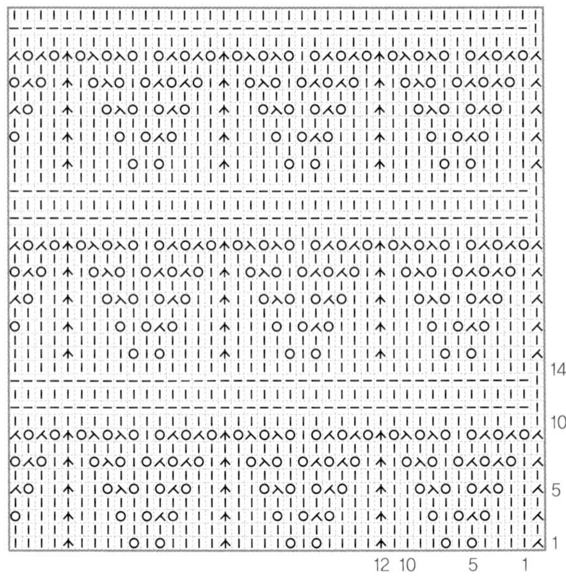

277 12코 12단 1무늬

12 10 5 1

278 8코 12단 1무늬

279 10코 16단 1무늬

280 21코 12단 1무늬

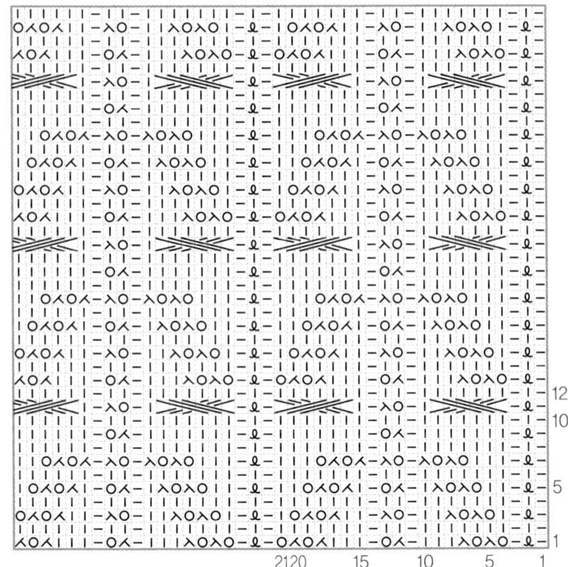

281 8코 8단 1무늬

8 5 1

282 10코 20단 1무늬

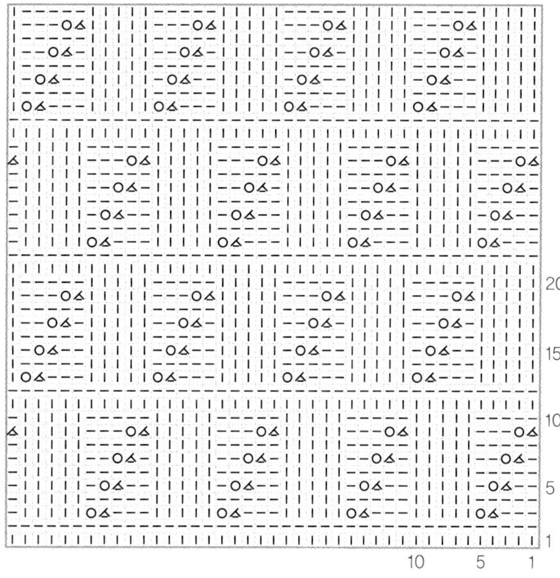

283 6코 16단 1무늬

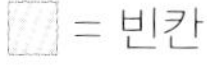

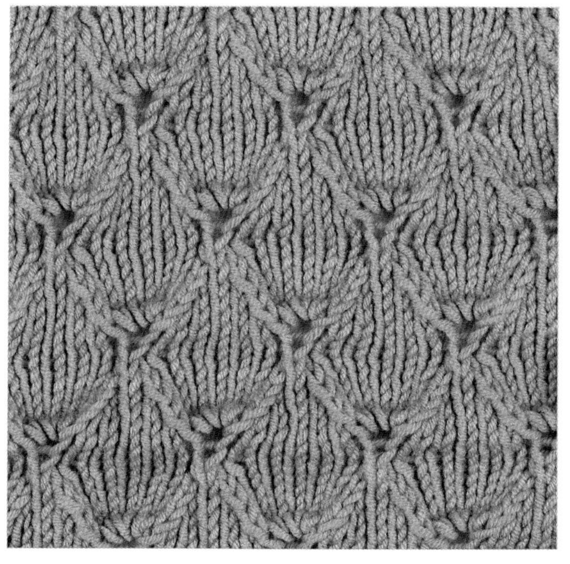

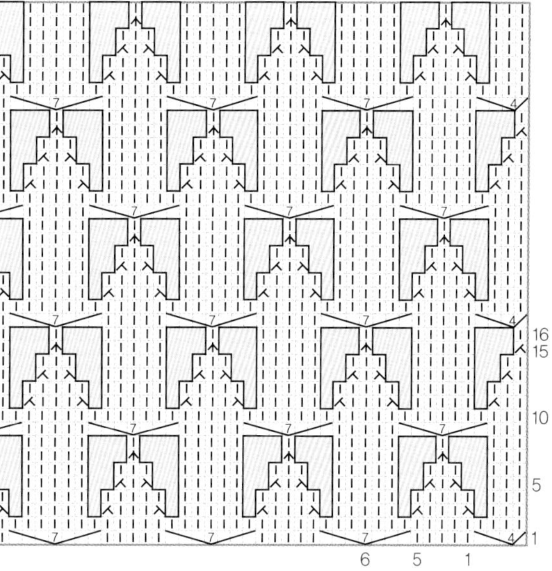

284 12코 12단 1무늬

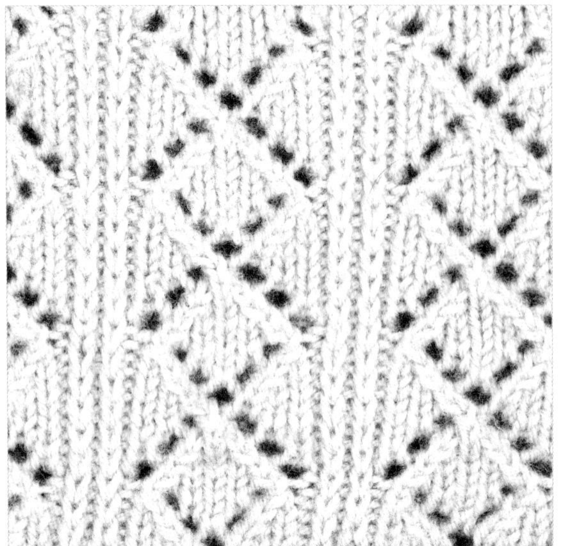

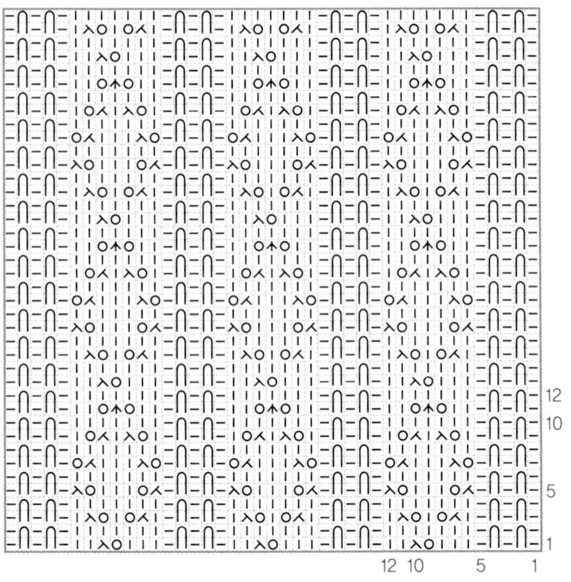

285 2코 14단 1무늬

286 2코 10단 1무늬

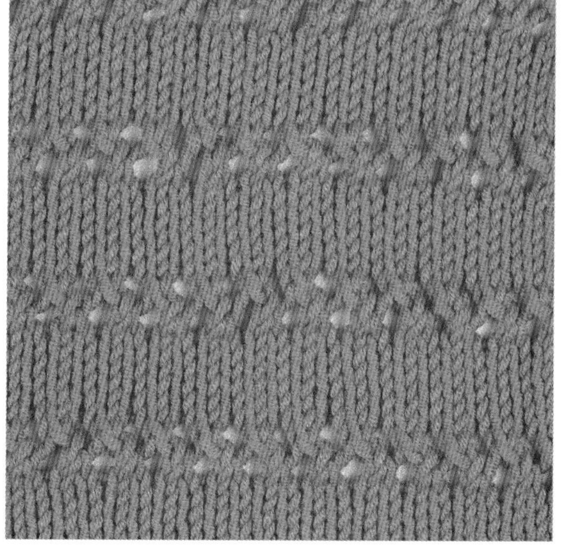

287 15코 12단 1무늬

288 8코 14단 1무늬

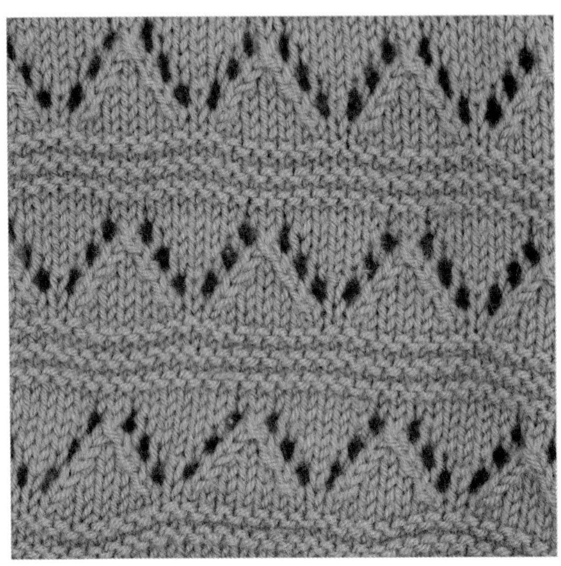

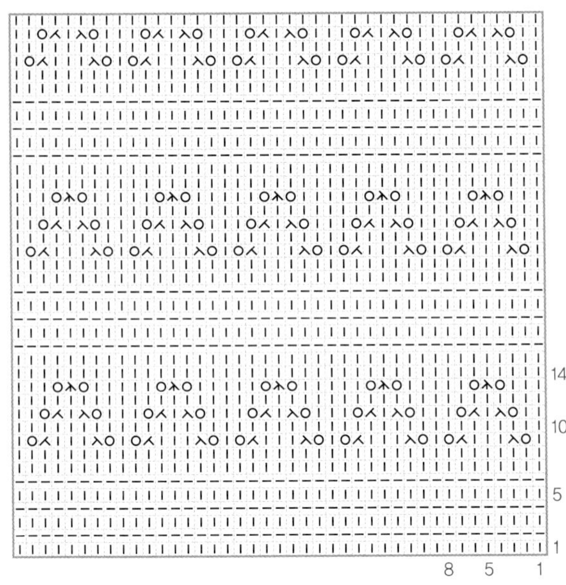

289 17코 16단 1무늬

290 15코 18단 1무늬

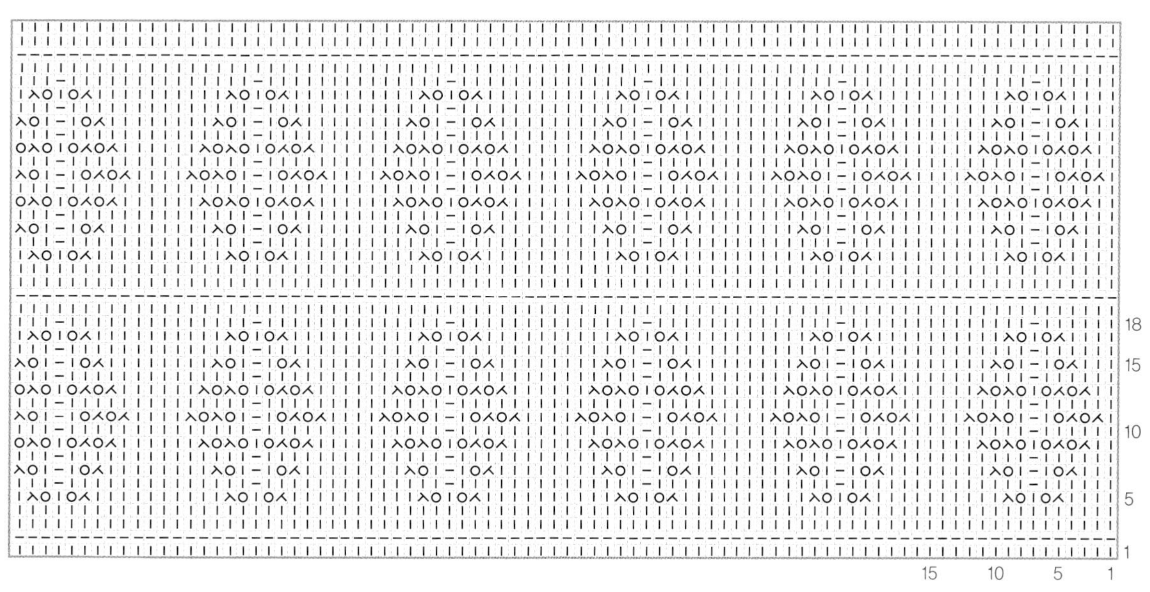

291 20코 12단 1무늬

20 15 10 5 1

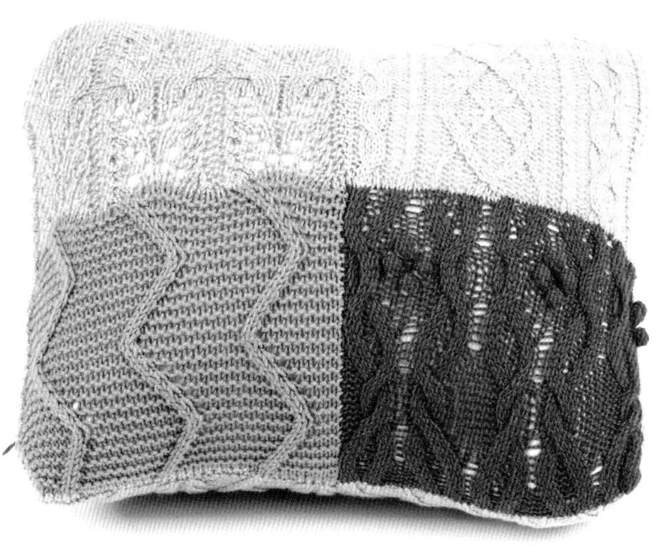

292 12코 24단 1무늬

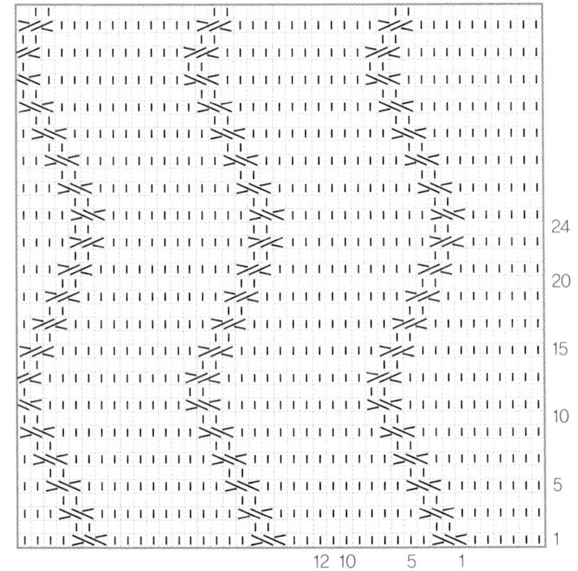

293 14코 20단 1무늬

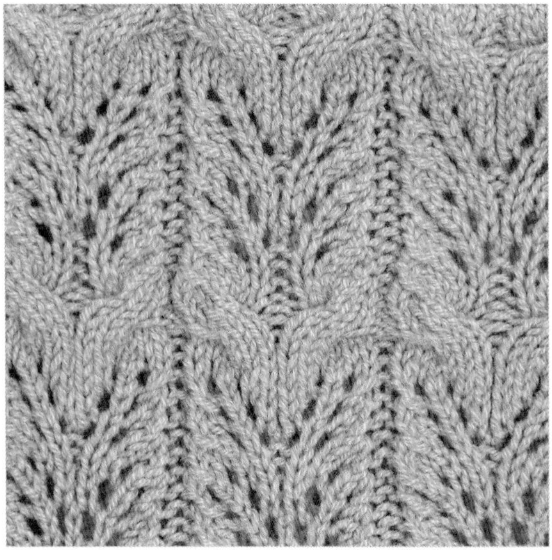

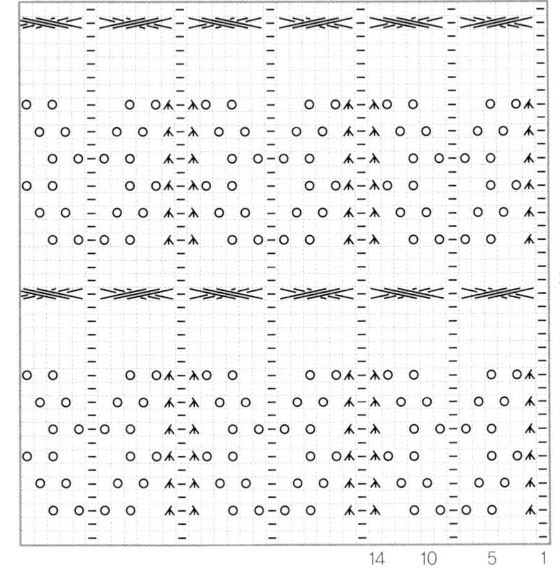

41코 24단 1무늬

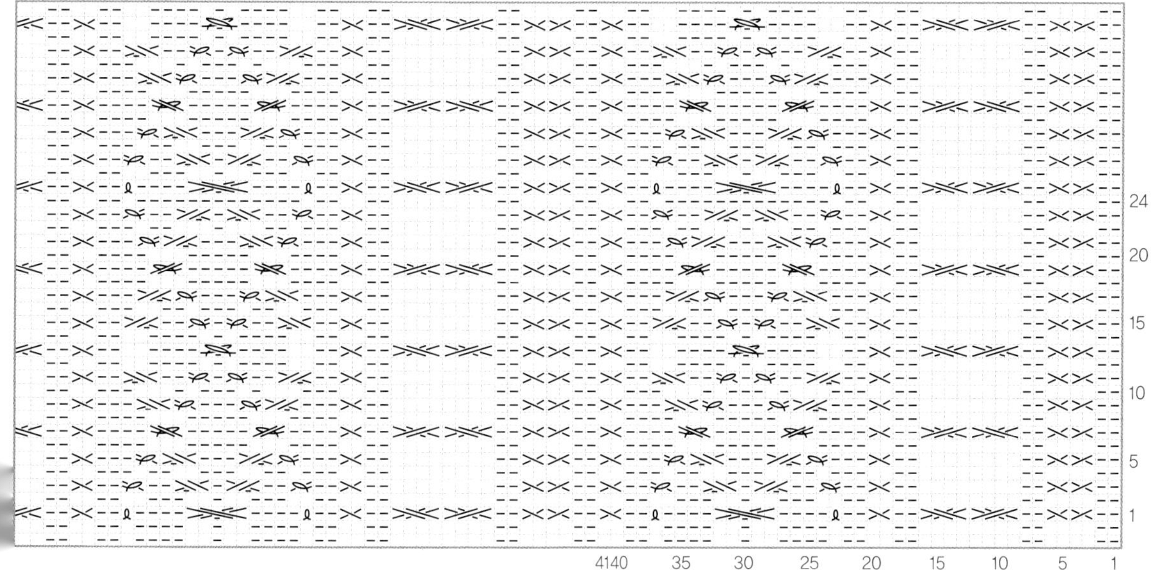

295 20코 36단 1무늬

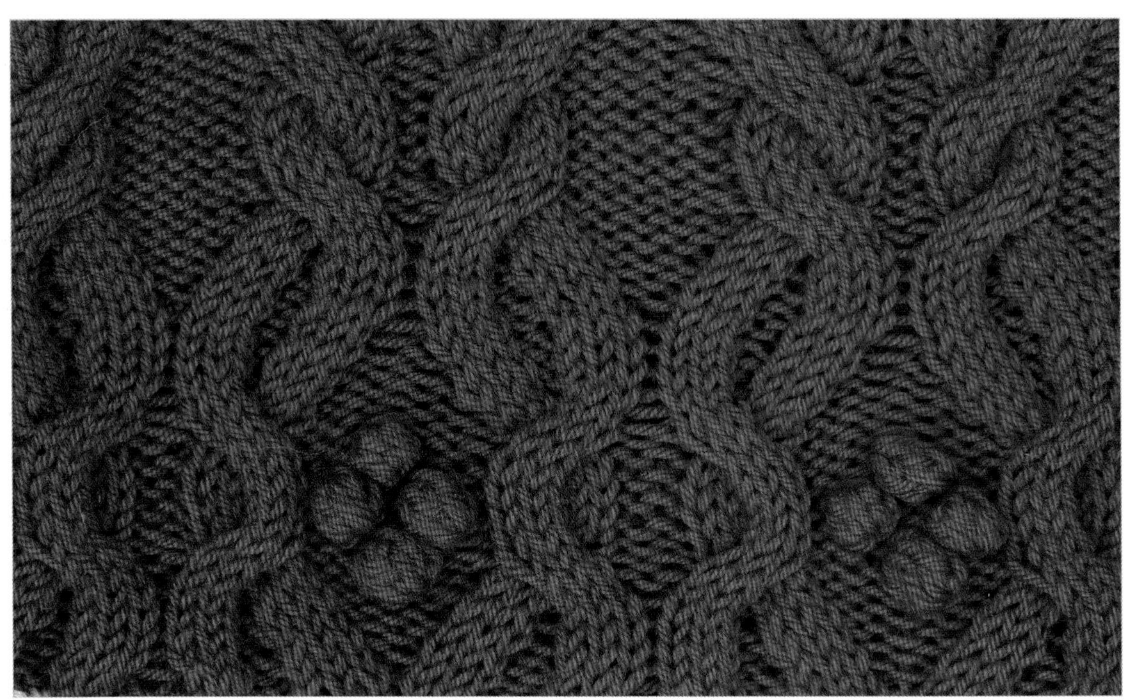

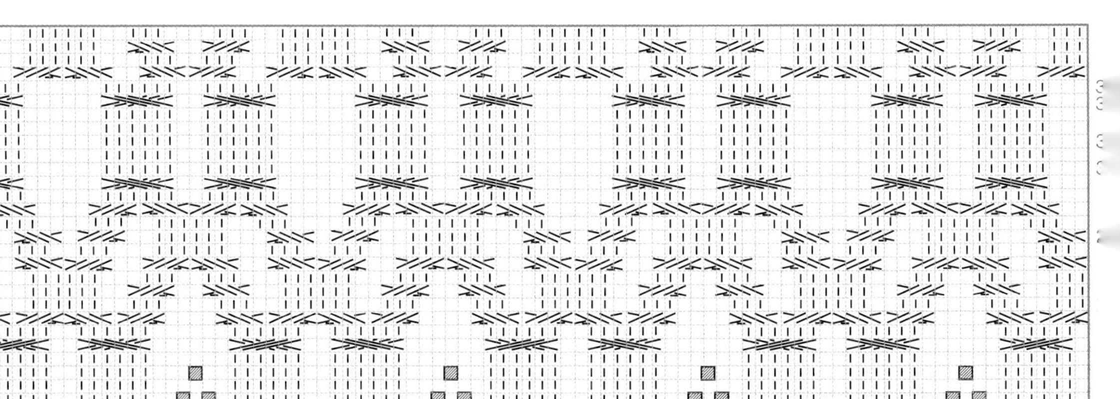

20 15 10 5 1

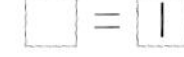

296 37코 26단 1무늬

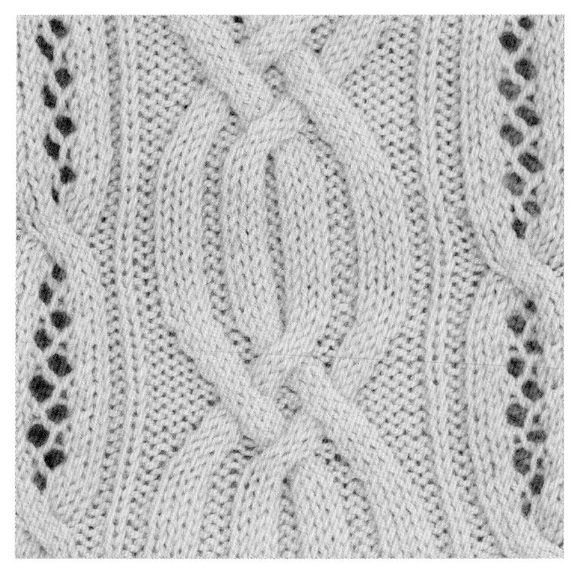

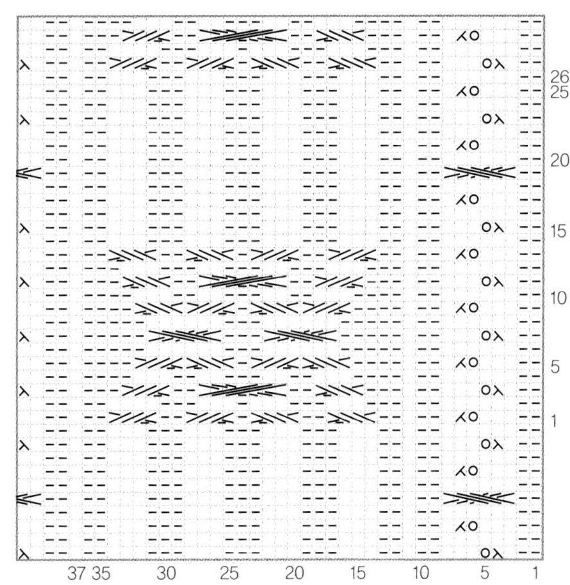

297 18코 28단 1무늬

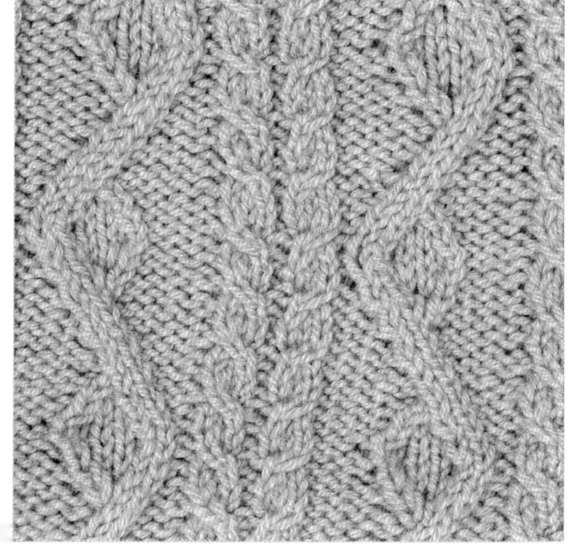

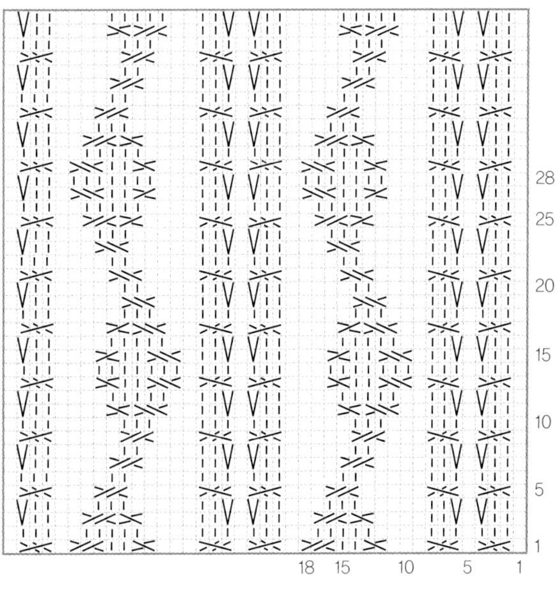

298 8코 24단 1무늬

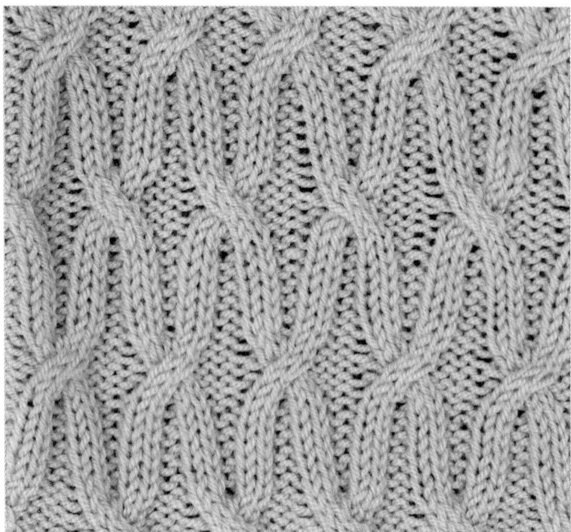

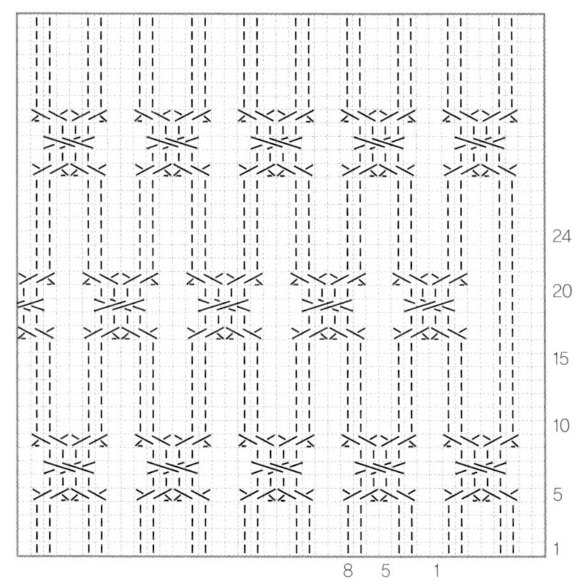

299 25코 8단 1무늬

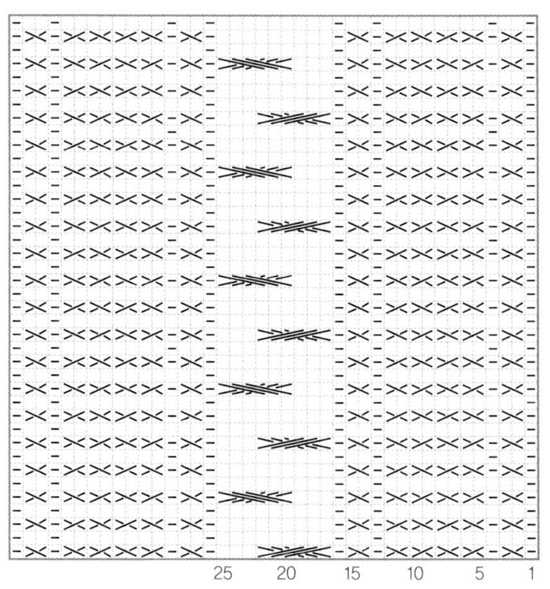

300 11코 14단 1무늬

□ = |

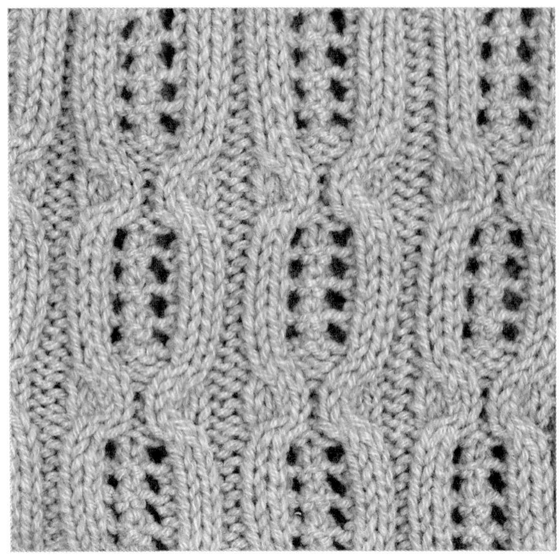

301 18코 20단 1무늬

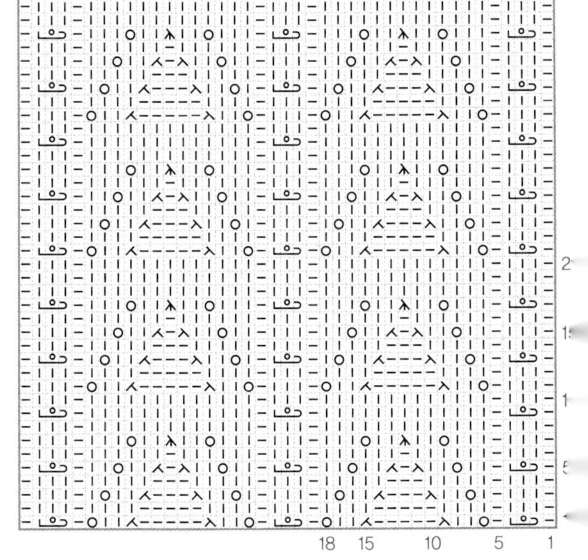

302 28코 12단 1무늬

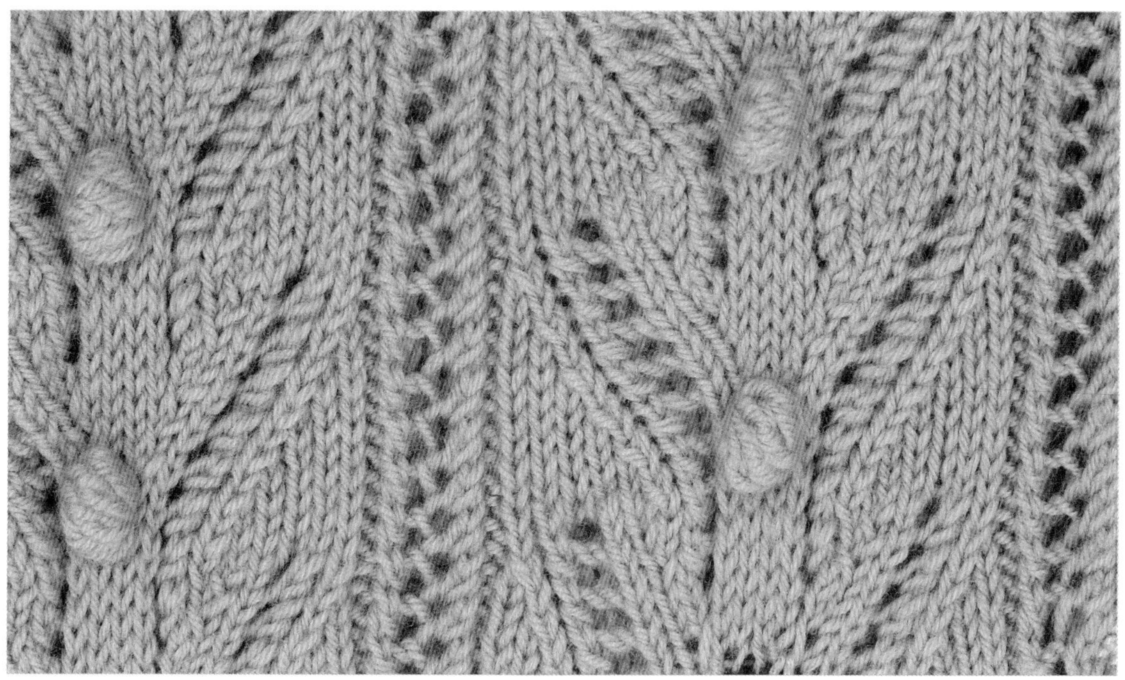

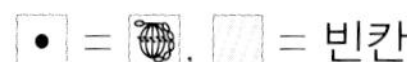

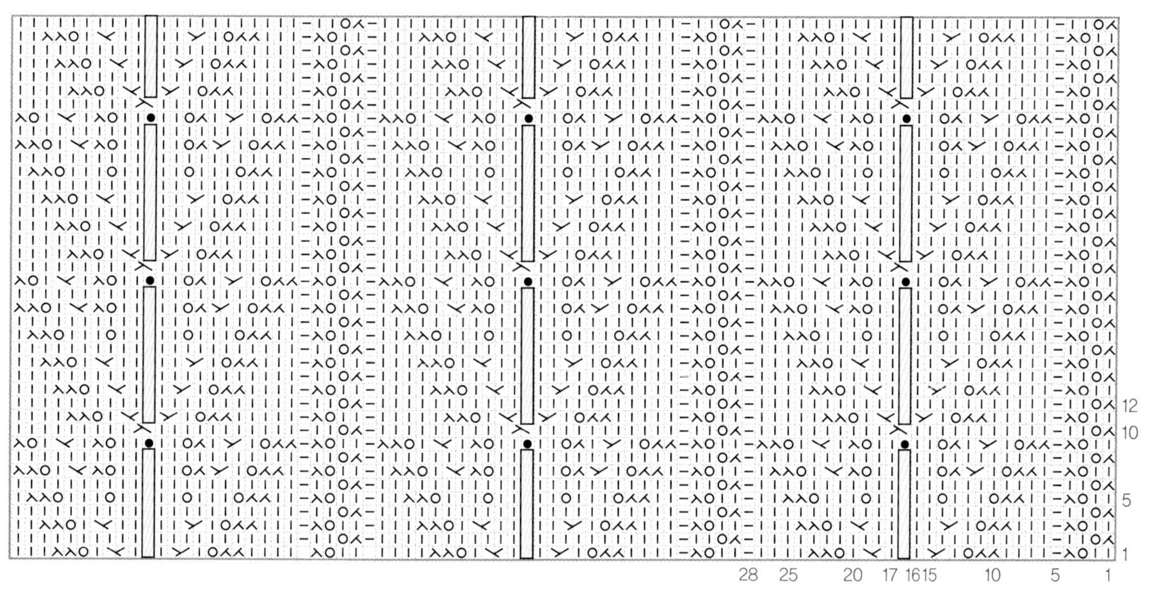

303 10코 24단 1무늬

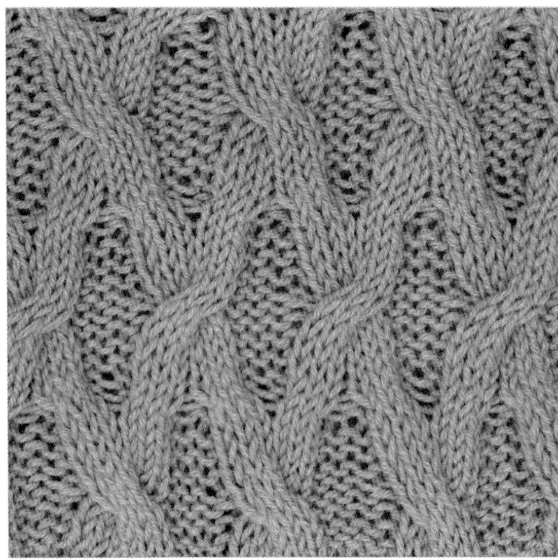

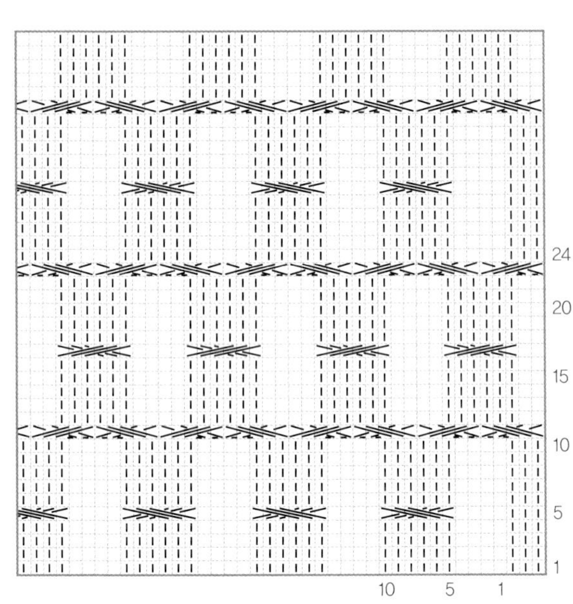

304 14코 2단 1무늬

14 10 5 1

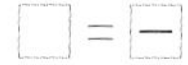

17코 12단 1무늬

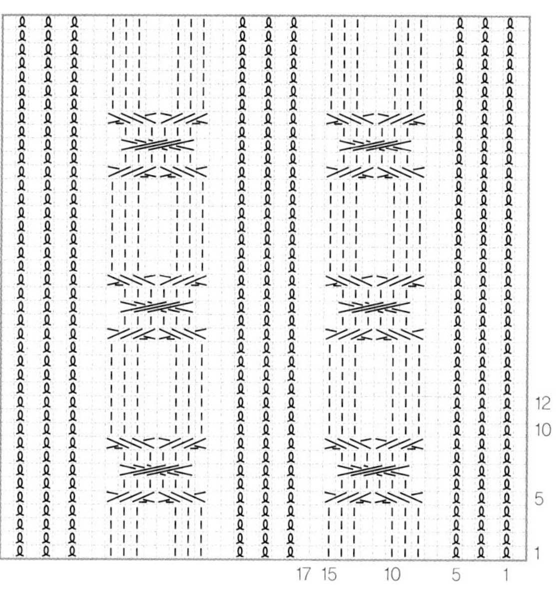

20코 16단 1무늬

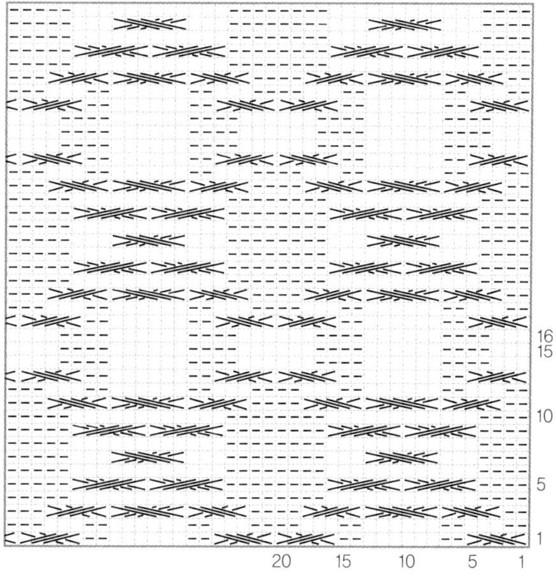

307 12코 16단 1무늬

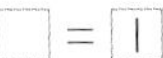

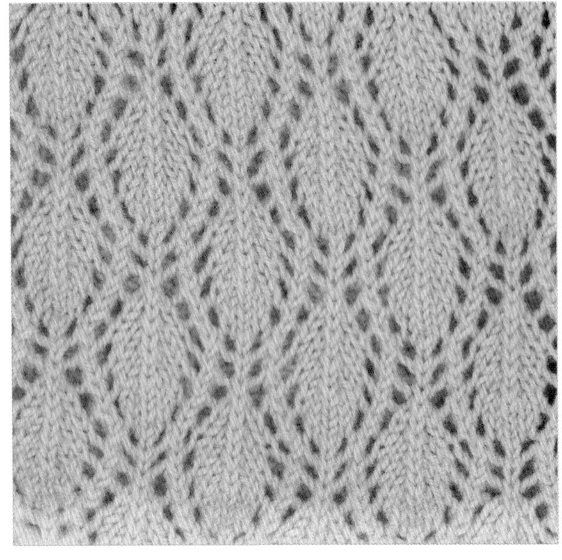

16
15
10
5
1

12 10 5 1

308 5코 4단 1무늬

5 4 3 2 1

309 26코 18단 1무늬

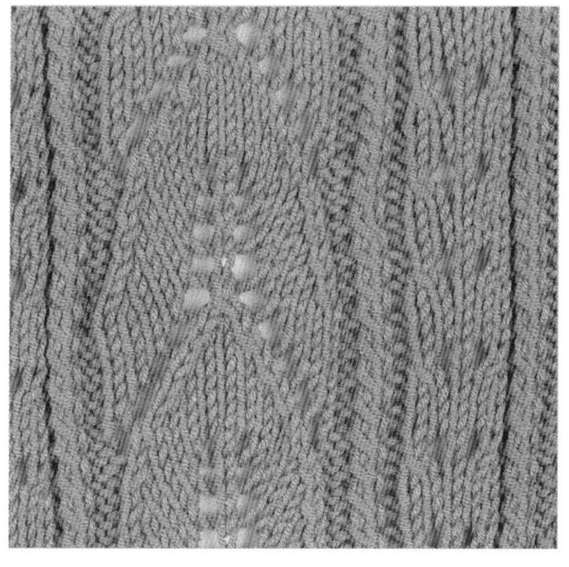

310 19코 20단 1무늬

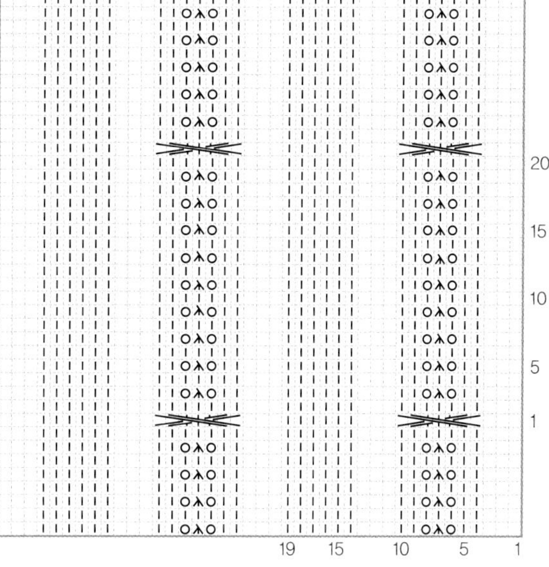

311 52코 46단 1무늬

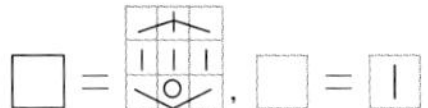

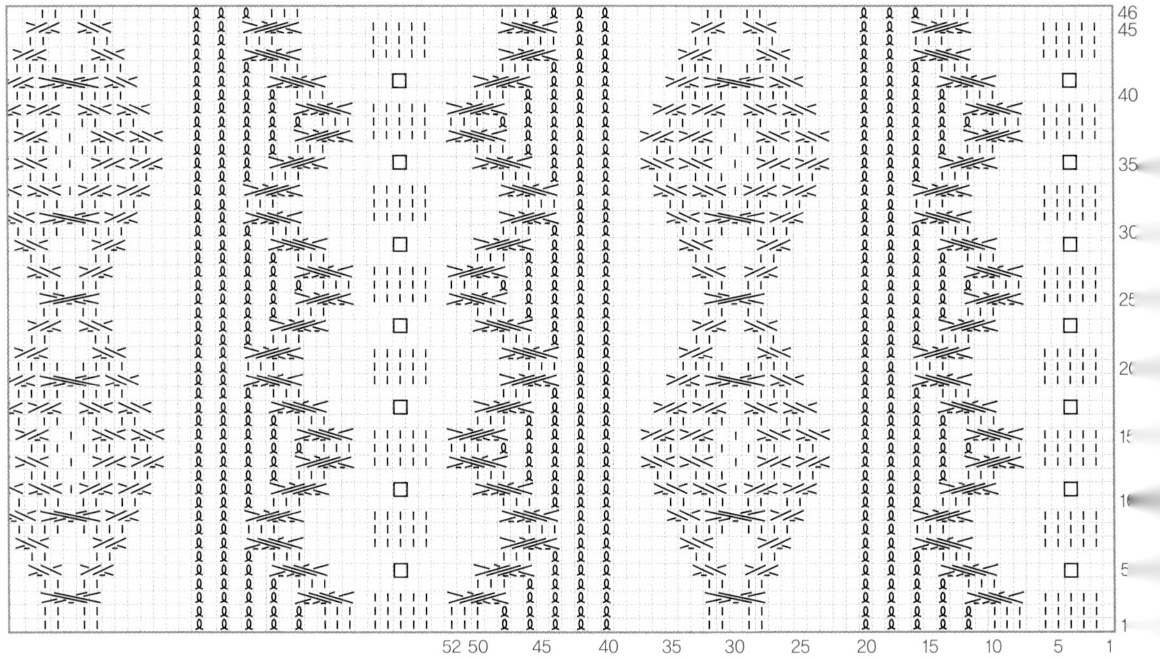

312 40코 40단 1무늬

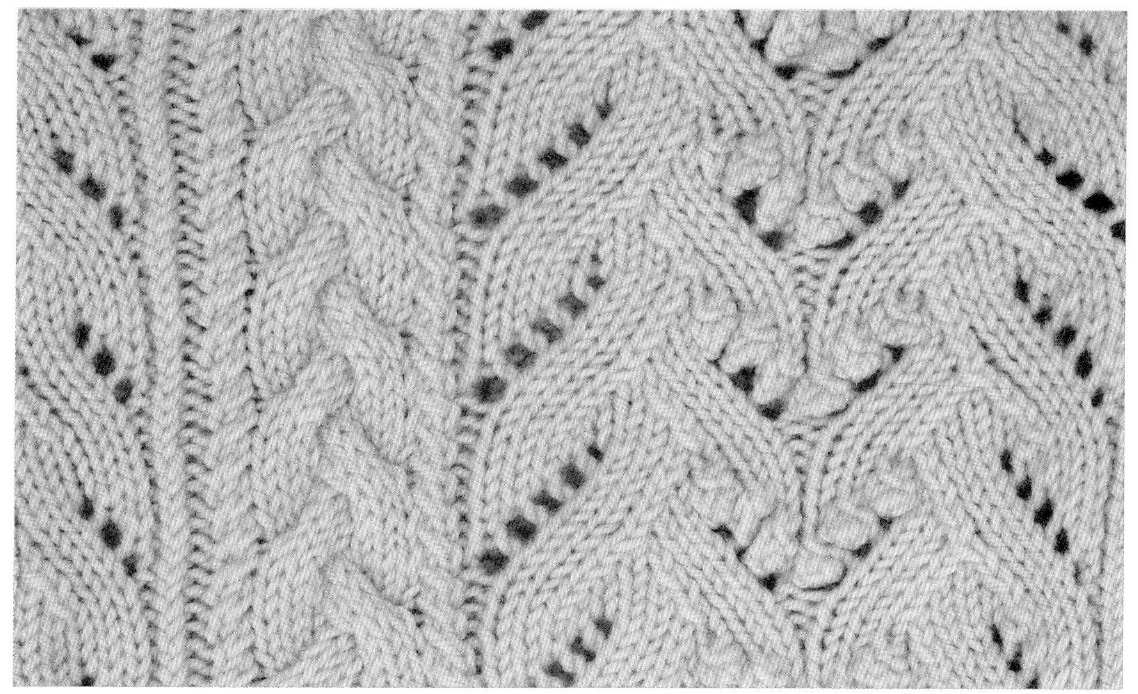

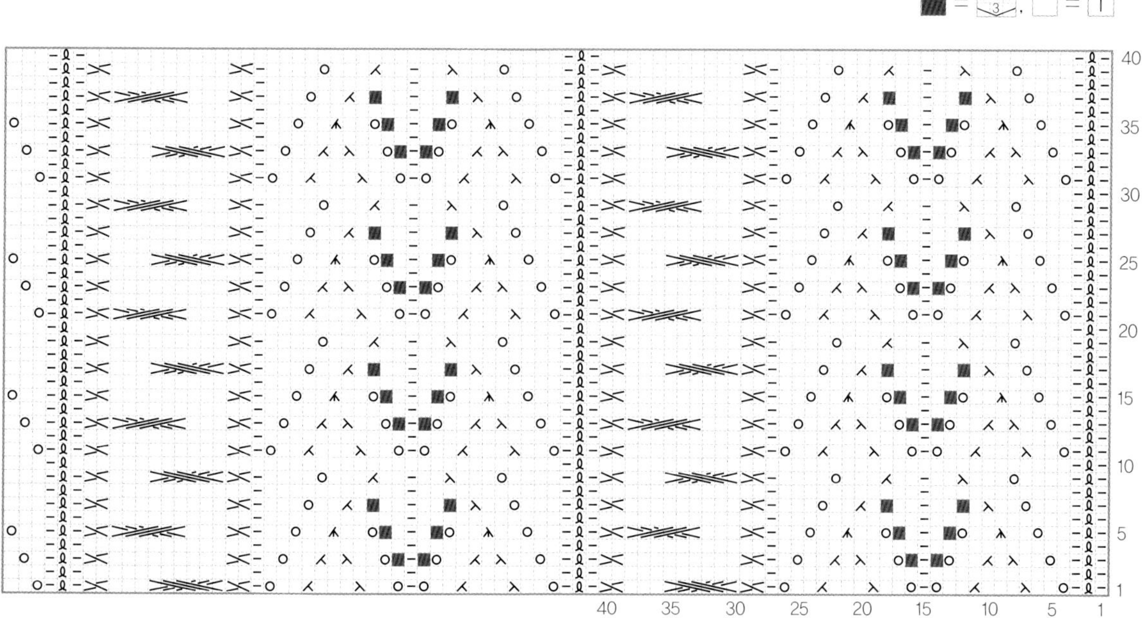

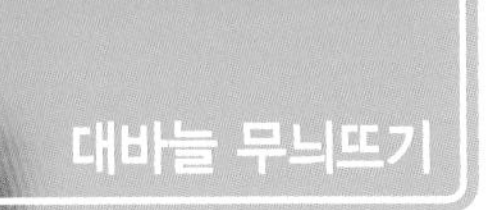

313 19코 24단 1무늬

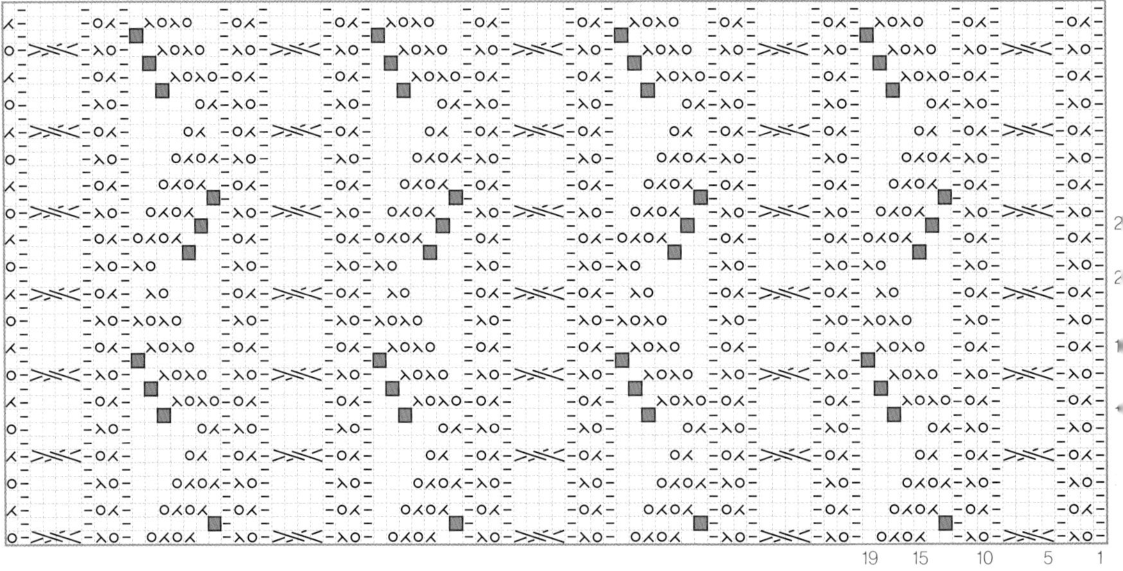

314 35코 12단 1무늬

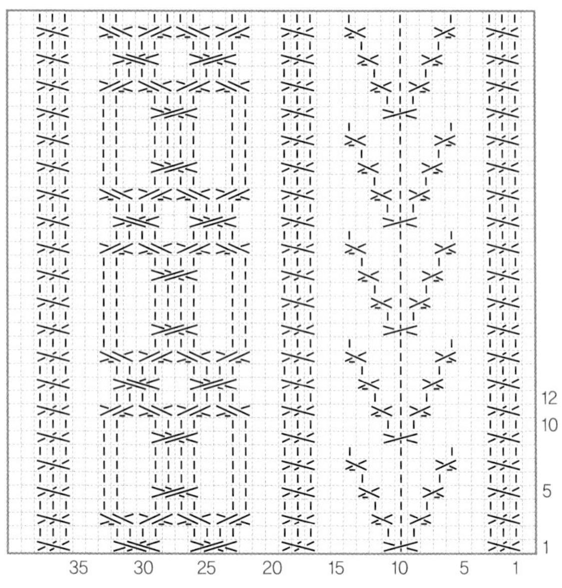

315 12코 4단 1무늬

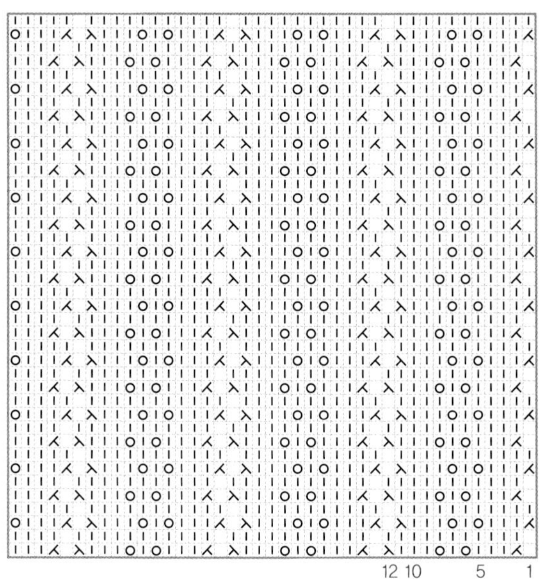

23코 10단 1무늬

■ = 빈칸, □ = −

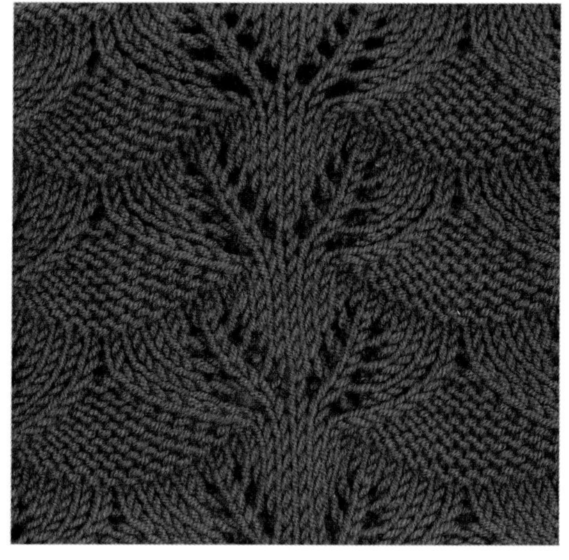

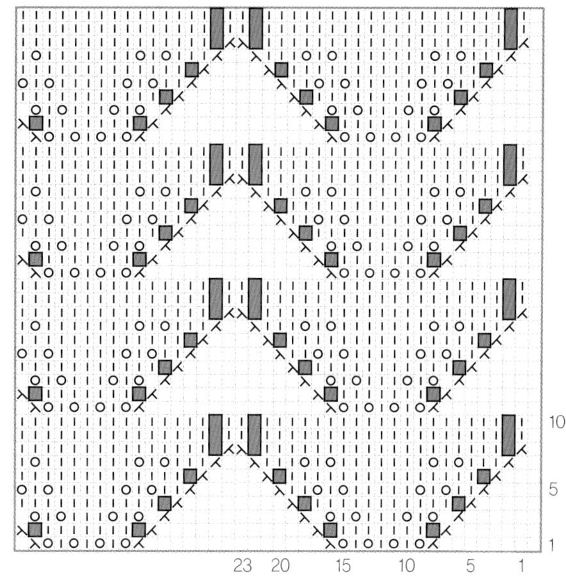

28코 10단 1무늬

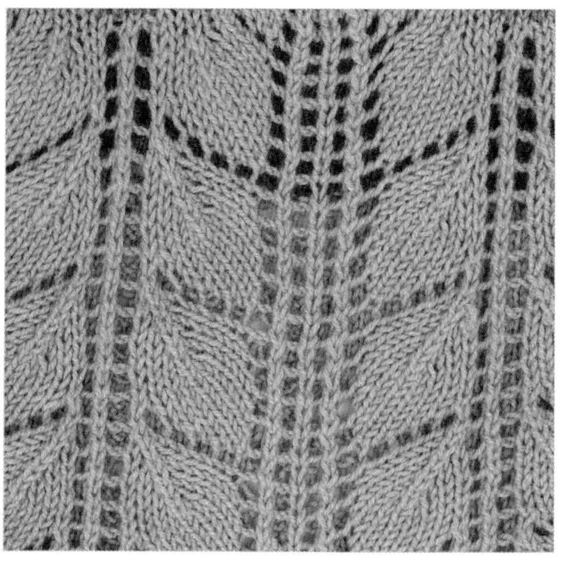

10
5
1
28 25 20 15 10 5 1

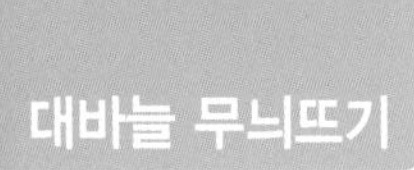

318 41코 24단 1무늬

□ = −

4140 35 30 25 20 15 10 5 1

319 48코 32단 1무늬

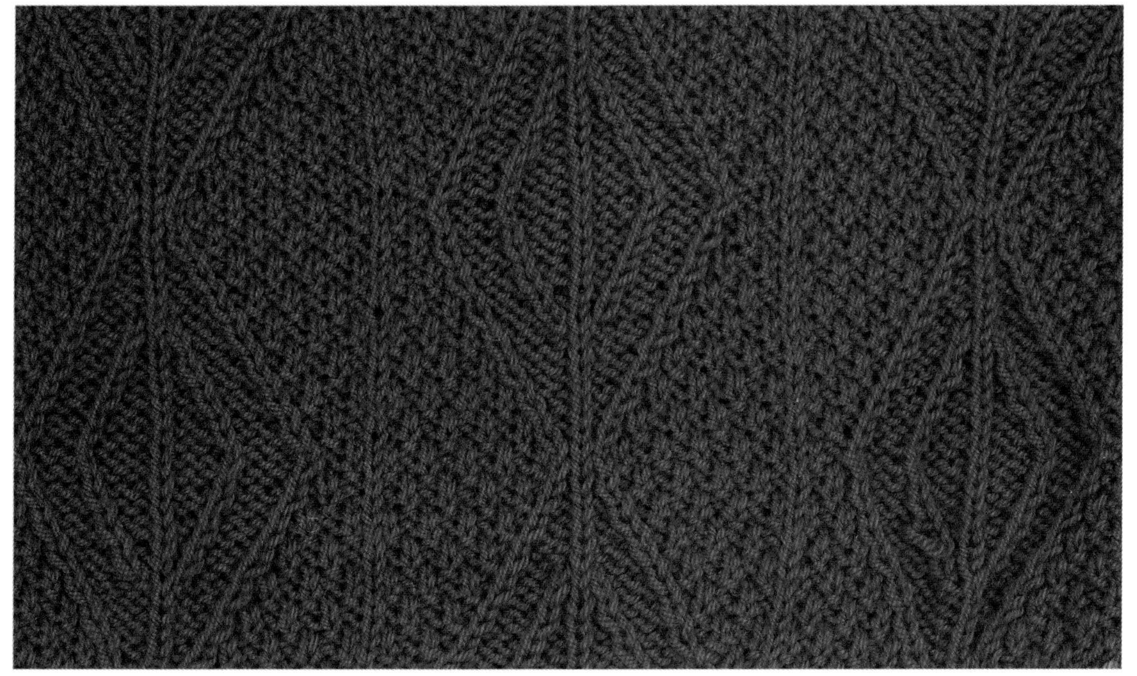

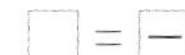

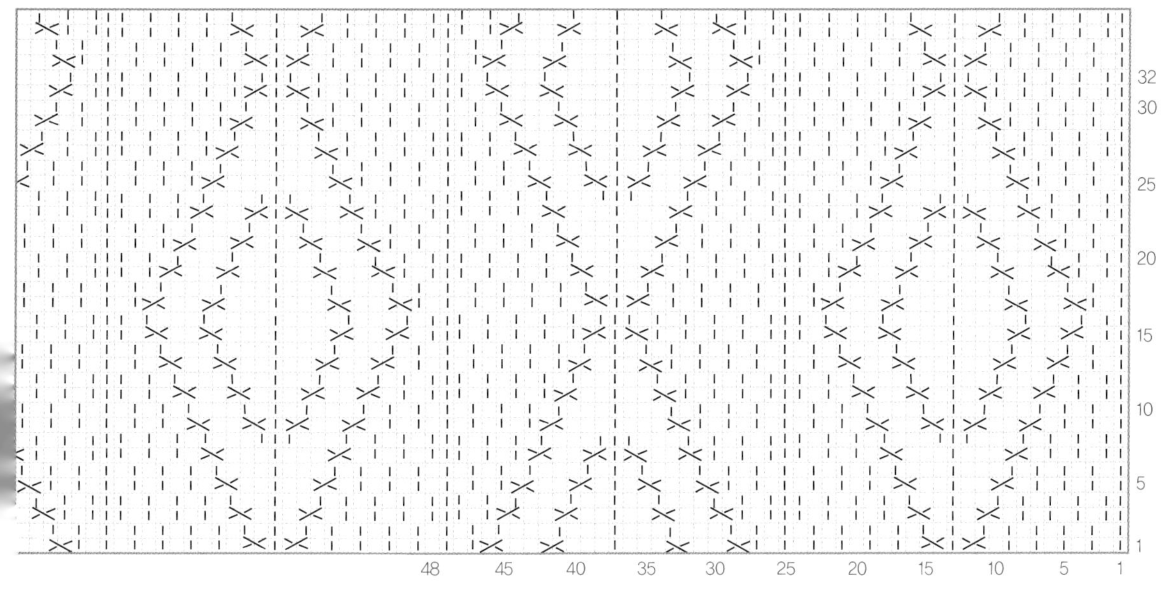

320 18코 18단 1무늬

□ = |

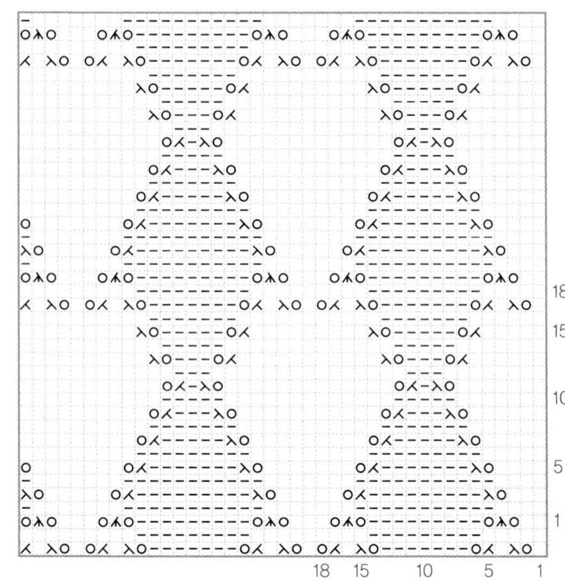

321 15코 16단 1무늬

□ = |

15 10 5 1

322 8코 44단 1무늬

□ = |

323 13코 10단 1무늬

■ = 빈칸, □ = —

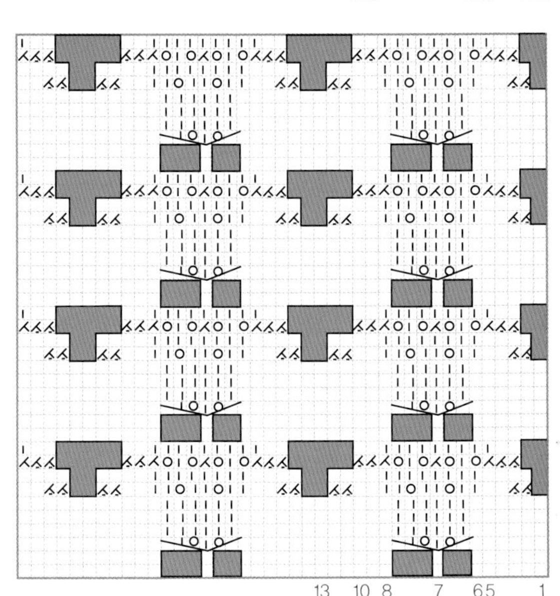

324 14코 18단 1무늬

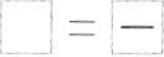

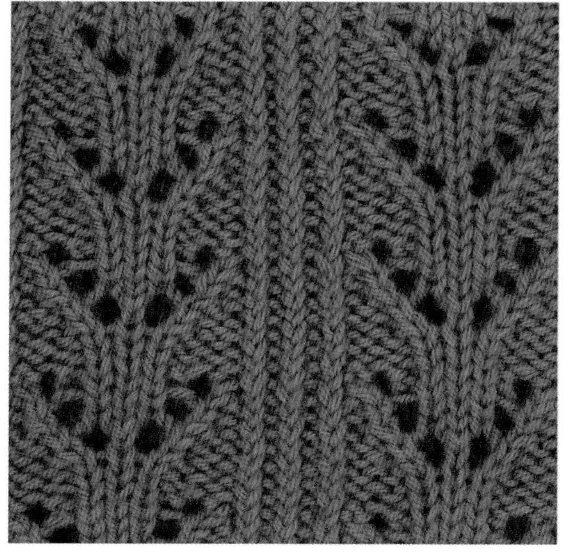

8
5
1

14 10 5 1

325 25코 8단 1무늬

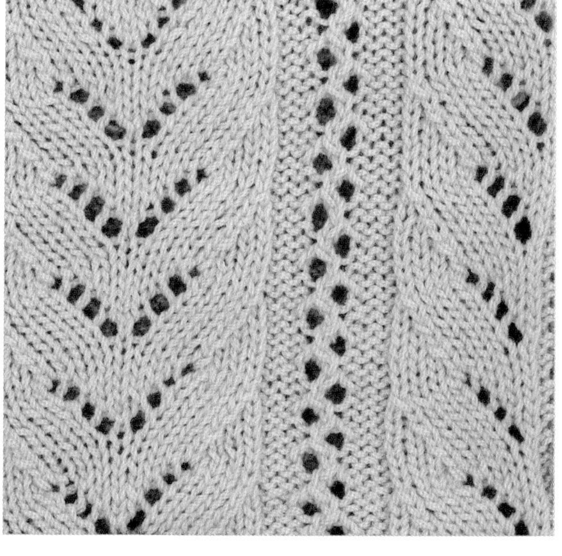

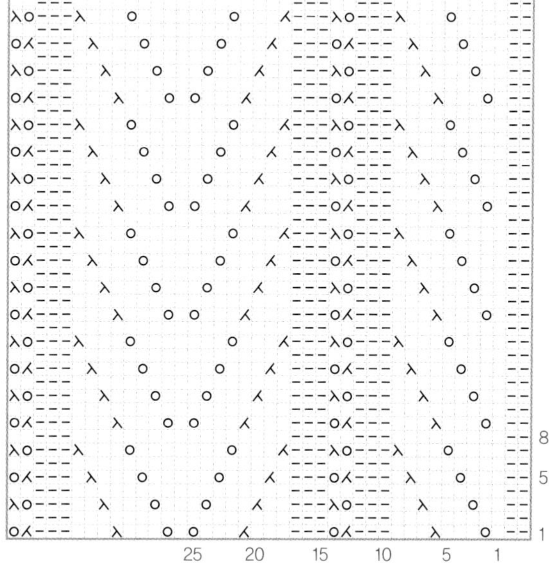

326 20코 30단 1무늬

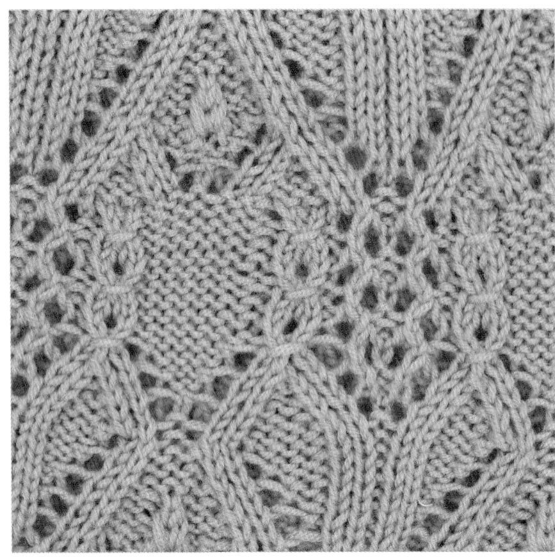

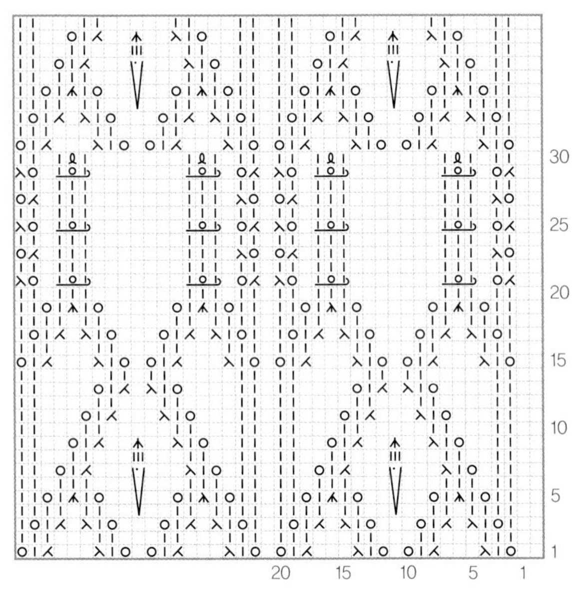

327 10코 32단 1무늬

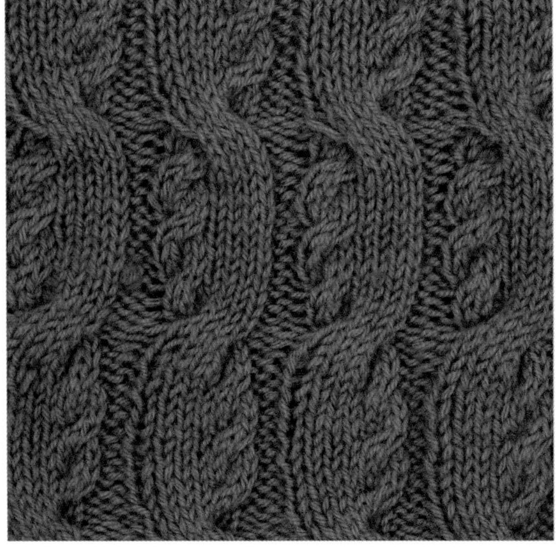

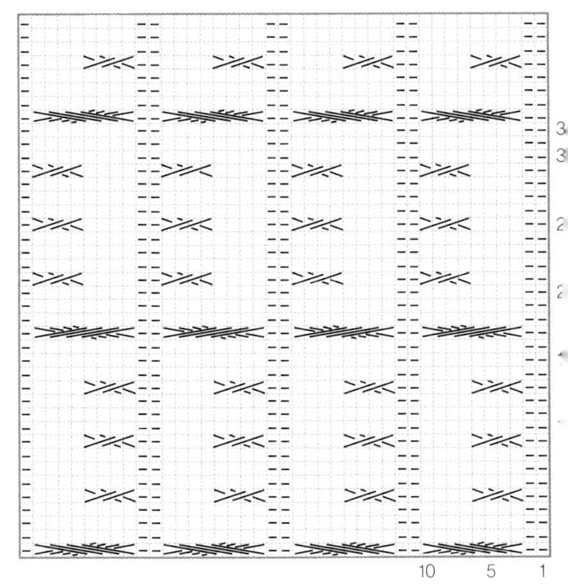

328 12코 24단 1무늬

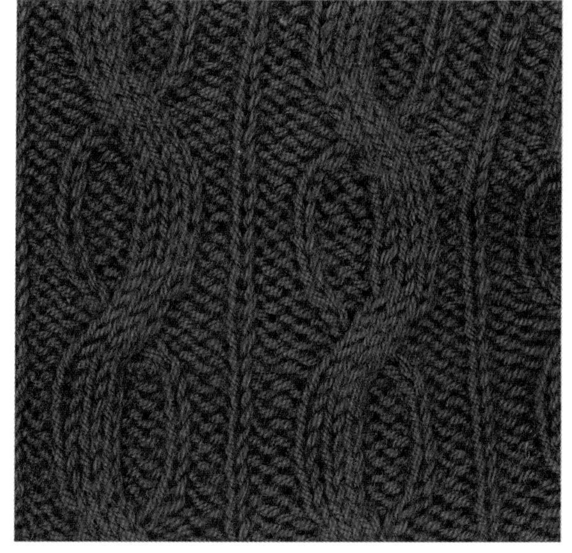

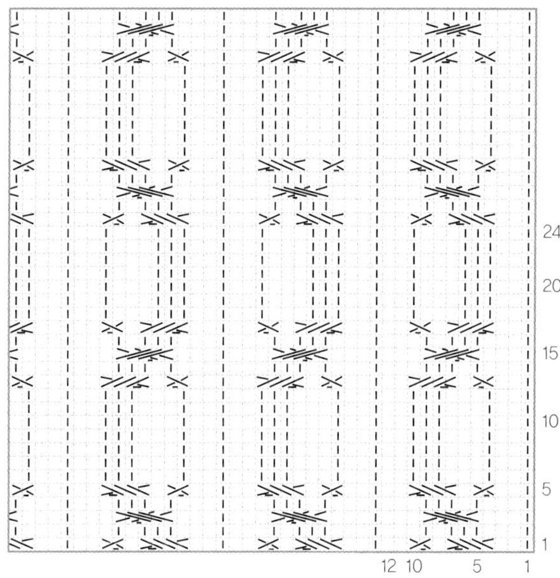

329 48코 16단+4단+14단 1무늬

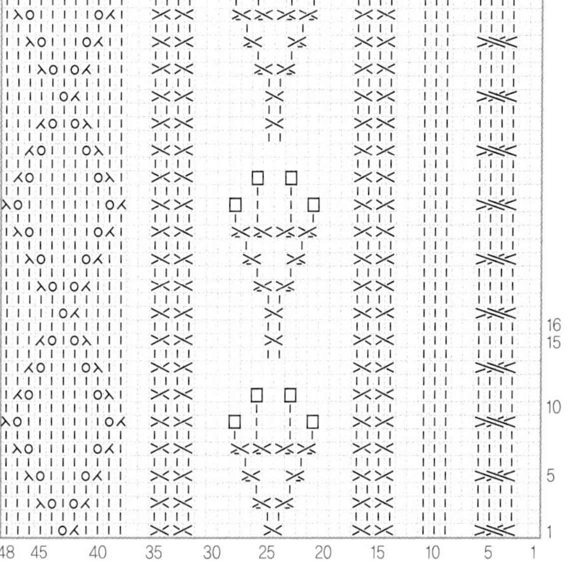

330 29코 14단+8단 1무늬

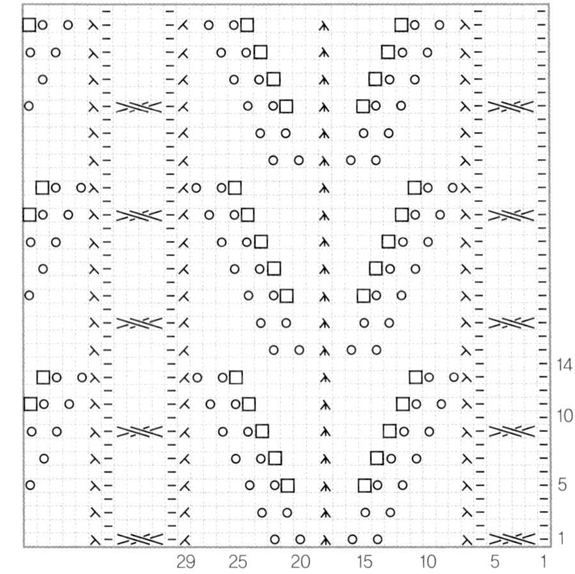

331 8코 12단 1무늬

8 5 1

332 24코 32단 1무늬

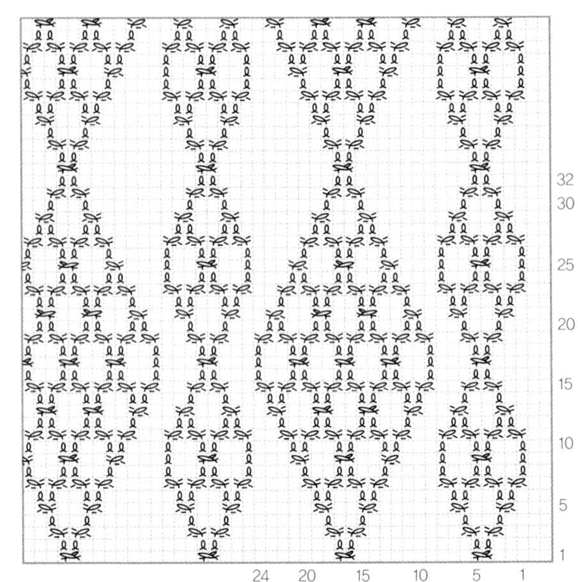

333 22코 12단 1무늬

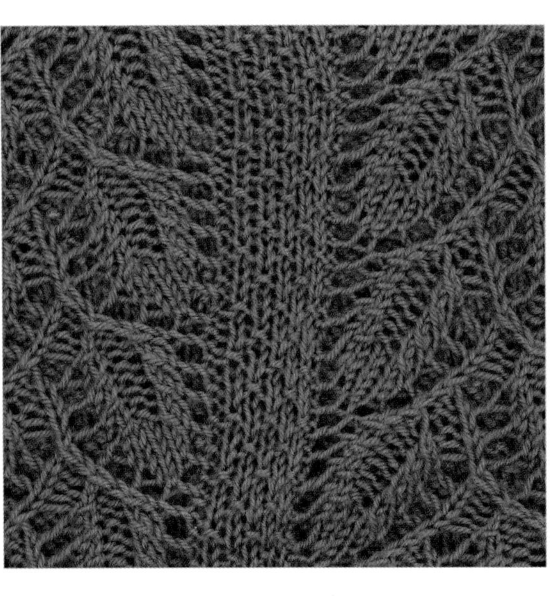

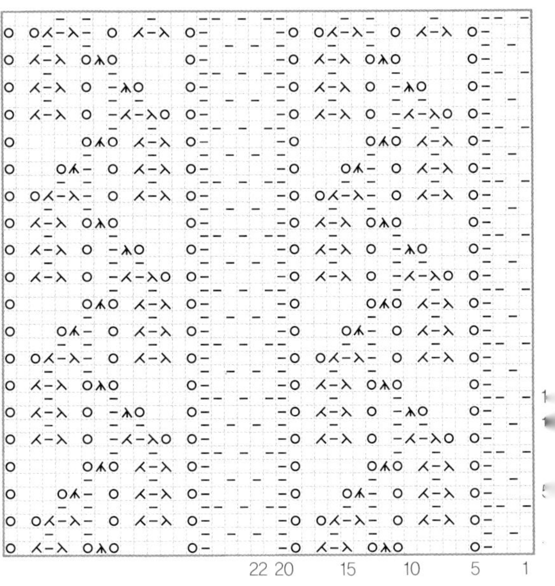

334 20코 96단 1무늬

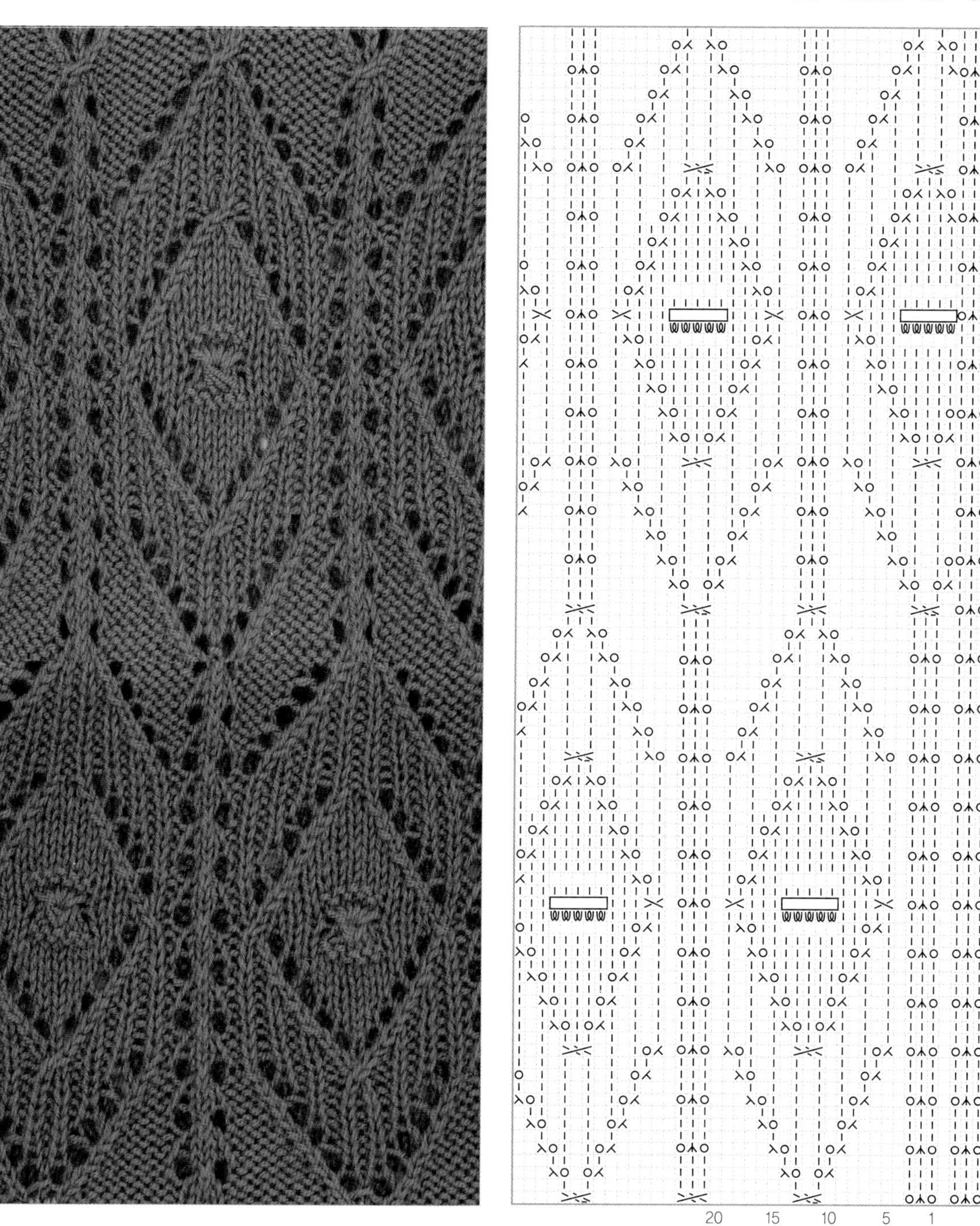

335 14코 32단 1무늬

□ = –

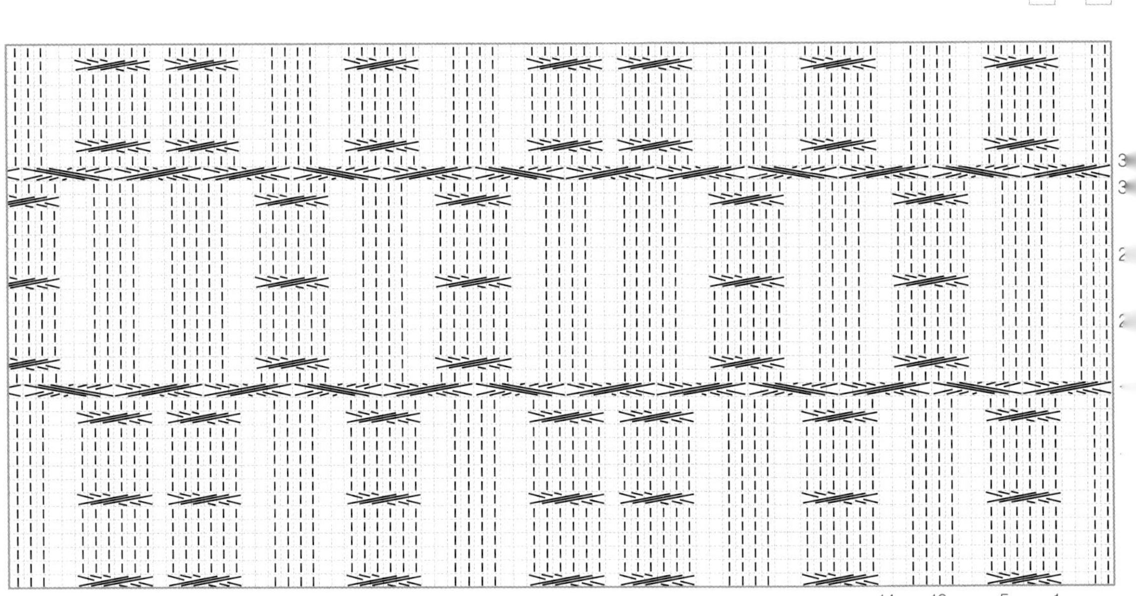

336 28코 30단 1무늬

□ = |

30
25
20
15
10
5
1

28 25 20 15 10 5 1

337 54코 16단 1무늬

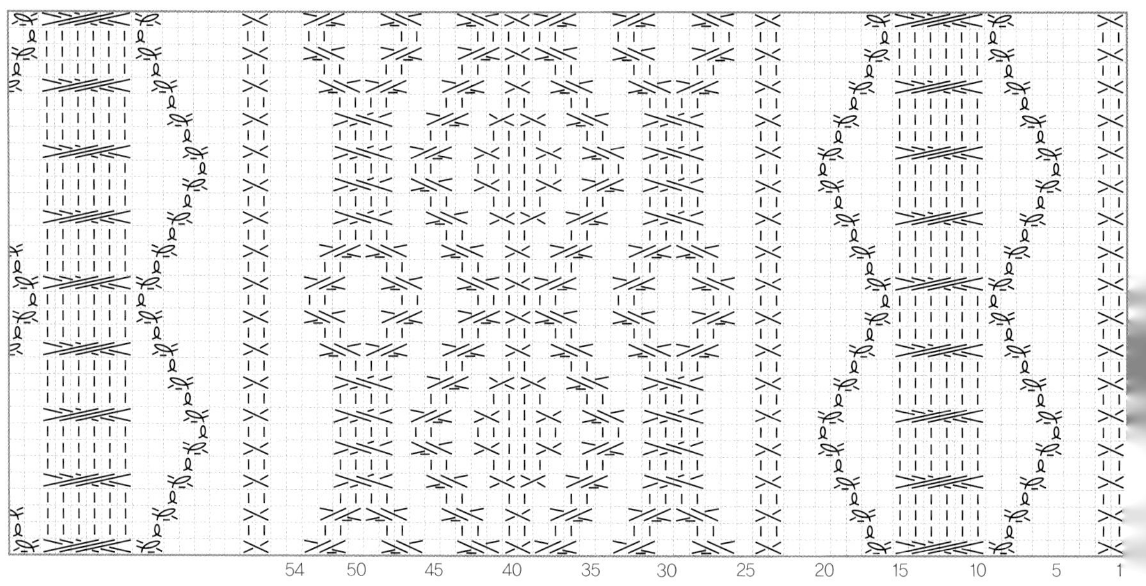

338 22코 24단 1무늬

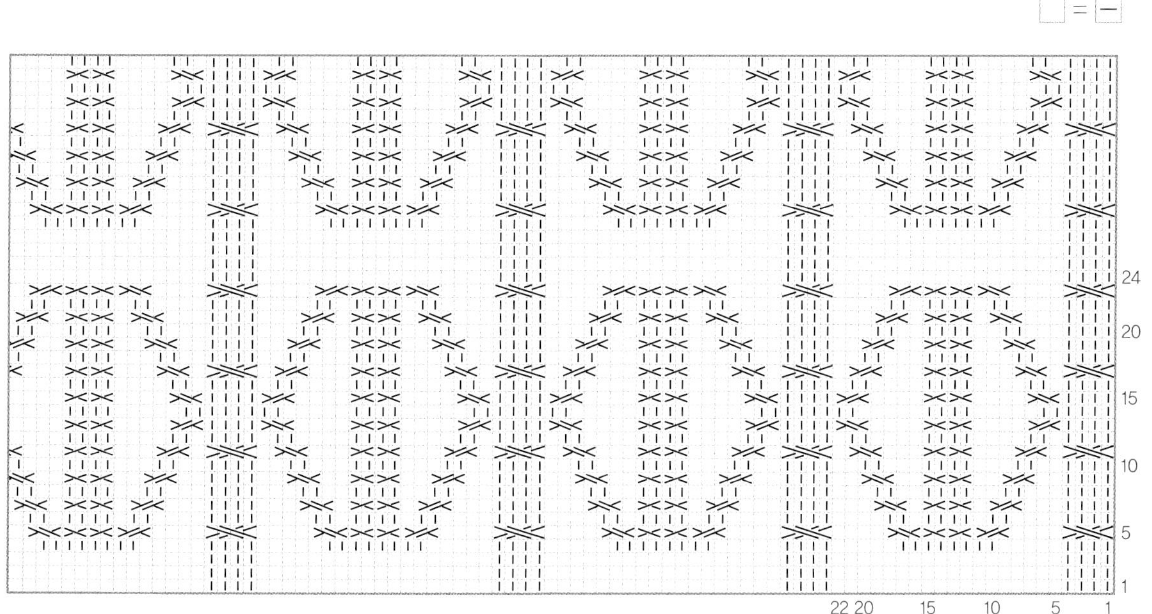

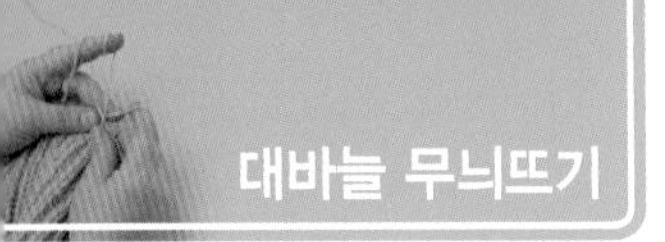

339 70코 24단 1무늬

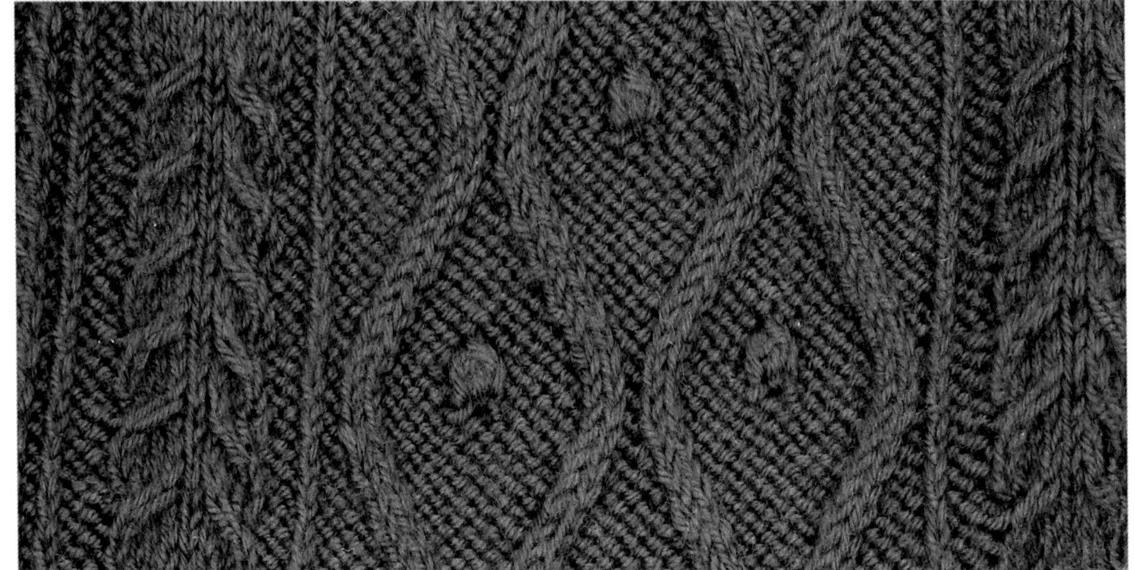

□ = ⊟

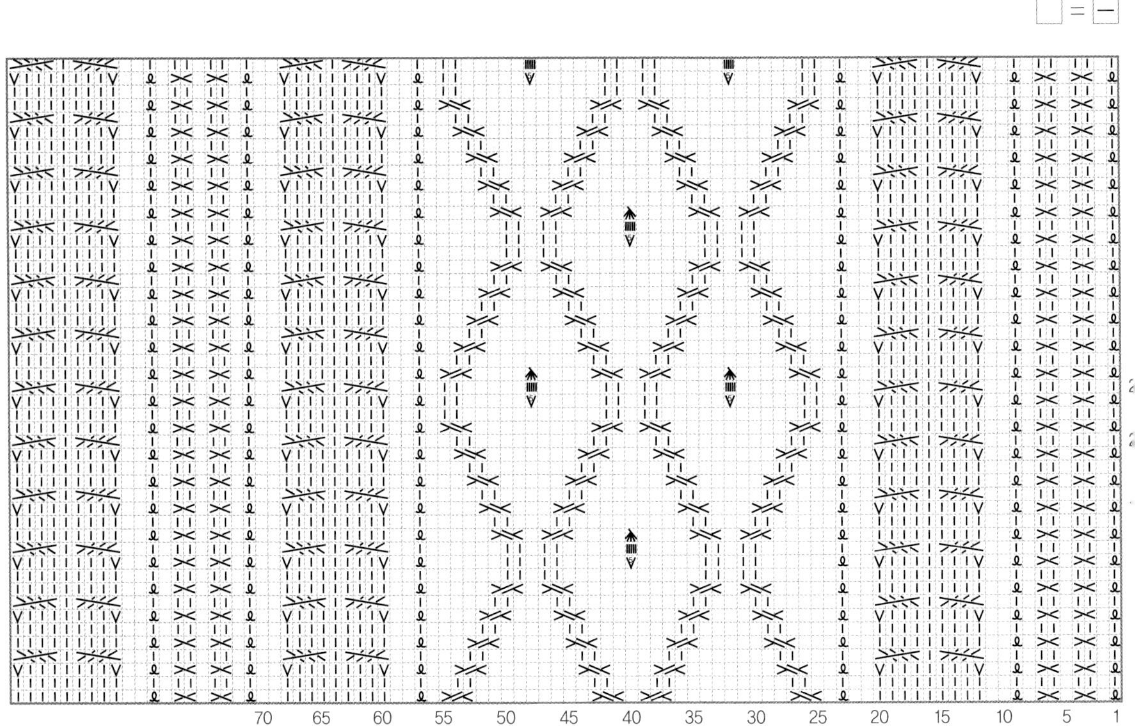

340 76코 24단 1무늬

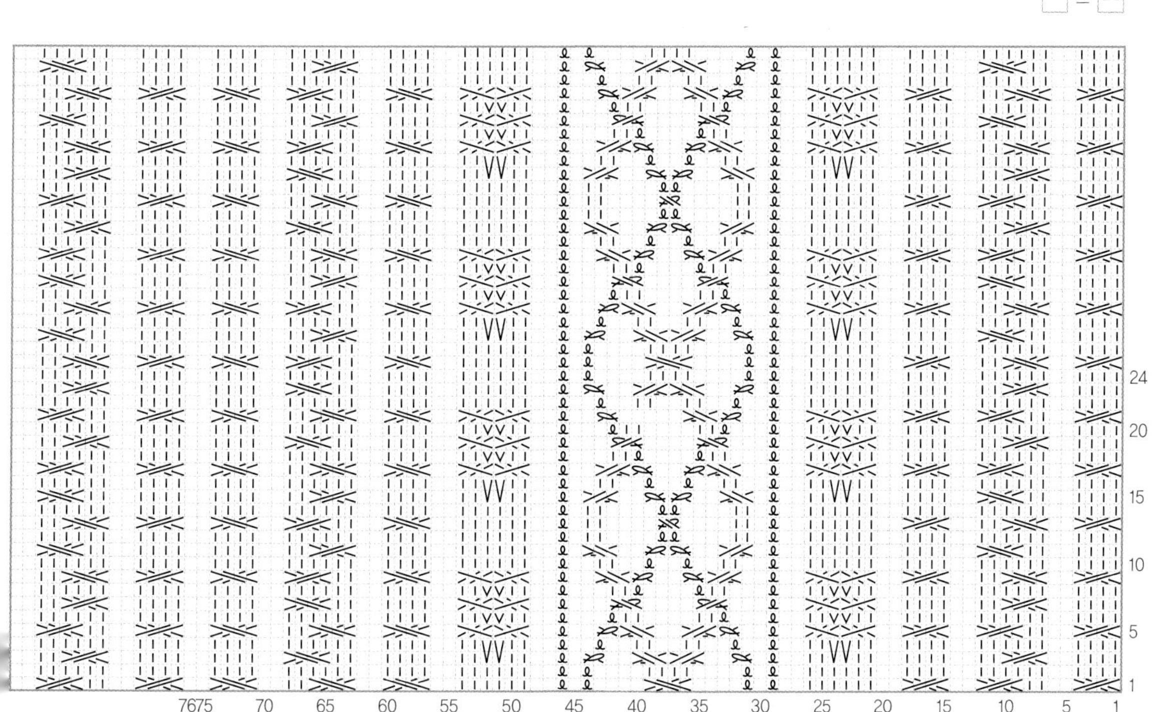

341 75코 8단 1무늬

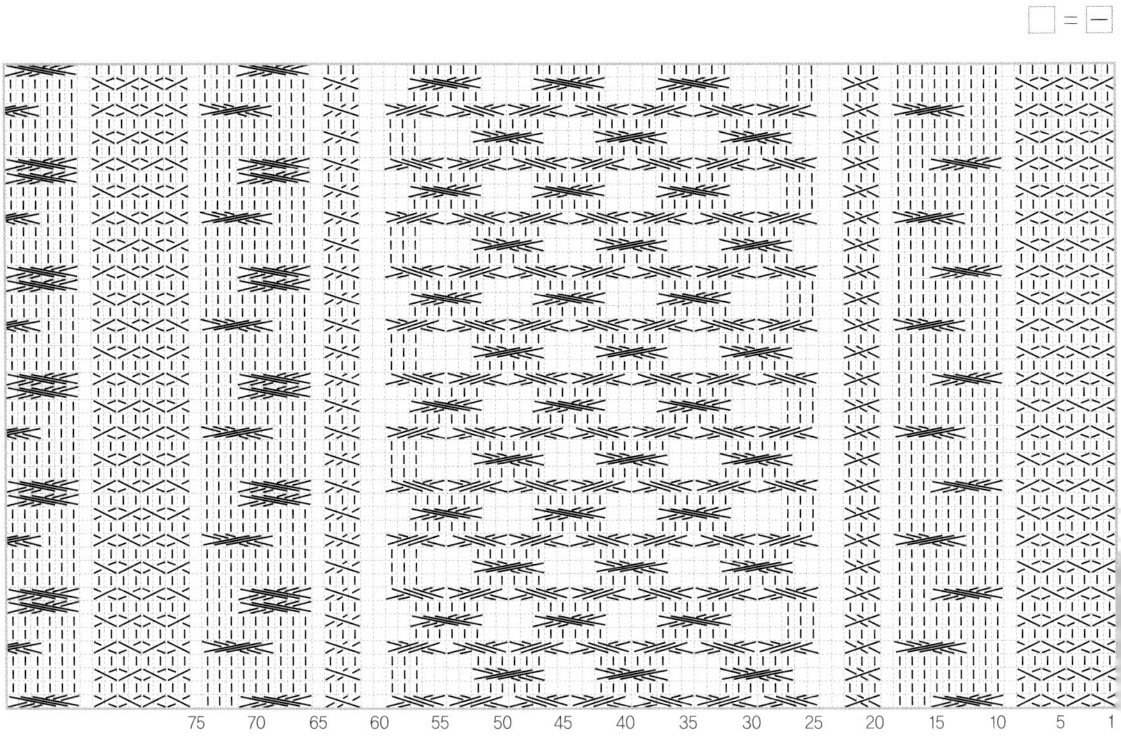

□ = —

75 70 65 60 55 50 45 40 35 30 25 20 15 10 5 1

342 20코 36단 1무늬

■ = 빈칸

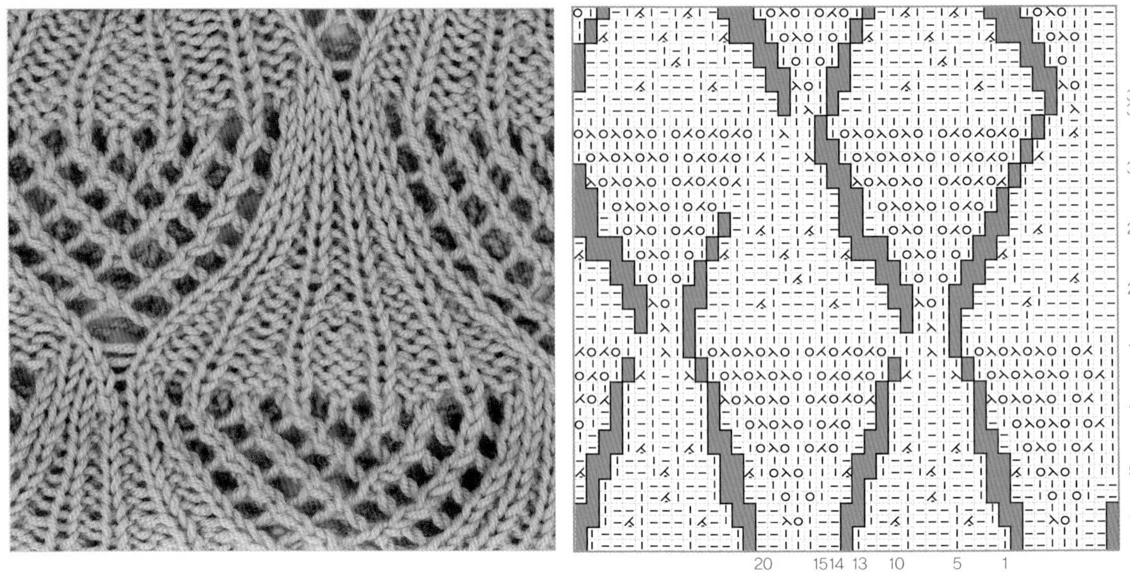

343 20코 6단 1무늬

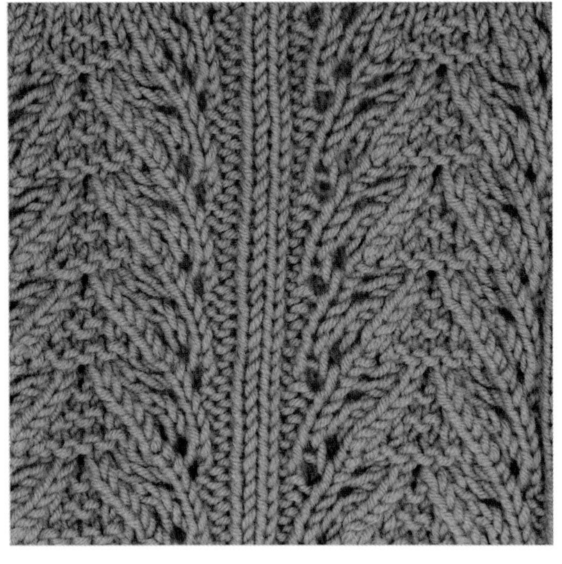

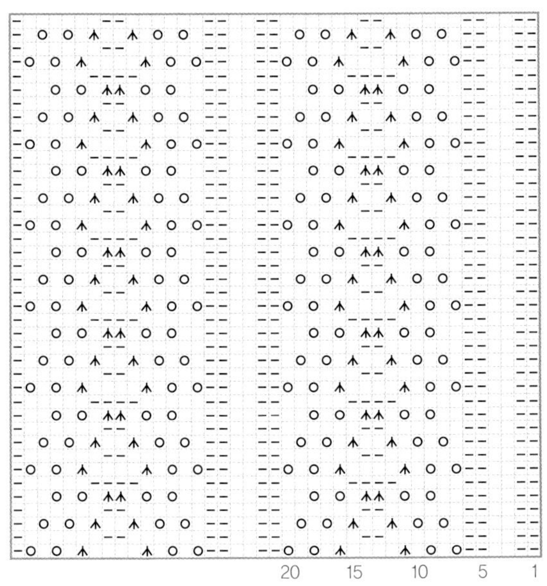

344 13코 8단 1무늬

□ = |

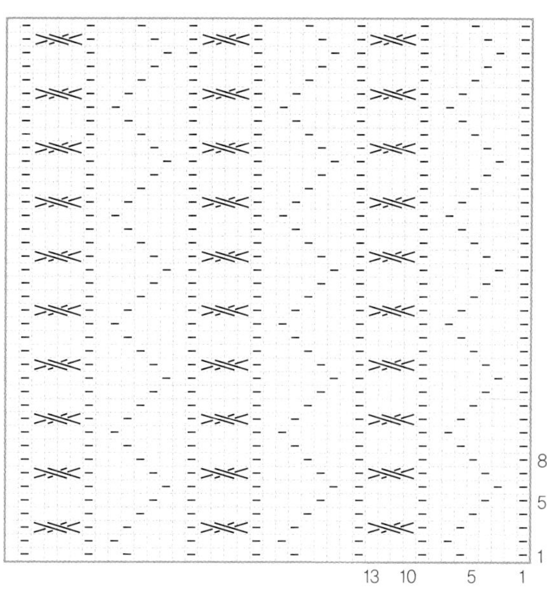

345 19코 30단 1무늬

□ = —

30
25
20
15
10
5
1
19 15 10 5 1

346 10코 24단 1무늬

□ = |

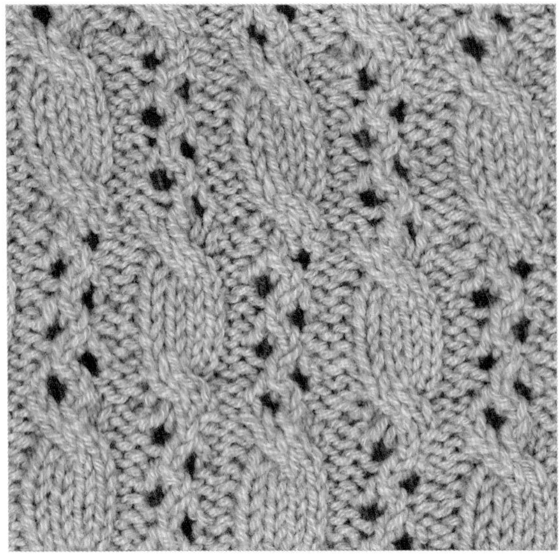

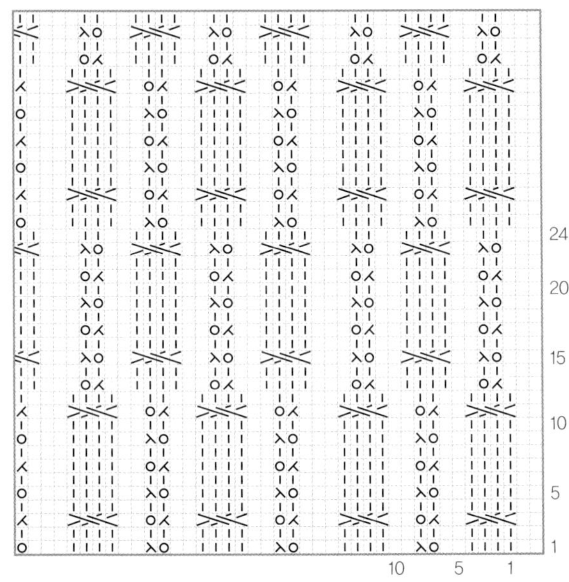

347 7코 2단 1무늬

□ = |

7 5 1

348 14코 16단 1무늬

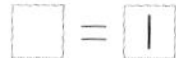

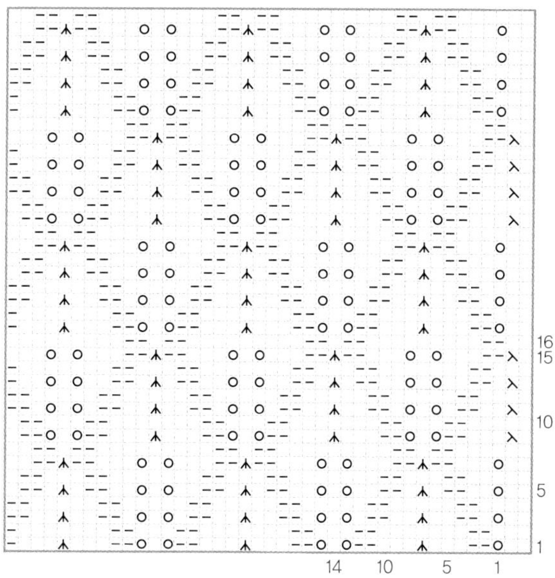

349 16코 30단 1무늬

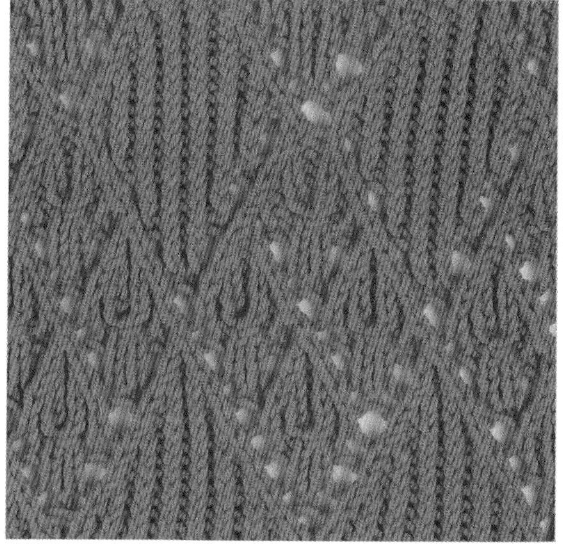

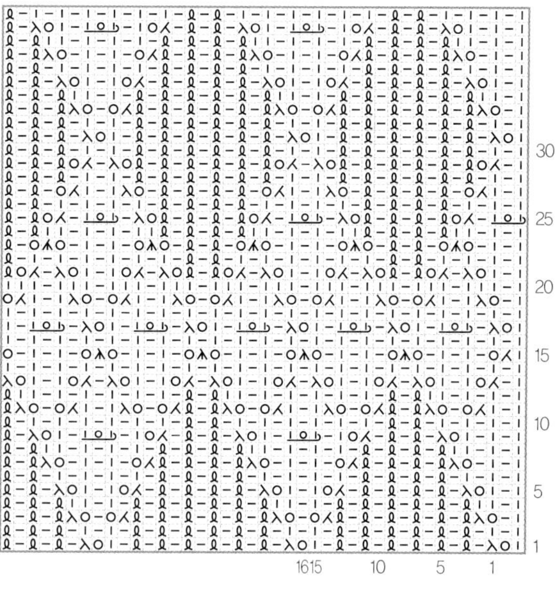

350 22코 28단 1무늬

□ = —

28, 25, 20, 15, 10, 5, 1

22 20 15 10 5 1

351 30코 24단 1무늬

□ = —

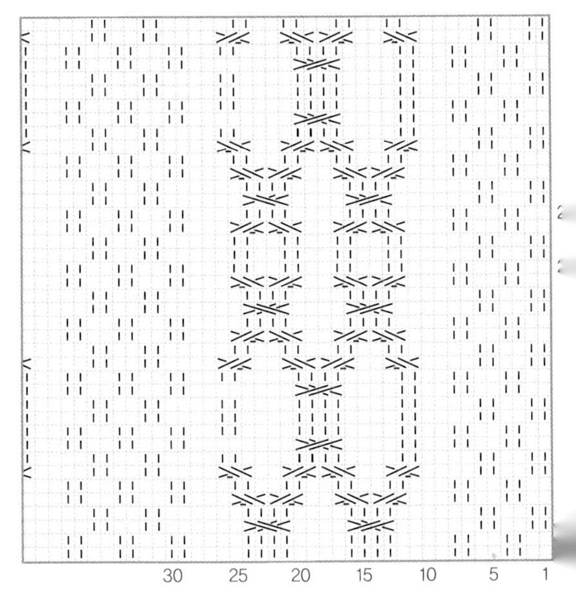

352 12코 12단 1무늬

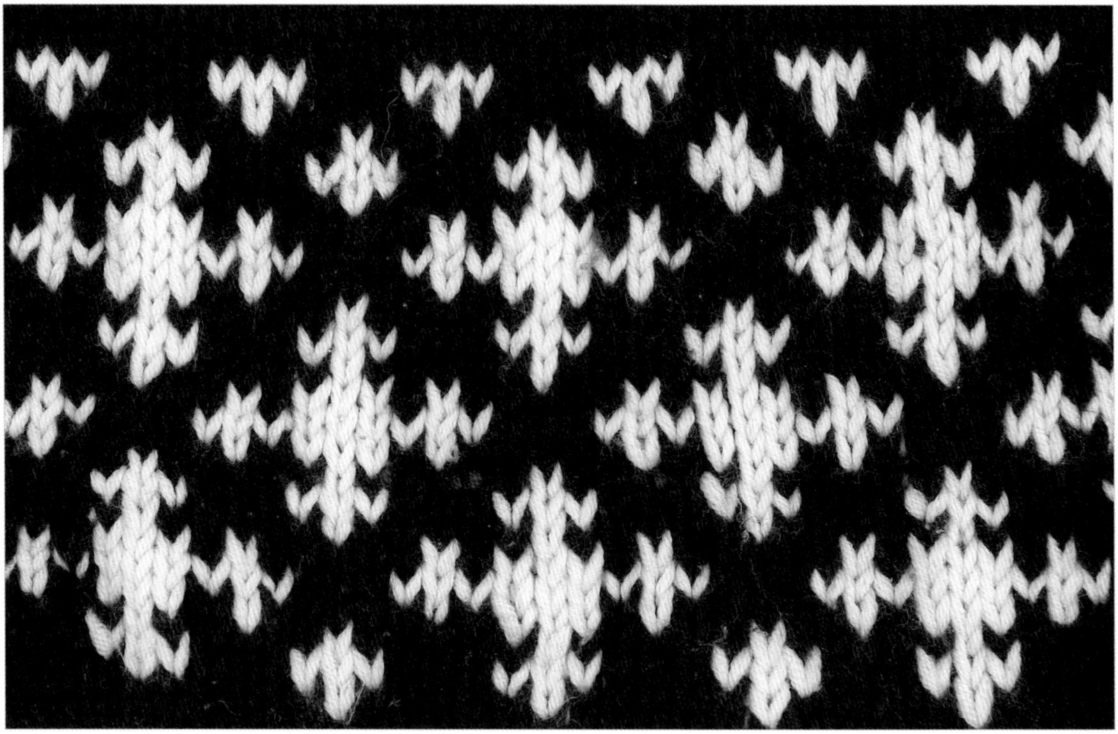

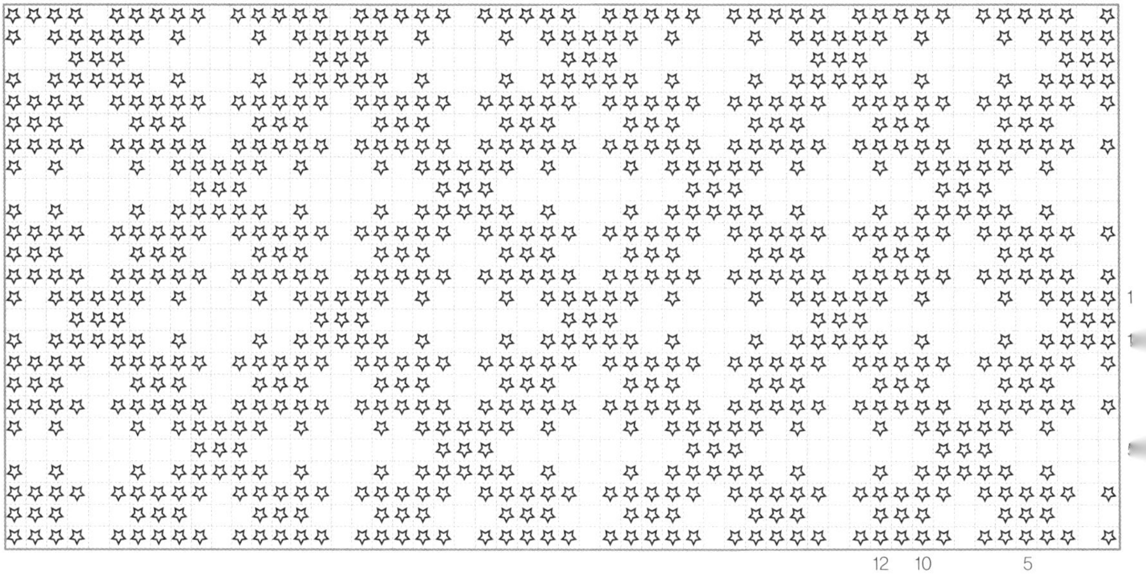

12 10 5

353 12코 12단 1무늬

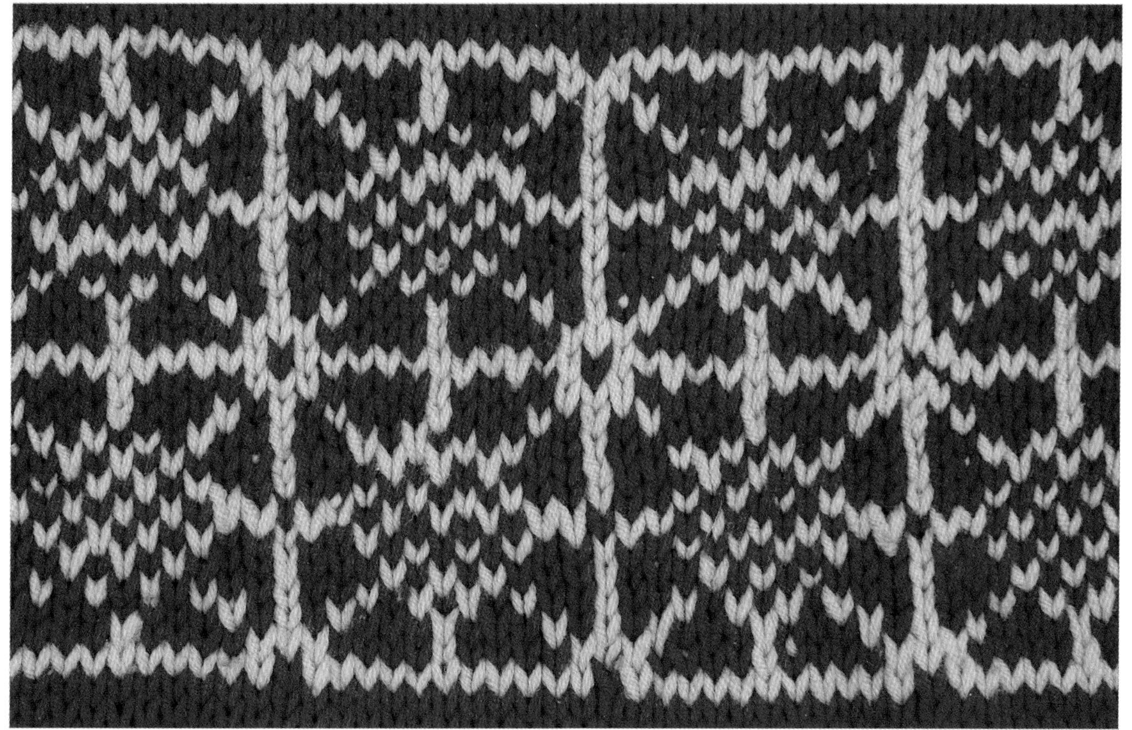

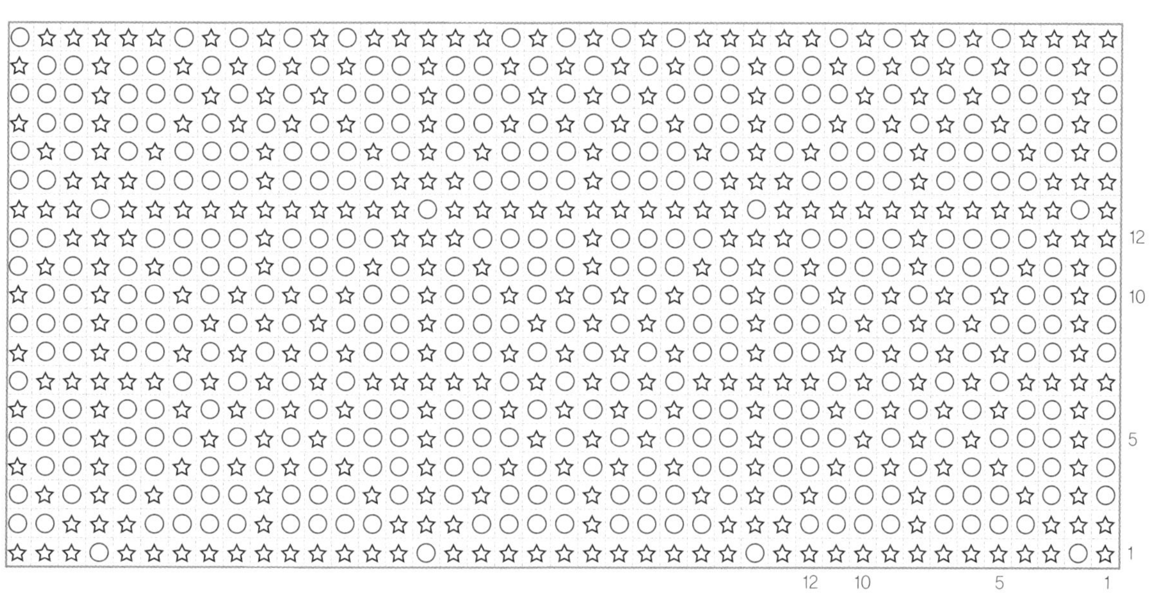

354 22코 22단 1무늬

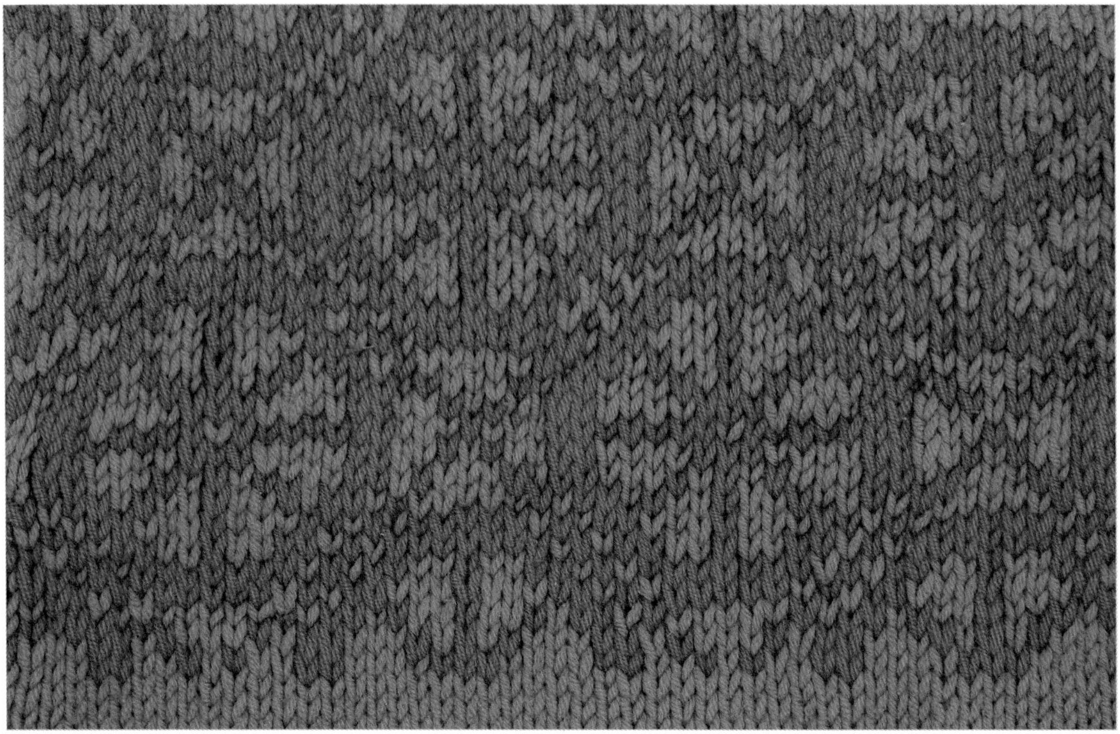

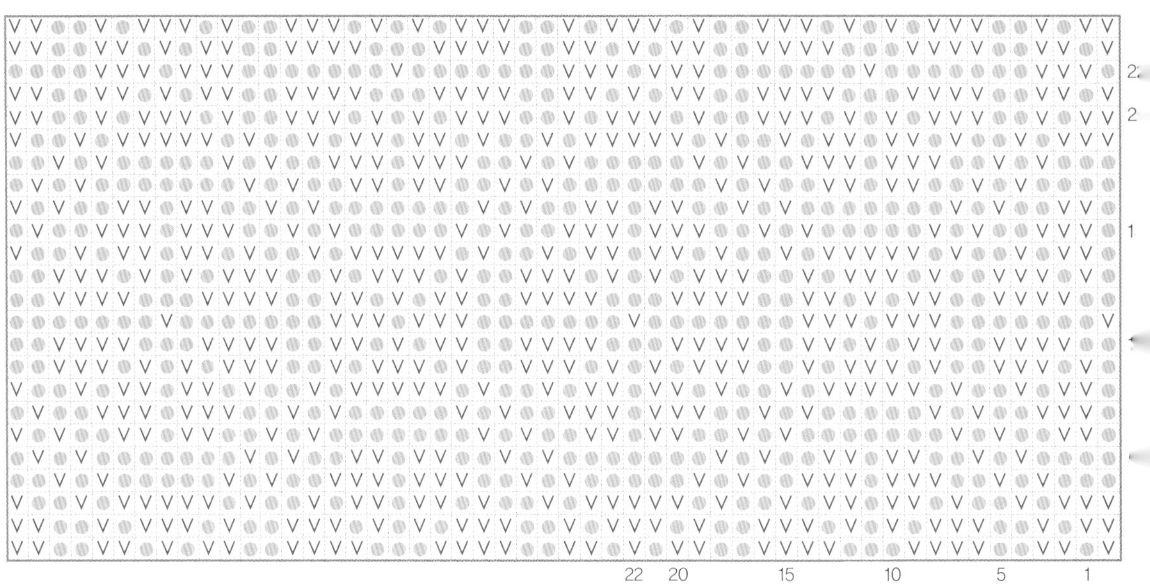

355 24코 28단 1무늬

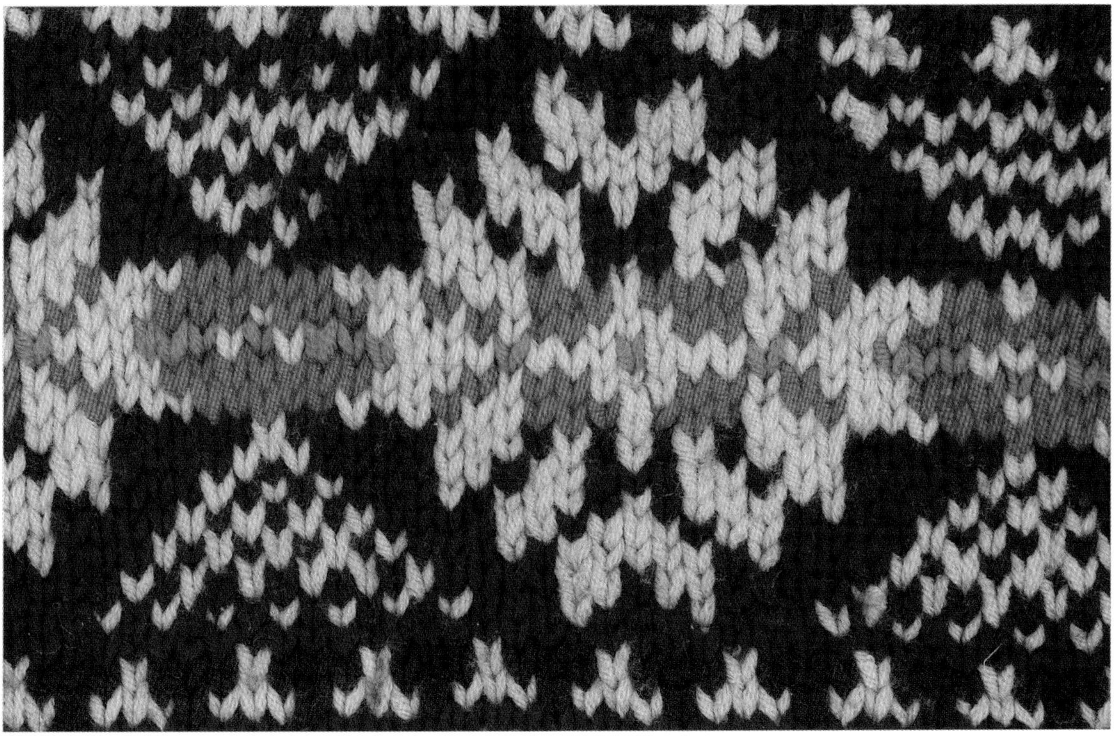

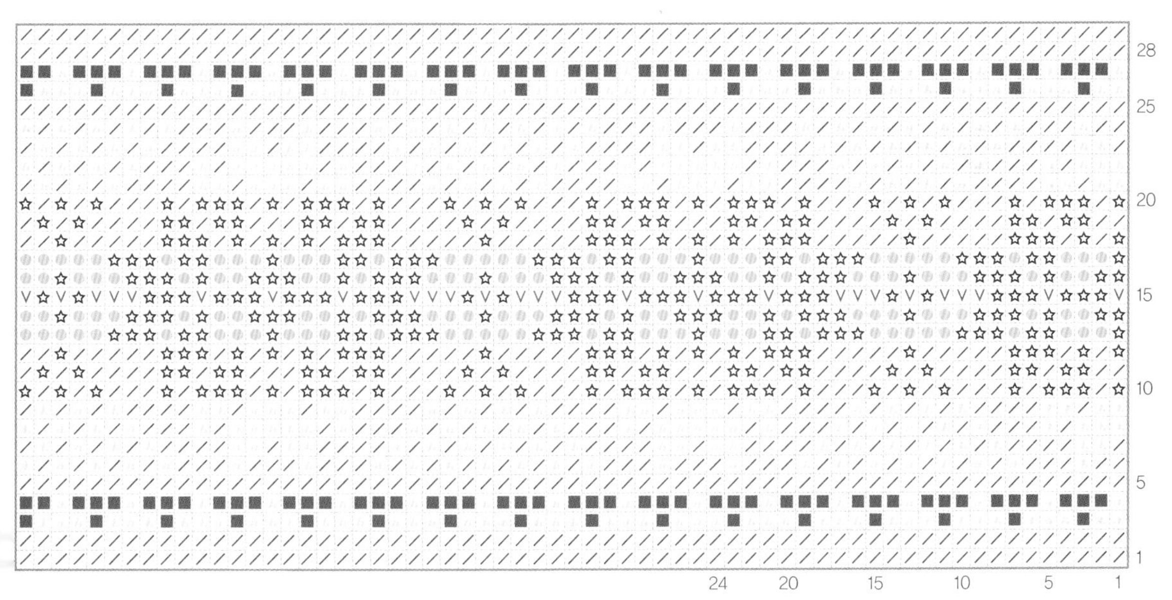

356 42코 44단 1무늬

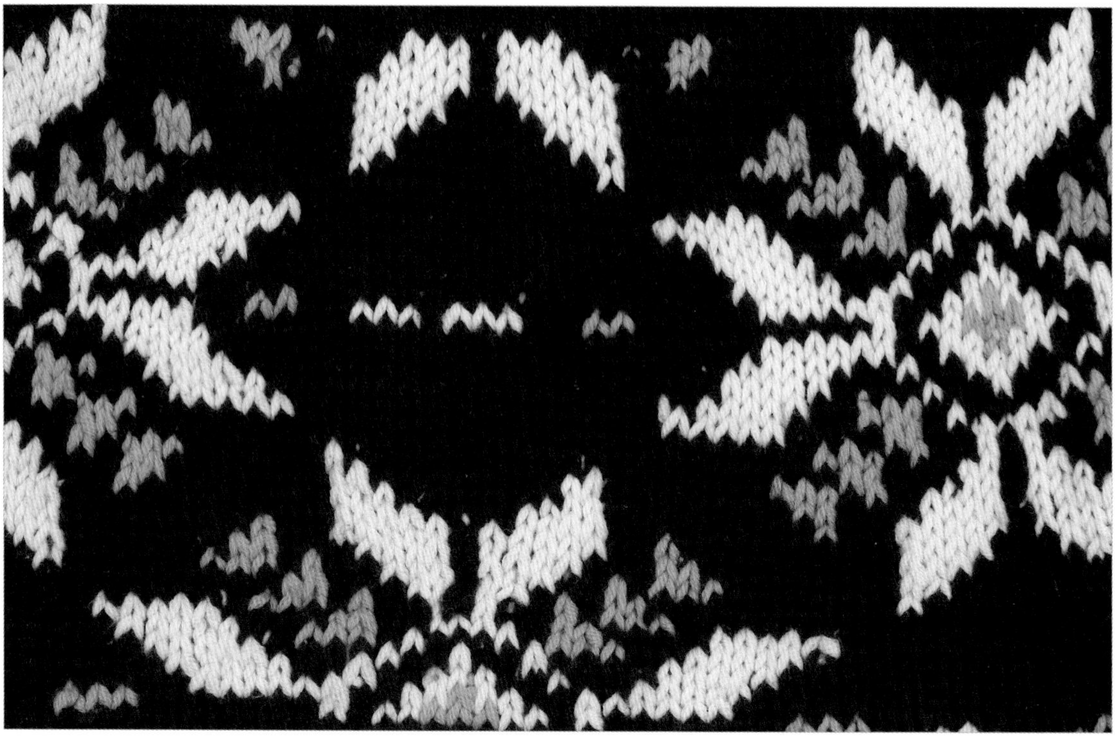

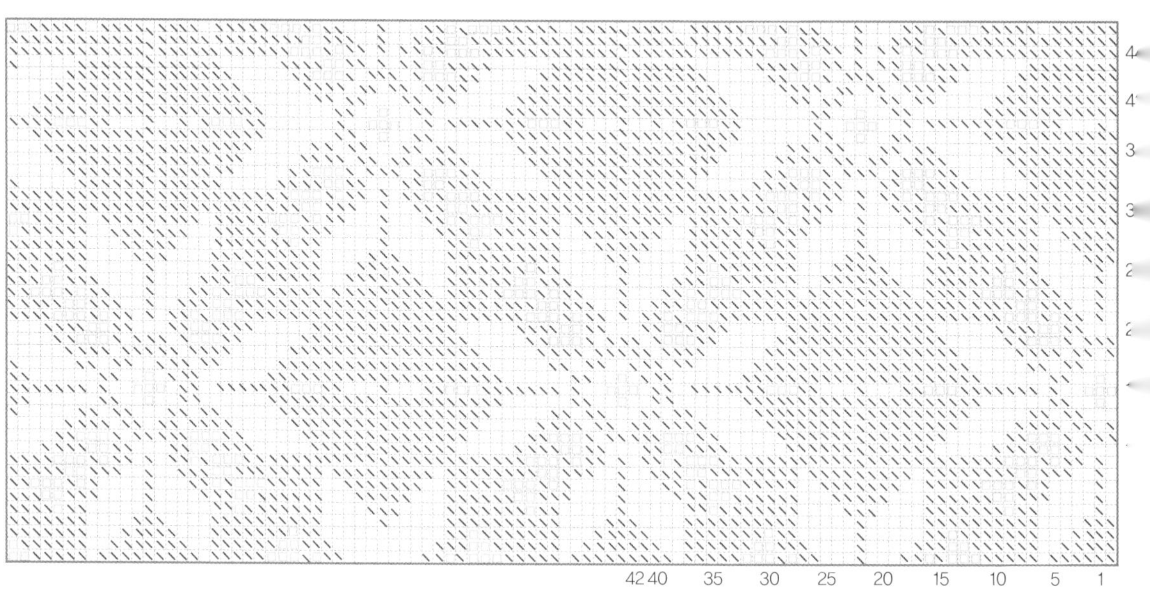

357 22코 40단 1무늬

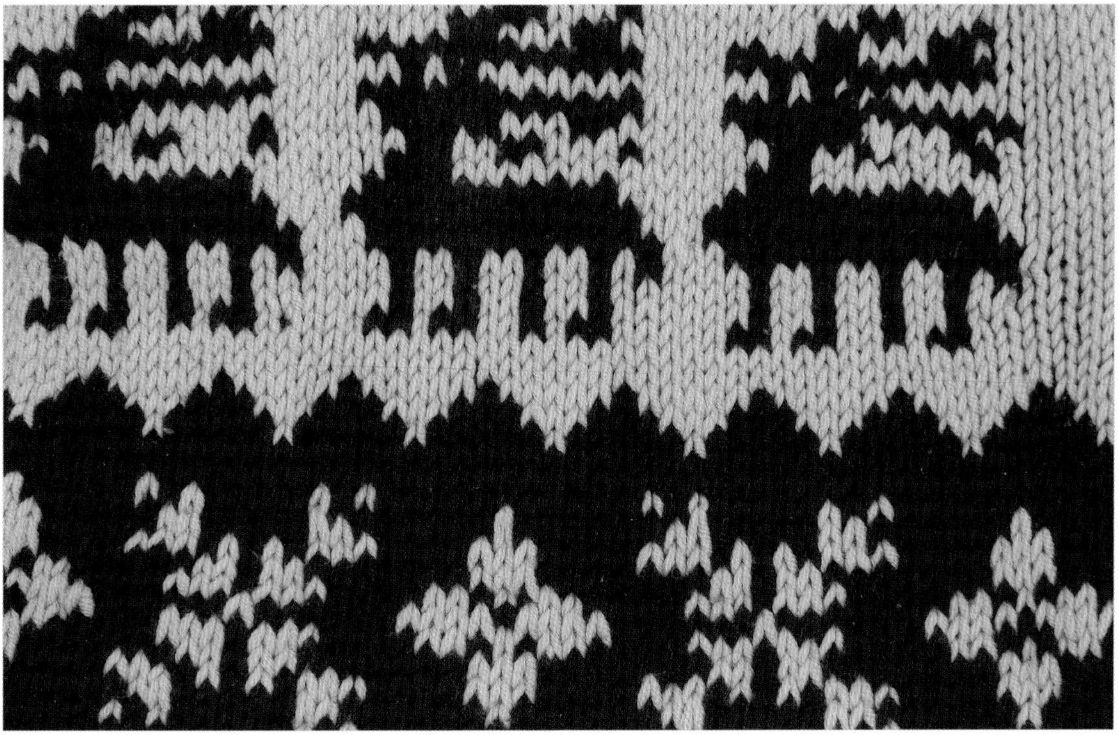

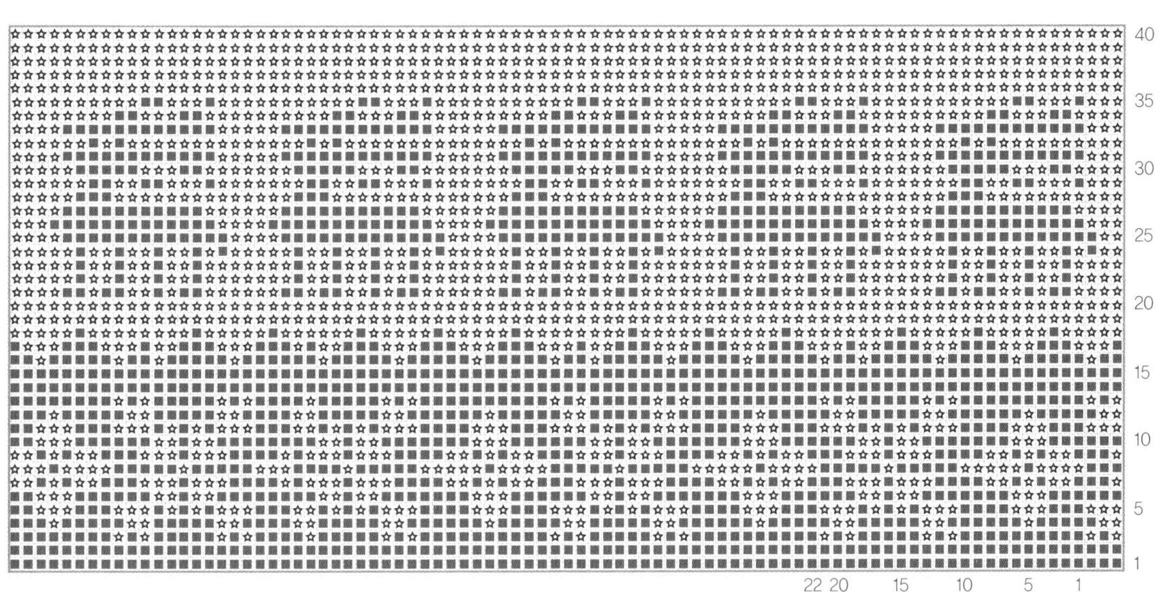

358 16코 30단 1무늬

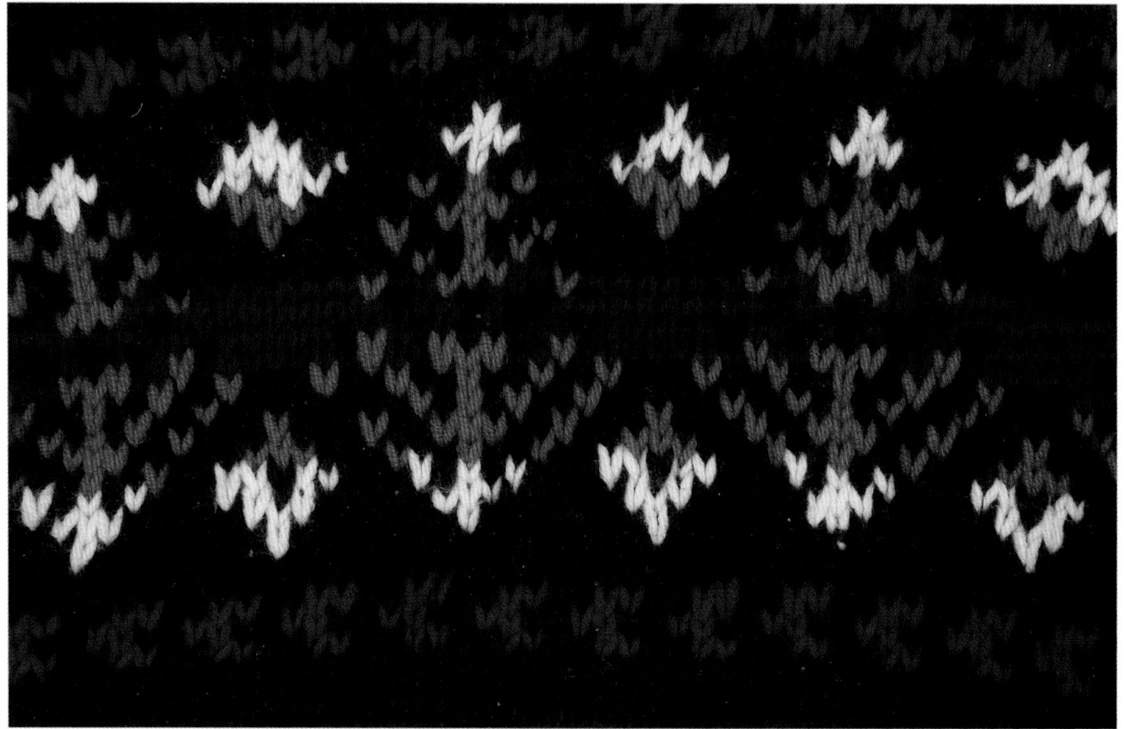

16 15 10 5 1

359 53코 32단 1무늬

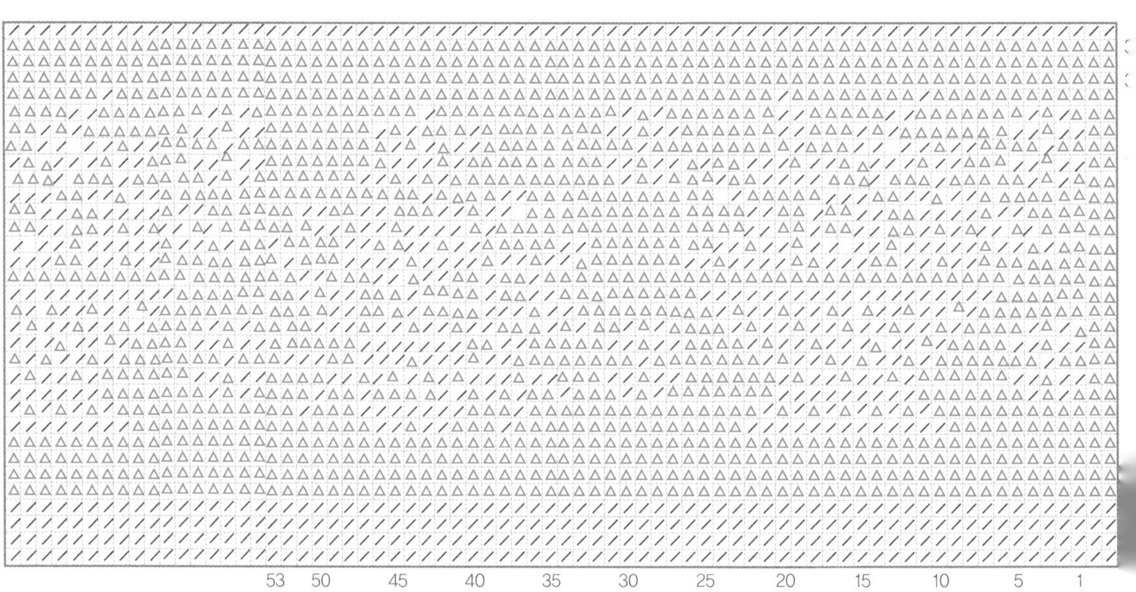

360 10코 30단 1무늬

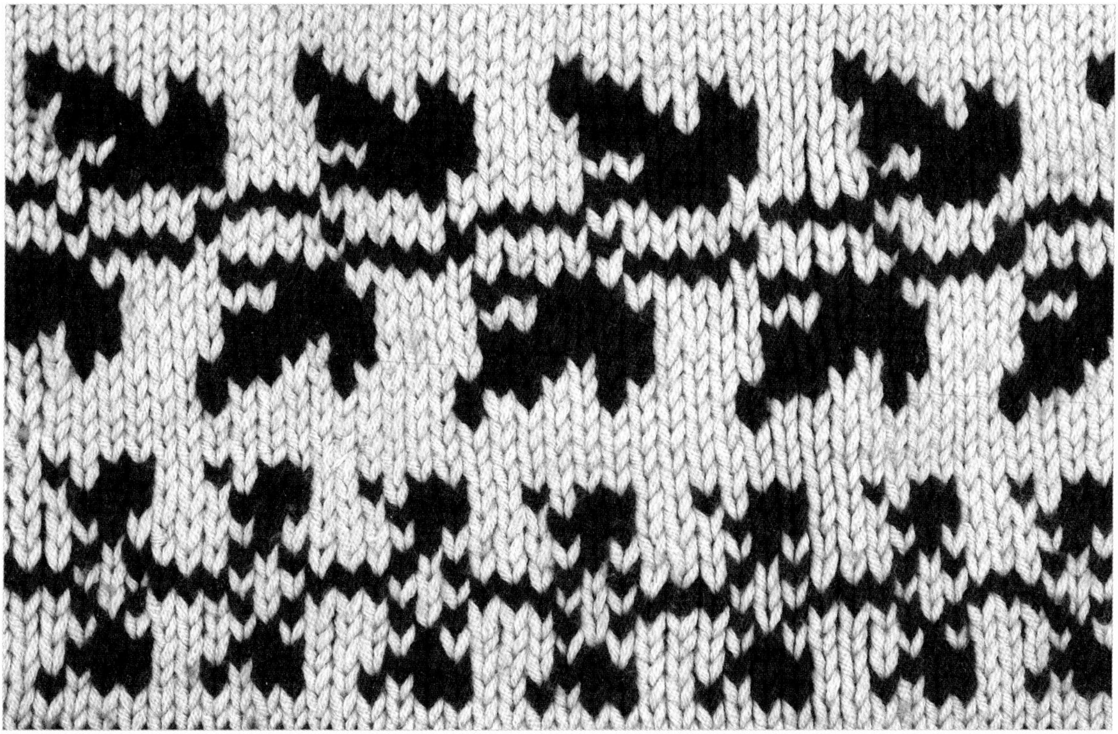

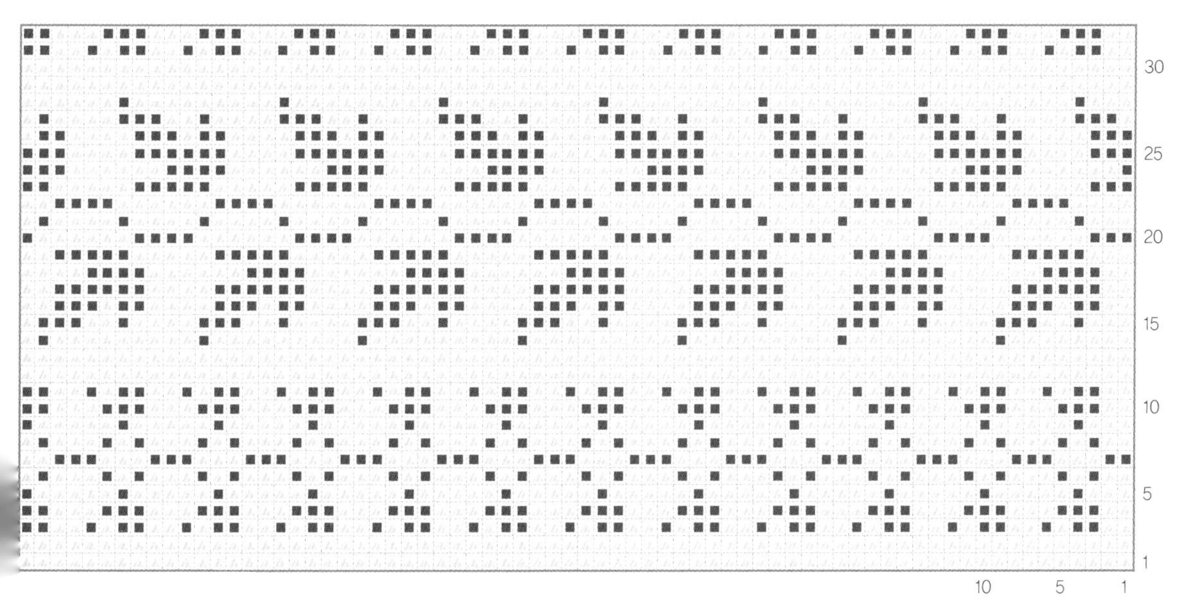

361 18코 22단 1무늬

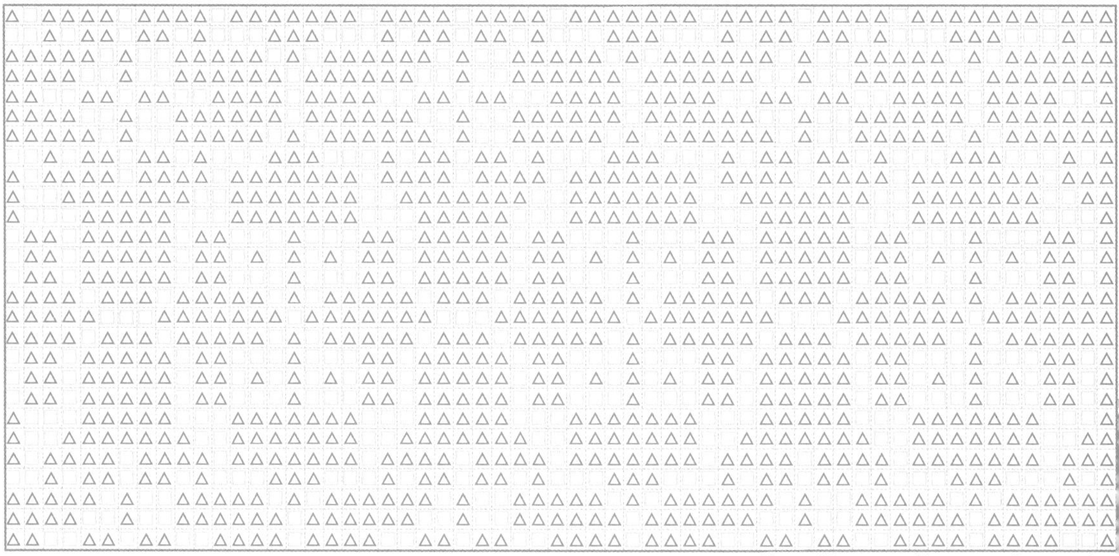

18 15 10 5 1

67890
54321

EFGH
ABCD

362 43코 44단 1무늬

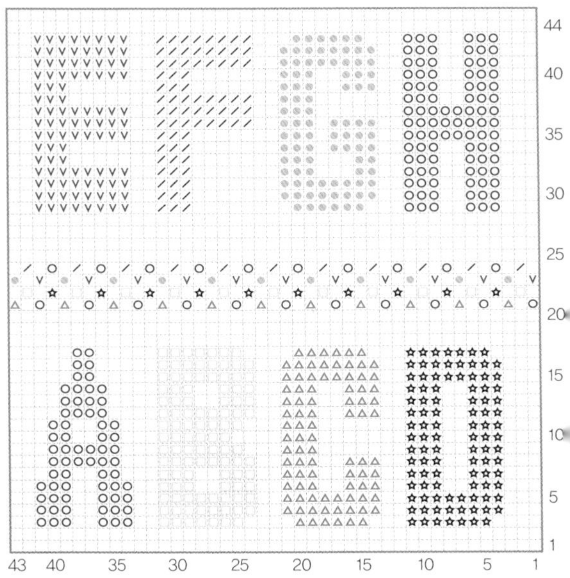

363 18코 40단 1무늬

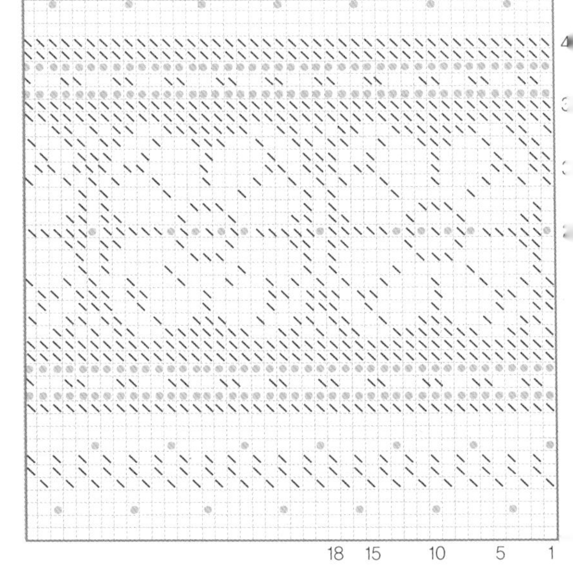

364 28코 28단 1무늬

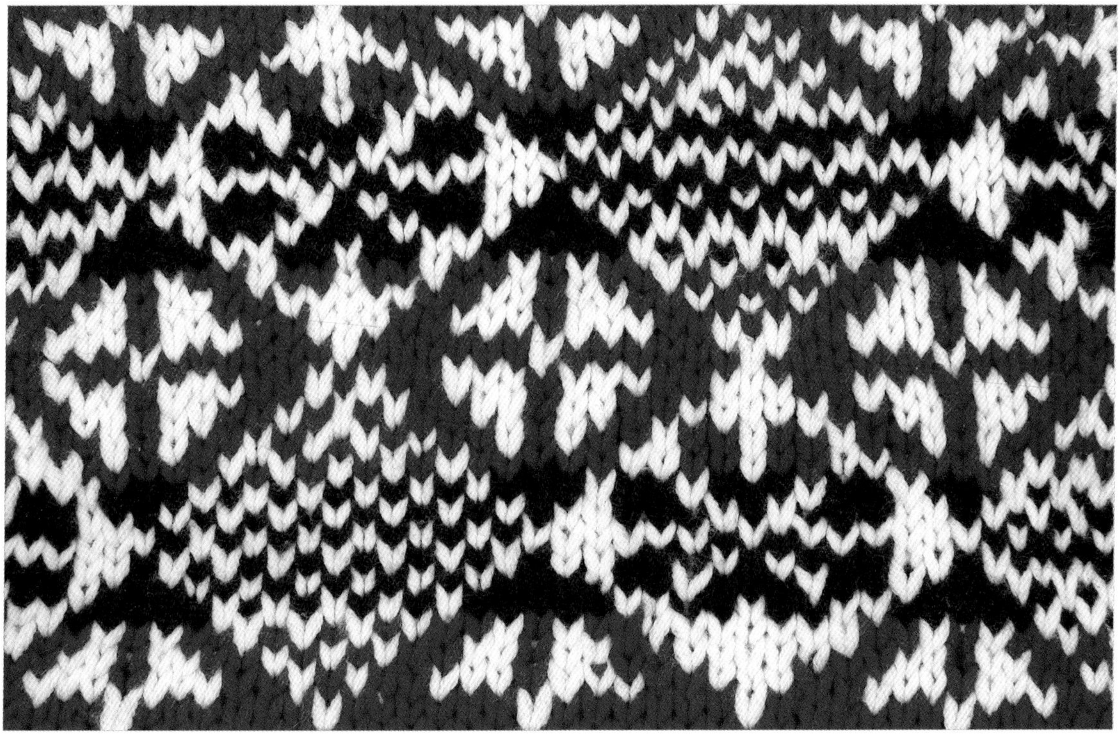

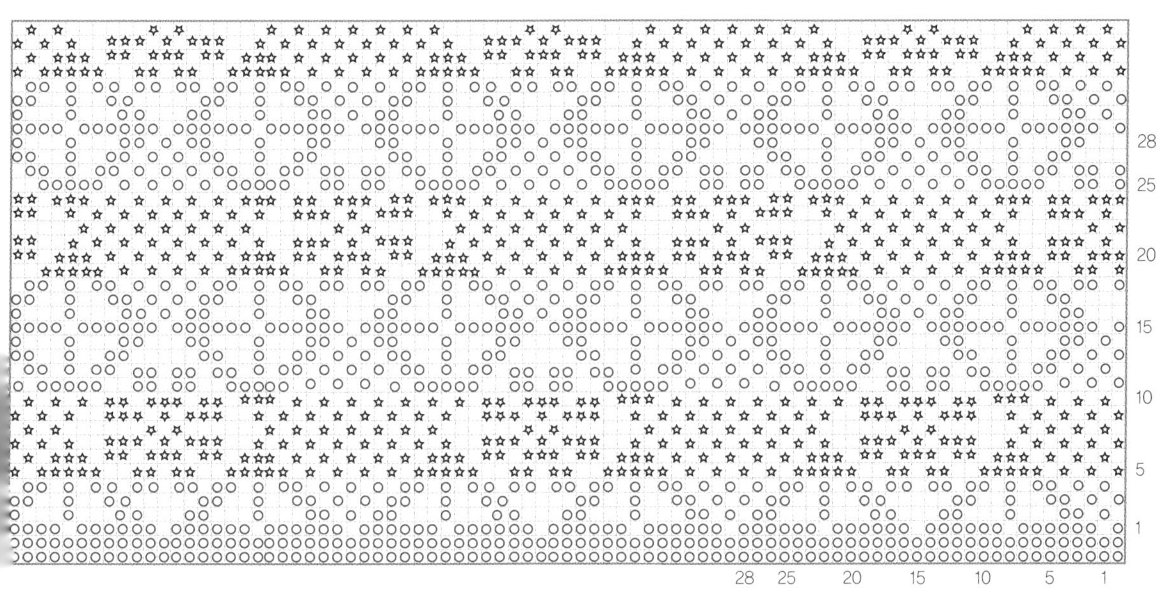

365 42코 38단 1무늬

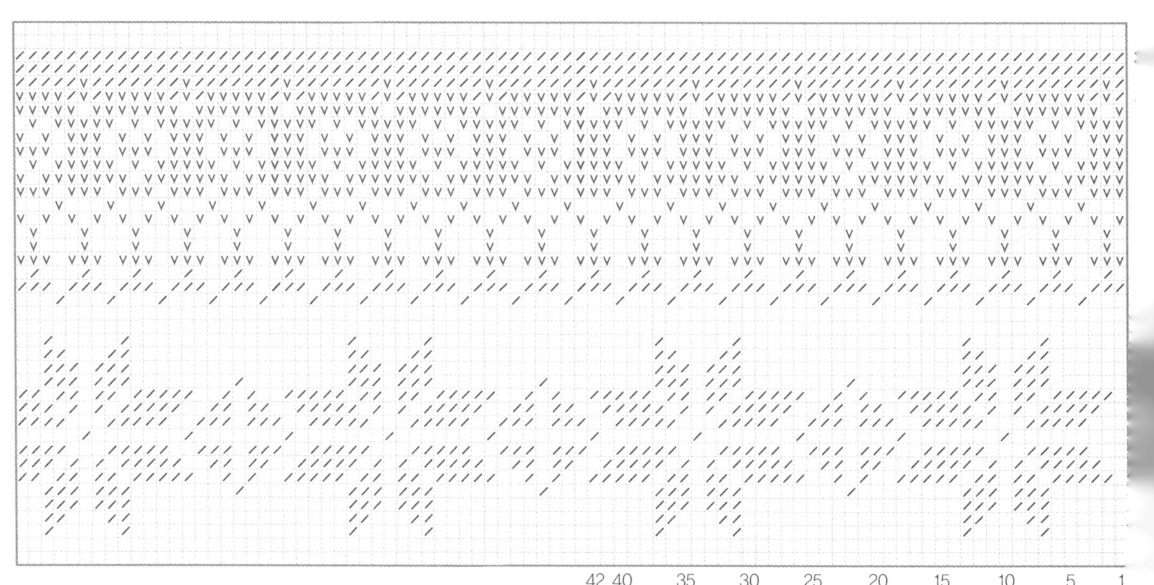

366 32코 32단 1무늬

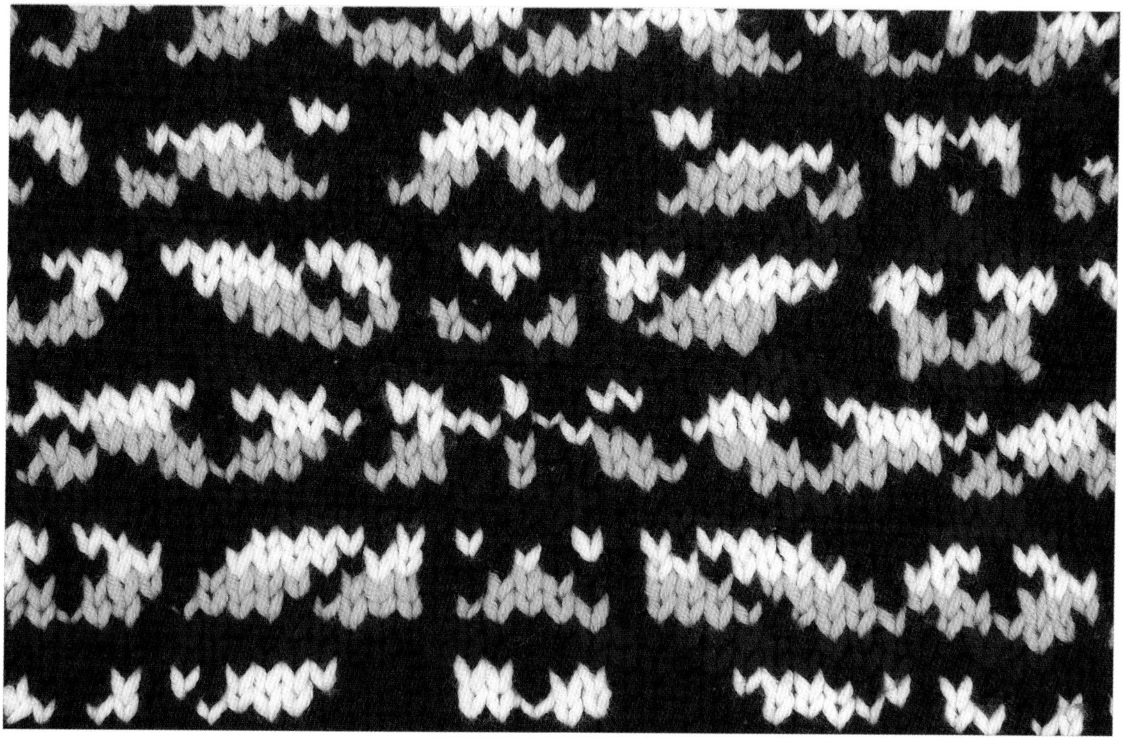

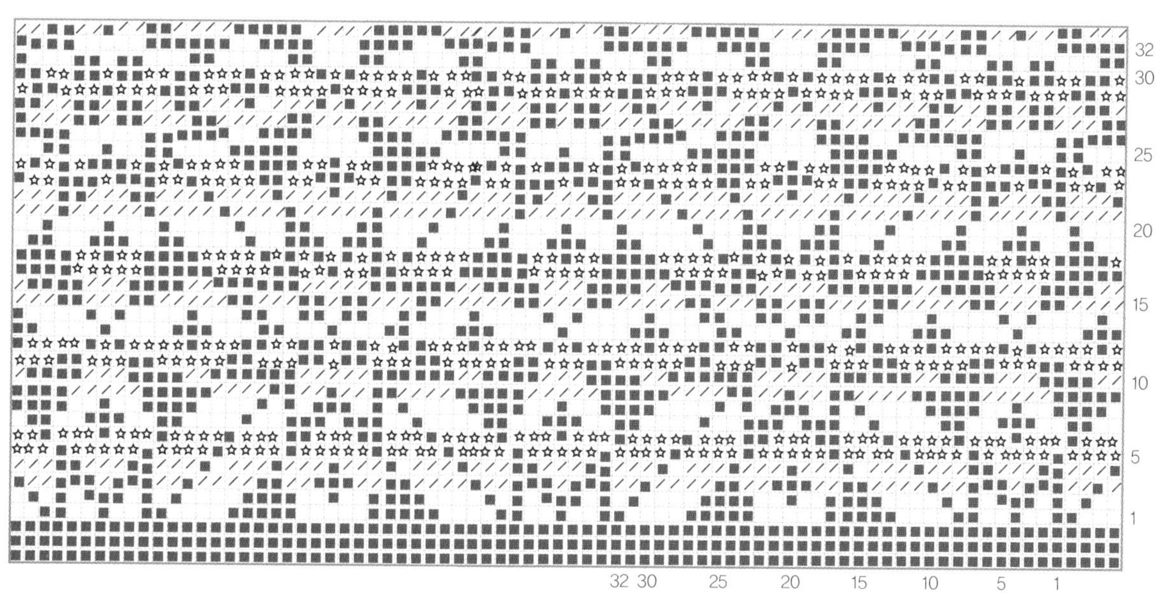

367 43코 44단 1무늬

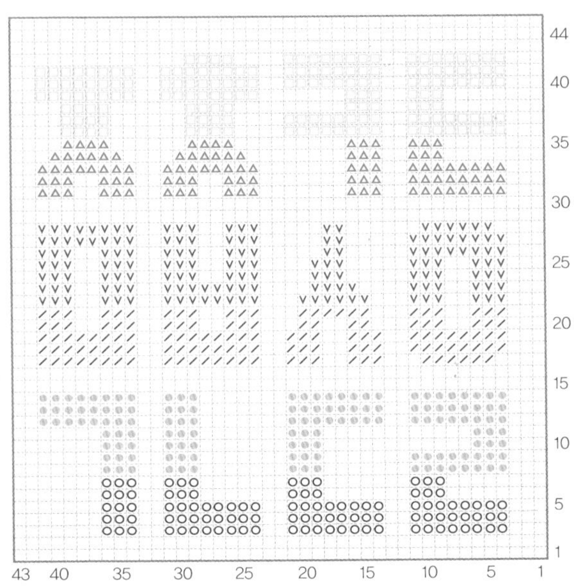

368 43코 44단 1무늬

369 13코 42단 1무늬

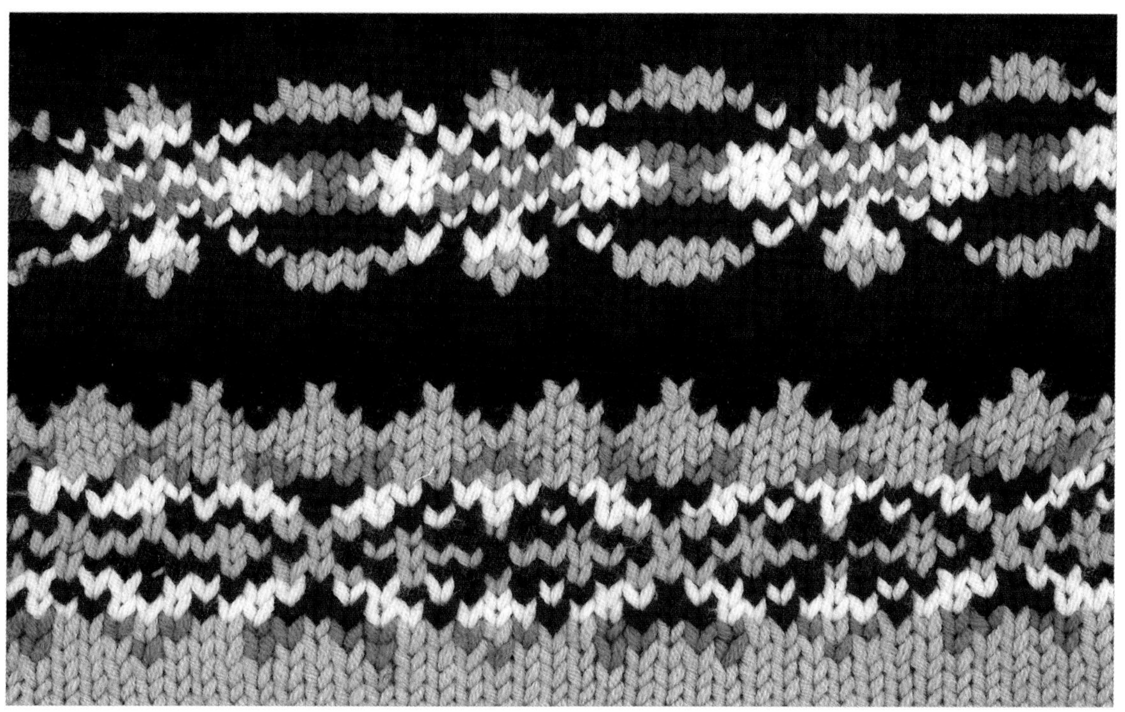

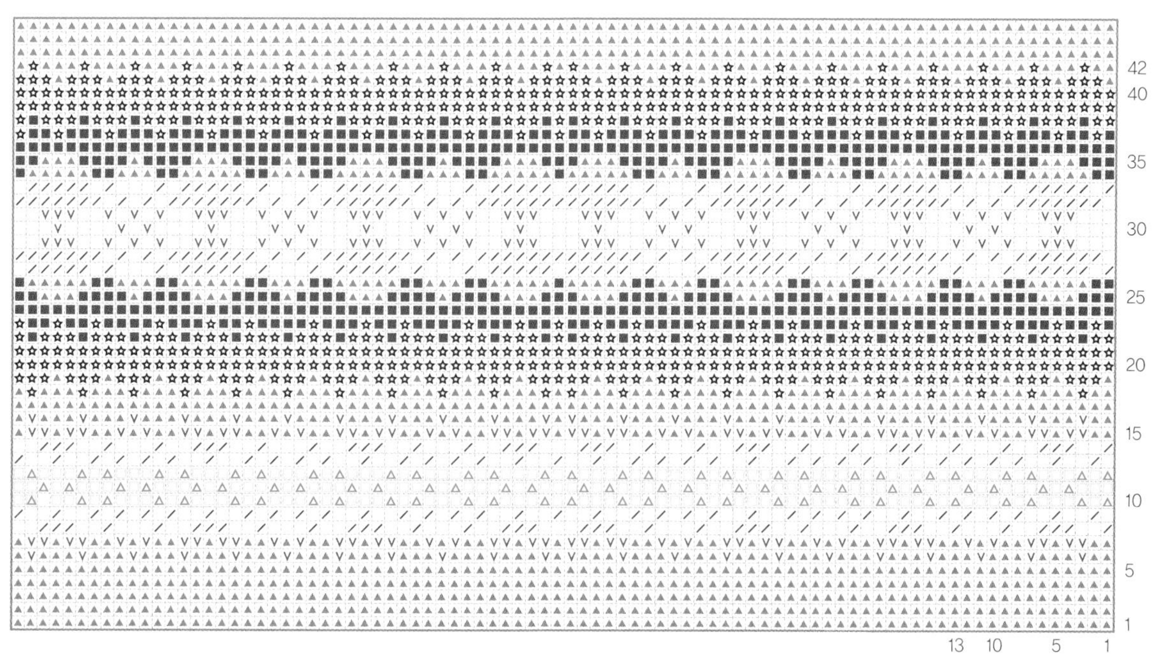

370 13코 42단 1무늬

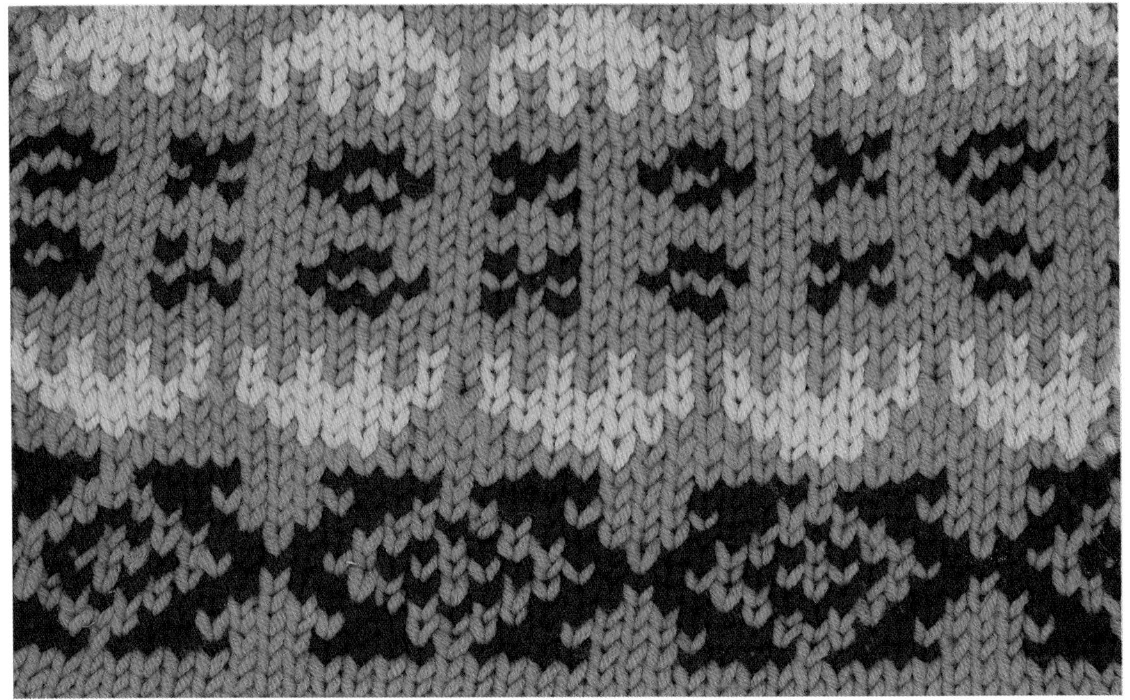

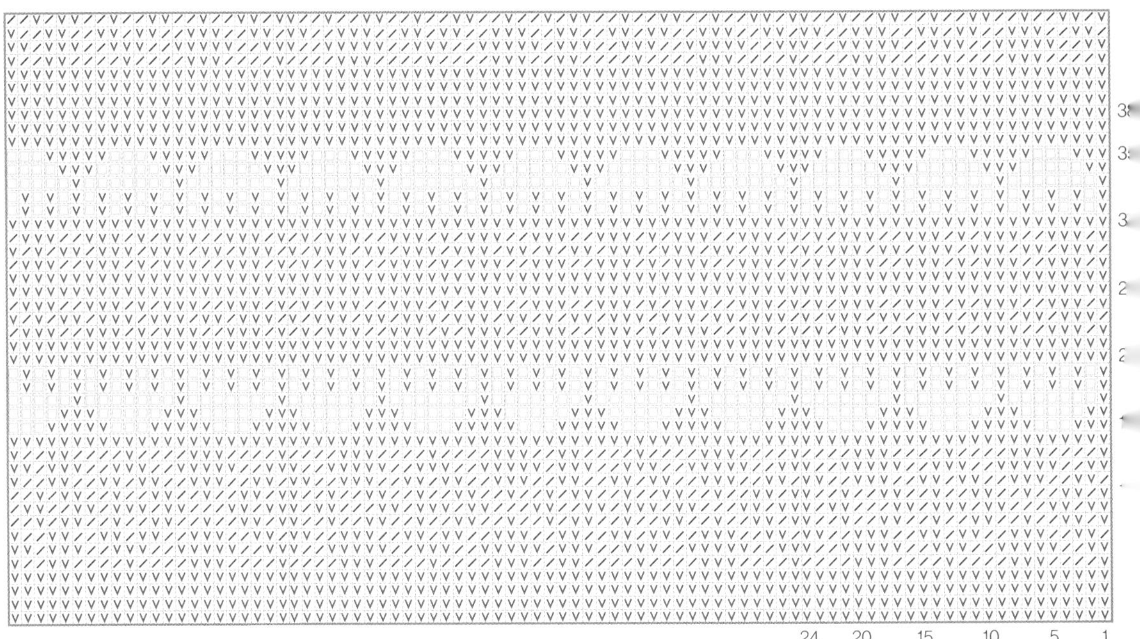

371 24코 30단 1무늬

372 18코 16단 1무늬

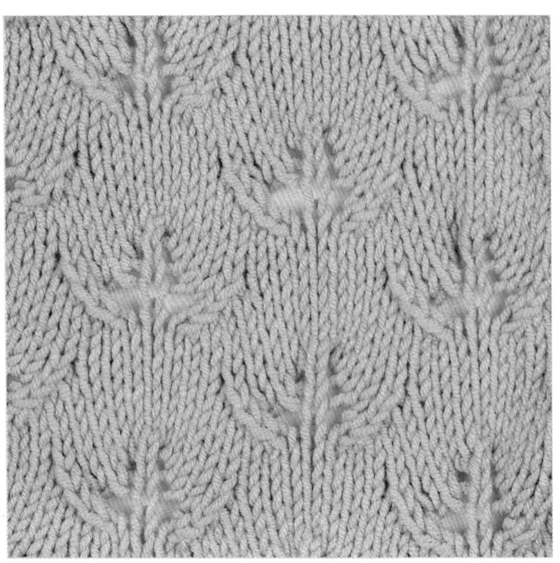

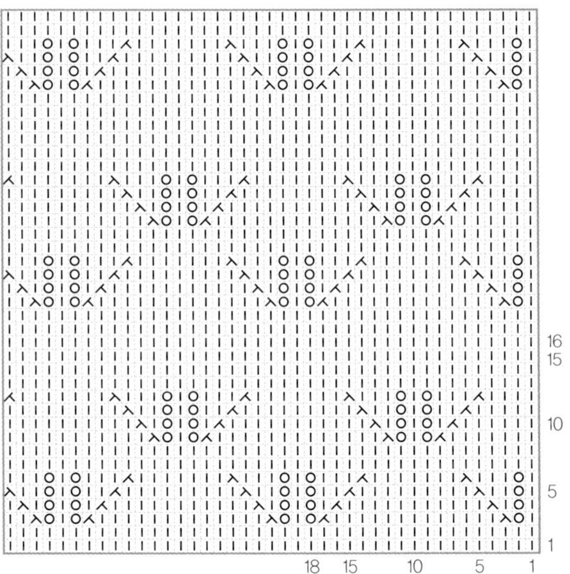

373 9코 12단 1무늬

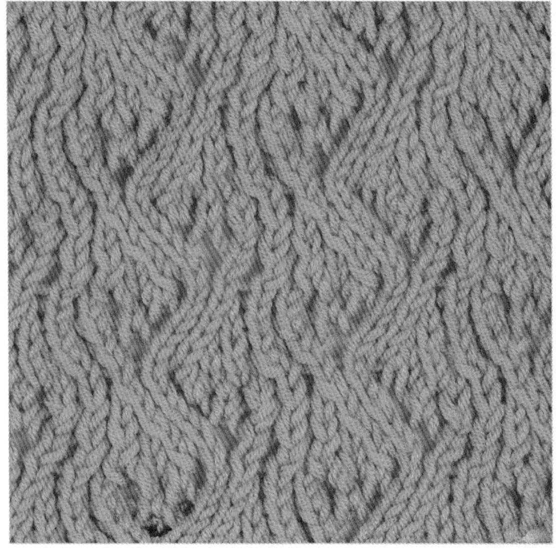

9 5 1

374 10코 24단 1무늬

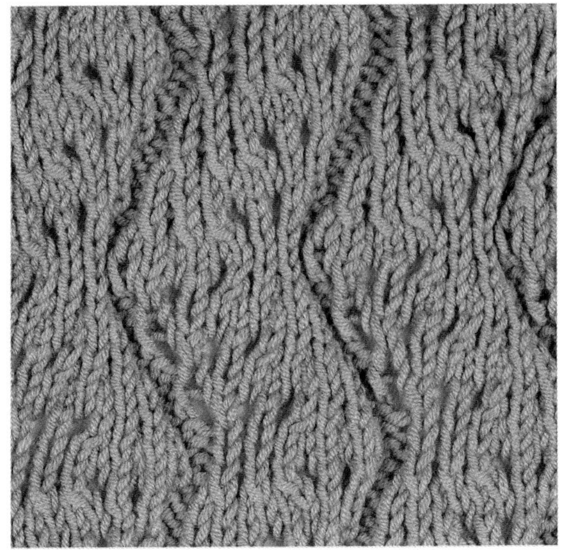

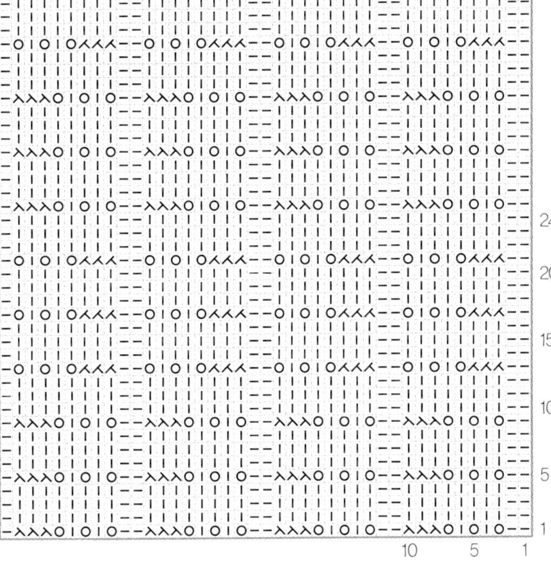

375 11코 28단 1무늬

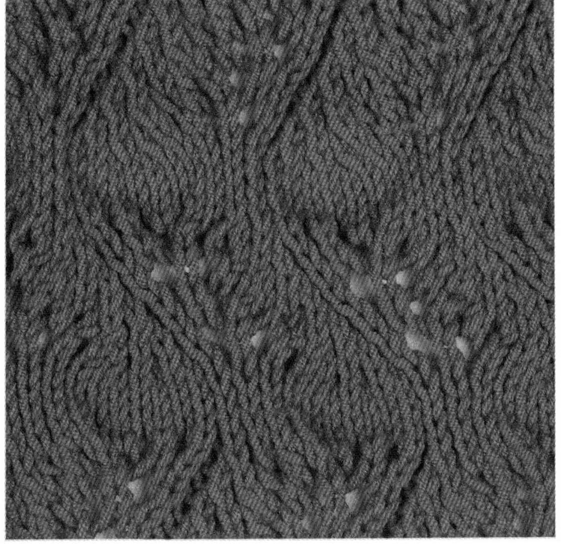

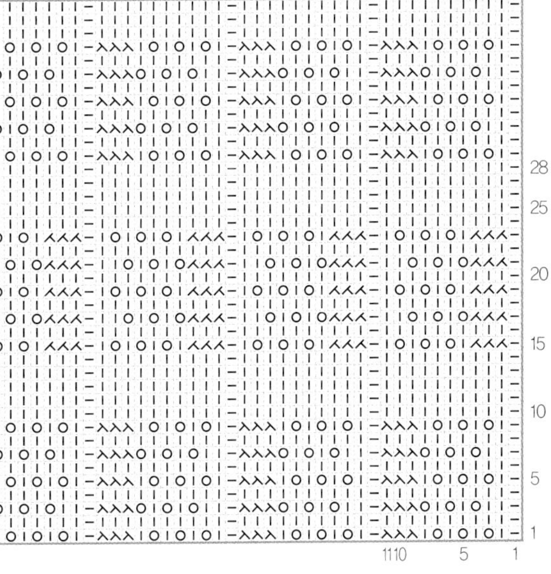

376 10코 16단 1무늬

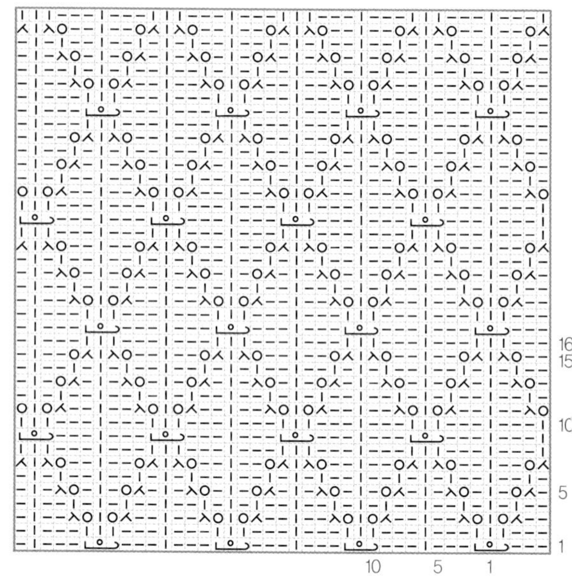

377 12코 20단 1무늬

12 10 5 1

378 12코 4단 1무늬

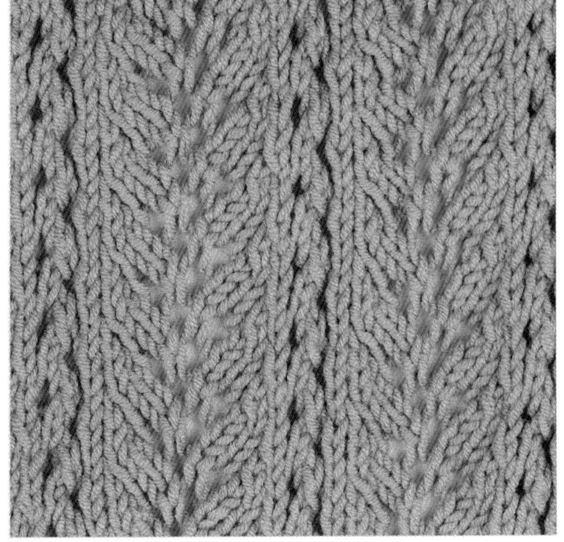

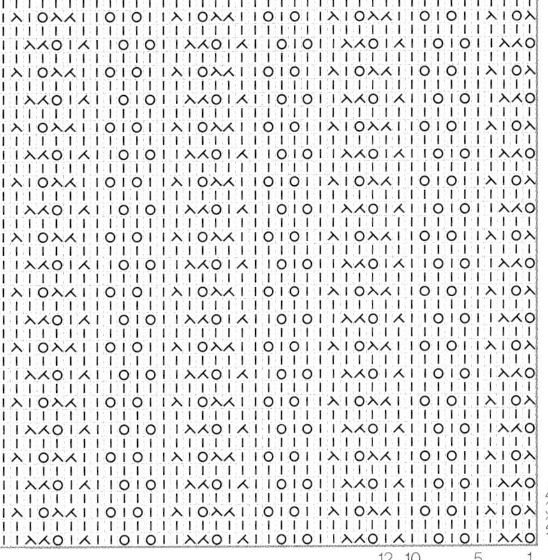

379 11코 4단 1무늬

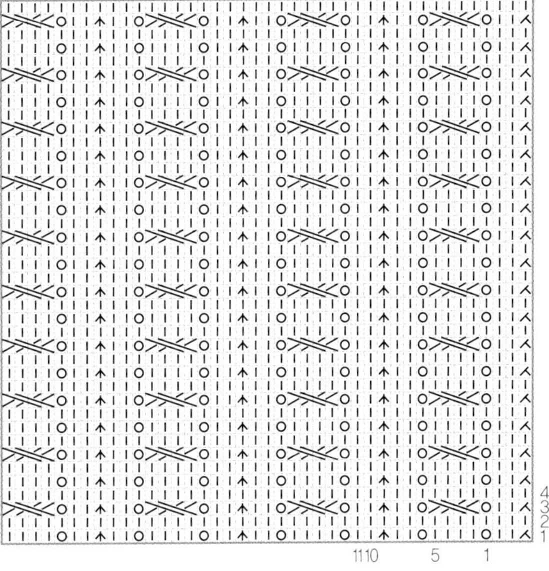

380 6코 12단 1무늬

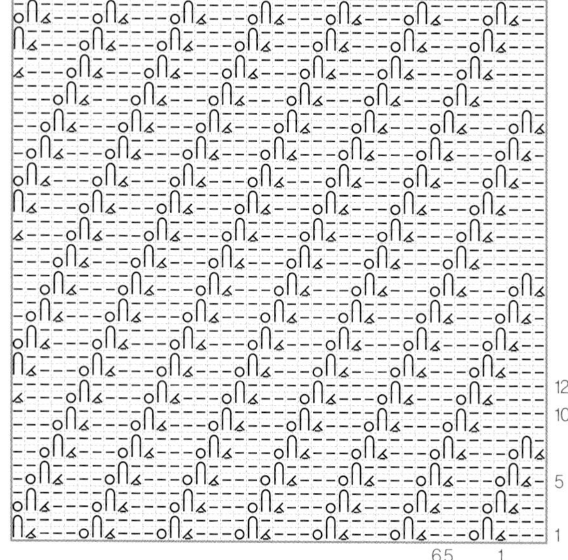

381 8코 32단 1무늬

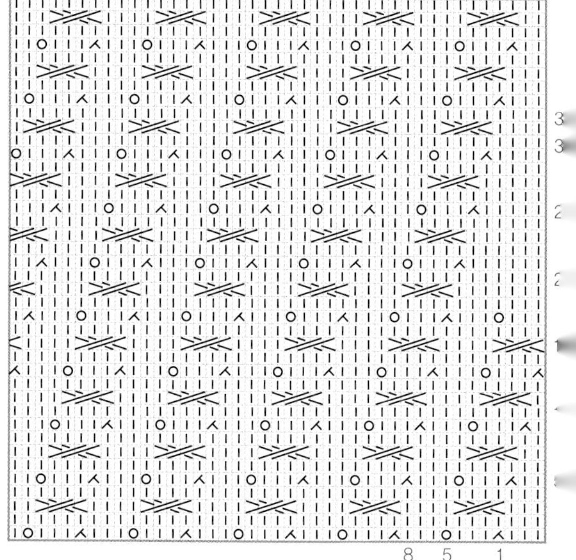

382 7코 16단 1무늬

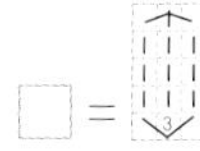

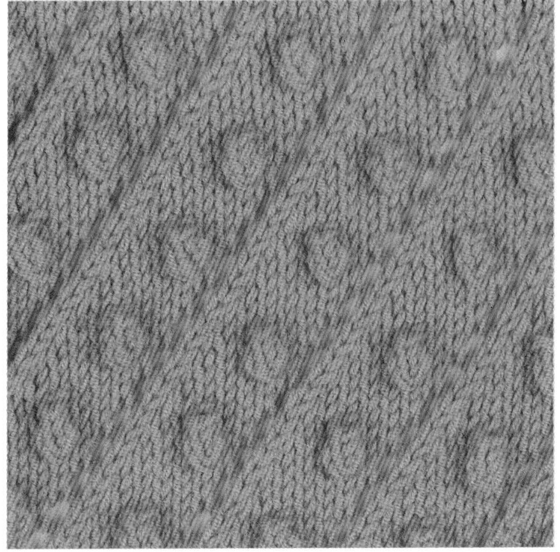

383 4코 4단 1무늬

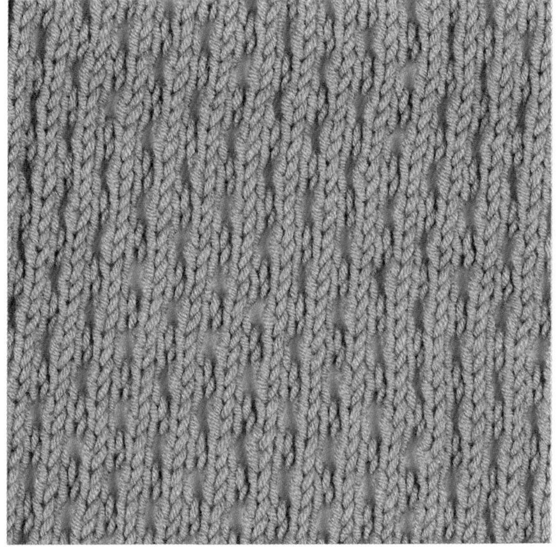

384 8코 12단 1무늬

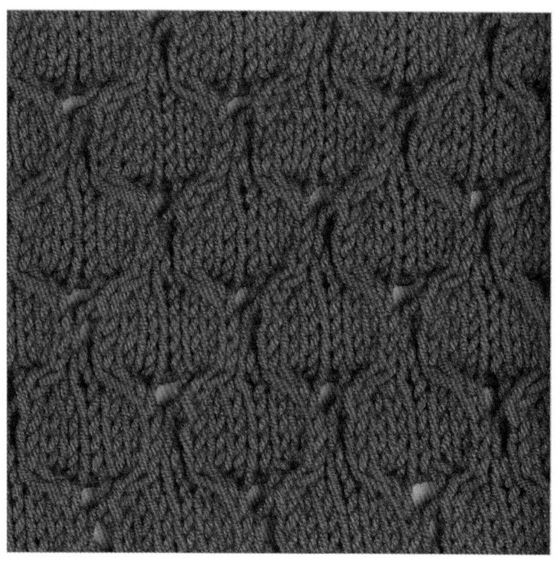

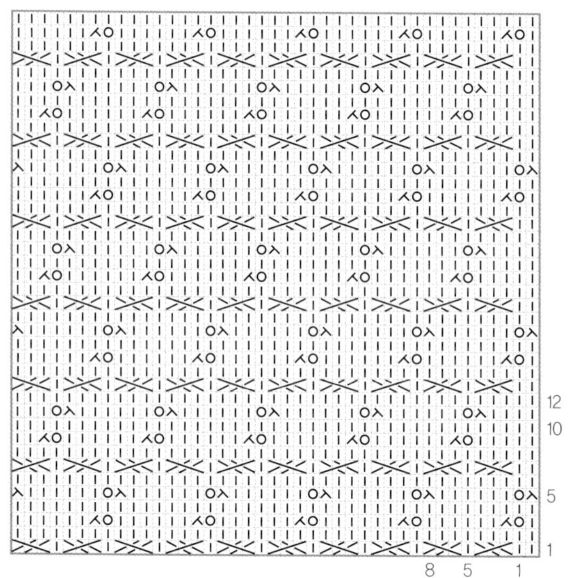

385 6코 6단 1무늬

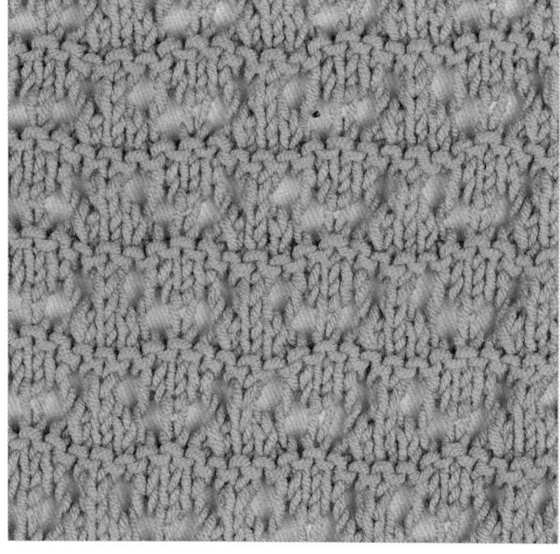

6 5 1

386 8코 8단 1무늬

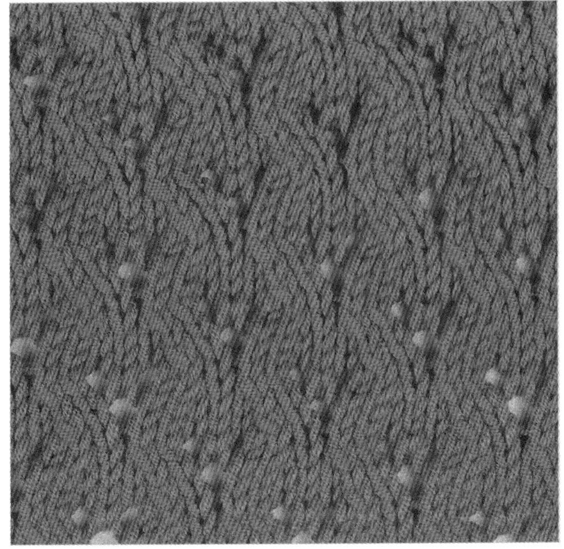

387 18코 16단 1무늬

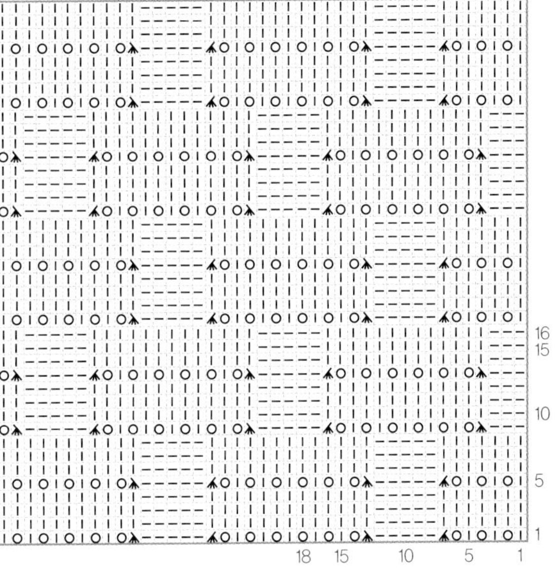

388 16코 32단 1무늬

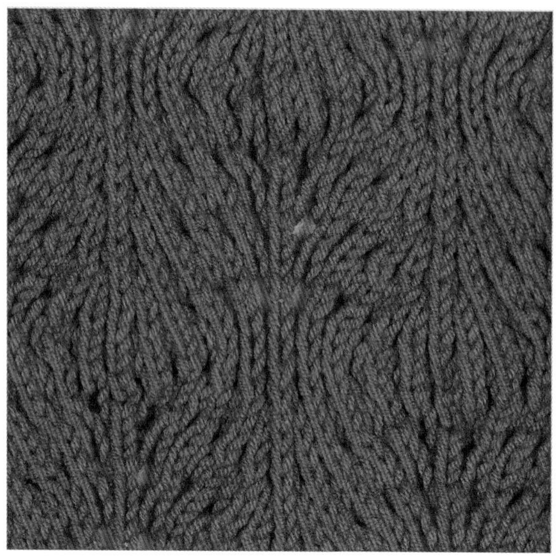

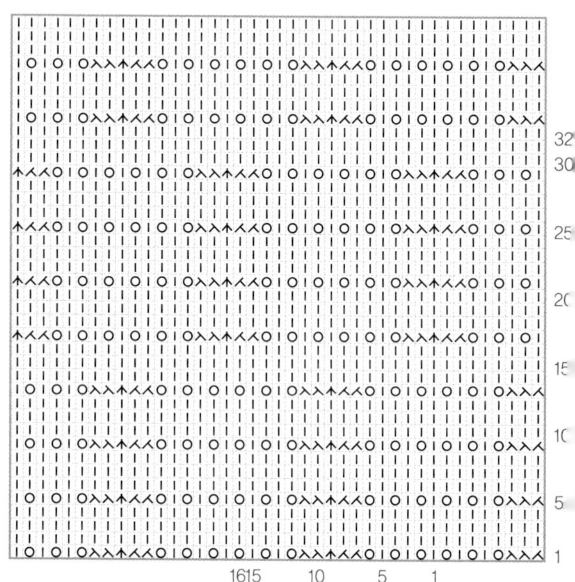

389 6코 8단 1무늬

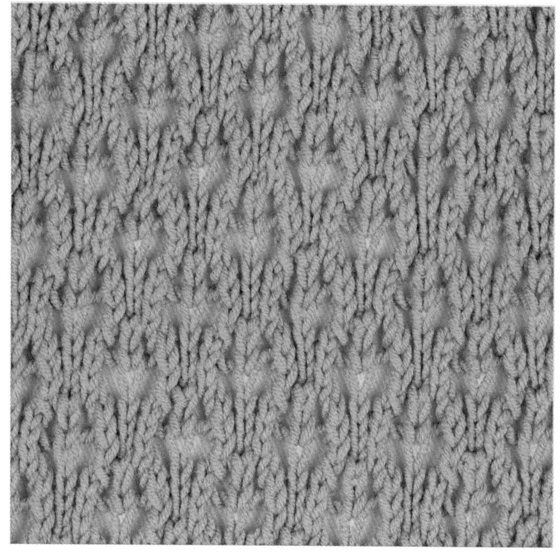

6 5 1

390 14코 16단 1무늬

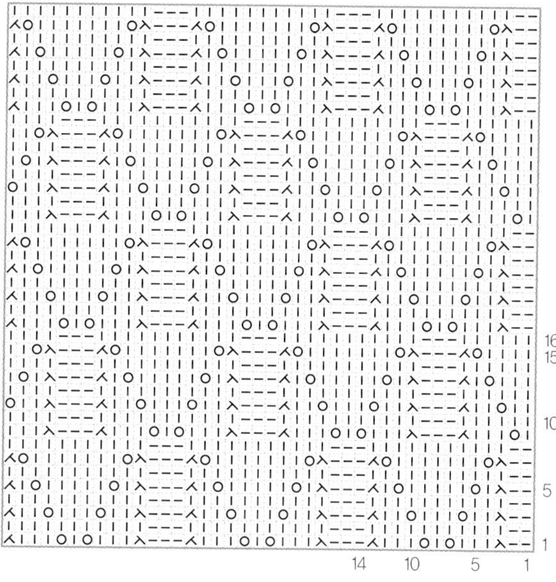

391 12코 12단 1무늬

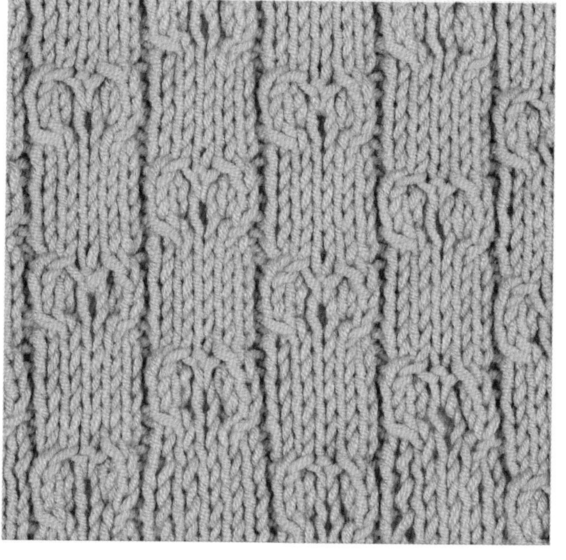

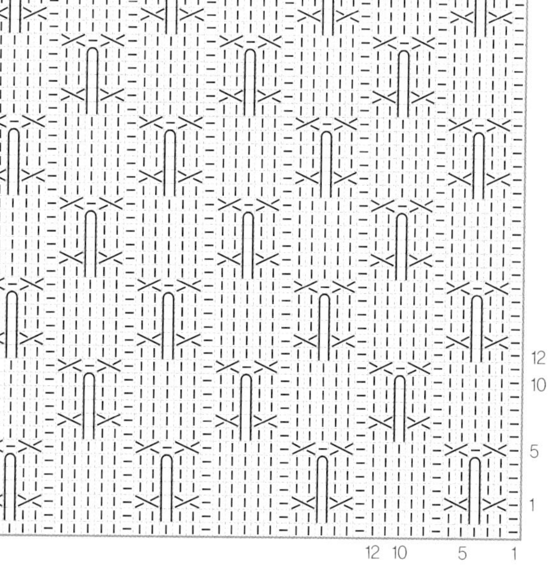

392 12코 12단 1무늬

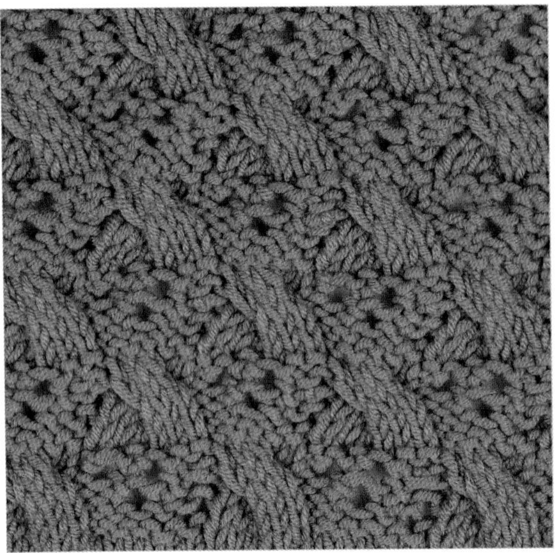

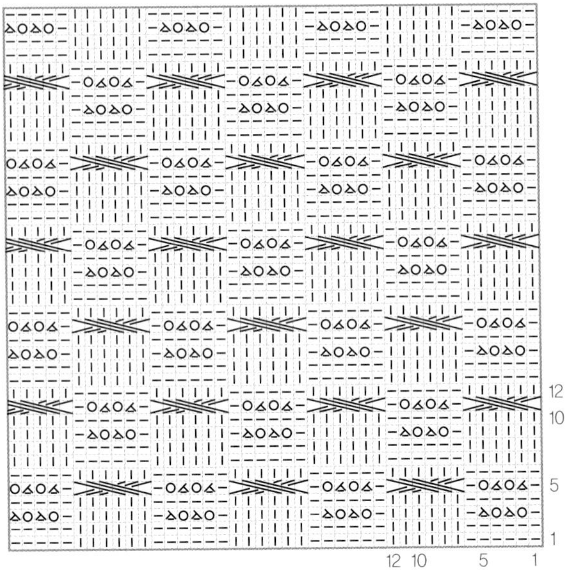

393 12코 16단 1무늬

12 10 5 1

394 9코 20단 1무늬

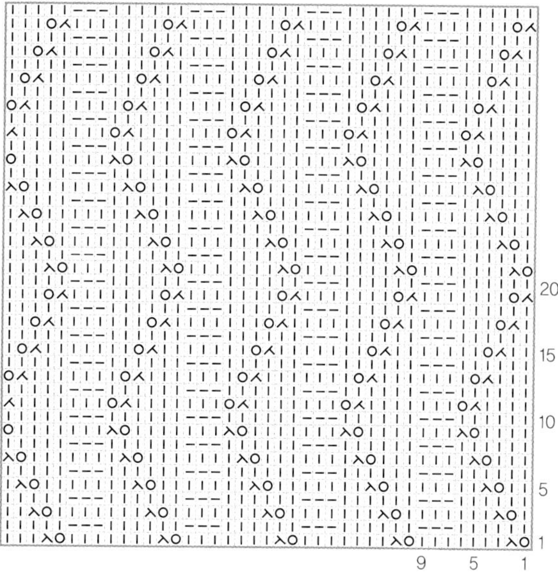

395 12코 20단 1무늬

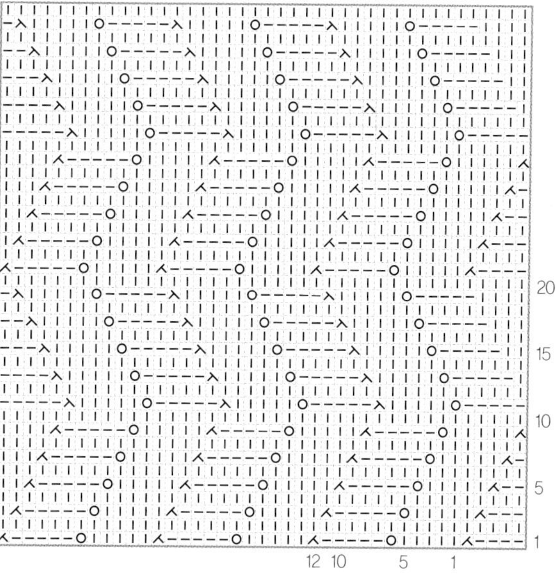

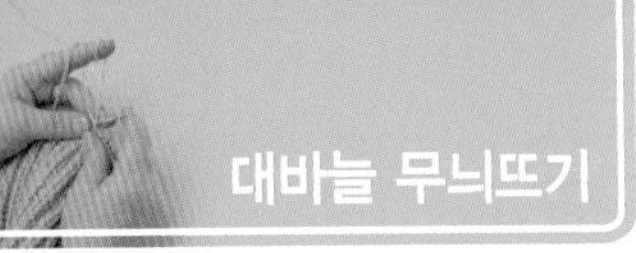

396 7코 20단 1무늬

397 10코 20단 1무늬

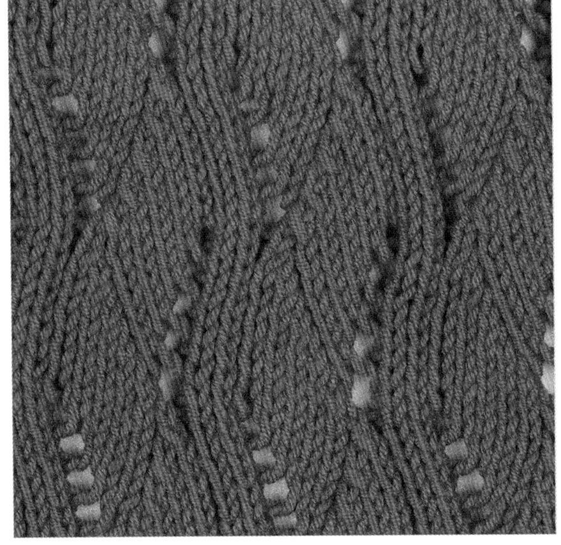

398 10코 24단 1무늬

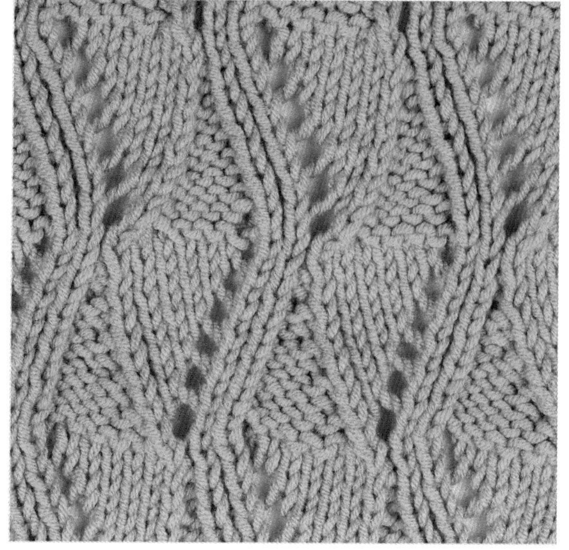

399 10코 24단 1무늬

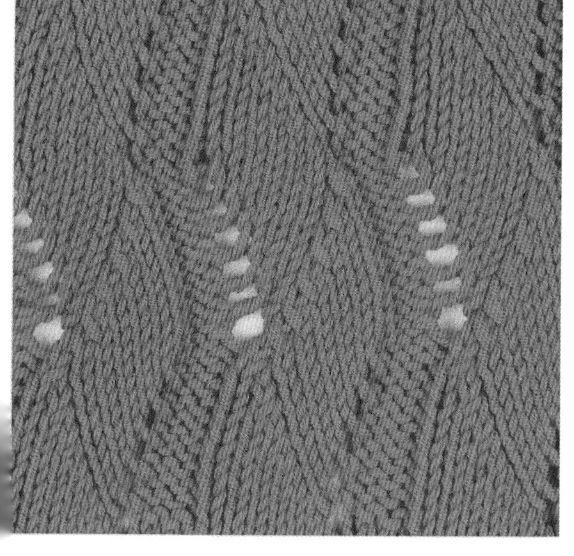

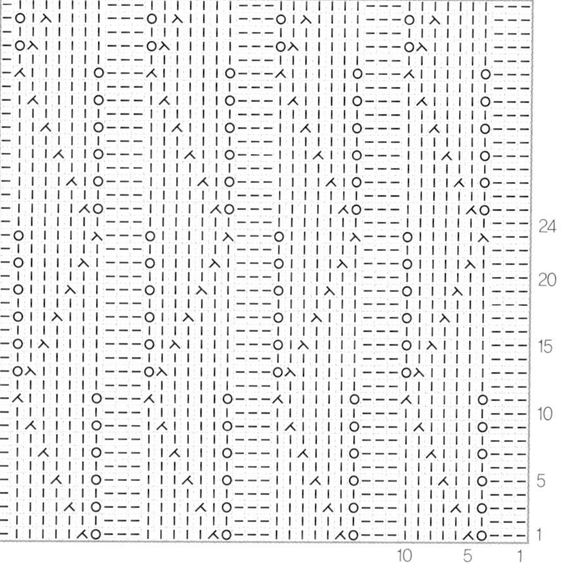

400 11코 24단 1무늬

1 5 10 15 20 24

11 10 5 1

401 14코 24단 1무늬

14 10 5 1

402 10코 16단 1무늬

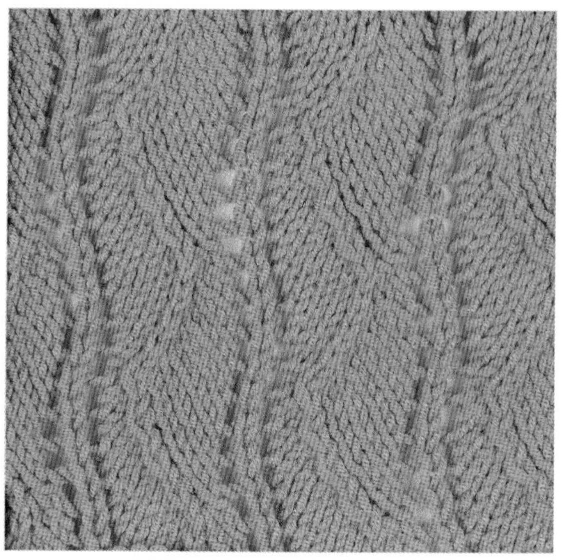

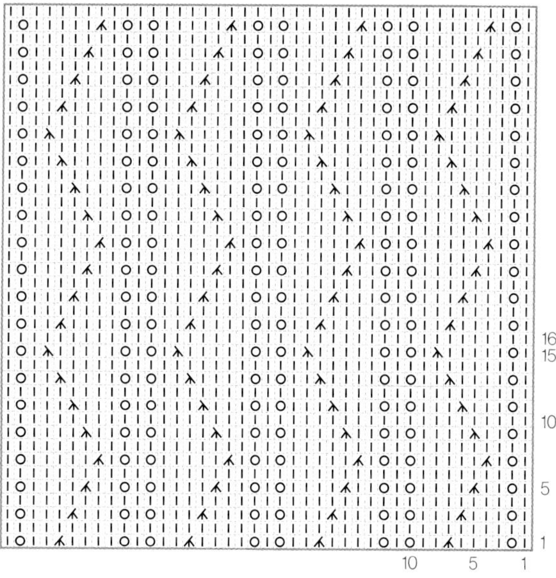

403 10코 28단 1무늬

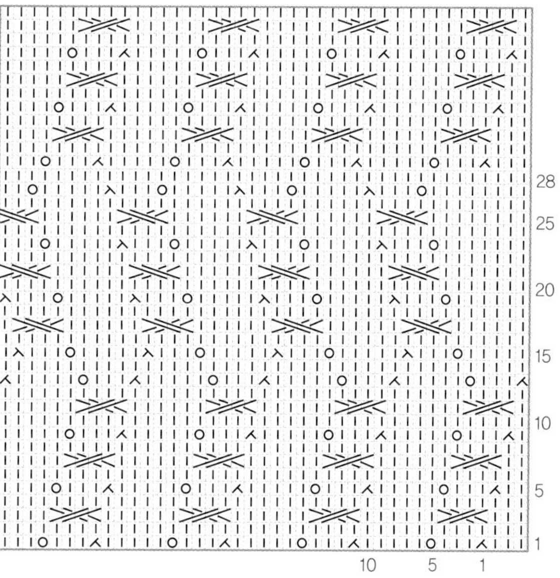

404 14코 6단 1무늬

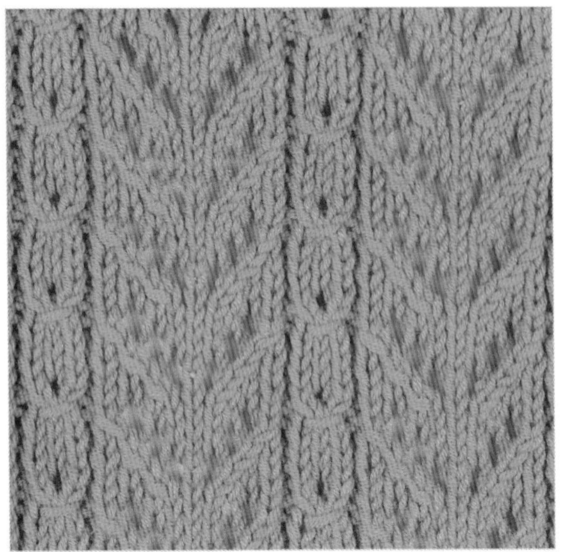

405 18코 8단 1무늬

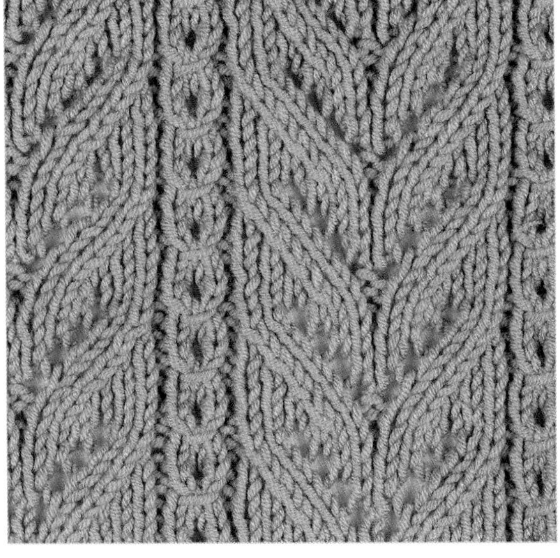

406 13코 8단 1무늬

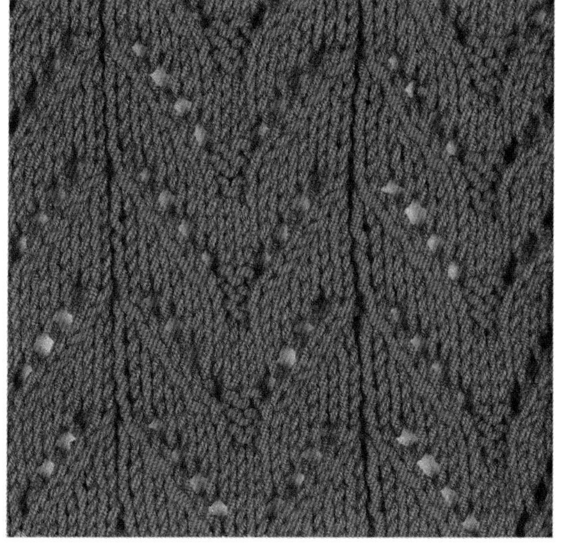

407 18코 8단 1무늬

408 19코 10단 1무늬

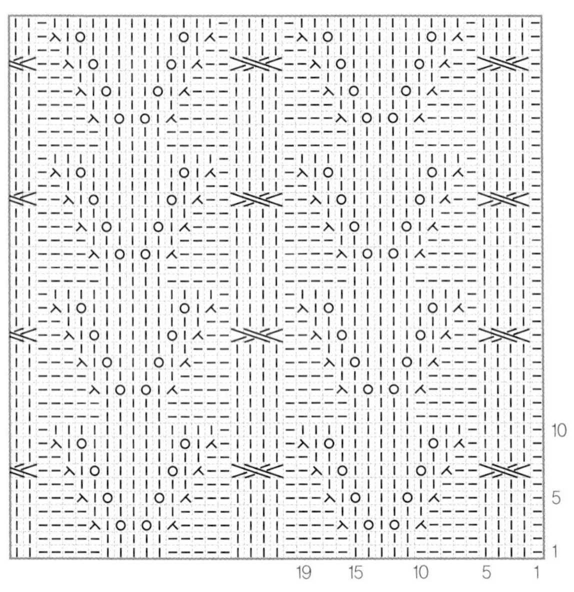

409 18코 18단 1무늬

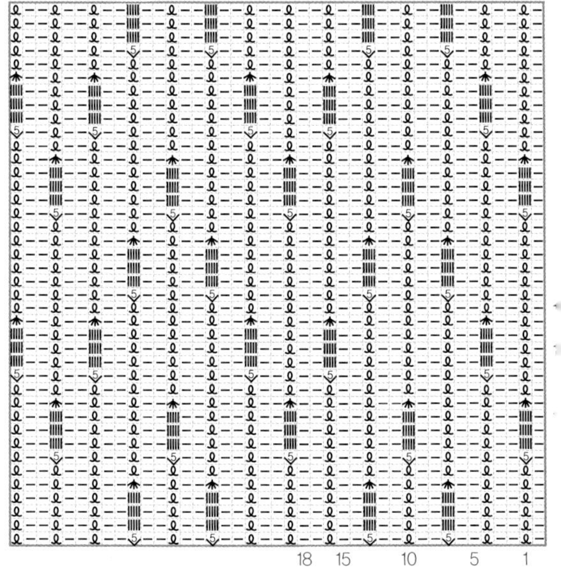

410 10코 16단 1무늬

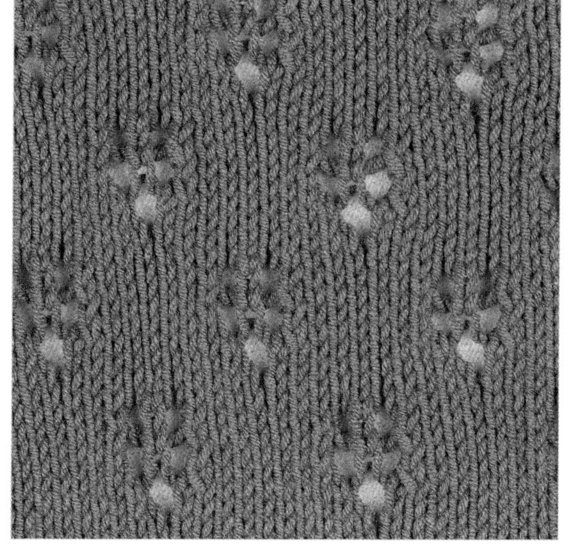

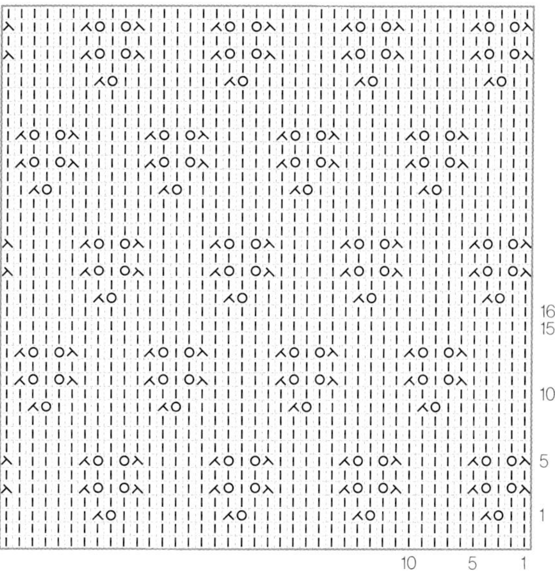

411 8코 16단 1무늬

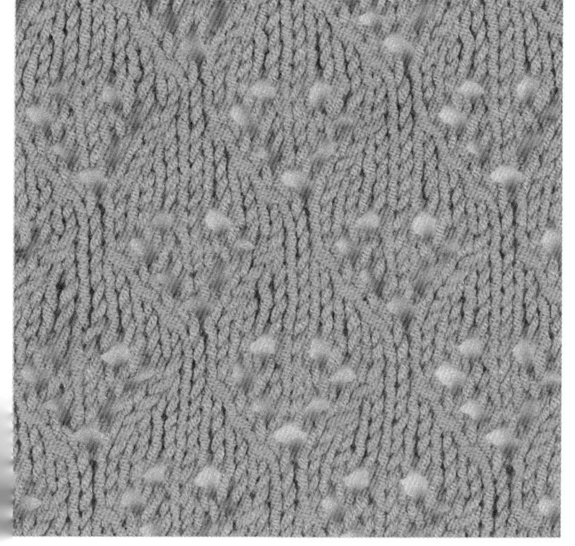

412 8코 8단 1무늬

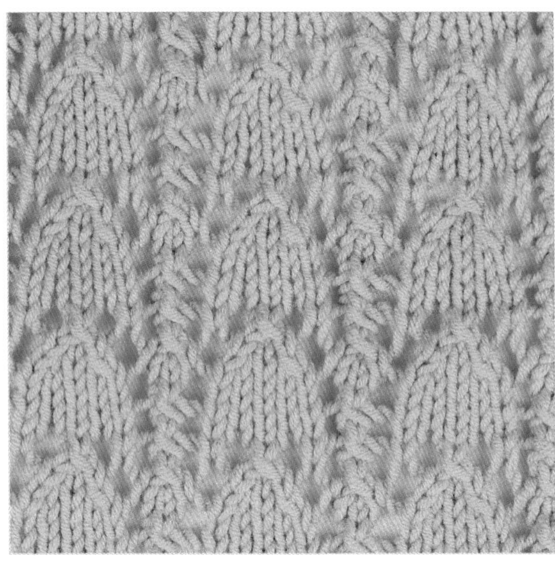

413 18코 28단 1무늬

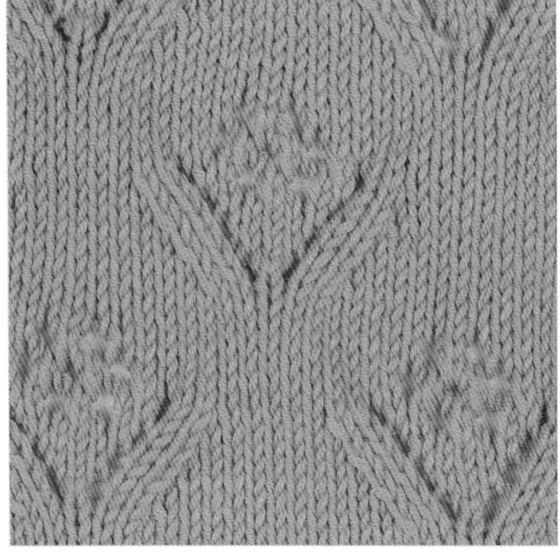

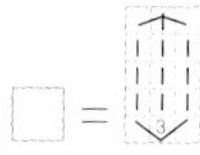

414 16코 20단 1무늬

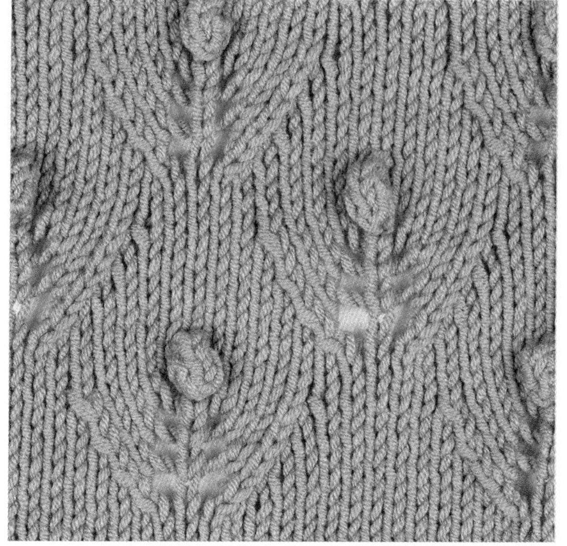

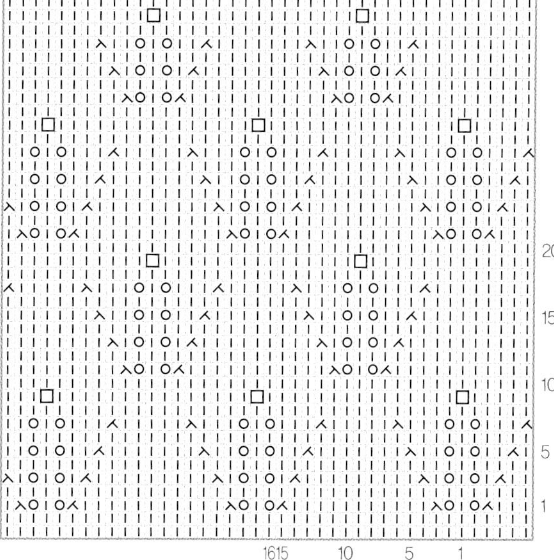

415 14코 16단 1무늬

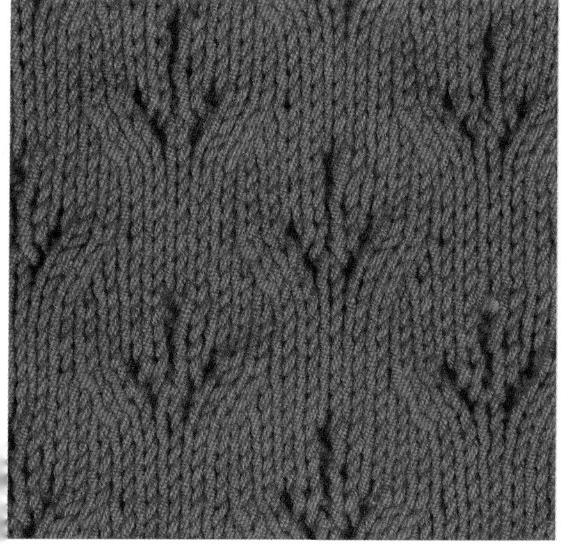

416 12코 20단 1무늬

417 10코 8단 1무늬

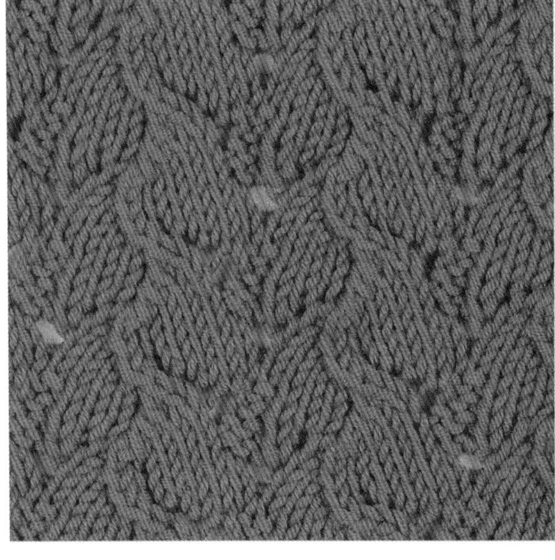

418 10코 20단 1무늬

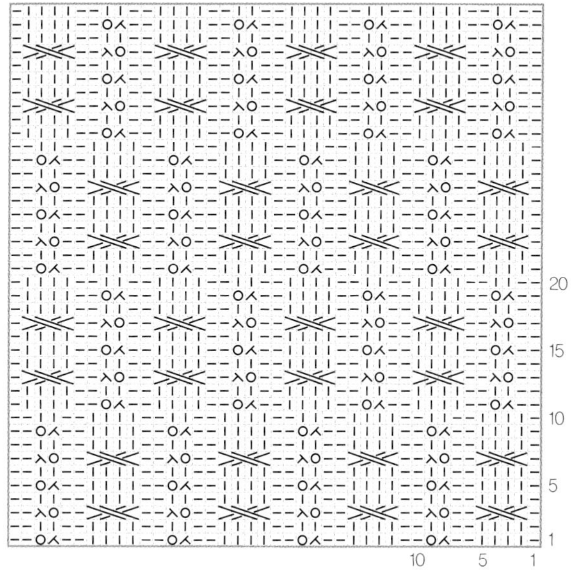

419 14코 20단 1무늬

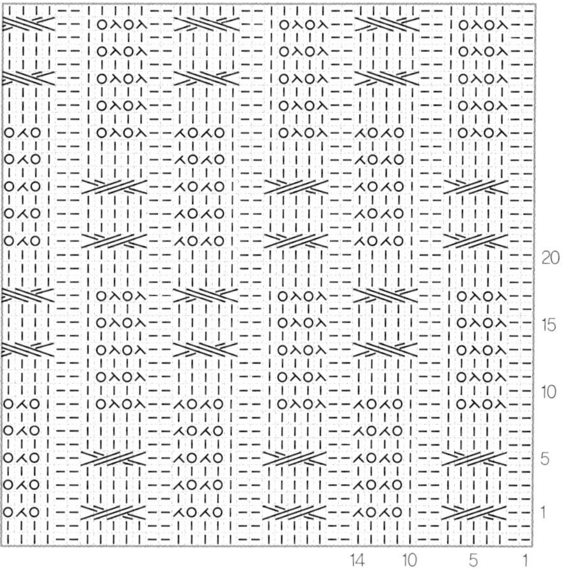

420 12코 12단 1무늬

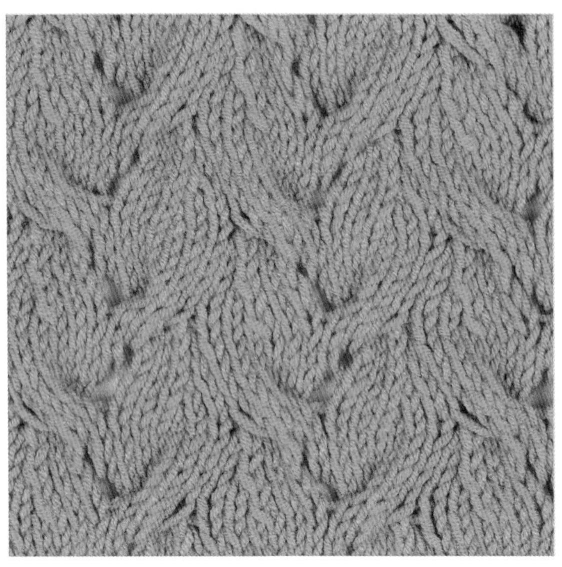

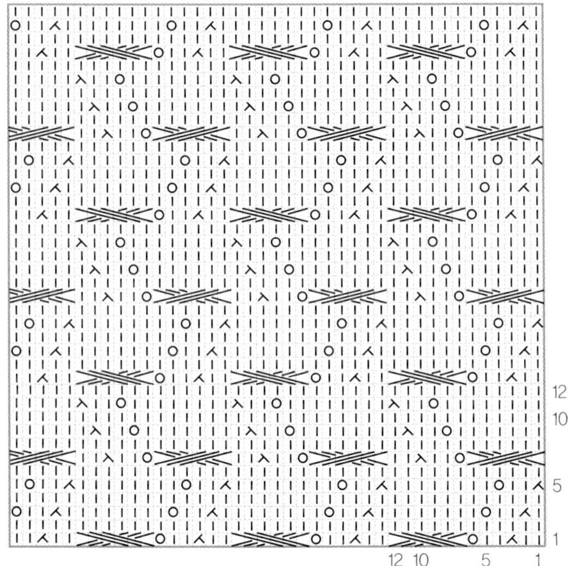

421 24코 16단 1무늬

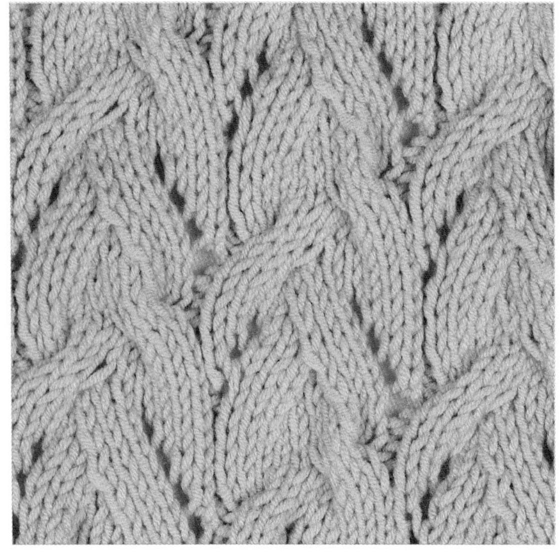

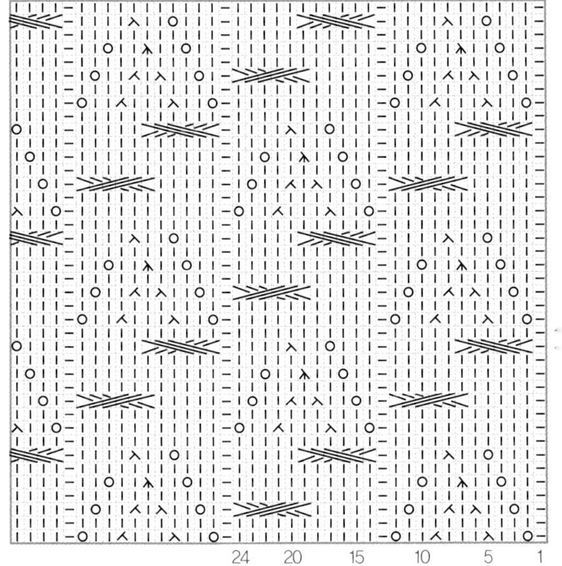

30코 32단 1무늬

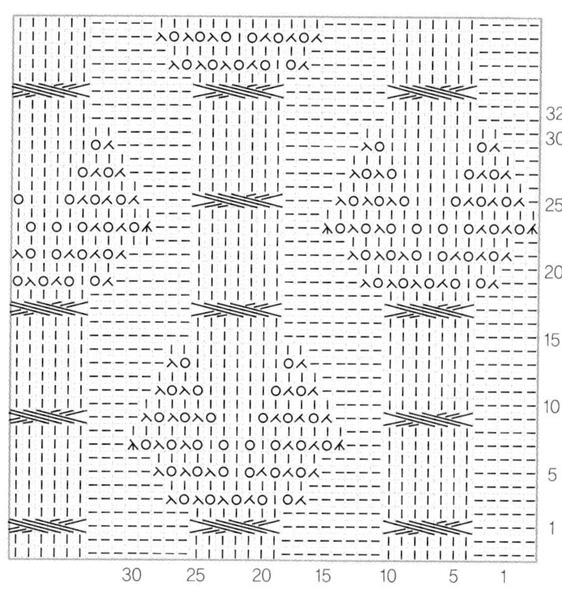

423 26코 16단 1무늬

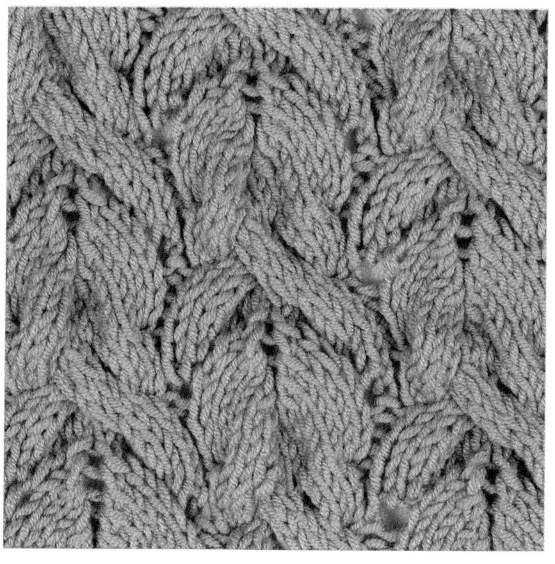

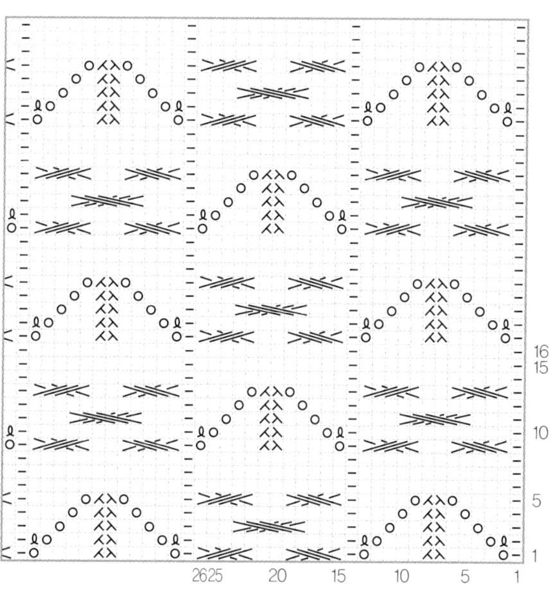

424 12코 28단 1무늬

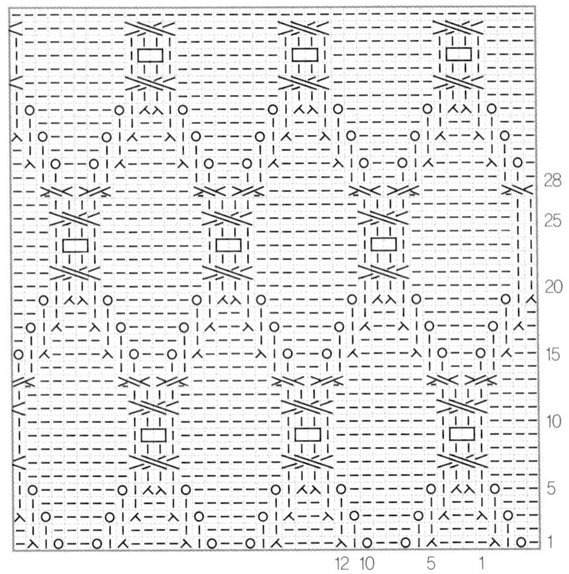

425 21코 12단 1무늬

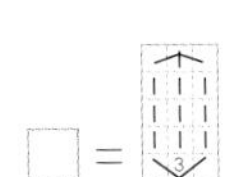

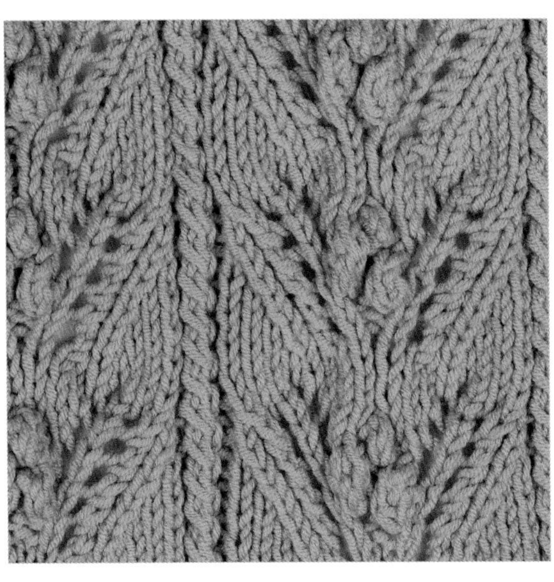

2120 15 10 5 1

426 7코 16단 1무늬

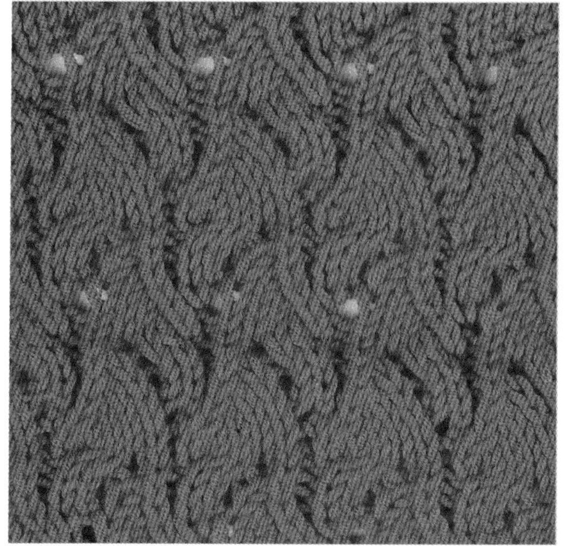

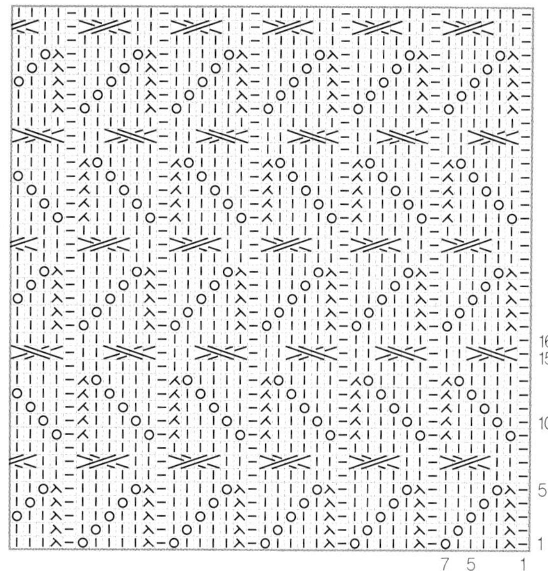

427 8코 16단 1무늬

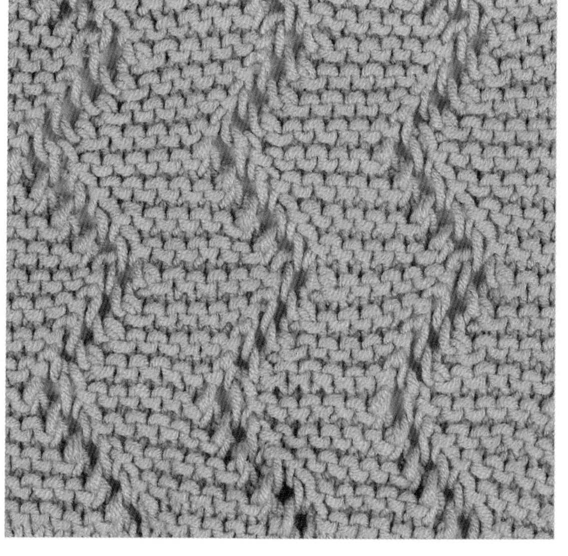

428 14코 24단 1무늬

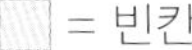

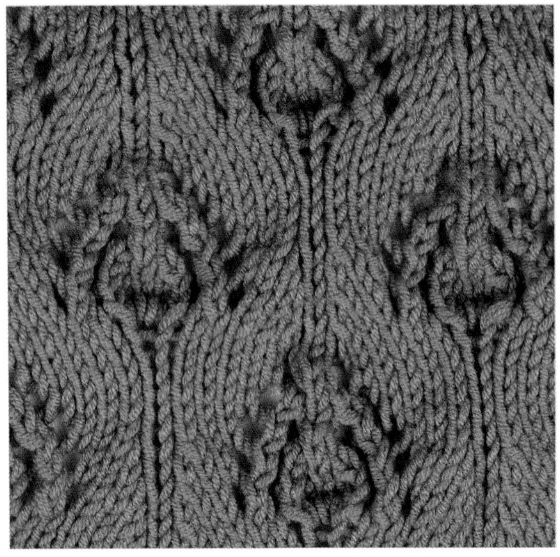

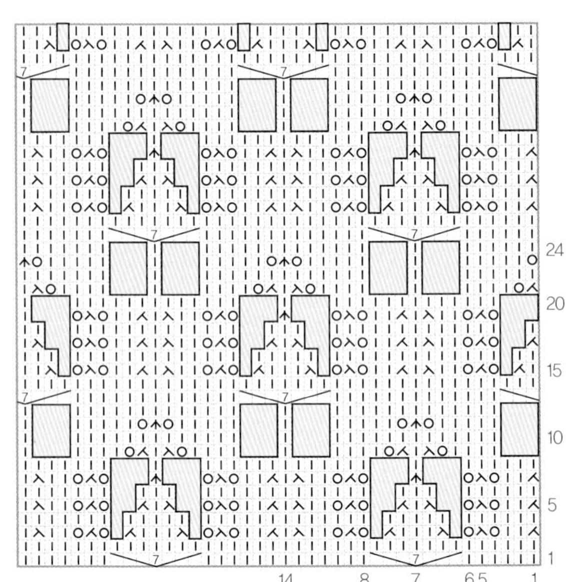

429 10코 10단 1무늬

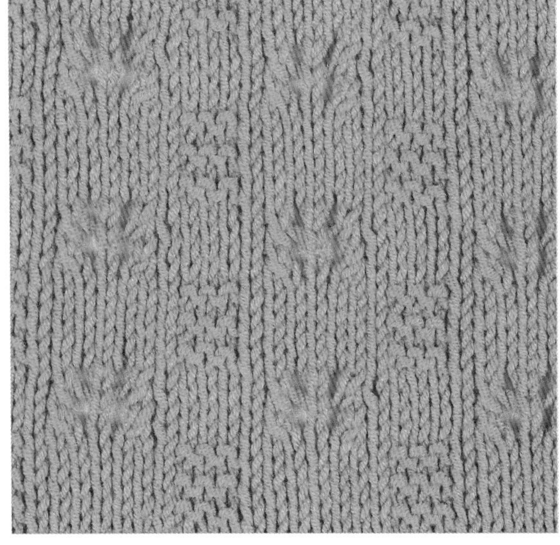

10 5 1

430 8코 16단 1무늬

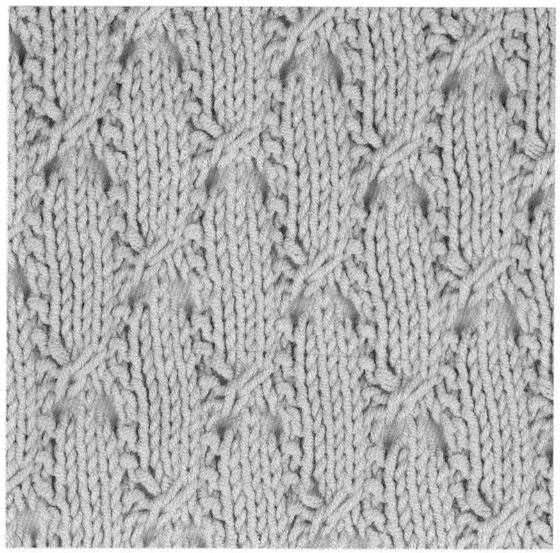

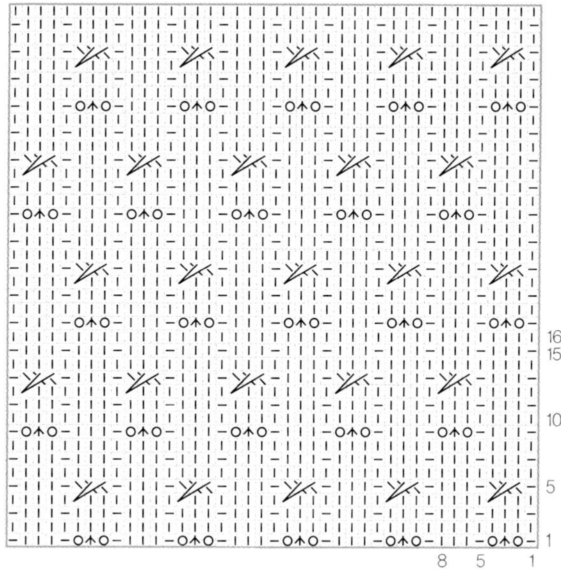

431 11코 12단 1무늬

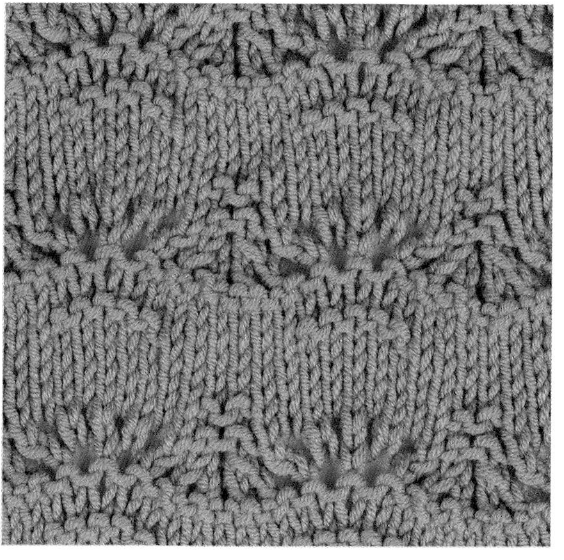

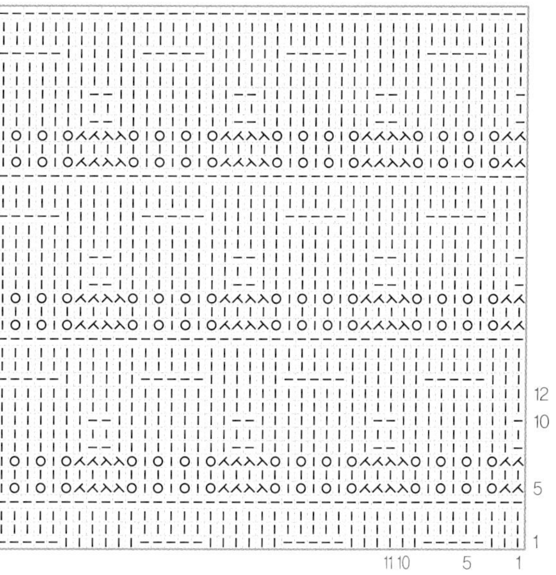

432 14코 16단 1무늬

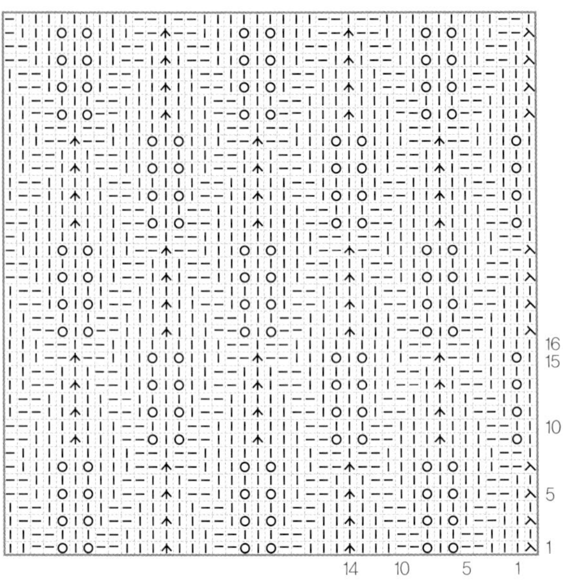

433 14코 18단 1무늬

14 10 5 1

434 22코 32단 1무늬

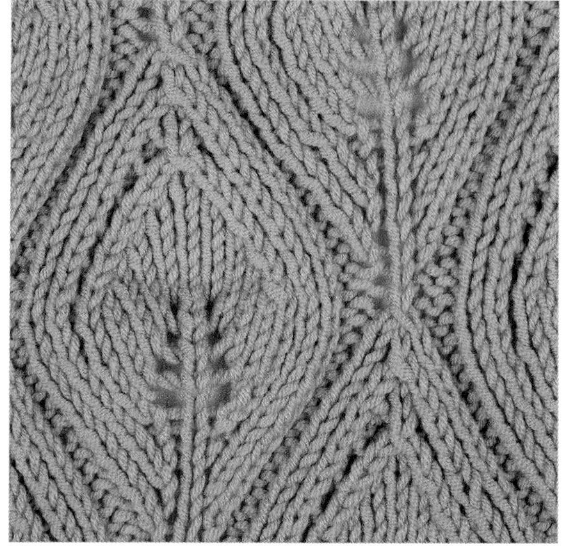

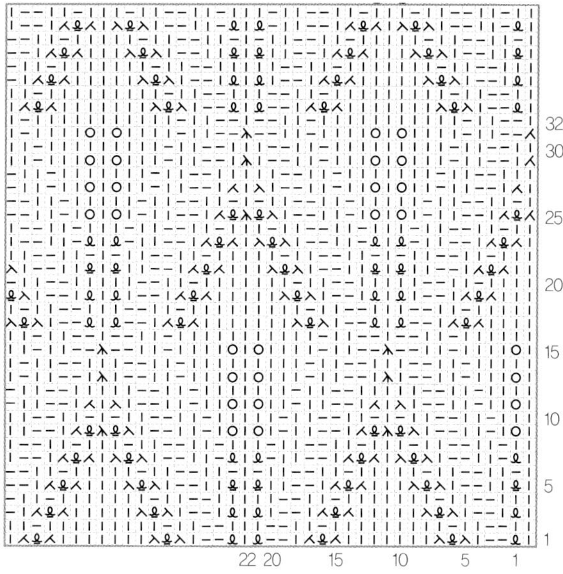

435 18코 16단 1무늬

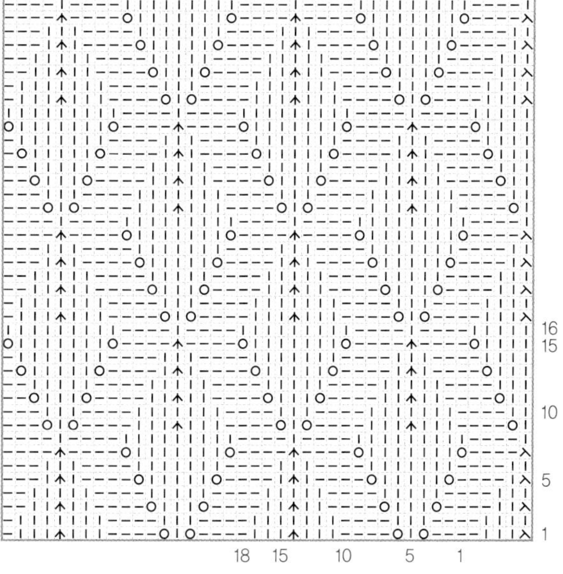

436 24코 24단 1무늬

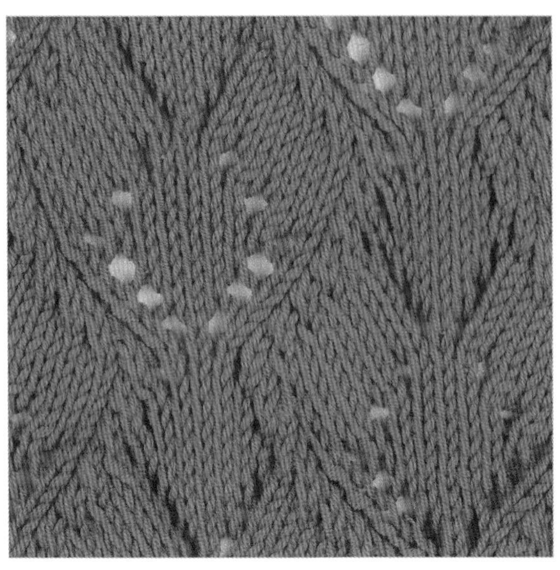

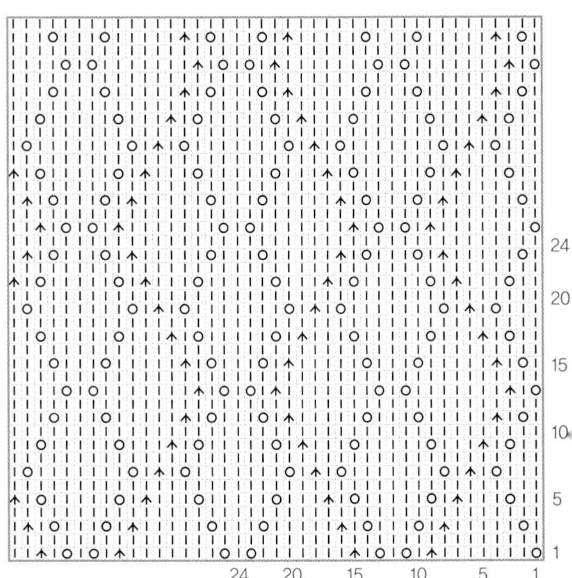

437 16코 28단 1무늬

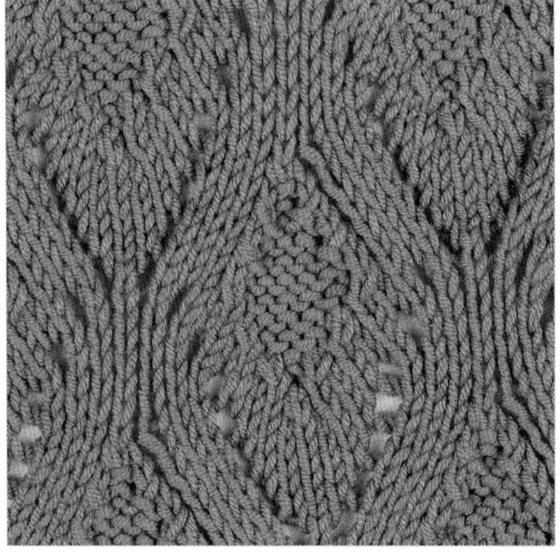

1615 10 5 1

438 13코 8단 1무늬

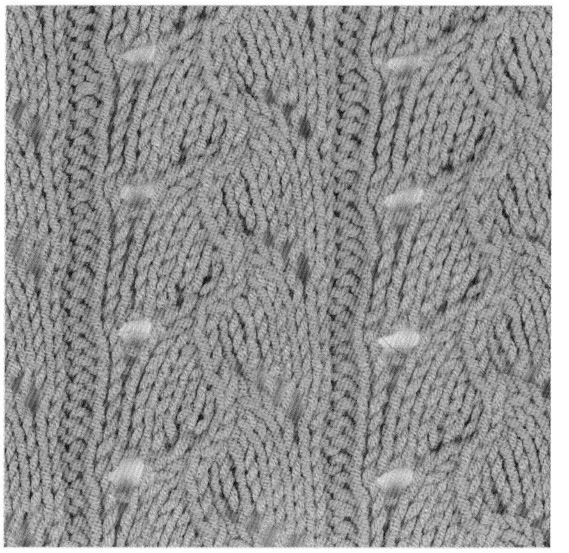

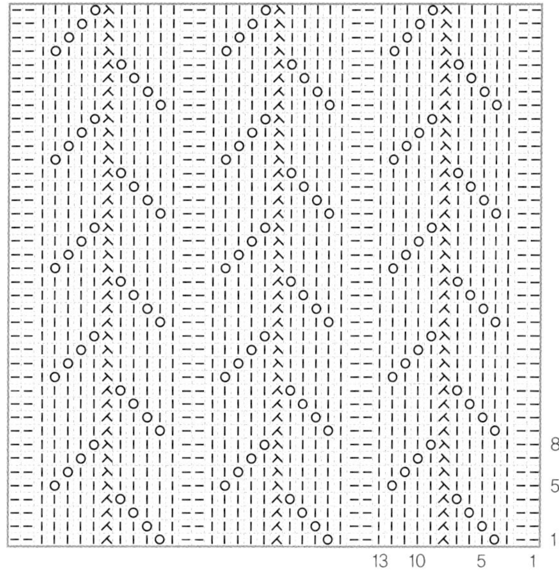

439 12코 12단 1무늬

12
10
5
1
12 10 5 1

440 12코 16단 1무늬

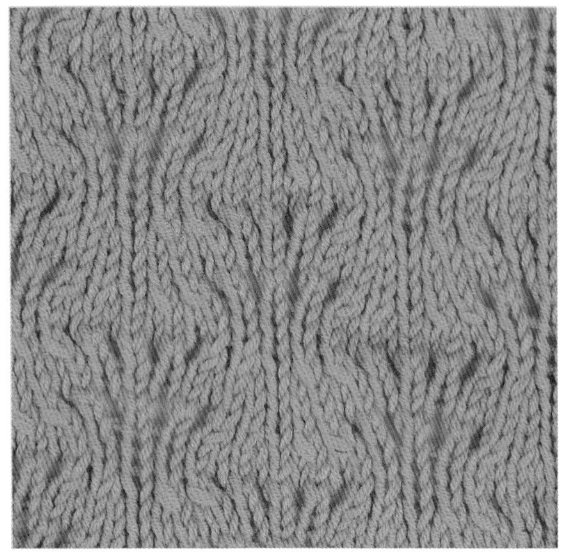

441 10코 12단 1무늬

442 11코 10단 1무늬

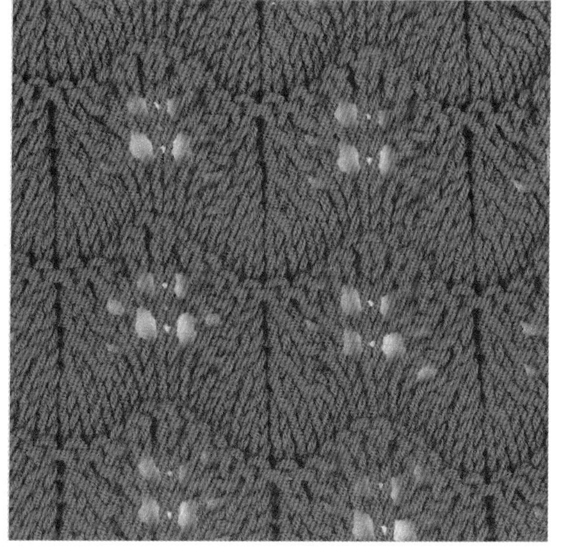

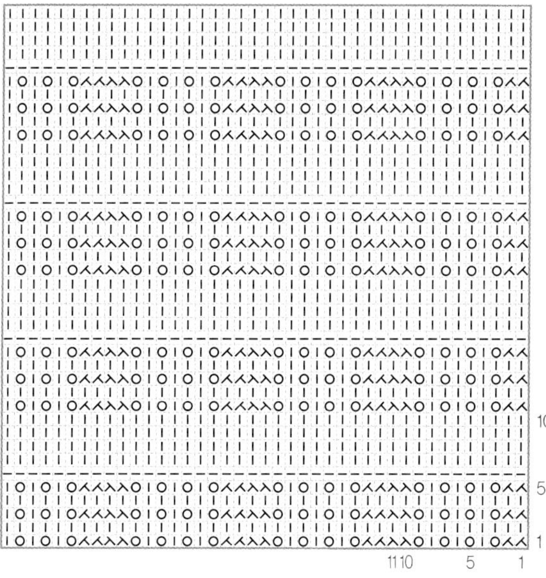

443 16코 10단 1무늬

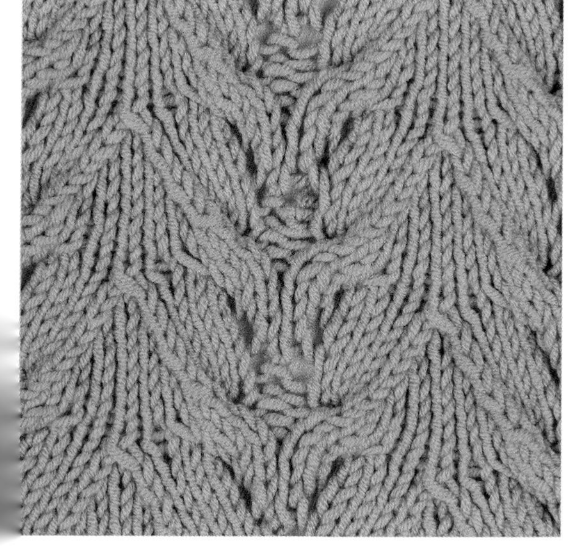

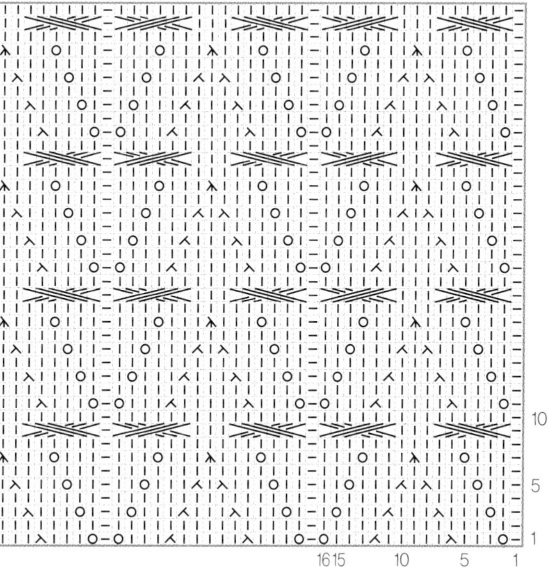

444 26코 18단 1무늬

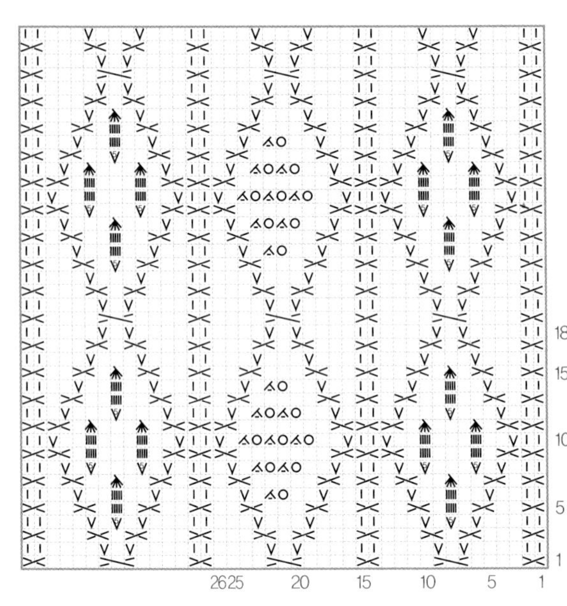

445 12코 22단 1무늬

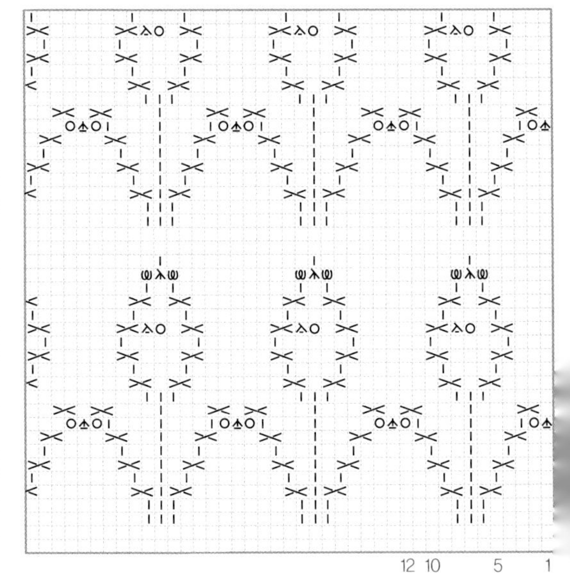

24코 24단 1무늬

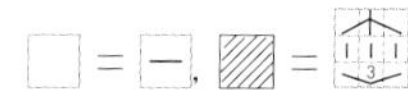

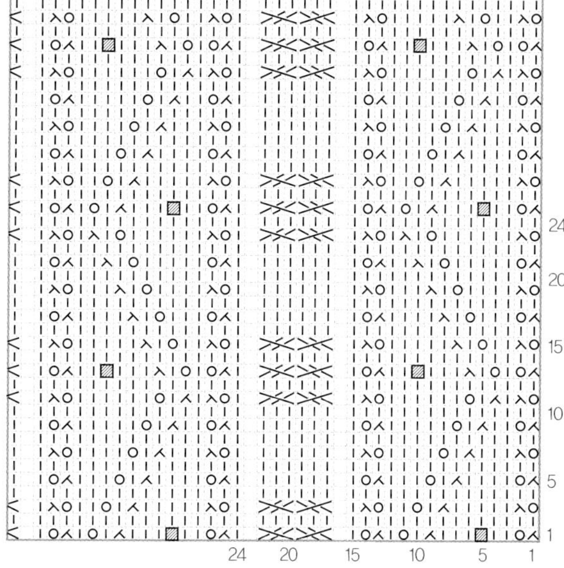

25코 8단 1무늬

□ = —

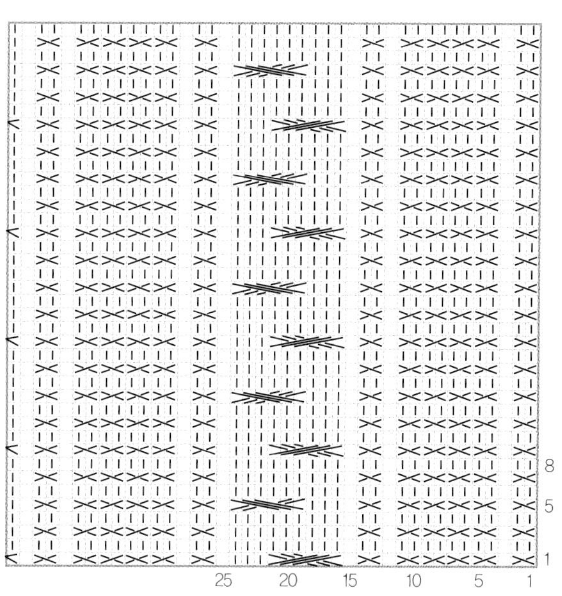

448 28코 12단 1무늬

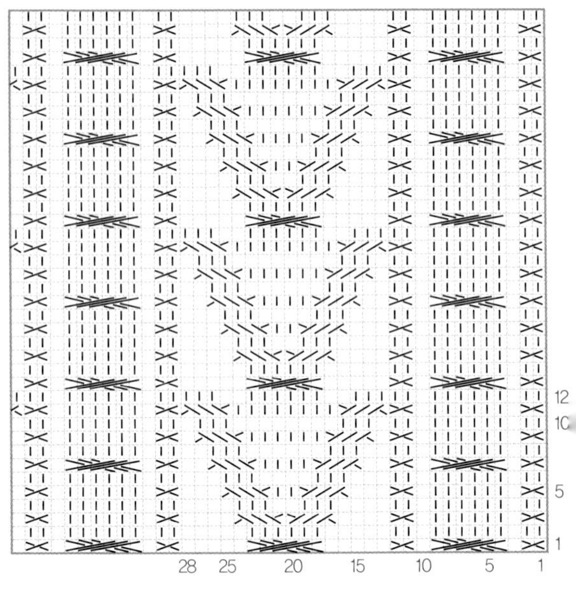

449 26코 16단 1무늬

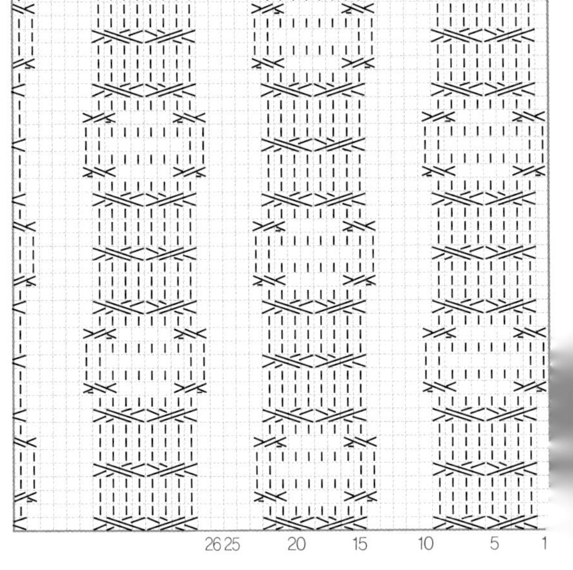

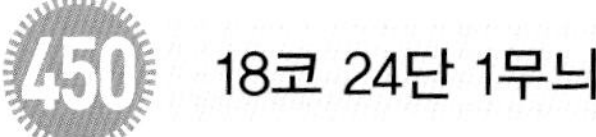

450 18코 24단 1무늬

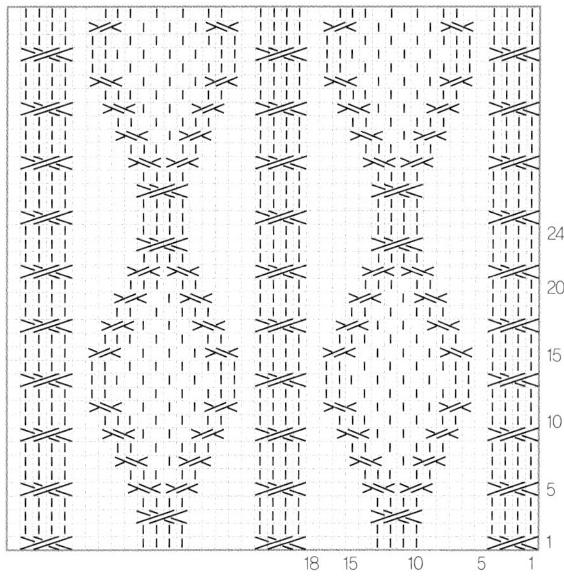

451 22코 6단 1무늬

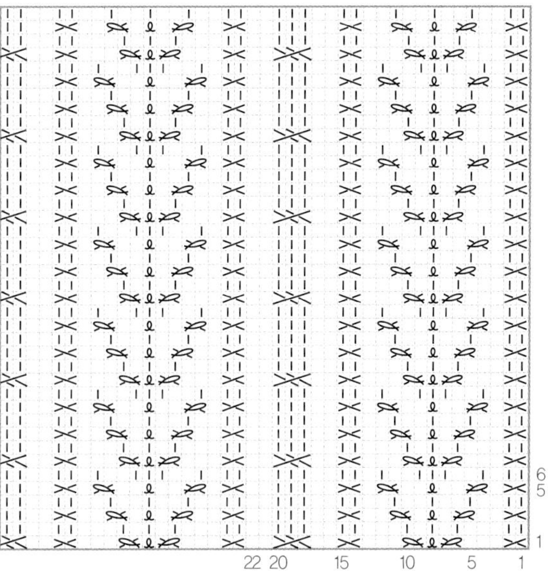

452 15코 8단 1무늬

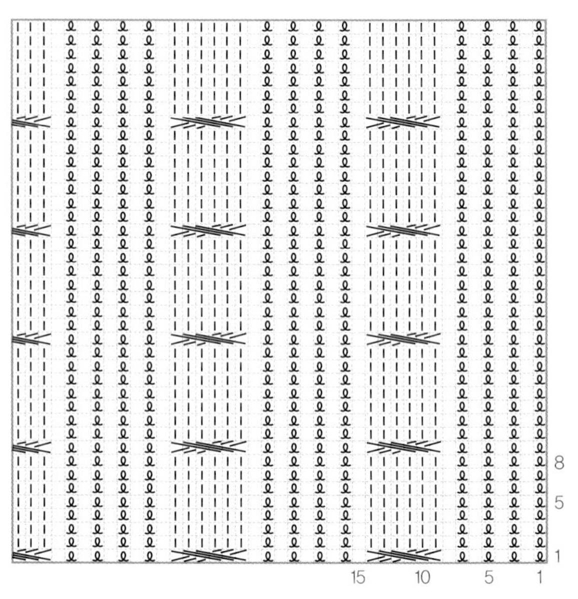

453 37코 24단 1무늬

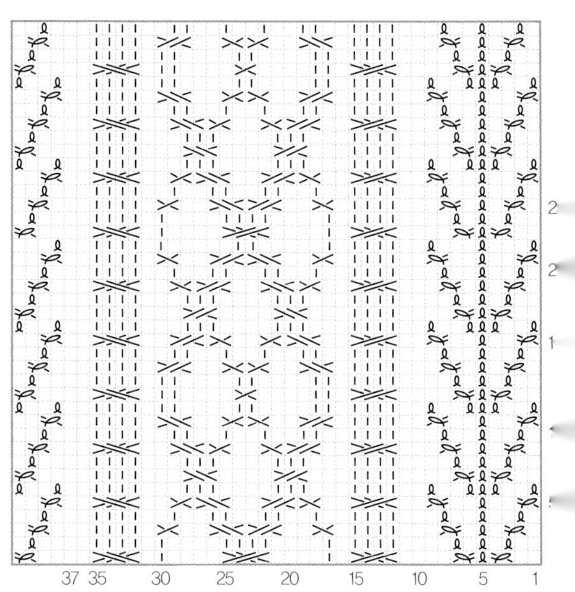

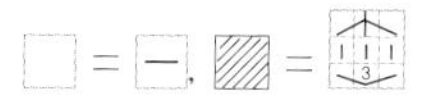

454 20코 14단 1무늬

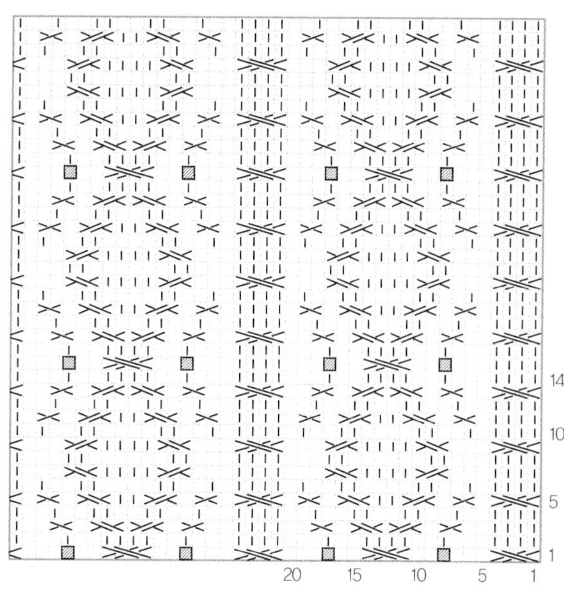

455 23코 20단 1무늬

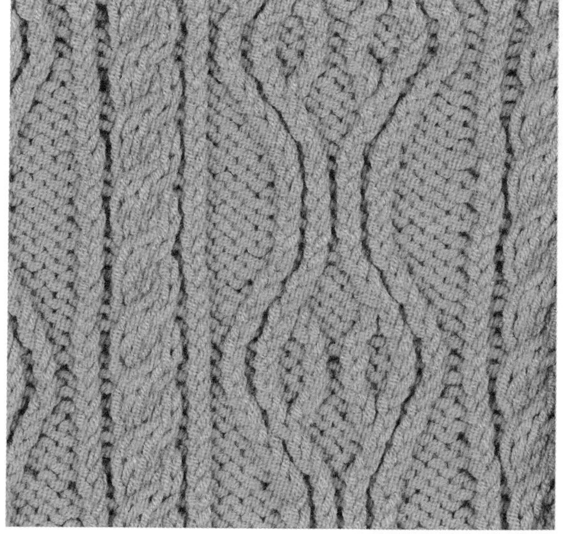

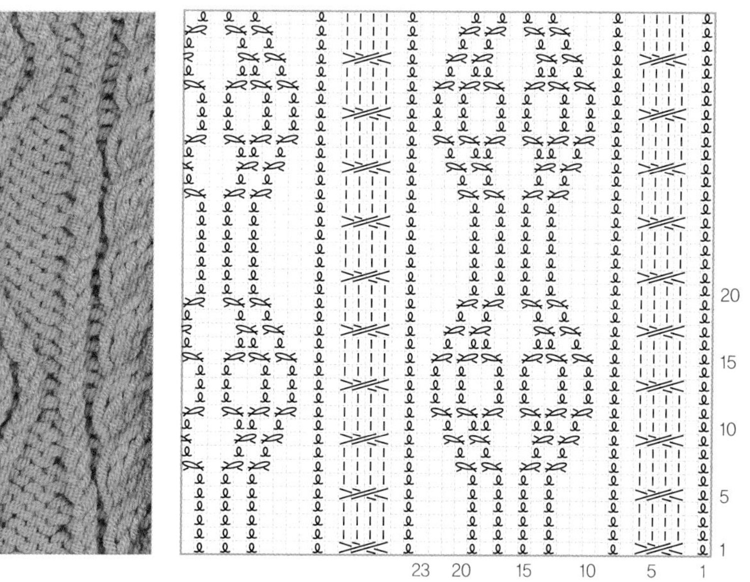

456 15코 30단 1무늬

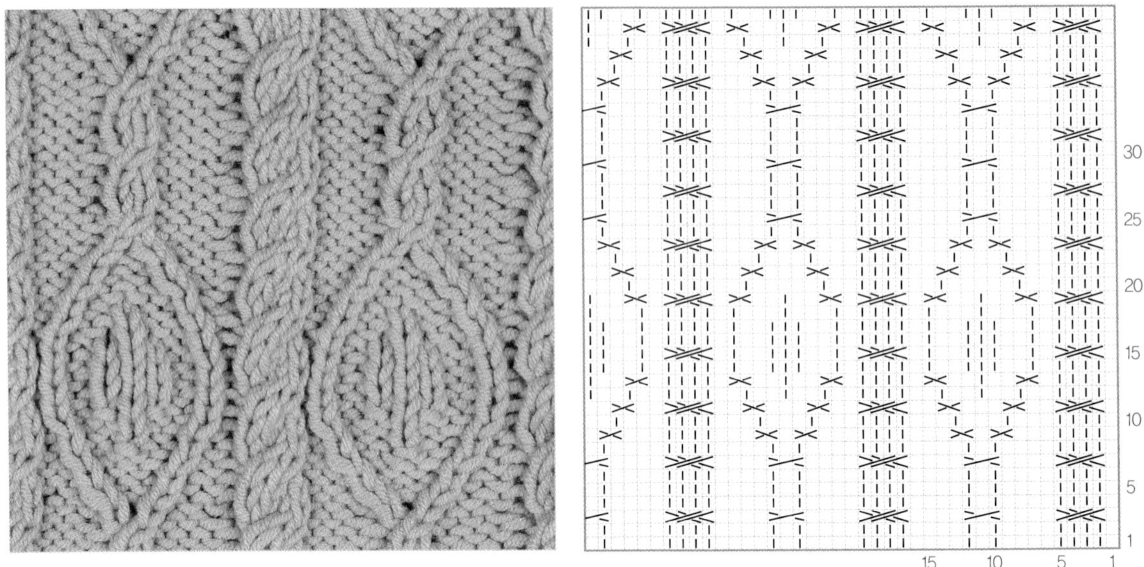

457 11코 12단 1무늬

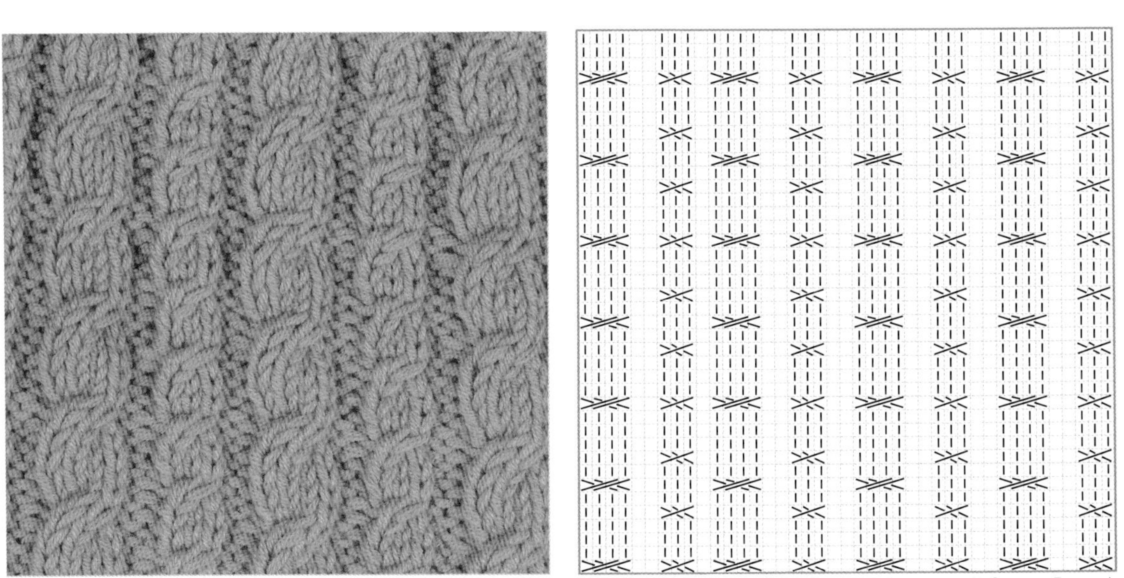

8코 20단 1무늬

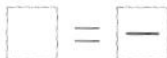

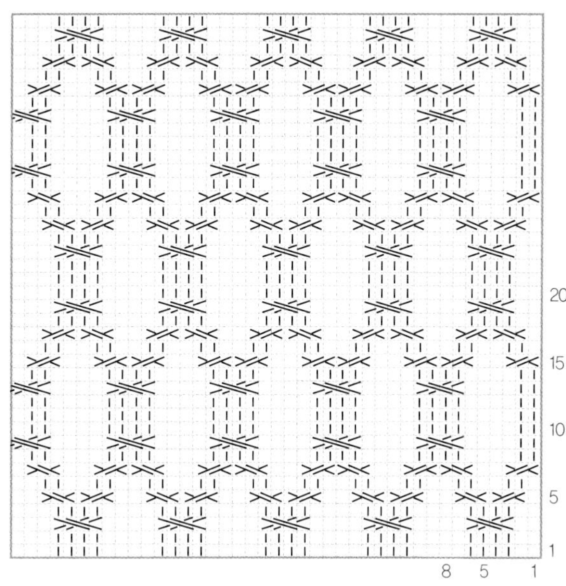

20코 8단 1무늬

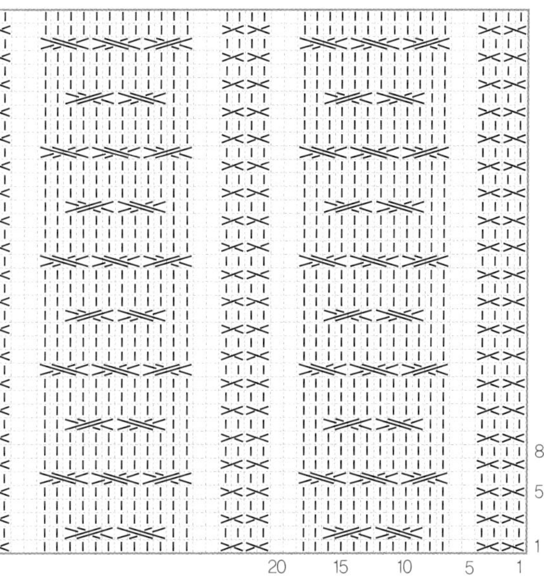

460 16코 24단 1무늬

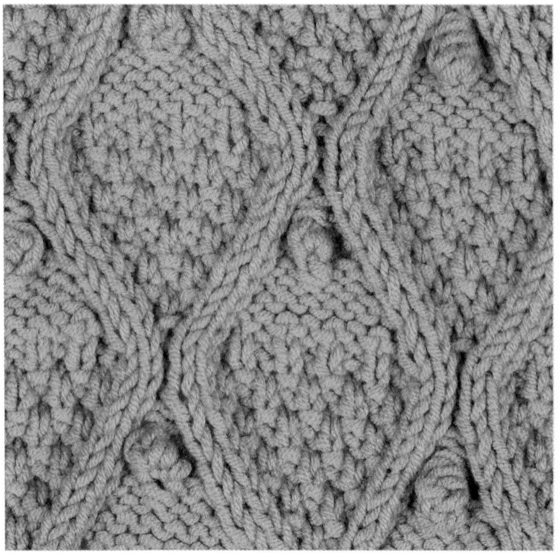

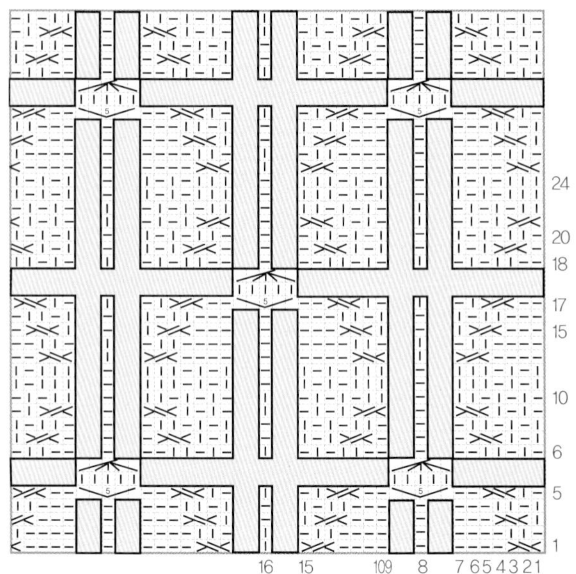

461 23코 8단 1무늬

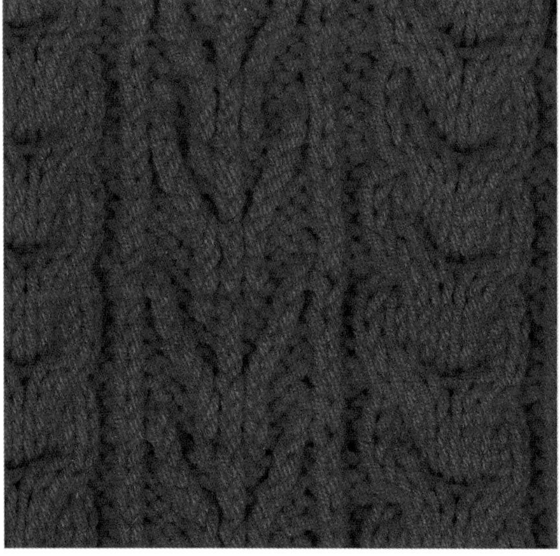

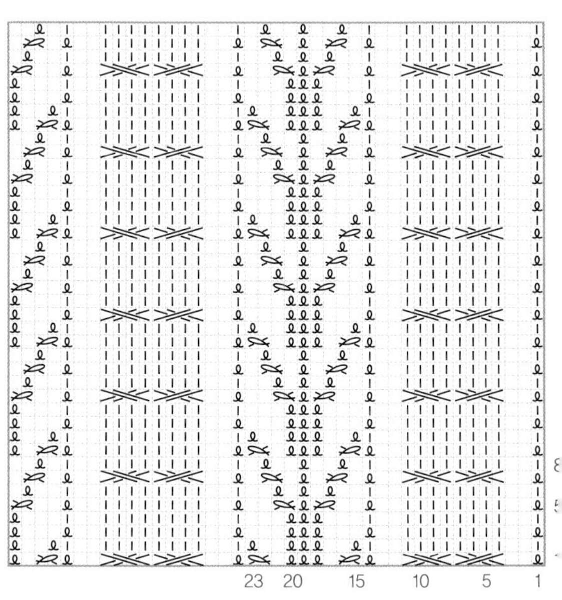

462 21코 24단 1무늬

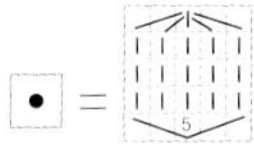

24 20 15 10 5 1

21 20 15 10 5 1

463 15코 8단 1무늬

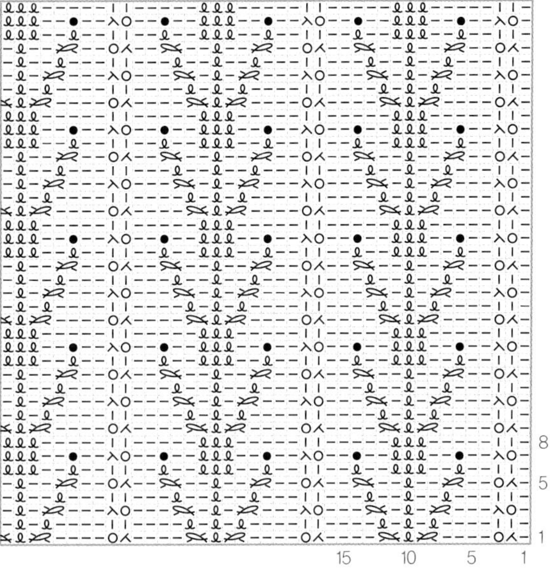

464 19코 10단 1무늬

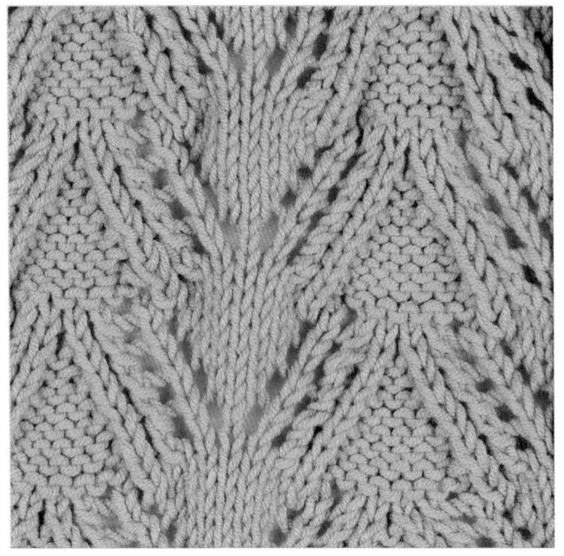

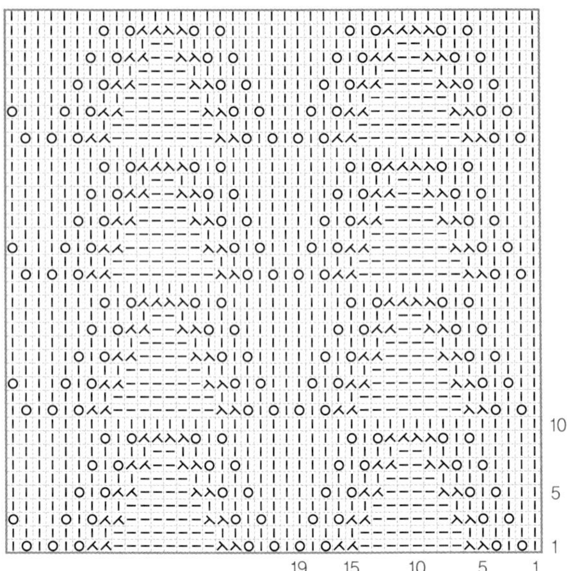

465 32코 36단 1무늬

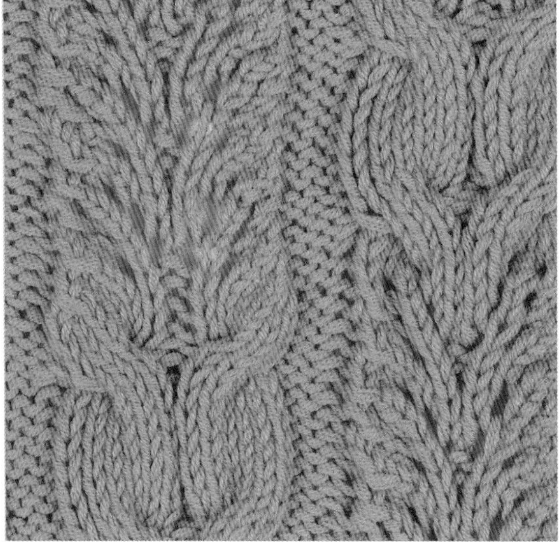

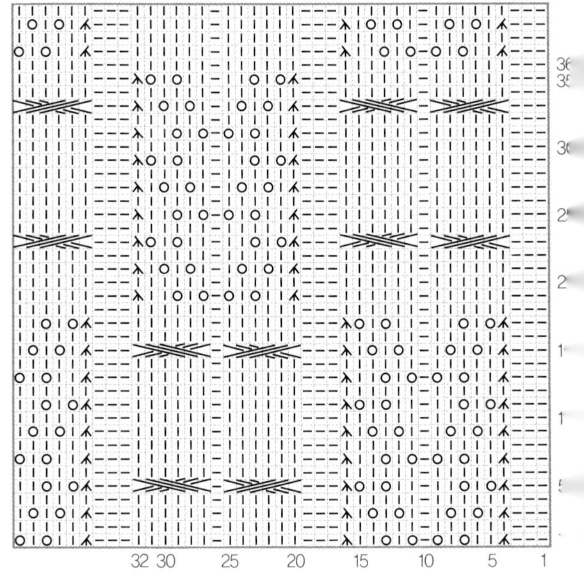

466 33코 32단 1무늬

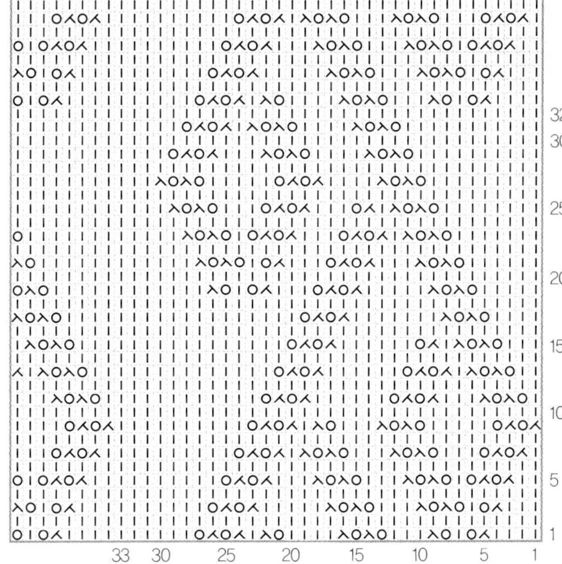

467 16코 16단 1무늬

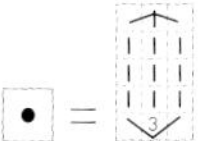

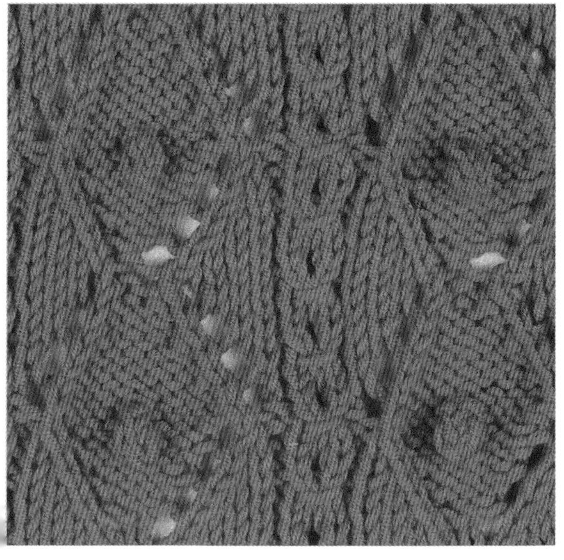

468 16코 10단 1무늬

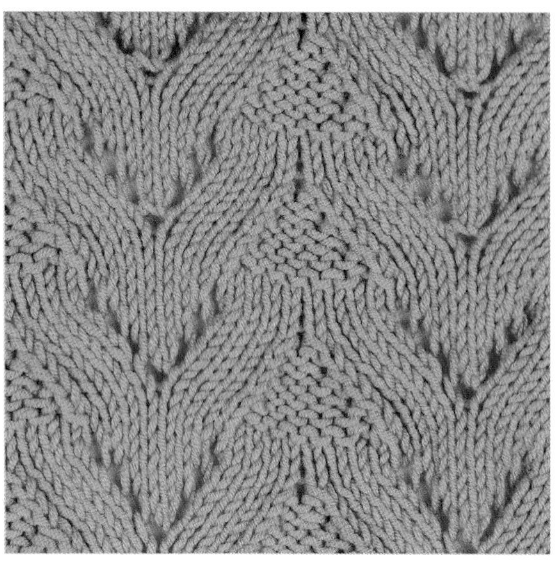

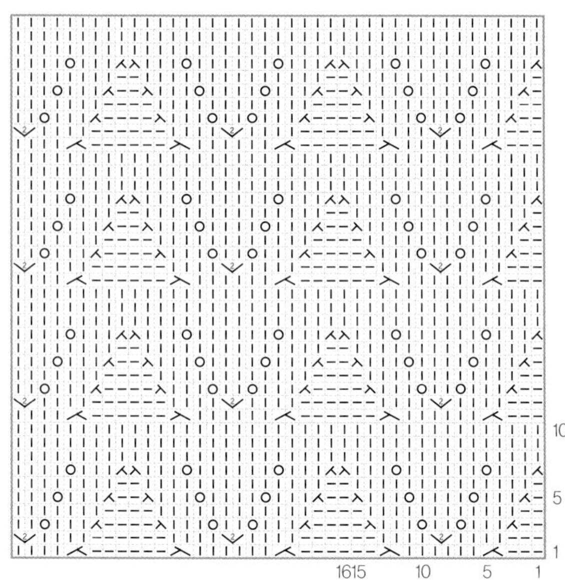

469 18코 32단 1무늬

18 15 10 5 1

470 28코 18단 1무늬

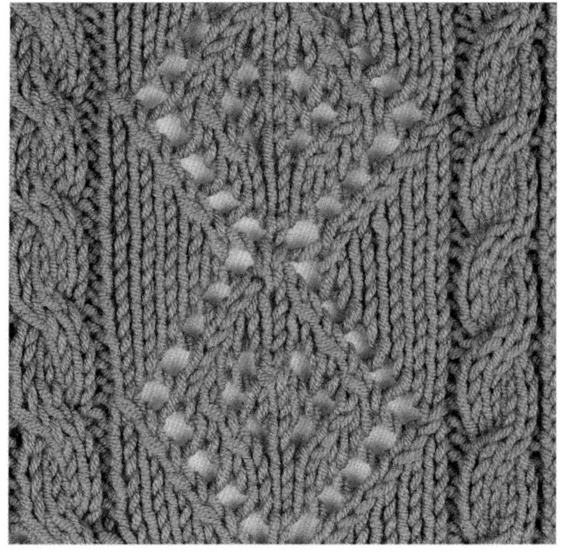

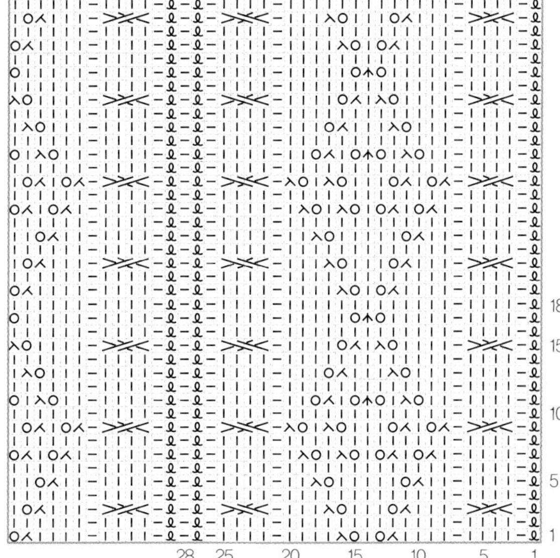

471 10코 16단 1무늬

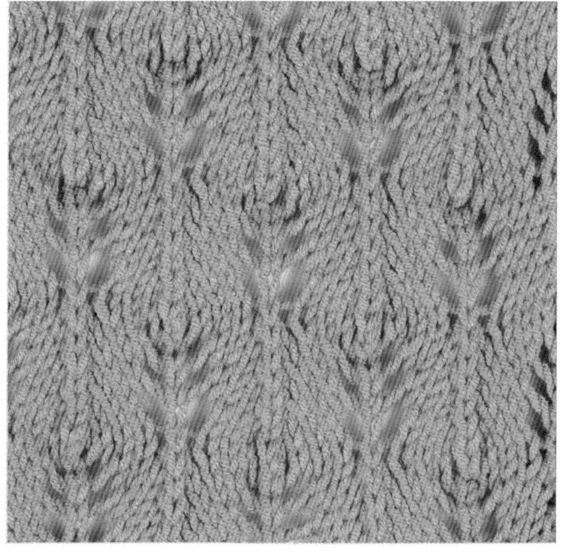

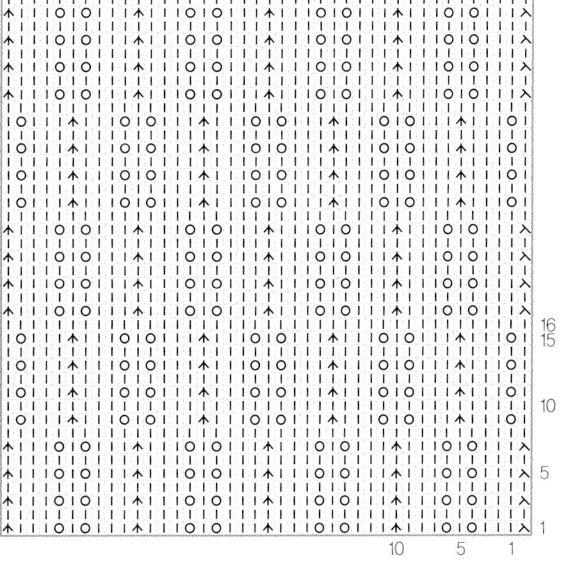

472 12코 16단 1무늬

16
15
10
5
1

12 10 5 1

473 10코 16단 1무늬

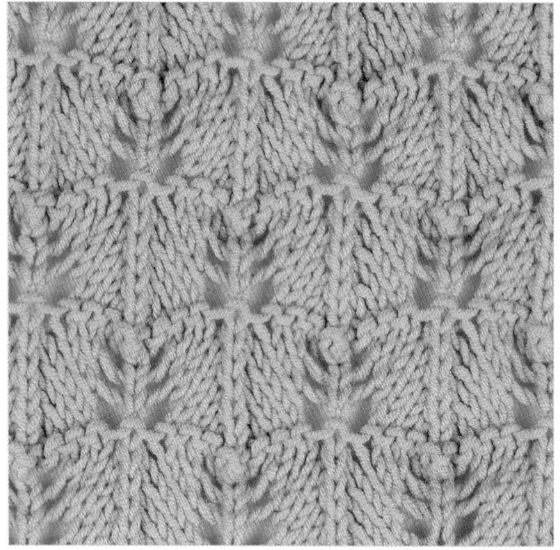

10 5 1

474 10코 16단 1무늬

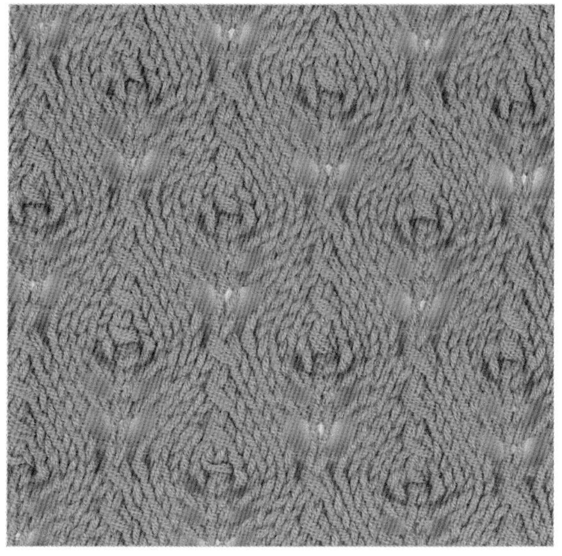

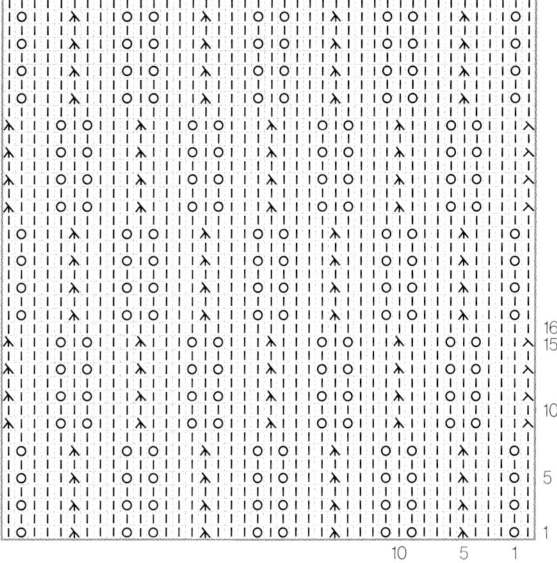

475 12코 16단 1무늬

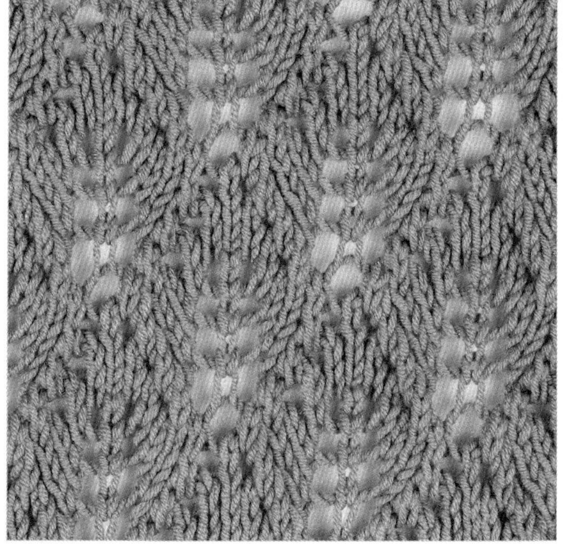

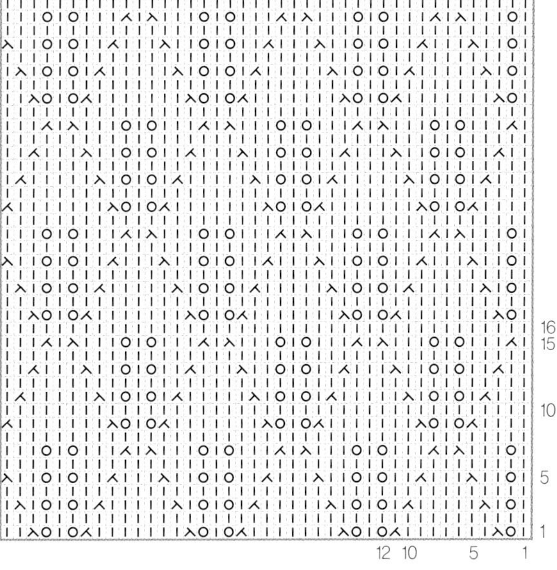

476 14코 14단 1무늬

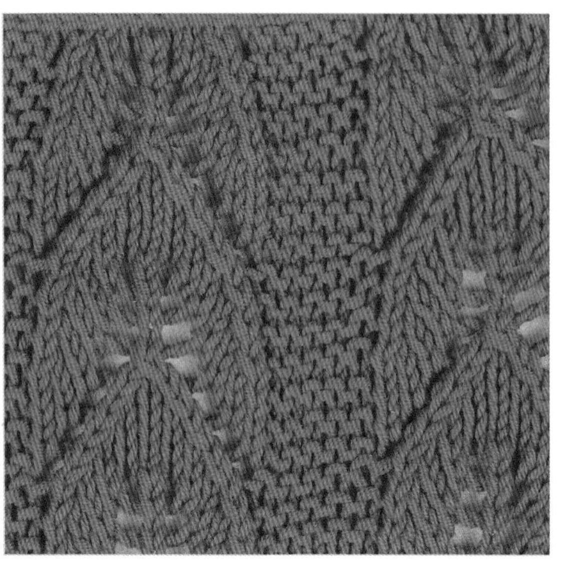

14
10
5
1

14 10 5 1

477 8코 14단 1무늬

8 5 1

478 27코 10단 1무늬

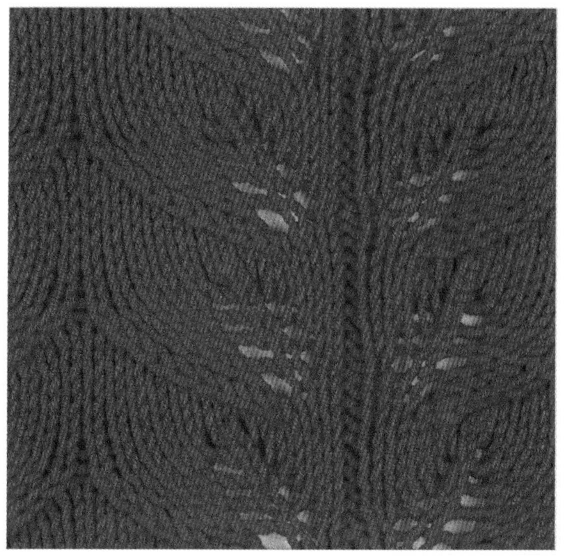

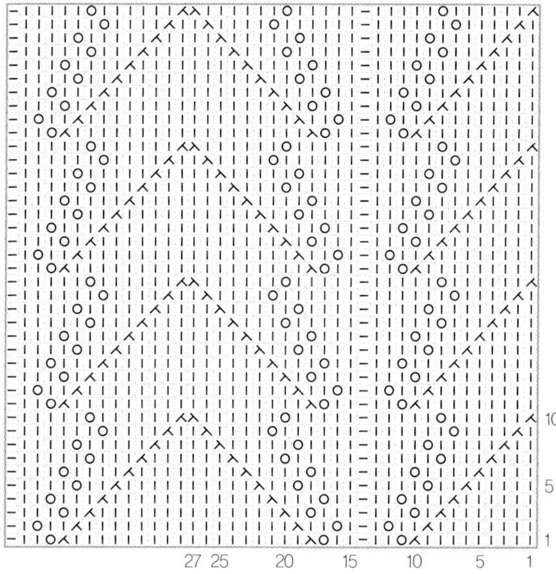

479 10코 20단 1무늬

480 26코 24단 1무늬

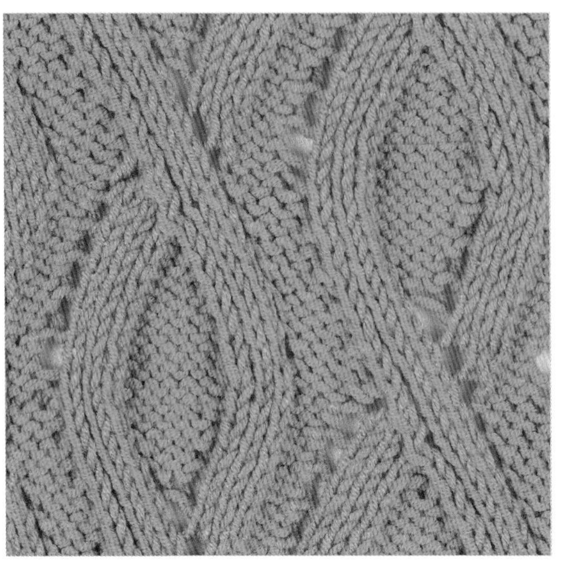

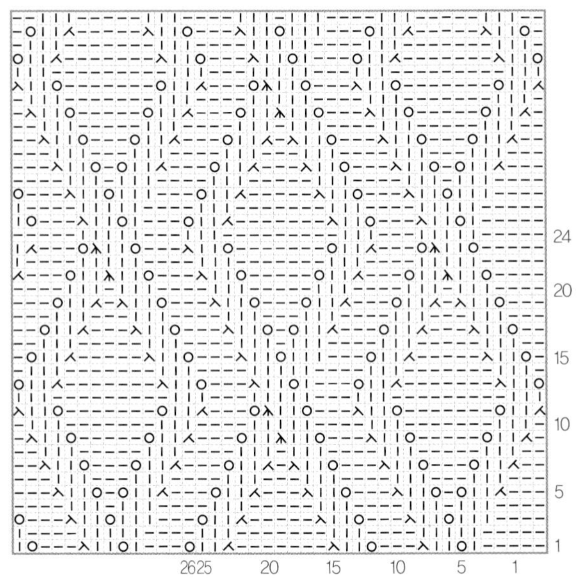

481 16코 32단 1무늬

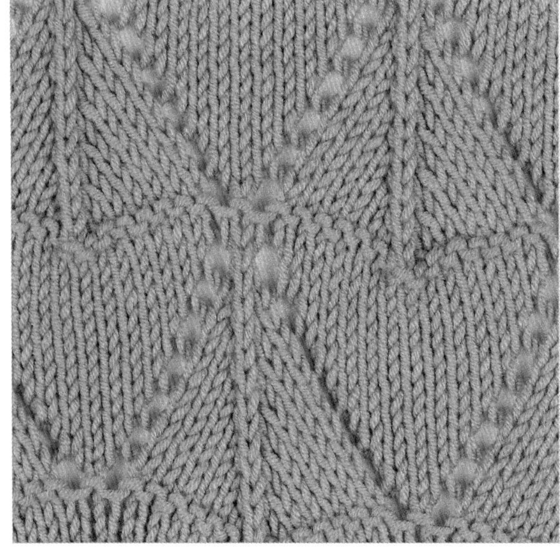

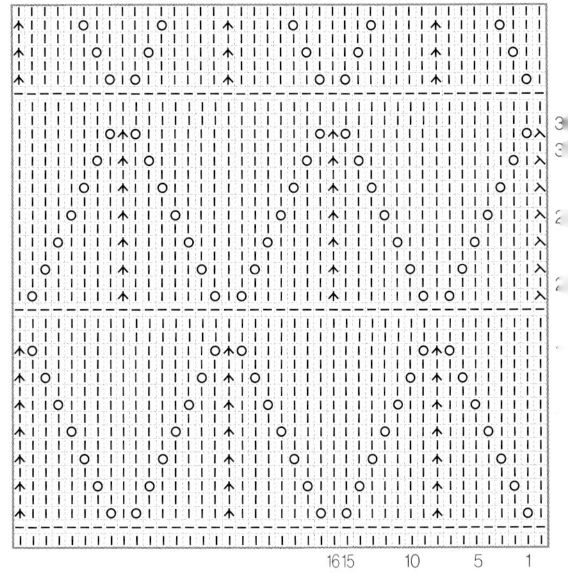

482 5코 4단 1무늬

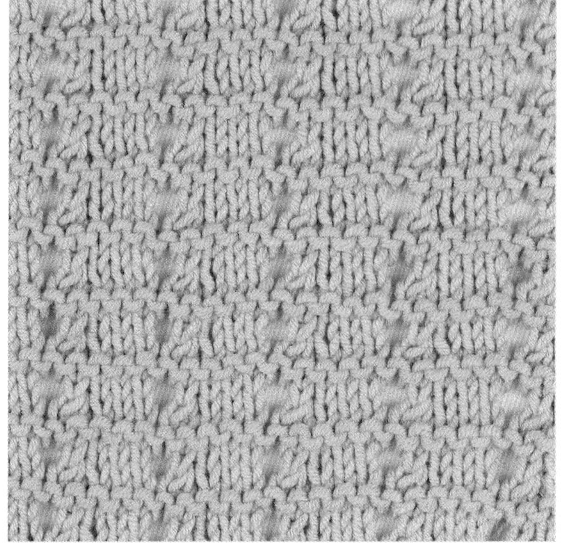

4
3
2
1

54321

483 6코 8단 1무늬

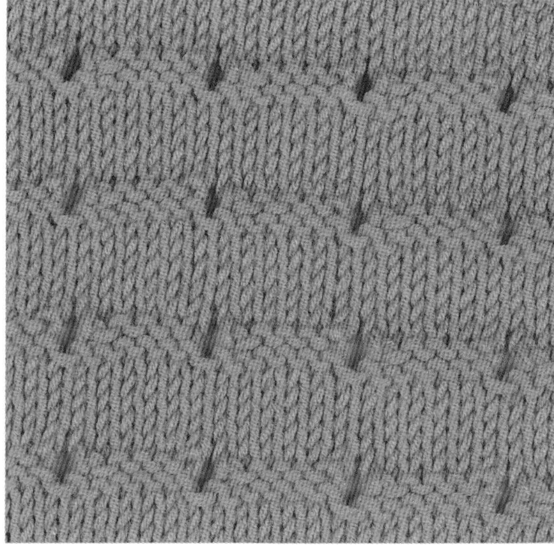

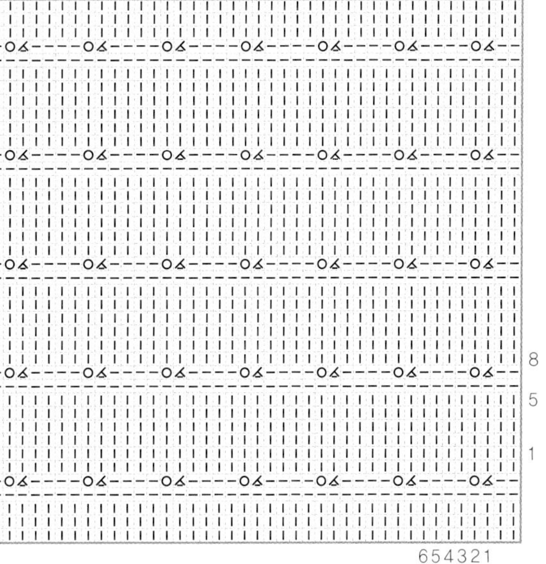

484 12코 12단 1무늬

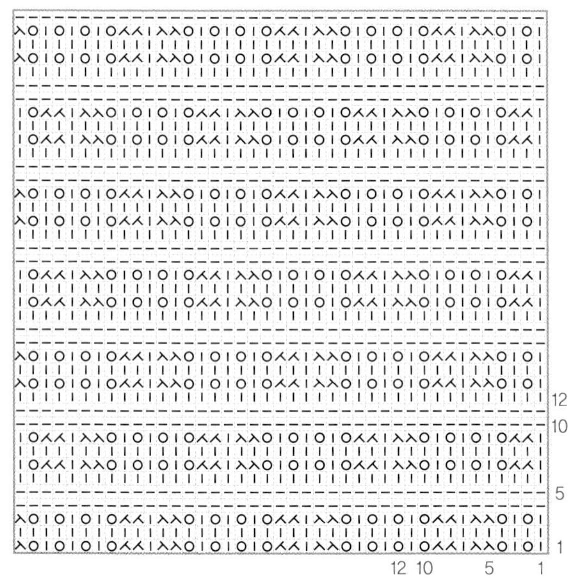

485 8코 2단 1무늬

8 5 1

486 7코 4단 1무늬

487 5코 4단 1무늬

488 9코 6단 1무늬

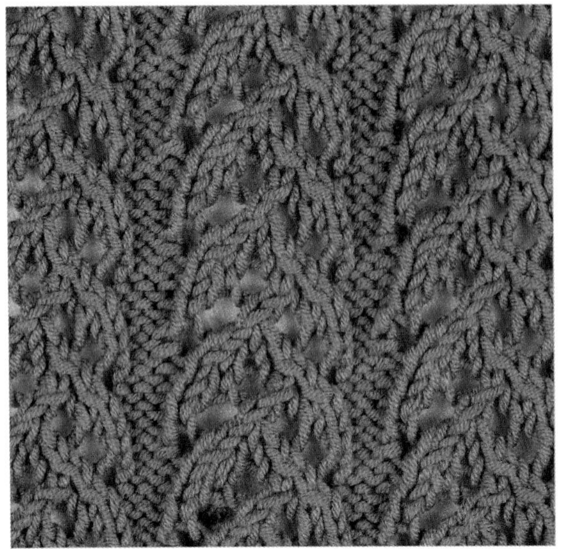

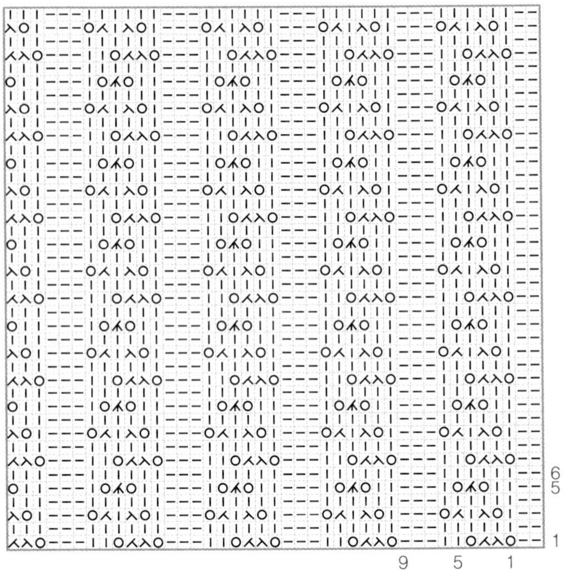

489 9코 6단 1무늬

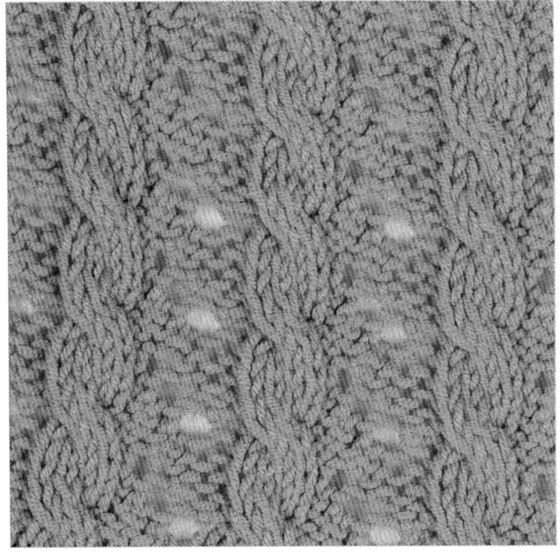

9 5 1

490 15코 8단 1무늬

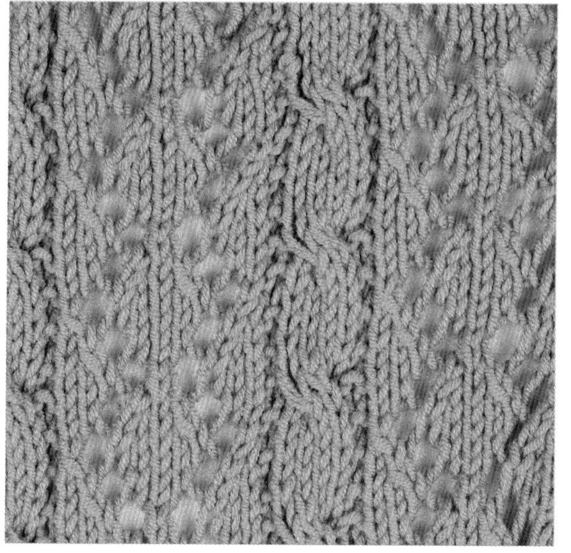

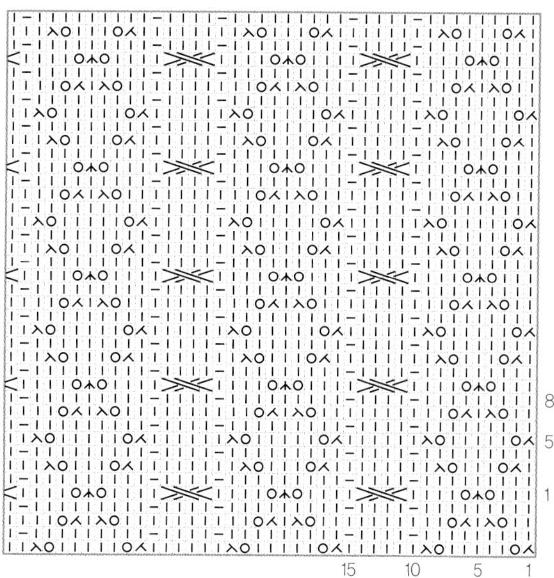

491 17코 2단 1무늬

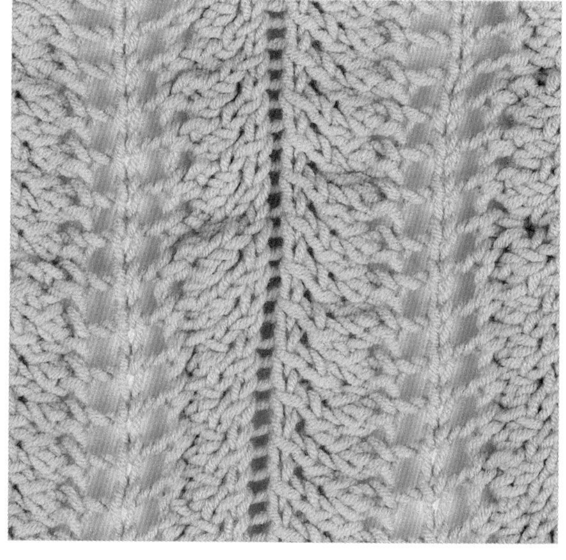

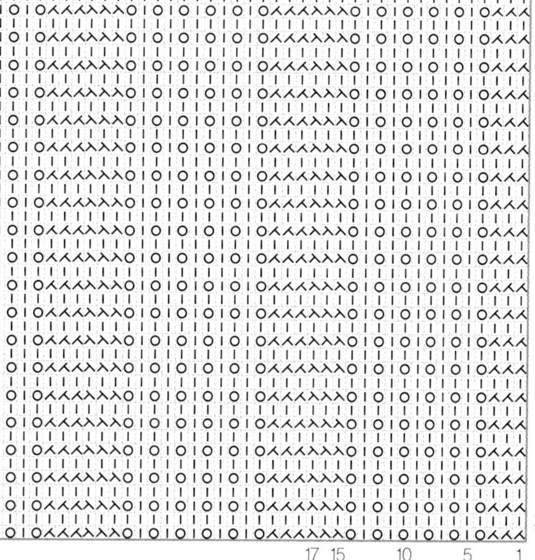

492 6코 12단 1무늬

493 10코 6단 1무늬

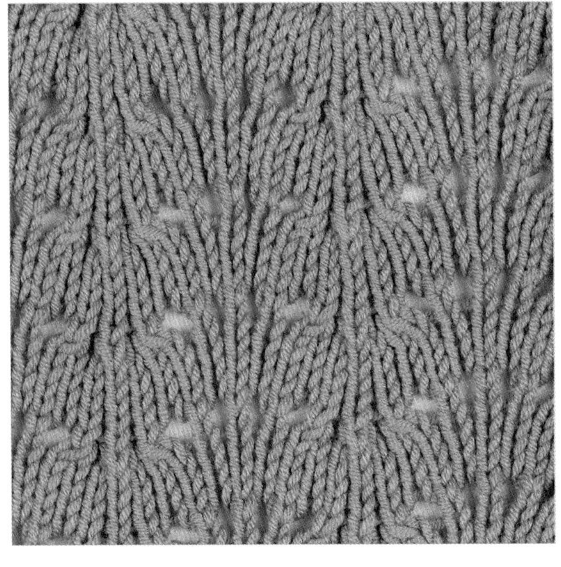

494 16코 6단 1무늬

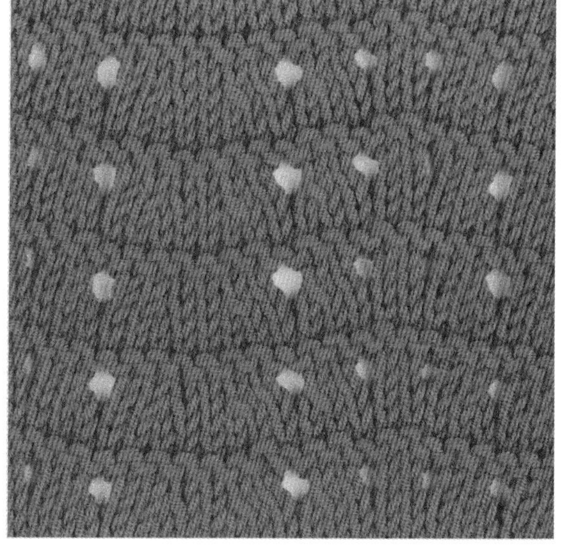

6
5
1

16 15 10 5 1

495 8코 28단 1무늬

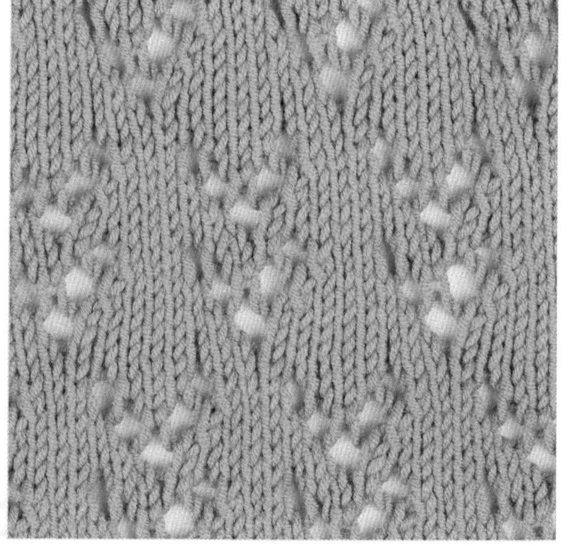

28
25
20
15
10
5
1

8 5 1

496 8코 12단 1무늬

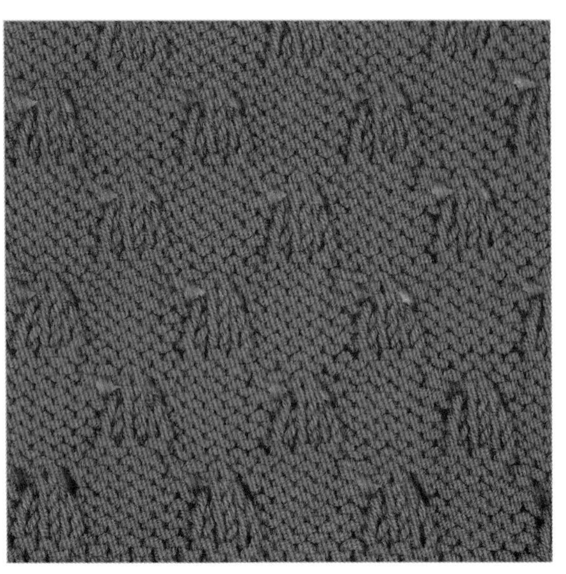

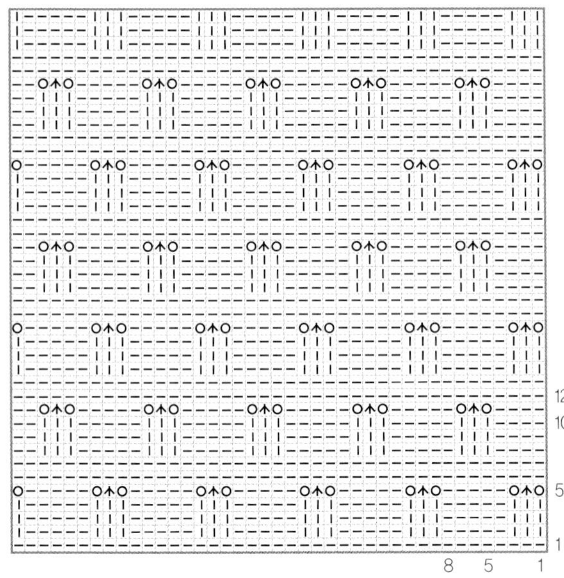

497 10코 16단 1무늬

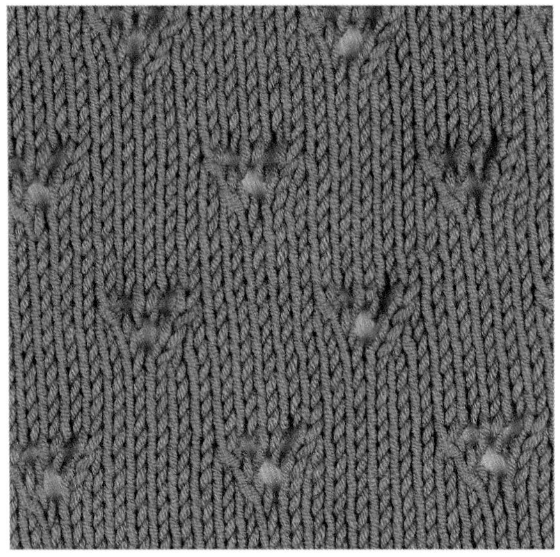

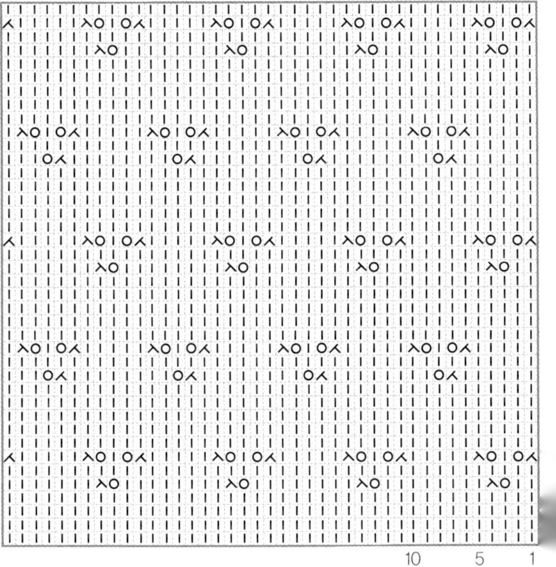

498 8코 16단 1무늬

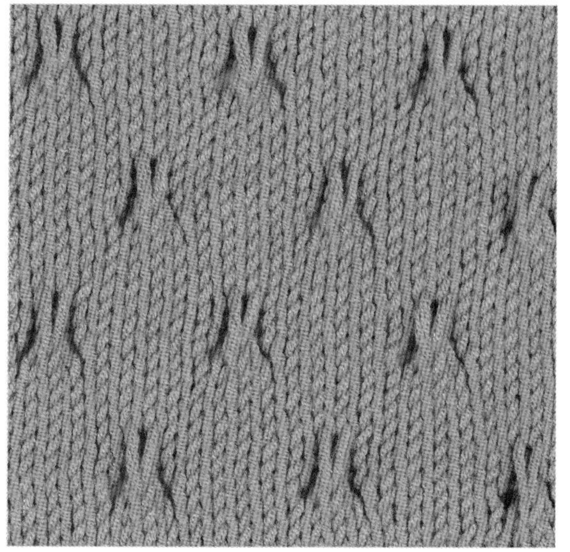

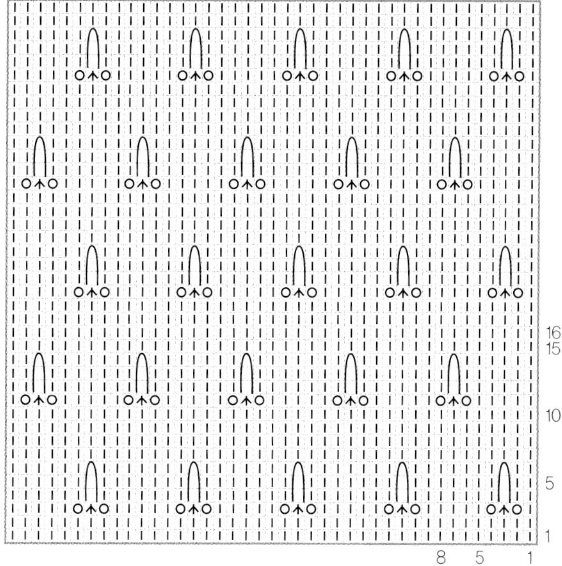

499 8코 8단 1무늬

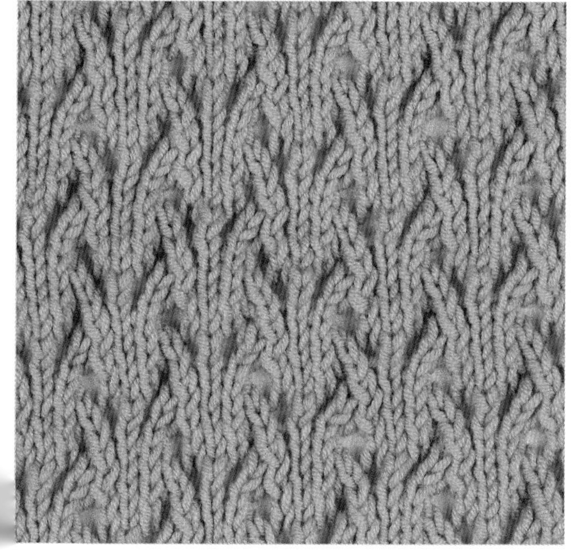

500 6코 8단 1무늬

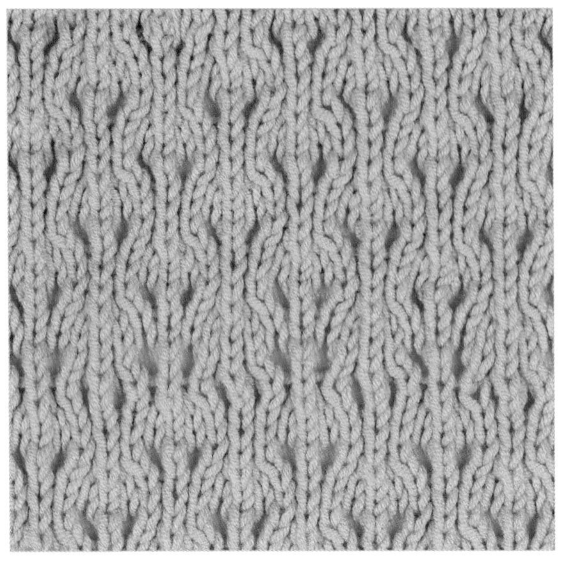

501 10코 12단 1무늬

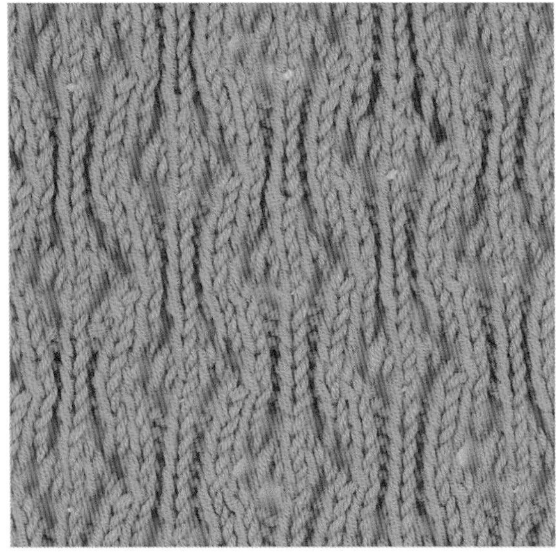

502 6코 8단 1무늬

503 20코 16단 1무늬

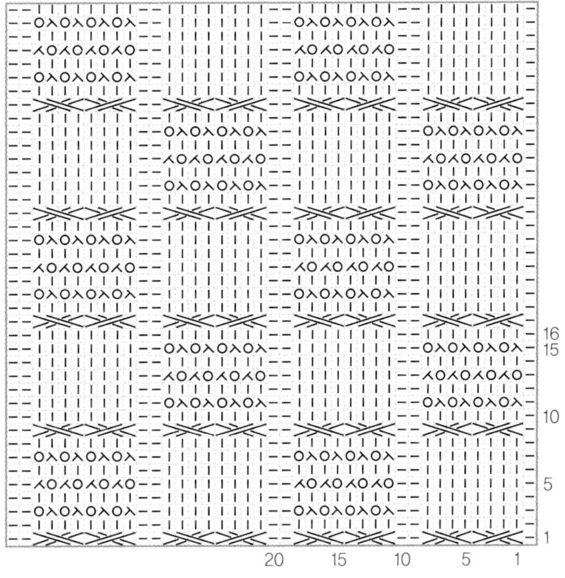

504 11코 20단 1무늬

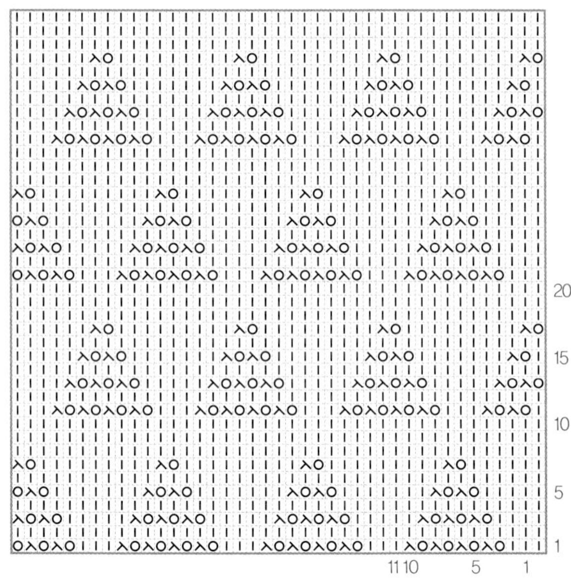

505 10코 24단 1무늬

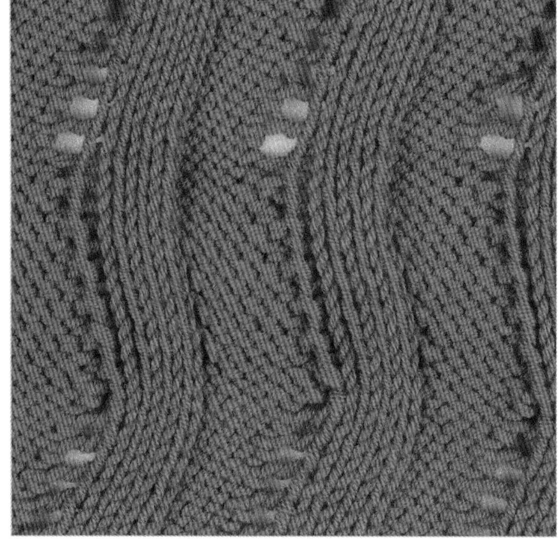

10 5 1

506 8코 12단 1무늬

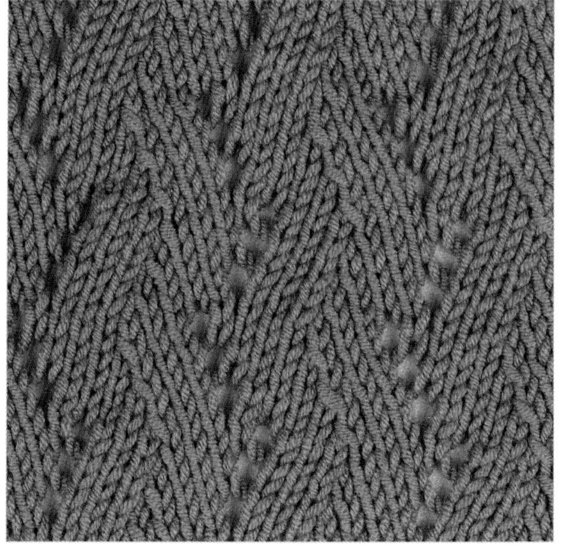

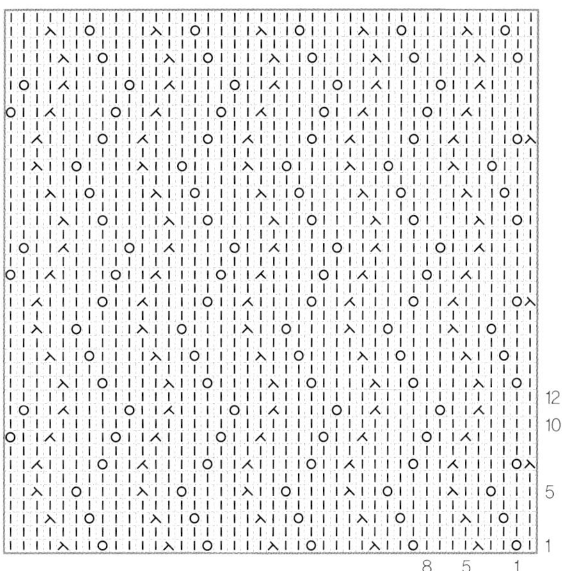

507 8코 20단 1무늬

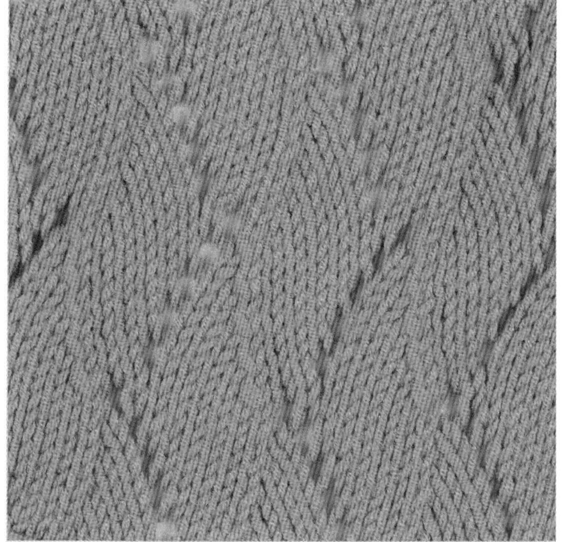

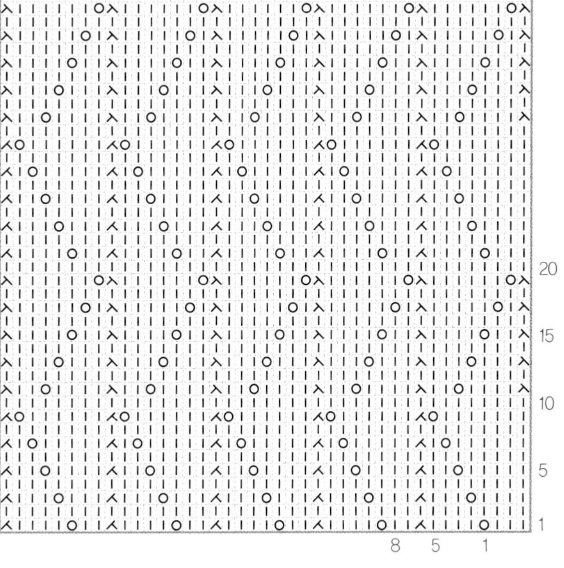

508 9코 32단 1무늬

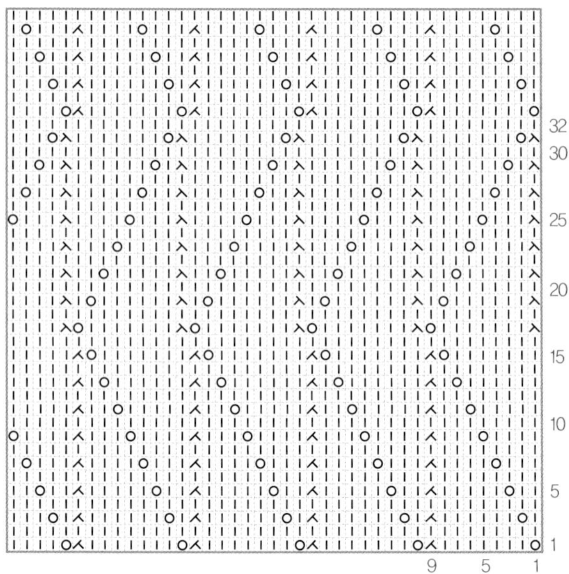

509 10코 16단 1무늬

10 5 1

510 9코 10단 1무늬

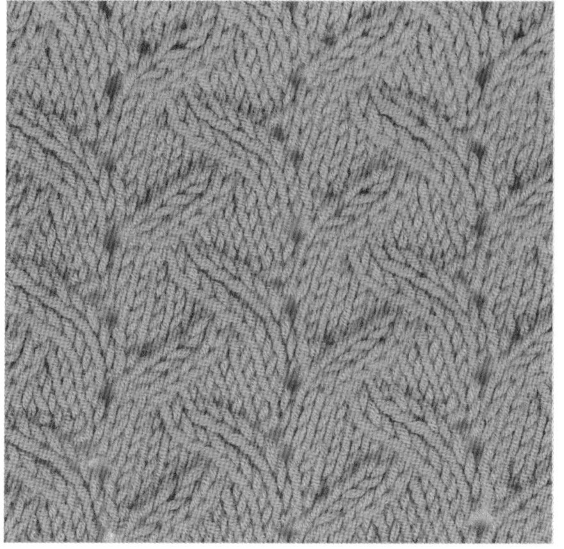

511 12코 16단 1무늬

512 8코 6단 1무늬

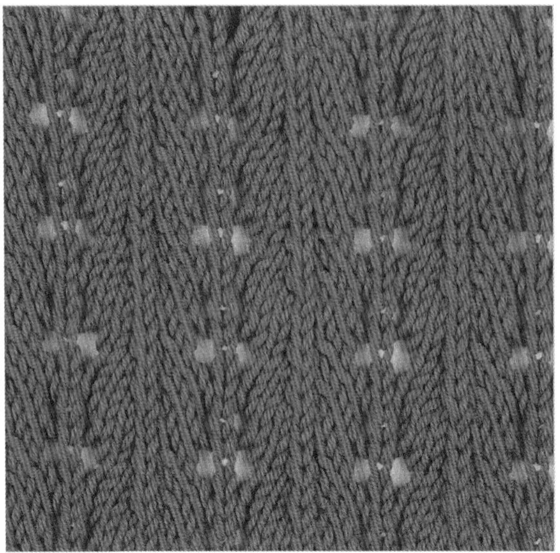

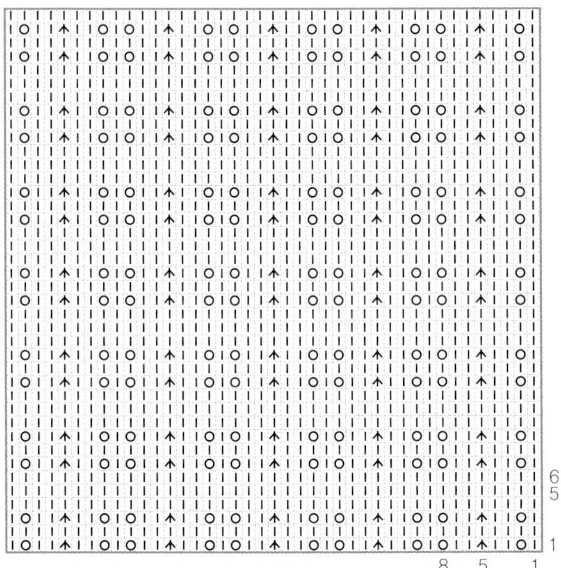

513 12코 2단 1무늬

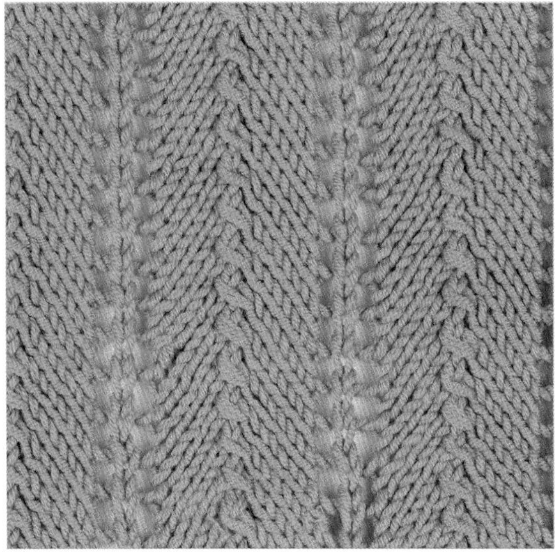

12 10 5 1

514 13코 2단 1무늬

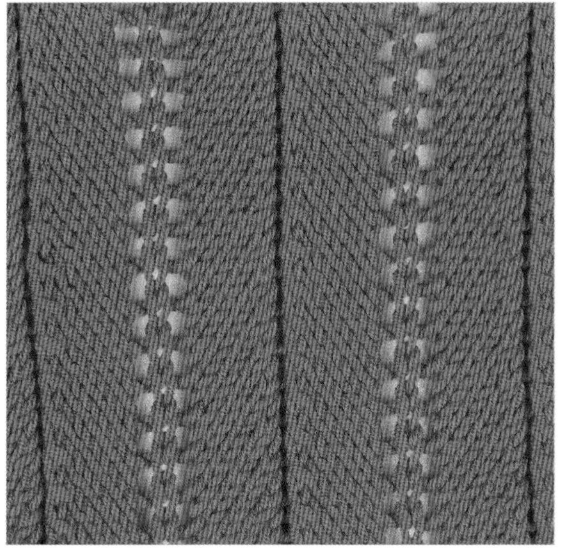

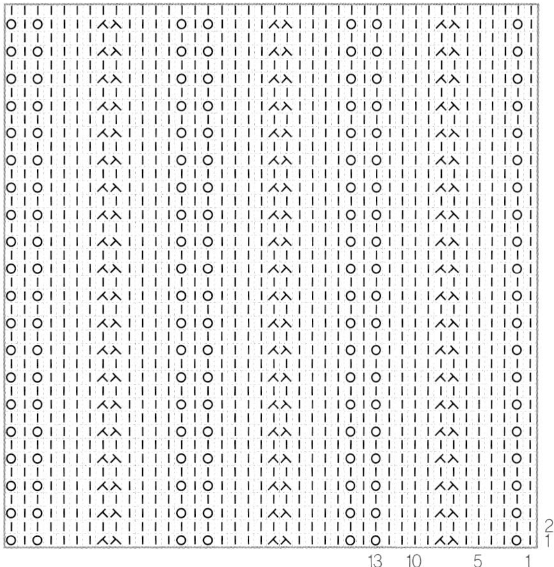

515 20코 10단 1무늬

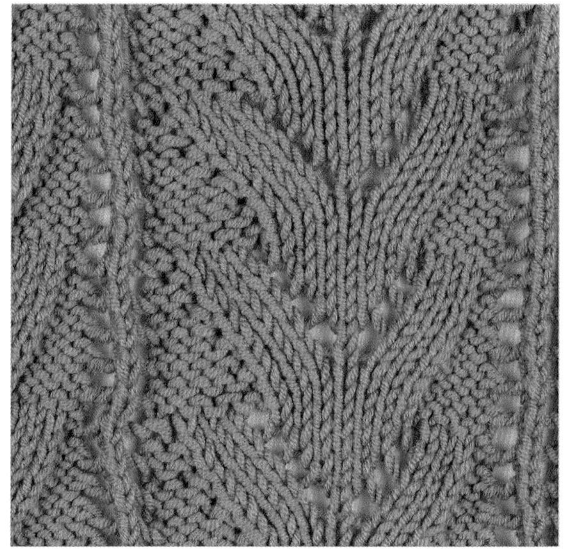

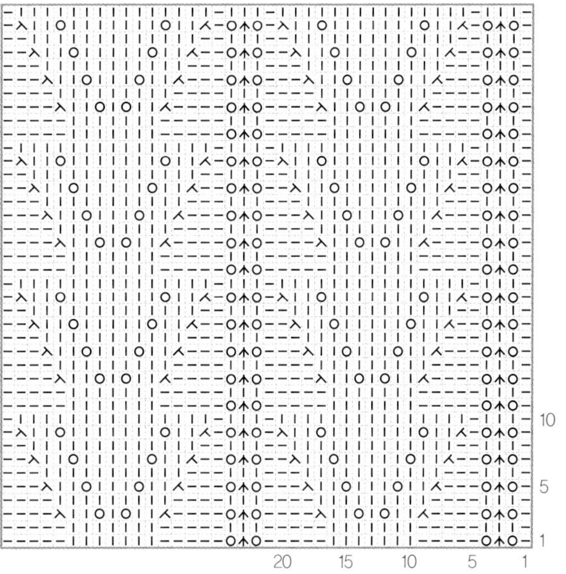

516 18코 8단 1무늬

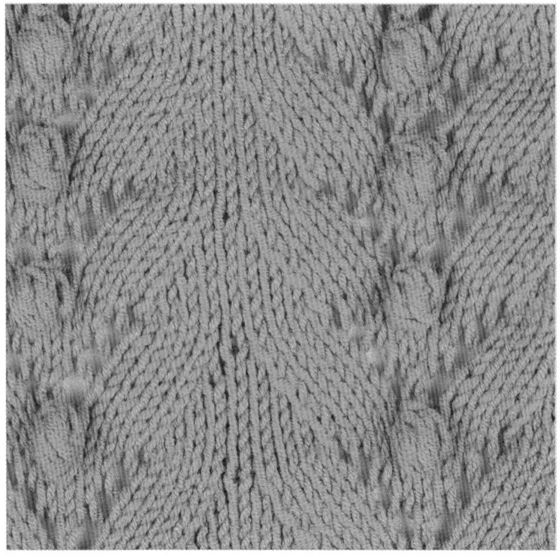

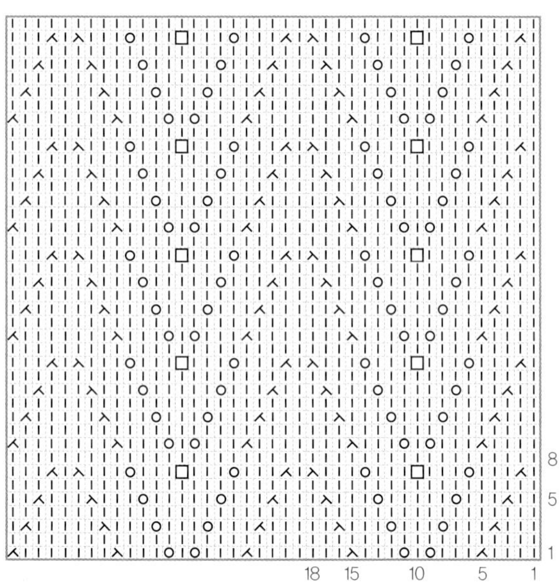

517 12코 8단 1무늬

12 10 5 1

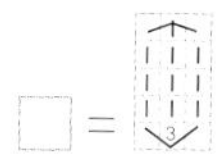

518 12코 24단 1무늬

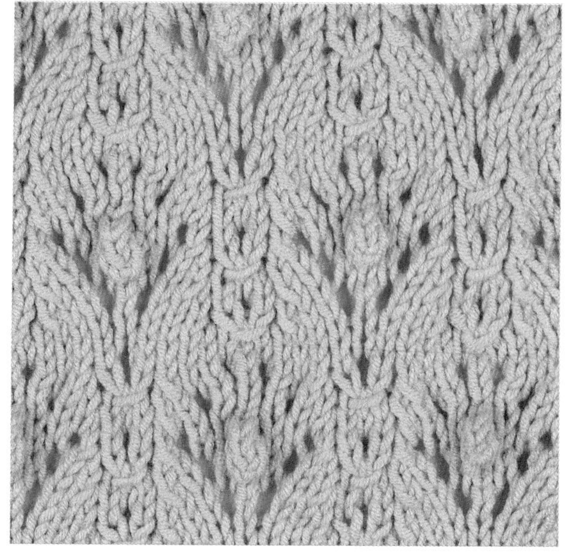

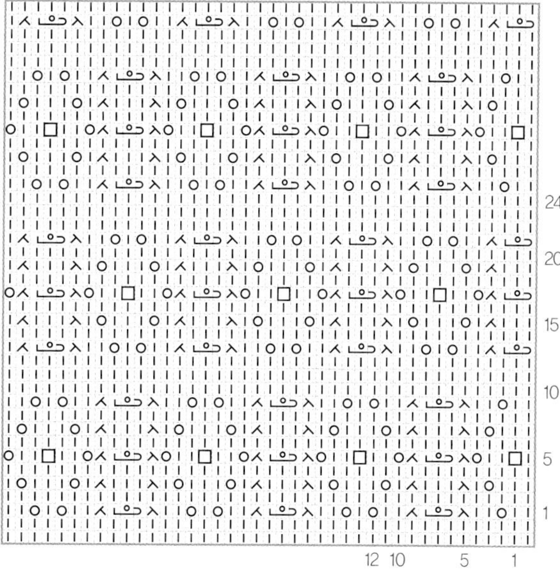

519 10코 20단 1무늬

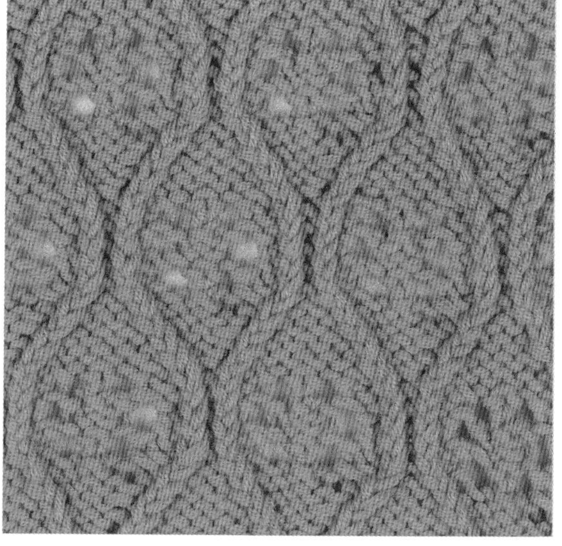

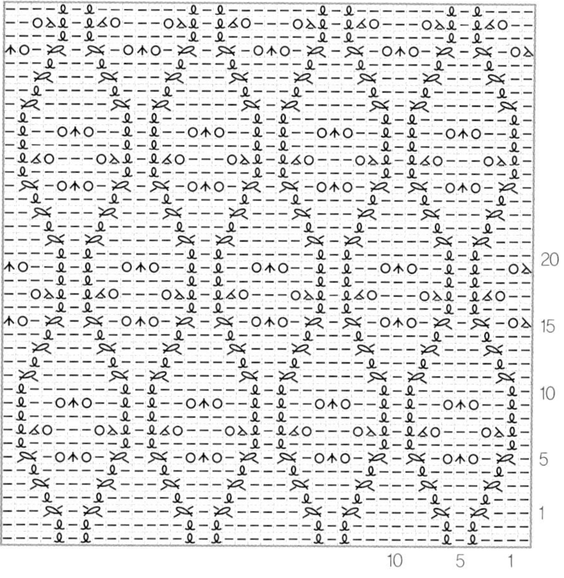

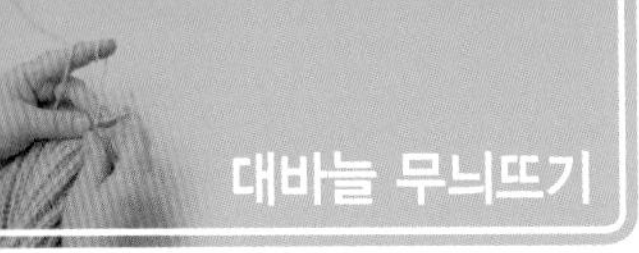

520 12코 8단 1무늬

8
5
1

12 10 5 1

521 16코 16단 1무늬

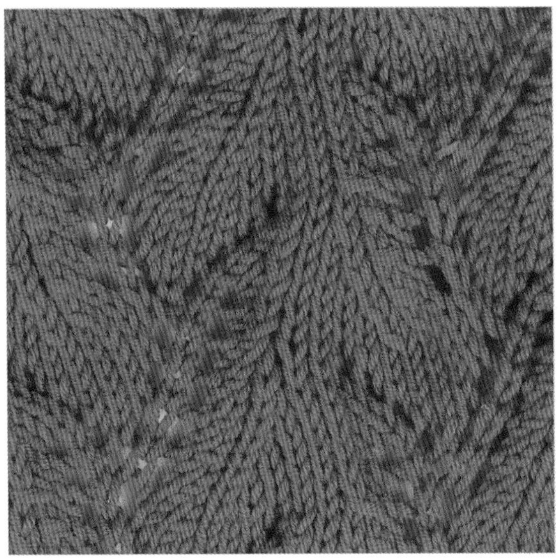

1615 10 5 1

522 13코 8단 1무늬

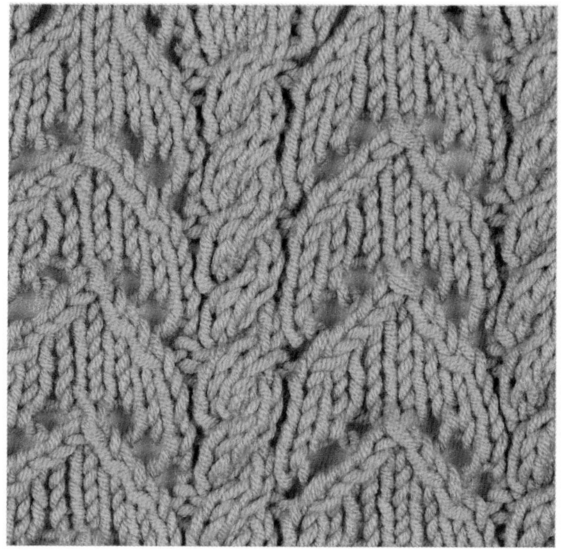

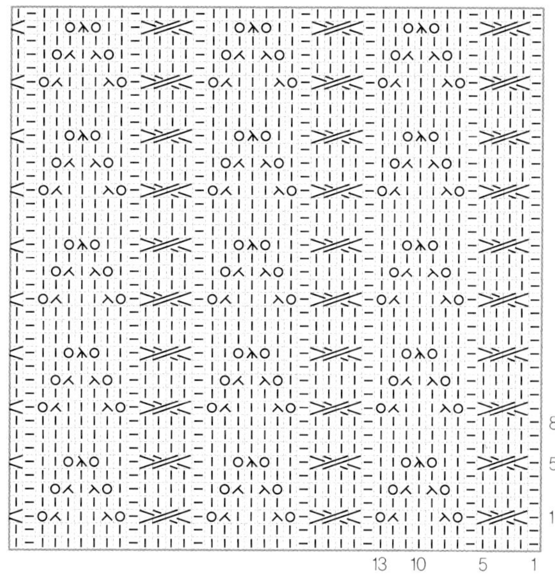

523 9코 12단 1무늬

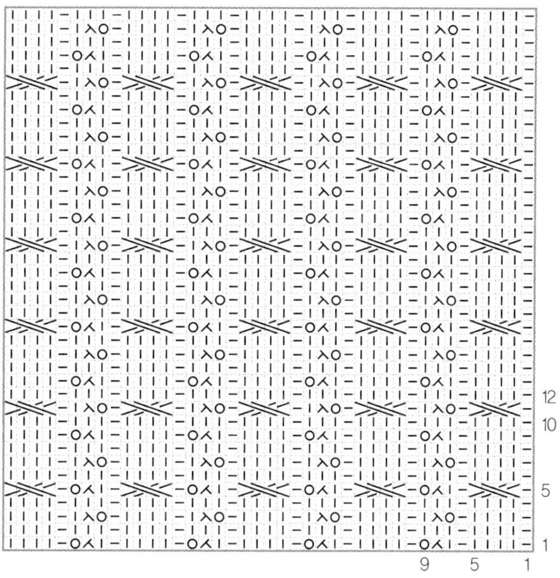

524 25코 6단 1무늬

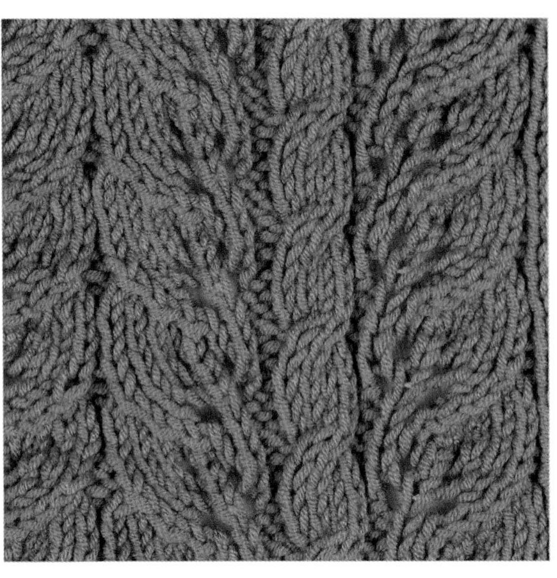

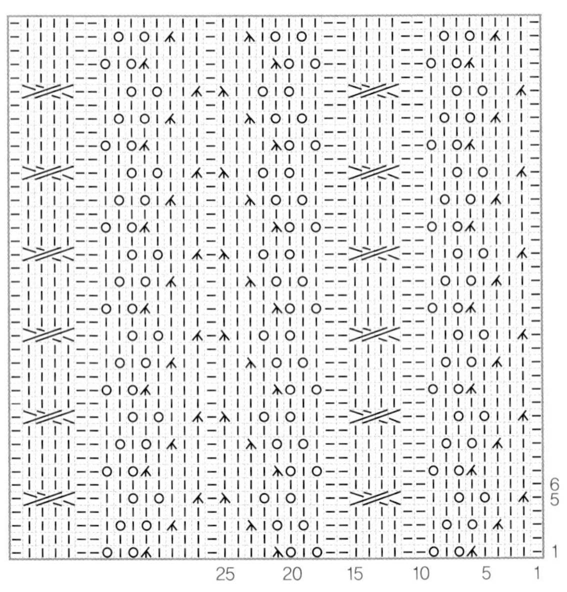

525 6코 8단 1무늬

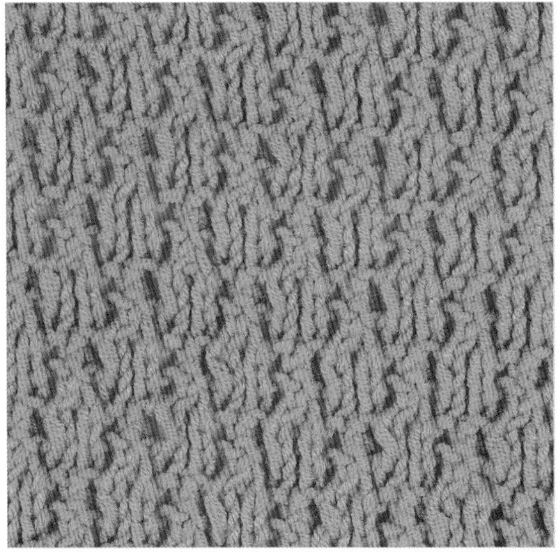

65 1

526 4코 8단 1무늬

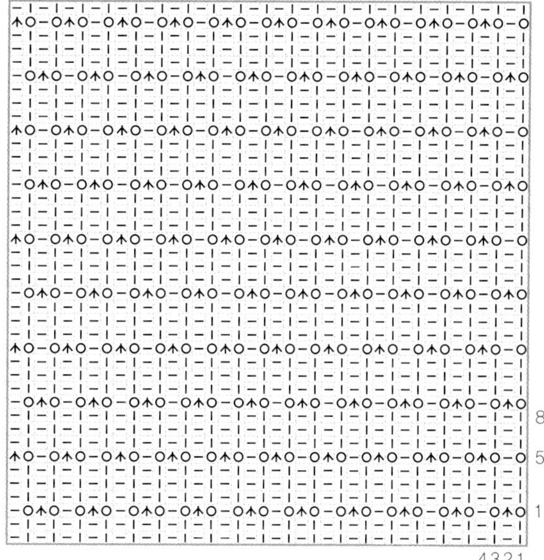

527 8코 32단 1무늬

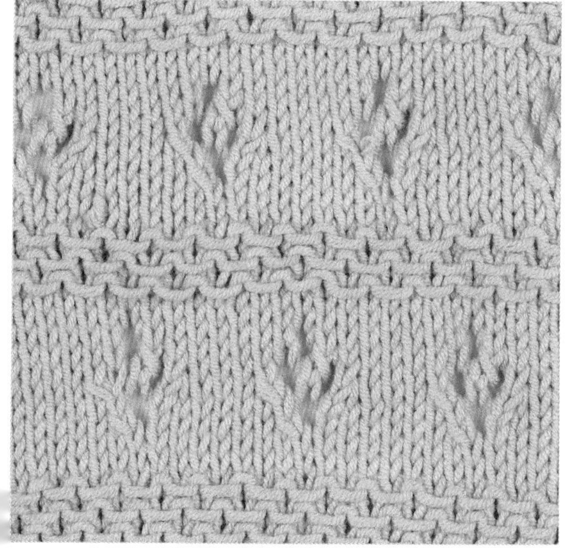

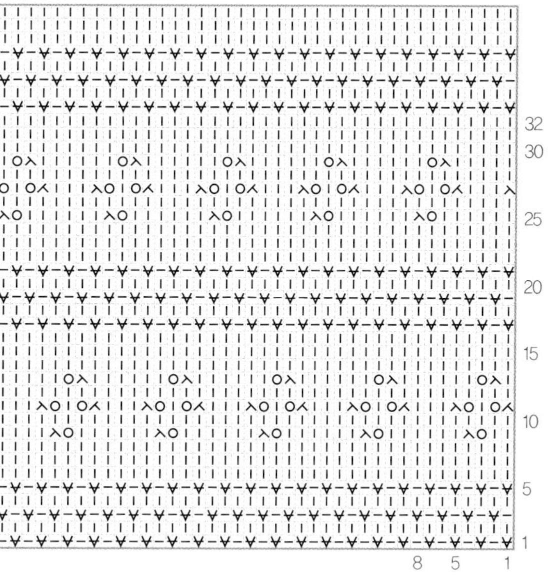

528 11코 8단 1무늬

529 6코 4단 1무늬

530 17코 8단 1무늬

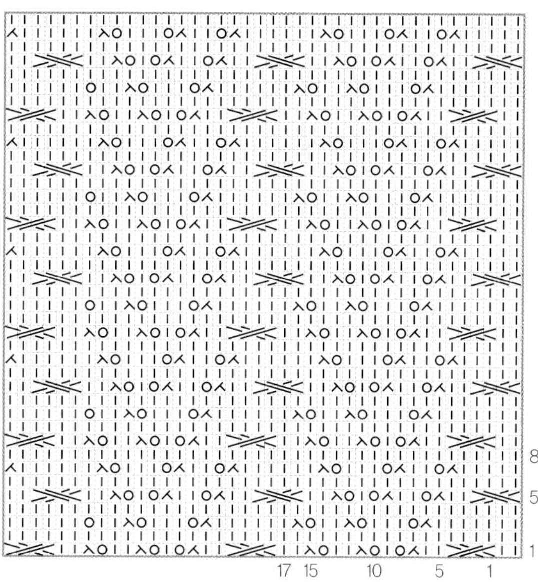

531 15코 6단 1무늬

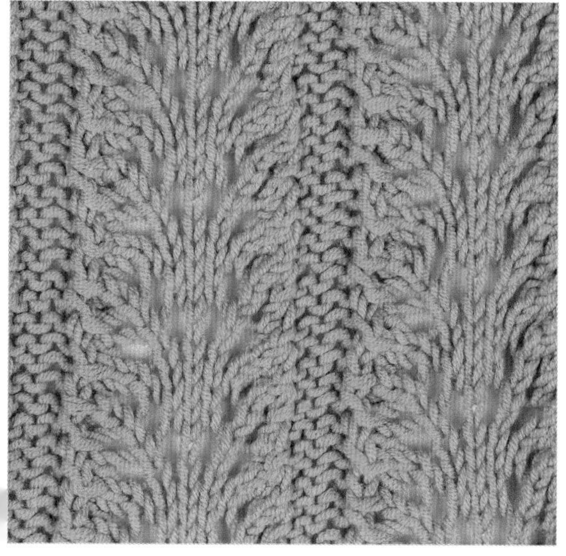

6
5
1
15 10 5 1

532 16코 6단 1무늬

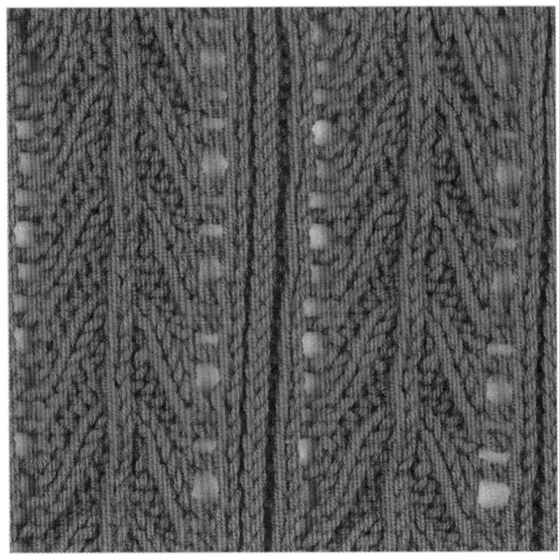

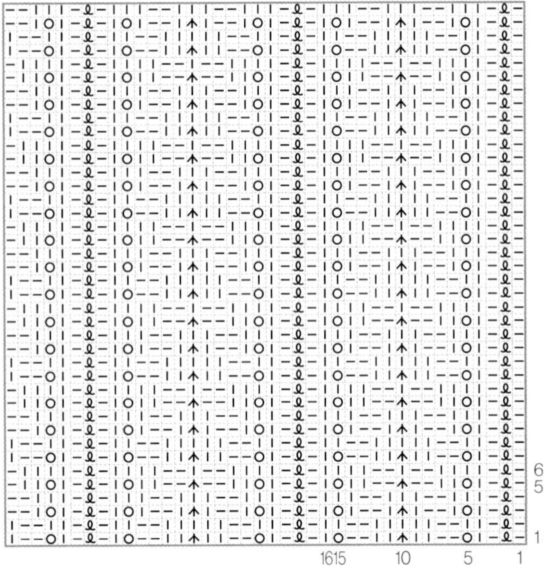

533 16코 12단 1무늬

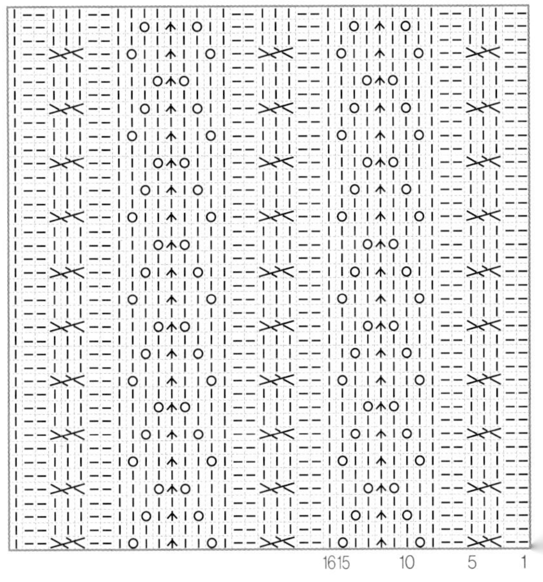

534 17코 8단 1무늬

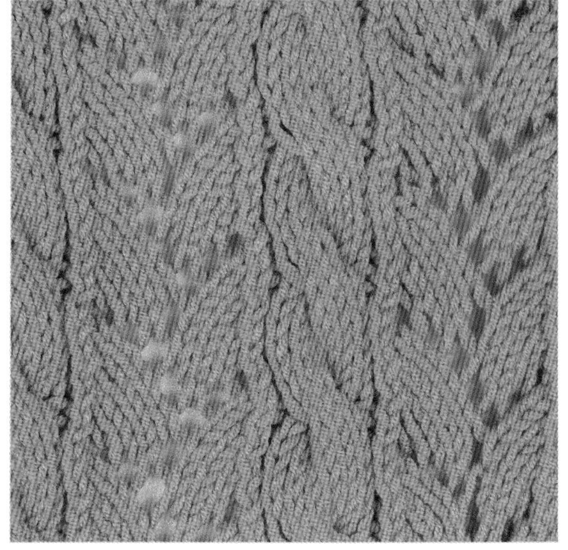

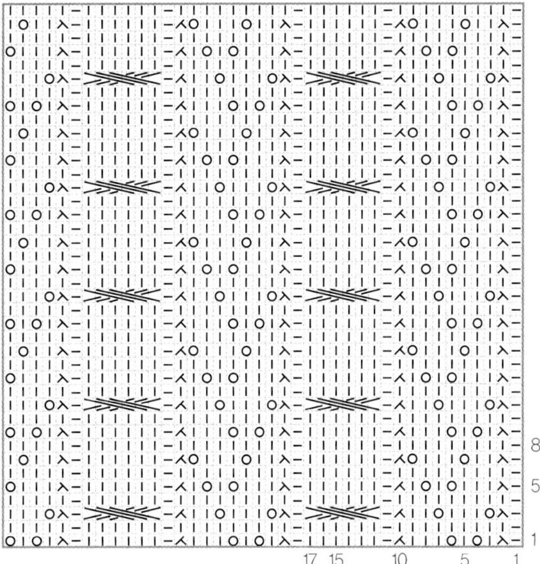

535 11코 24단 1무늬

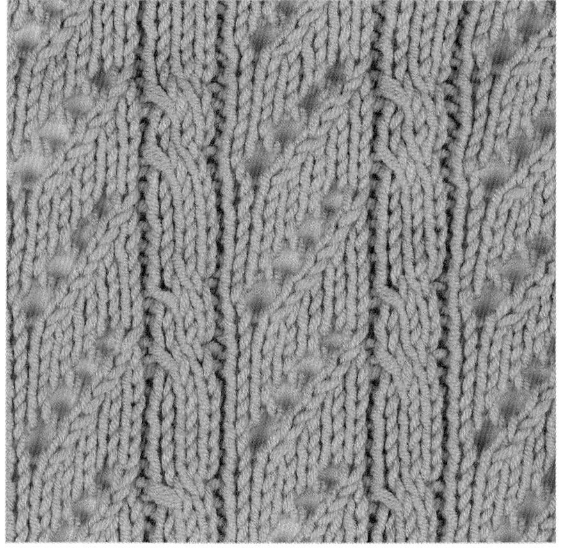

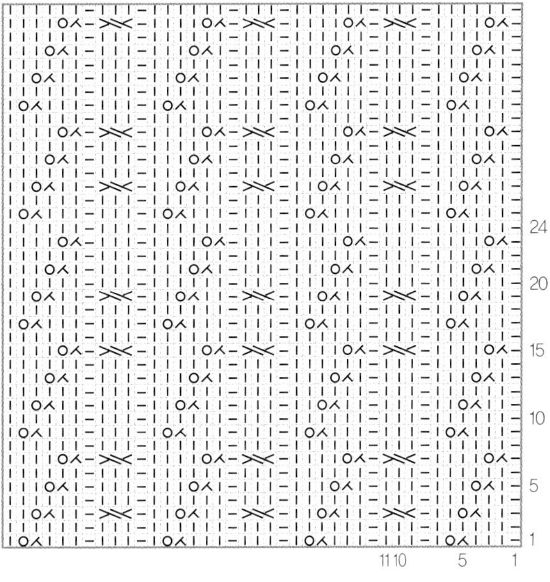

536 19코 12단 1무늬

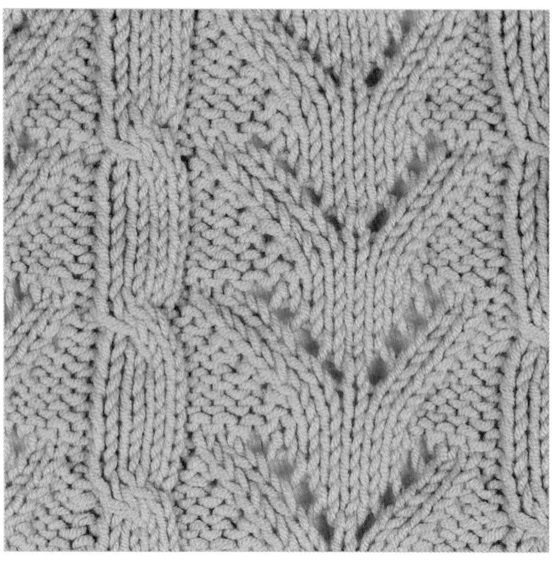

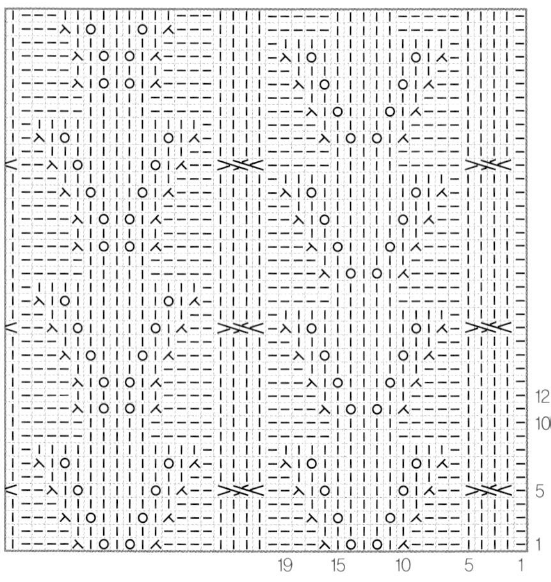

537 10코 12단 1무늬

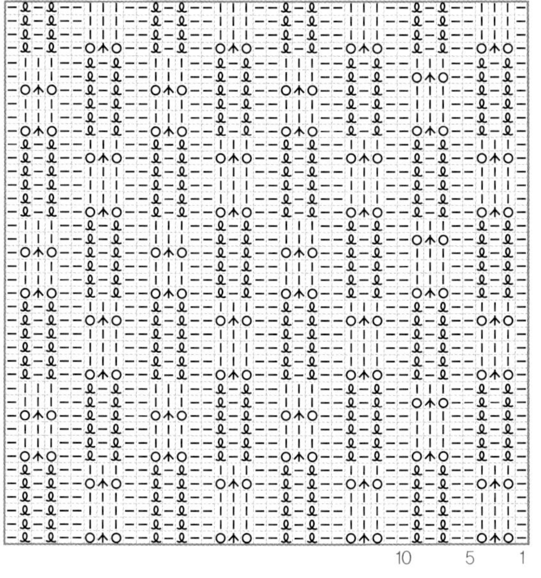

538 15코 8단 1무늬

539 9코 10단 1무늬

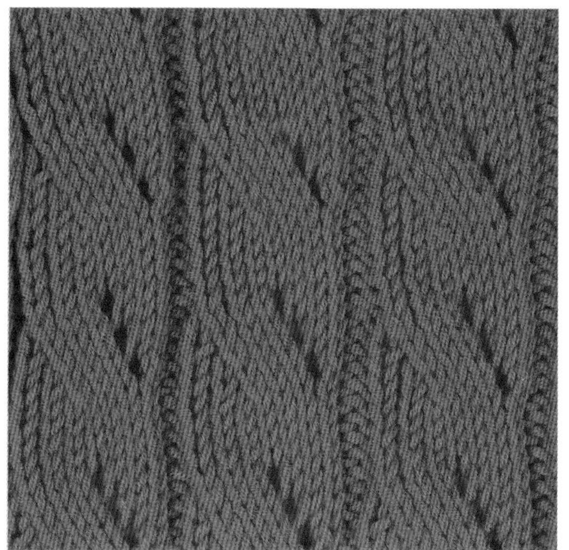

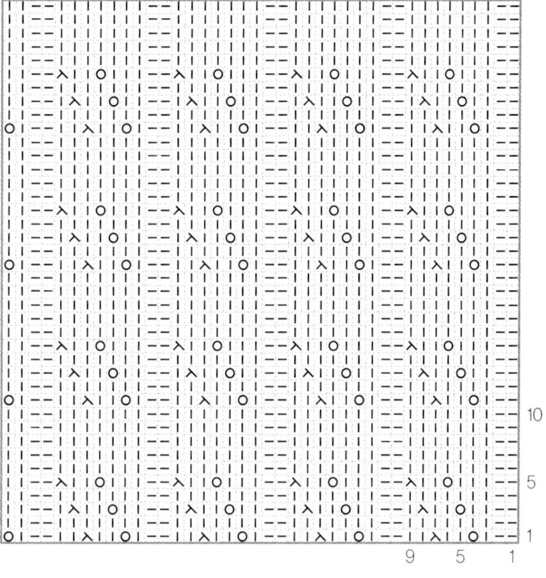

540 9코 16단 1무늬

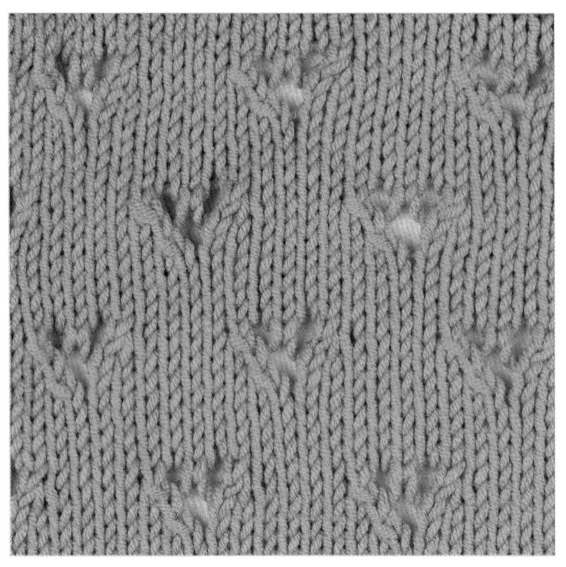

16
15
10
5
1

9 5 1

541 8코 12단 1무늬

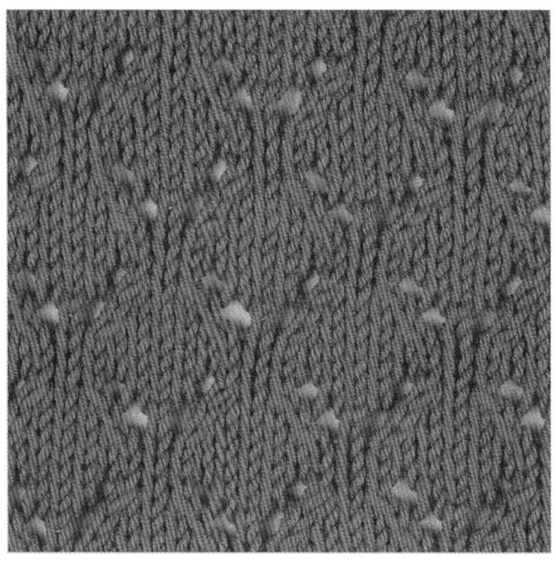

8 5 1

542 6코 16단 1무늬

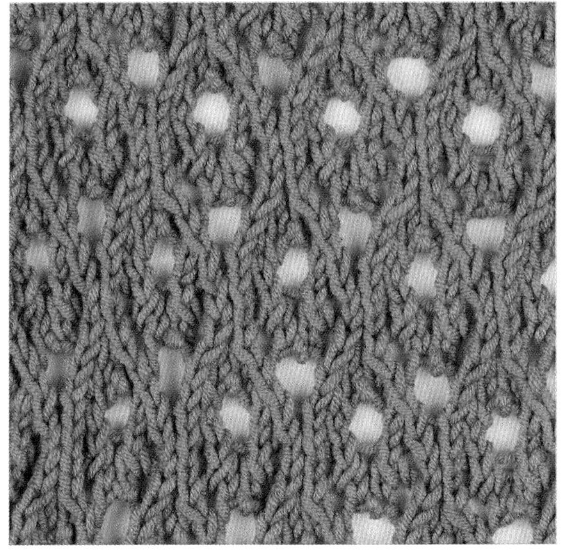

543 10코 16단 1무늬

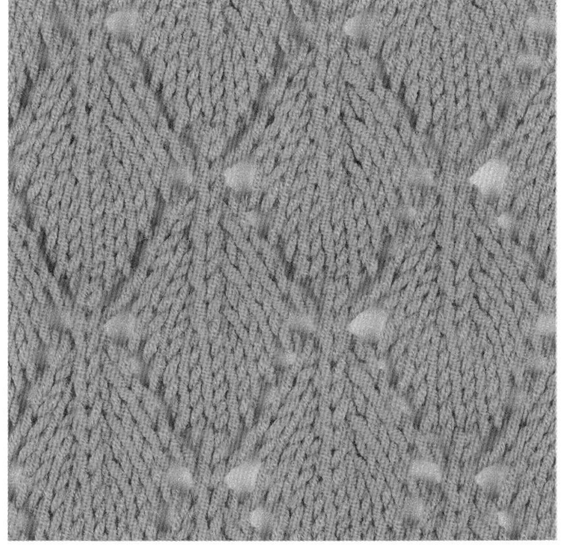

544 10코 20단 1무늬

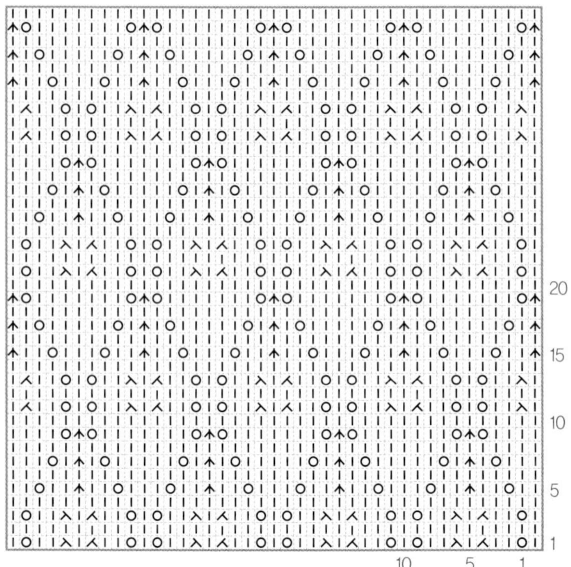

545 12코 16단 1무늬

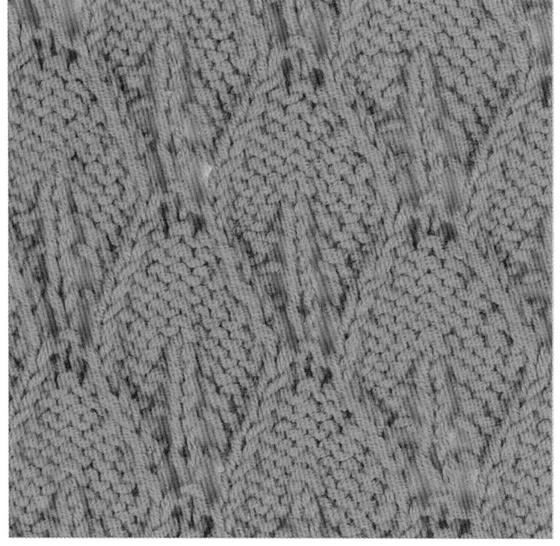

12 10 5 1

546 8코 12단 1무늬

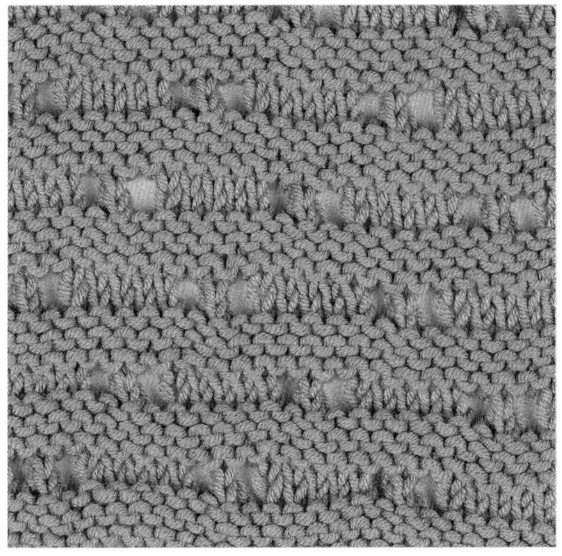

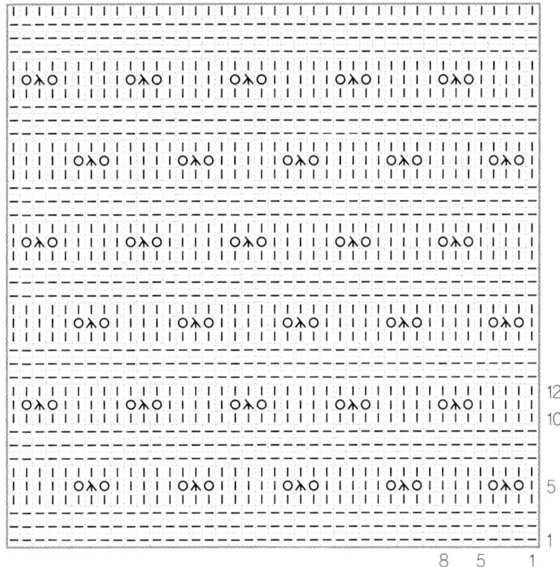

547 3코 10단 1무늬

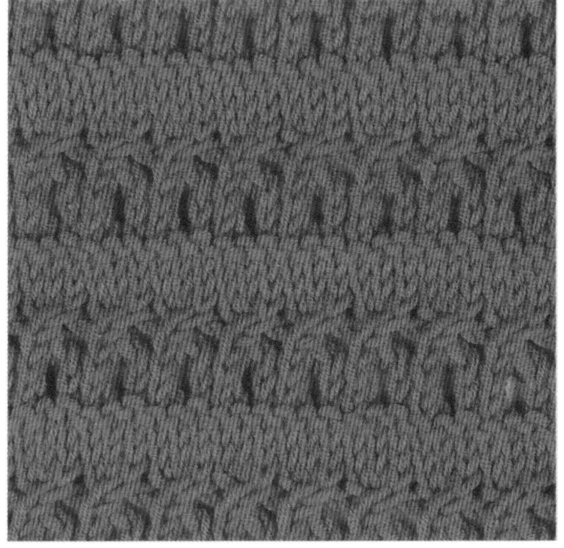

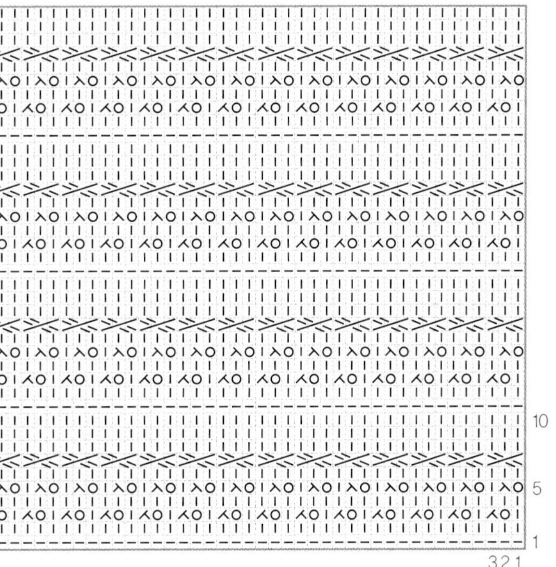

548 6코 12단 1무늬

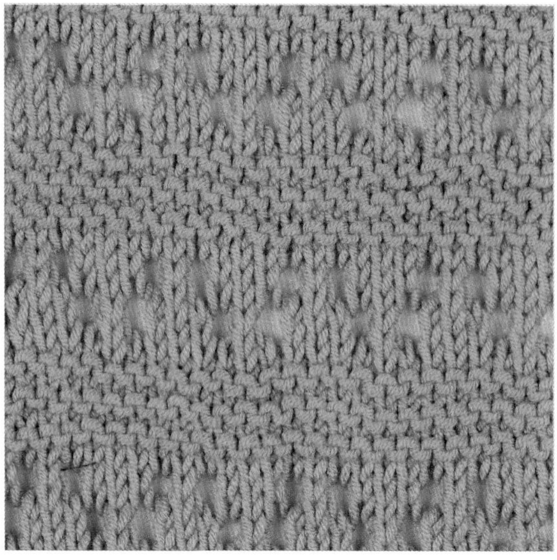

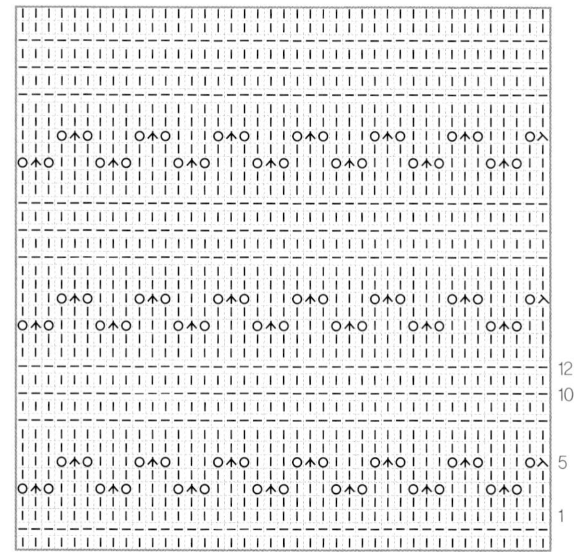

549 2코 14단 1무늬

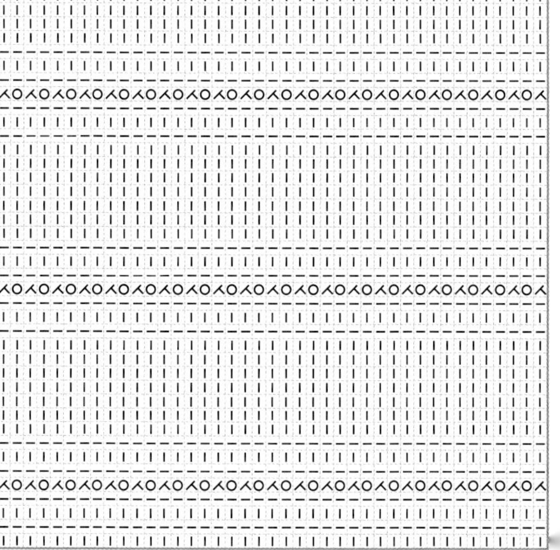

550 6코 4단 1무늬

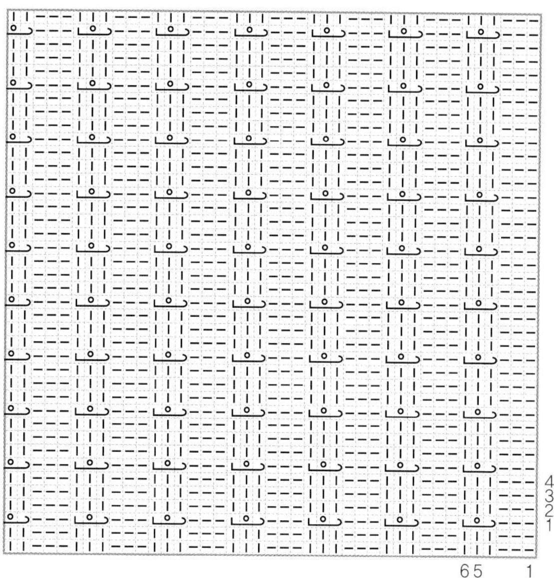

551 8코 8단 1무늬

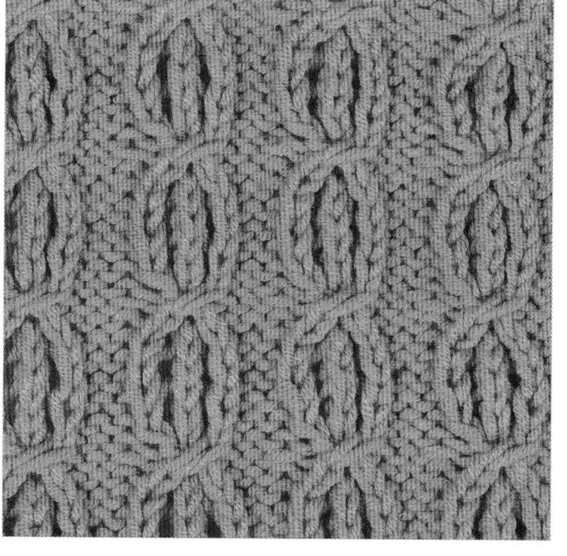

8
5
1
8 5 1

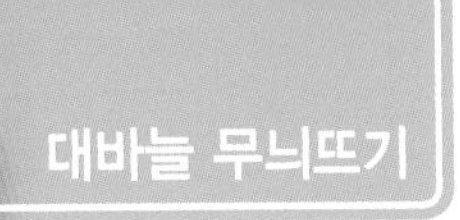

552 8코 8단 1무늬

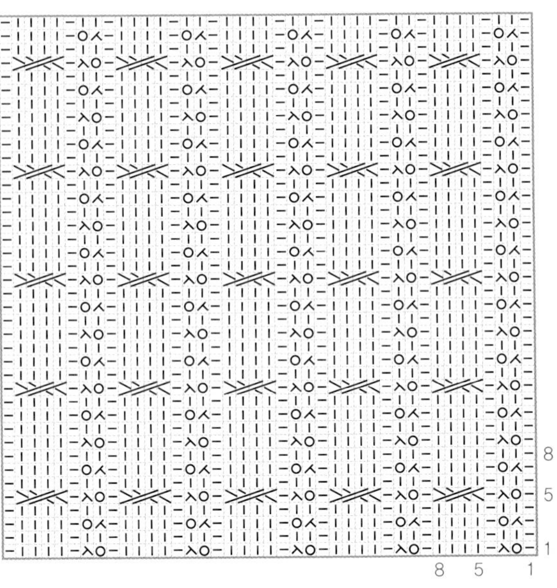

553 6코 12단 1무늬

6 5 1

554 6코 12단 1무늬

12
10
5
1
6 5 1

555 6코 12단 1무늬

12
10
5
1
6 5 1

556 21코 24단 1무늬

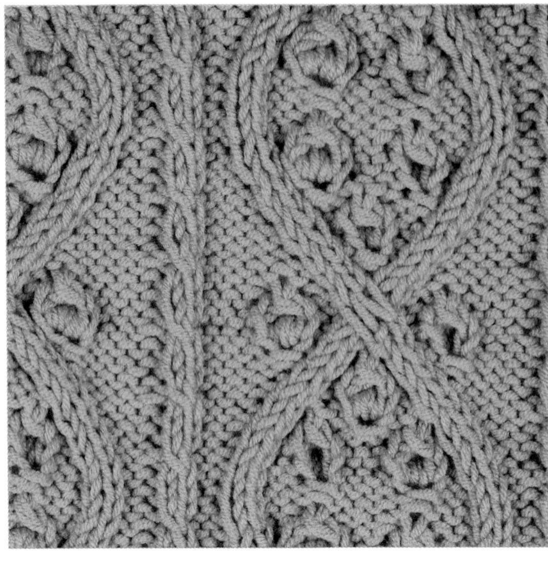

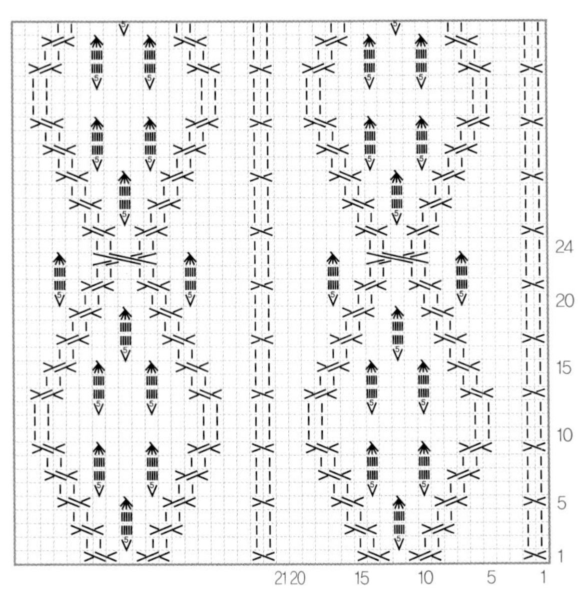

557 19코 34단 1무늬

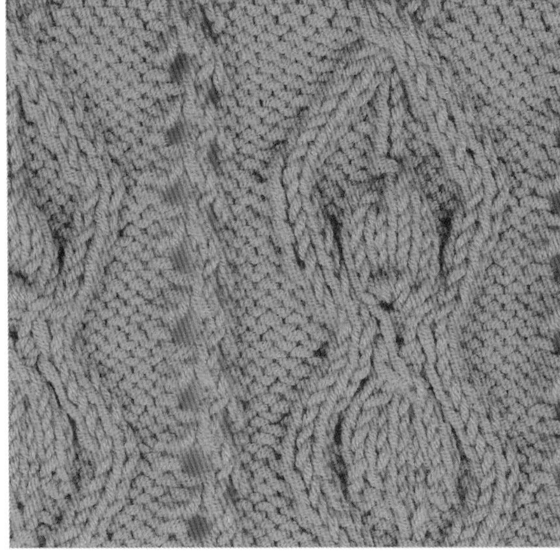

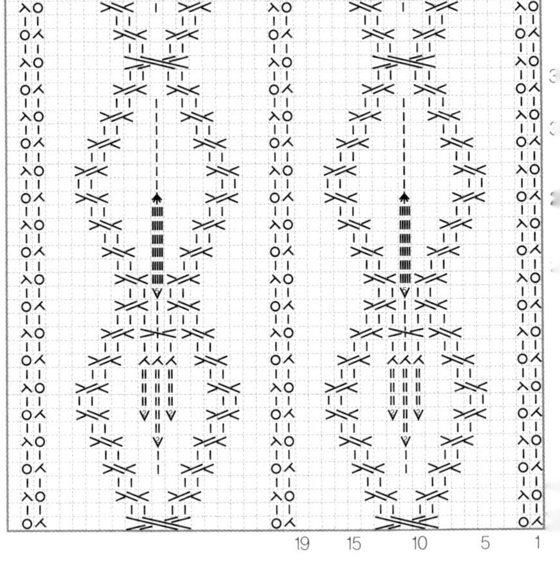

558 12코 10단 1무늬

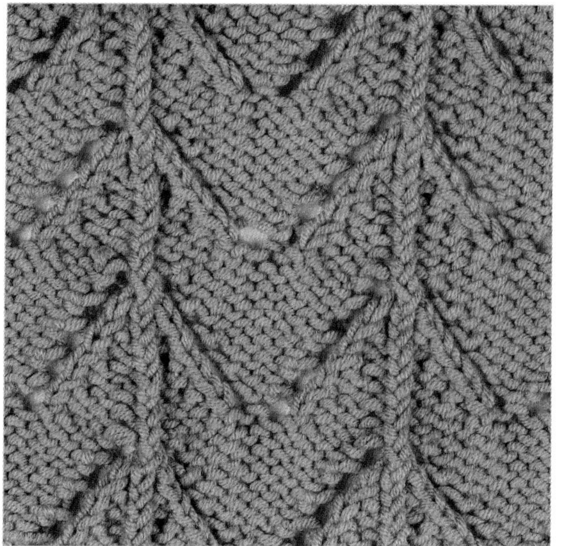

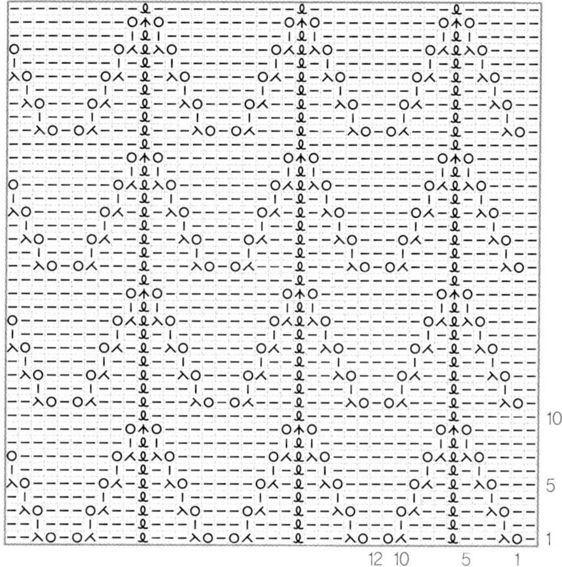

559 20코 18단 1무늬

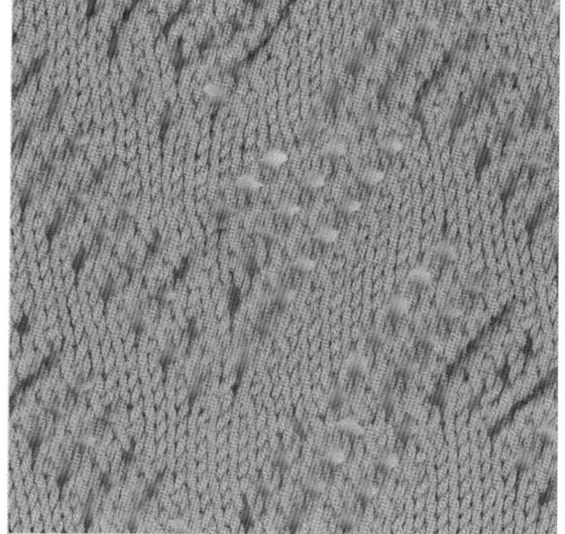

18
15
10
5
1

20 15 10 5 1

560 18코 18단 1무늬

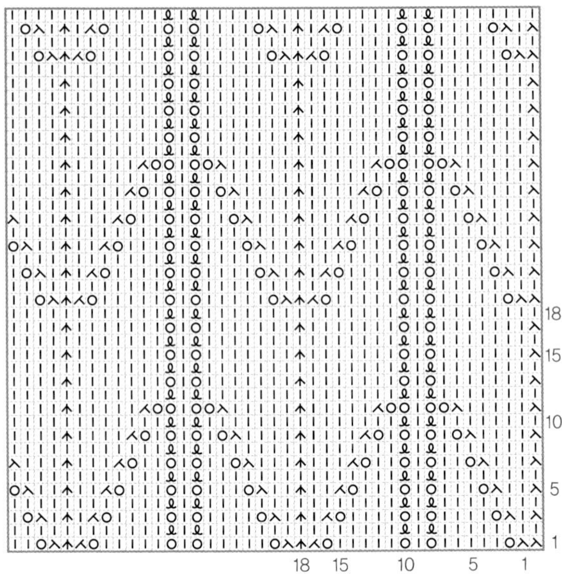

561 13코 6단 1무늬

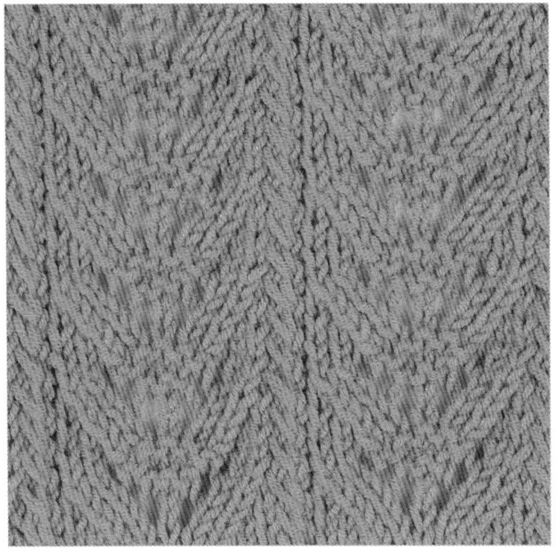

13 10 5 1

562 14코 12단 1무늬

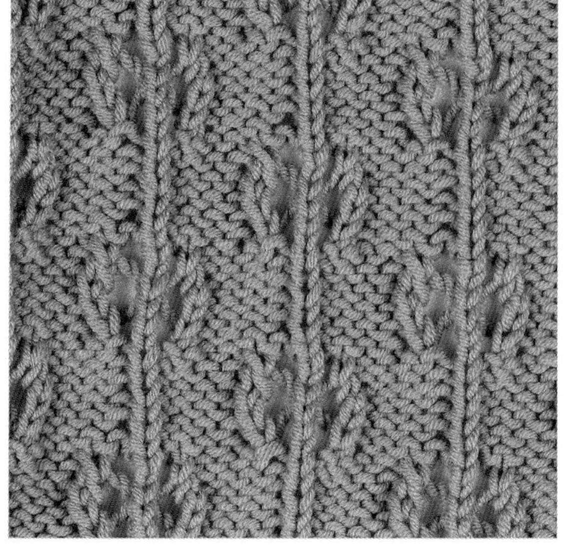

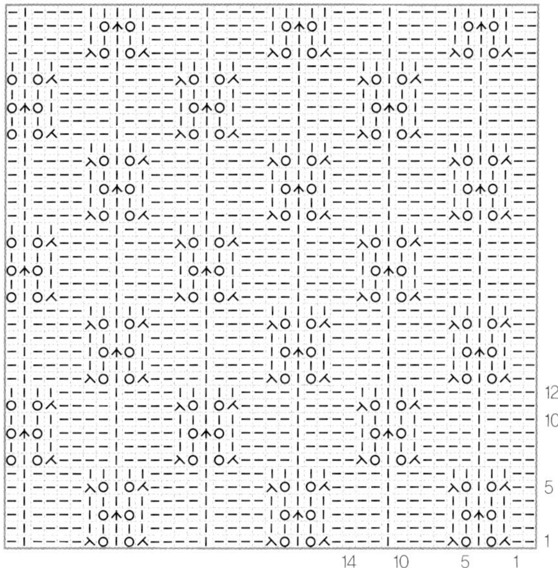

563 16코 16단 1무늬

564 8코 16단 1무늬

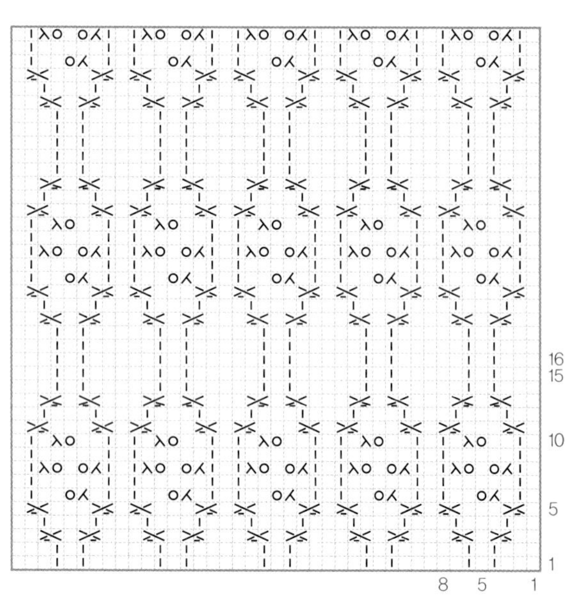

565 8코 12단 1무늬

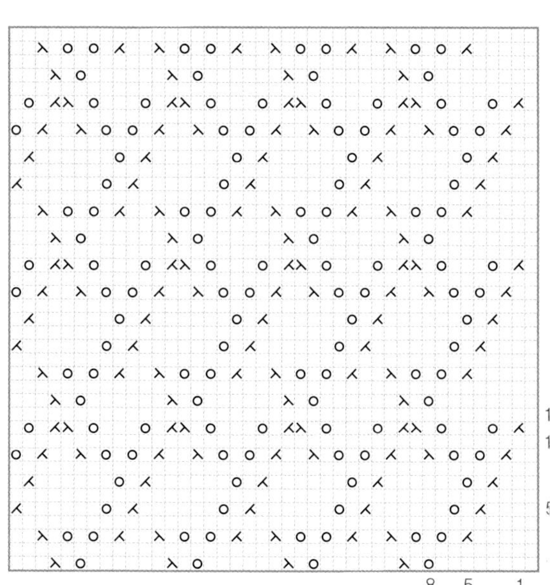

566 16코 22단 1무늬

567 16코 30단 1무늬

568 29코 28단 1무늬

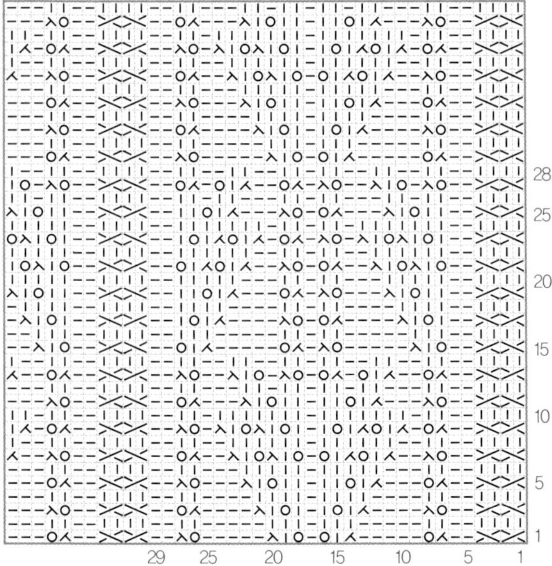

569 10코 8단 1무늬

10 5 1

570 27코 32단 1무늬

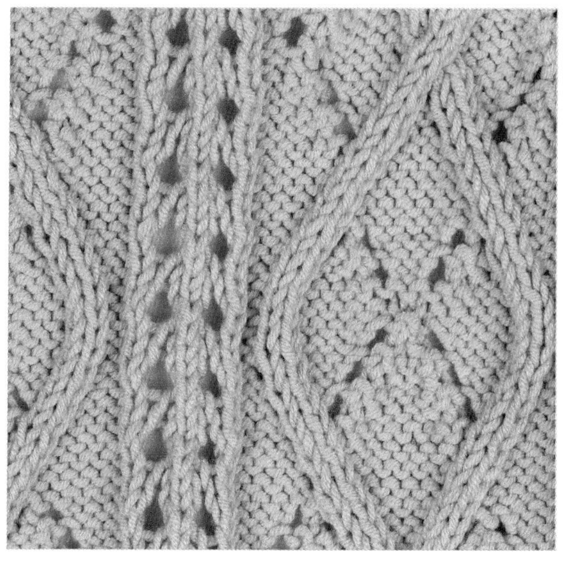

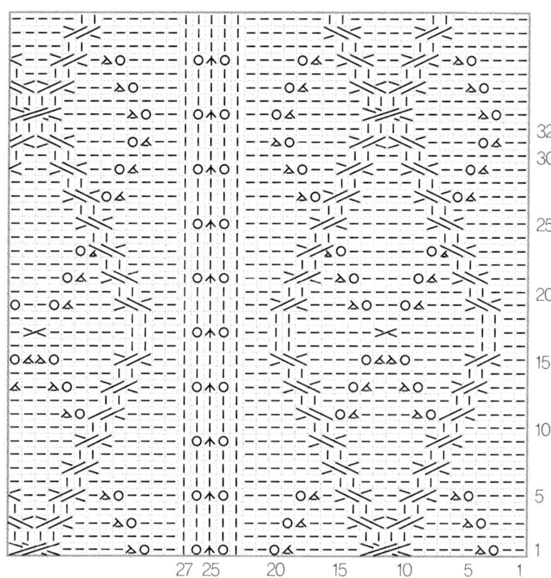

571 21코 24단 1무늬

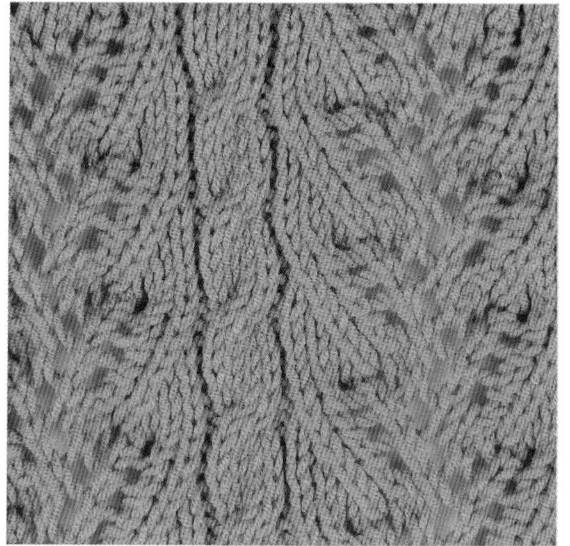

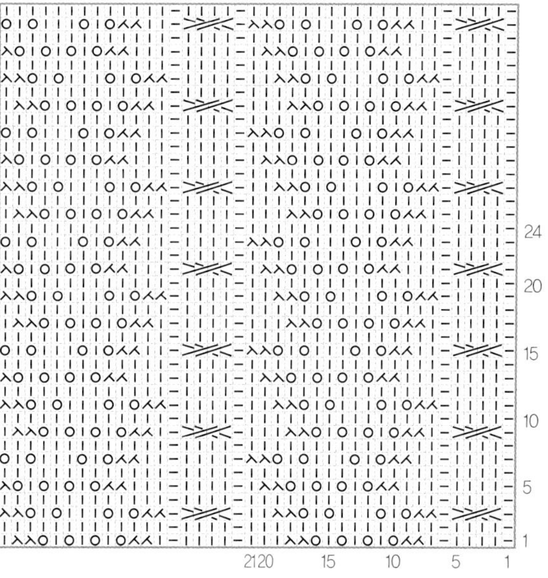

572 17코 8단 1무늬

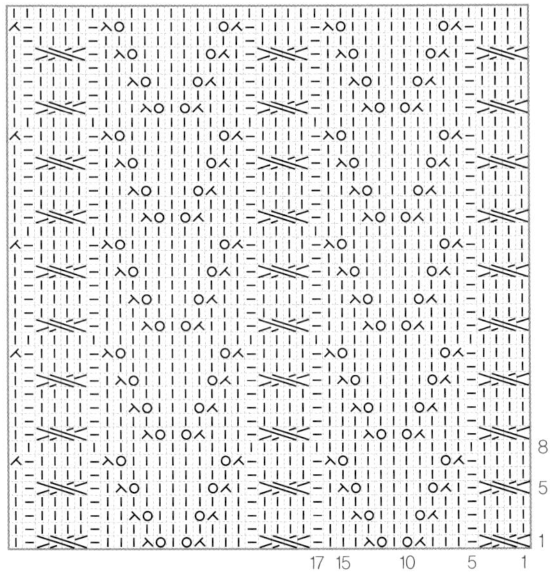

573 19코 8단 1무늬

19 15 10 5 1

574 17코 4단 1무늬

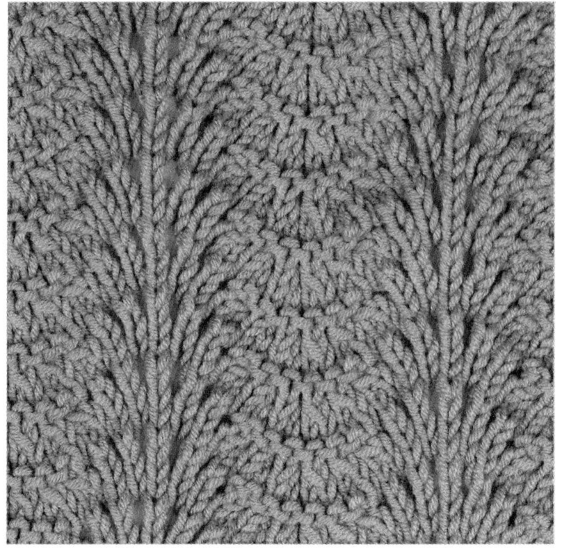

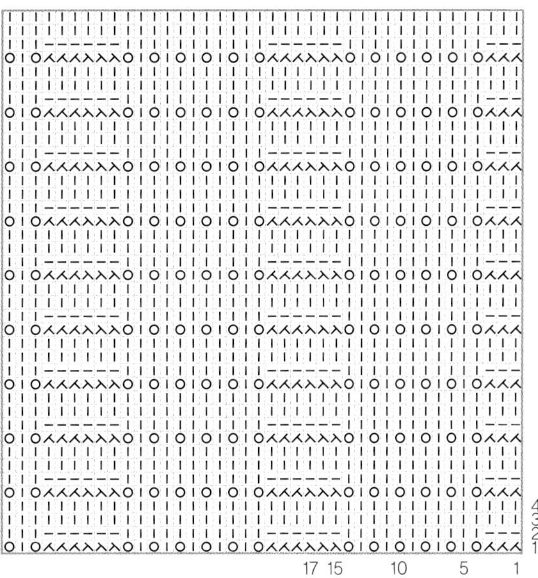

575 18코 6단 1무늬

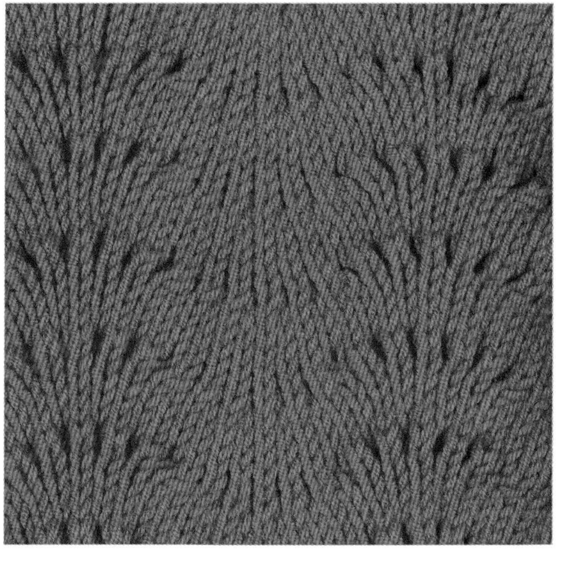

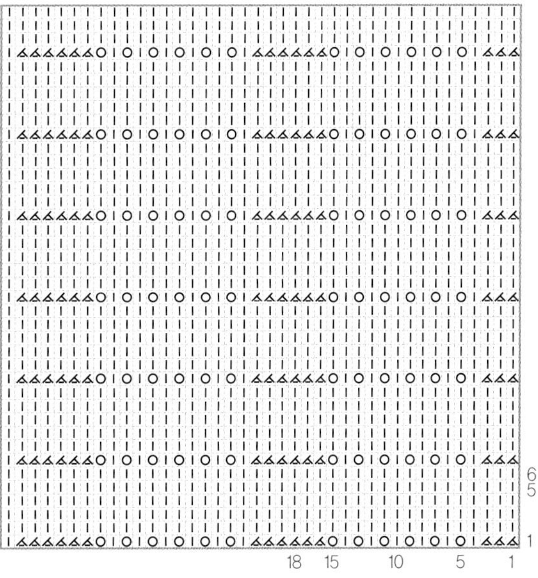

576 15코 10단 1무늬

577 6코 28단 1무늬

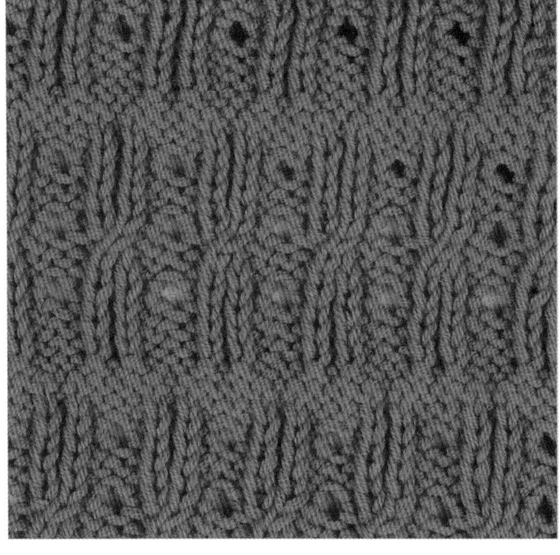

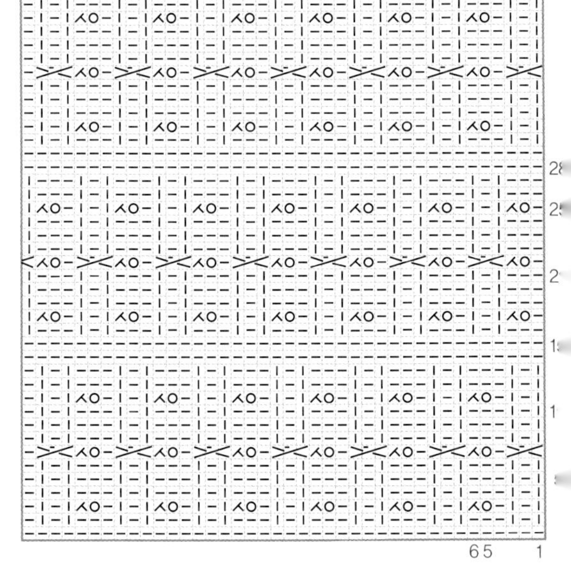

578 4코 2단 1무늬

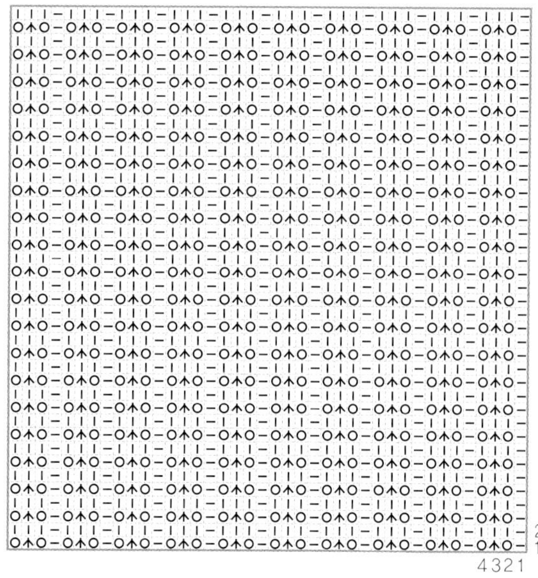

579 23코 12단 1무늬

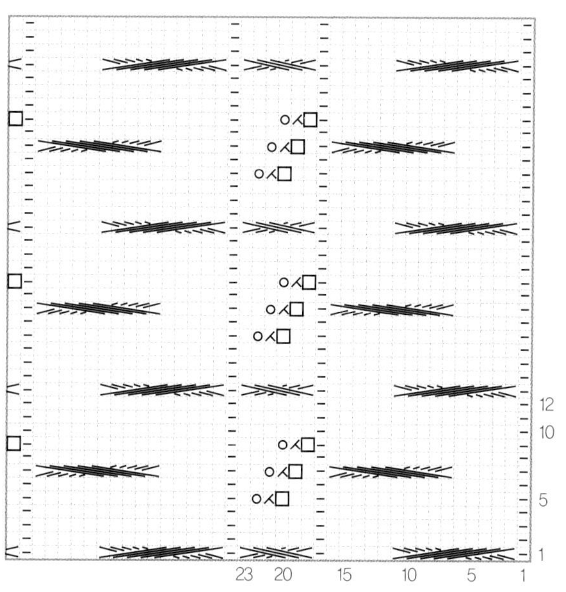

580 22코 32단 1무늬

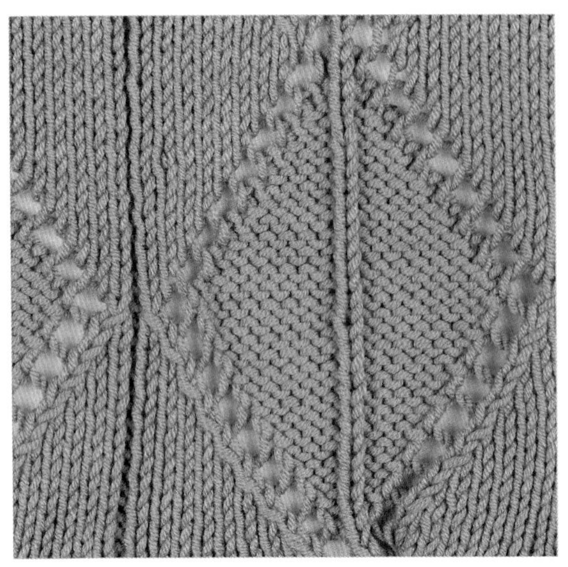

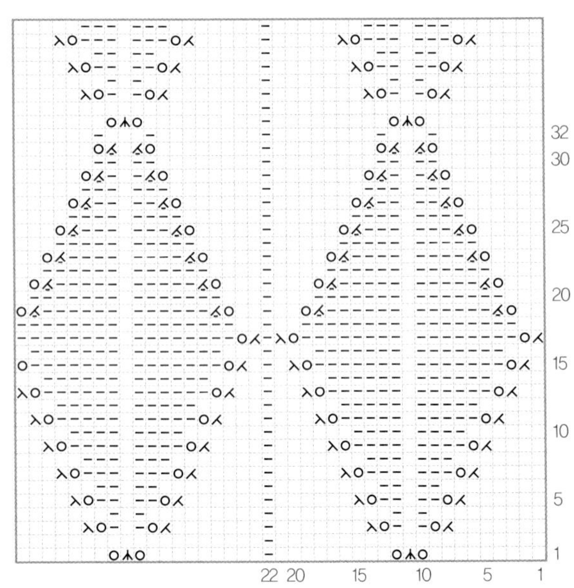

581 21코 26단 1무늬

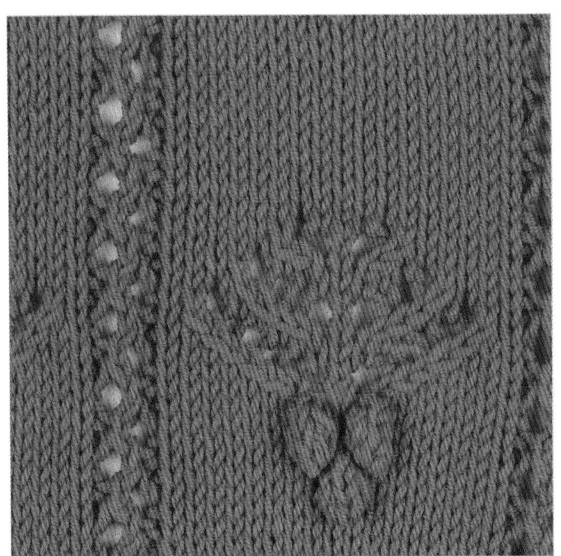

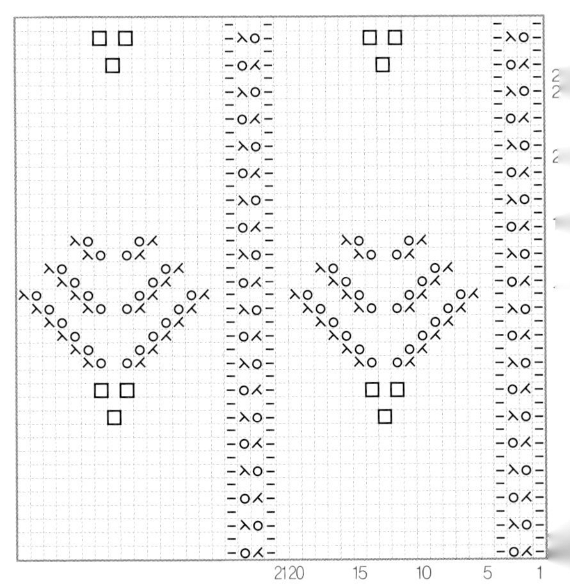

582 20코 26단 1무늬

□ = −

583 18코 32단 1무늬

□ = −

584 18코 20단 1무늬

□ = |

20
15
10
5
1

18 15 10 5 1

585 18코 20단 1무늬

□ = —

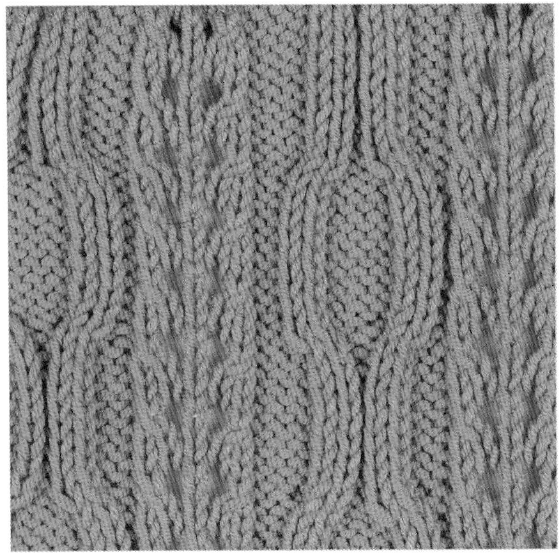

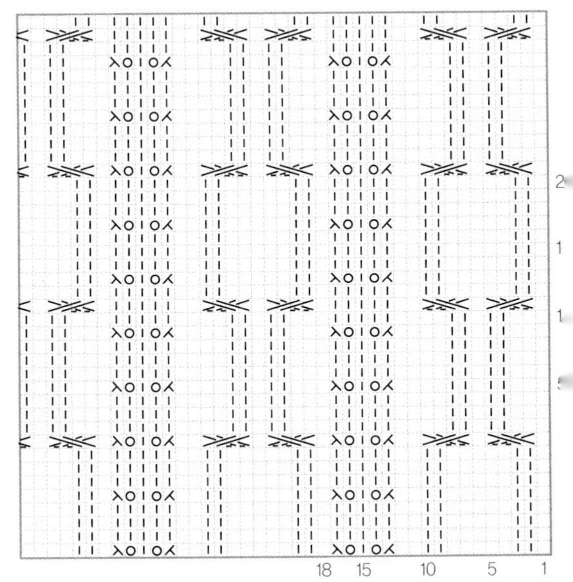

586 18코 12단 1무늬

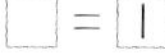

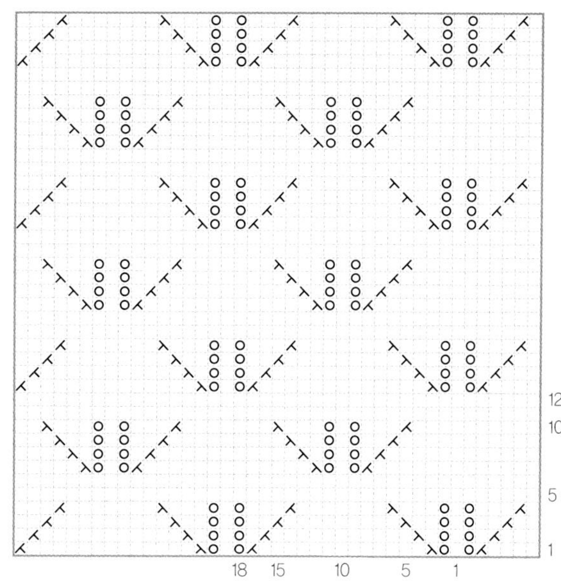

587 18코 12단 1무늬

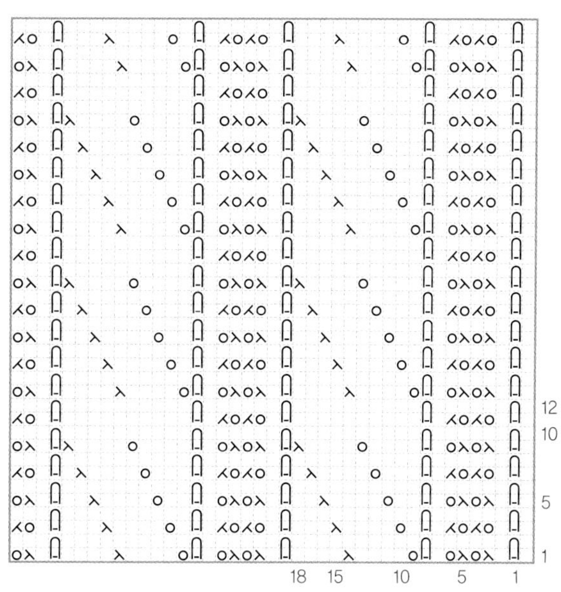

588 17코 24단 1무늬

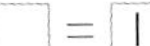

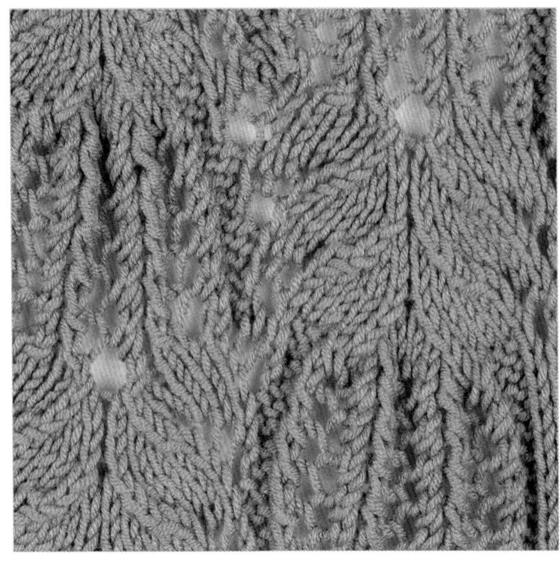

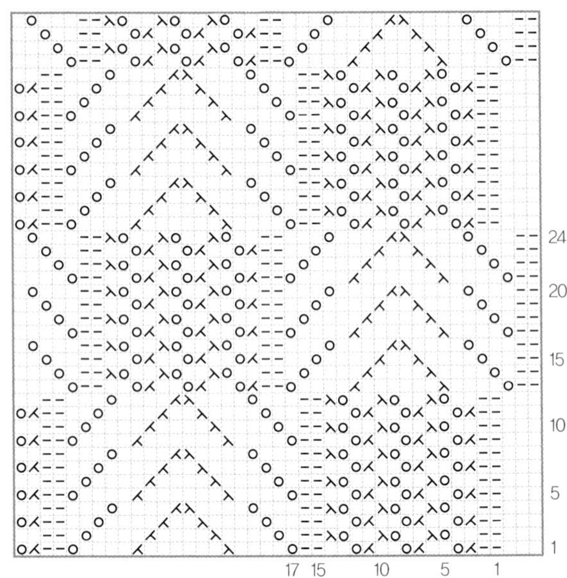

589 17코 12단 1무늬

□ = |

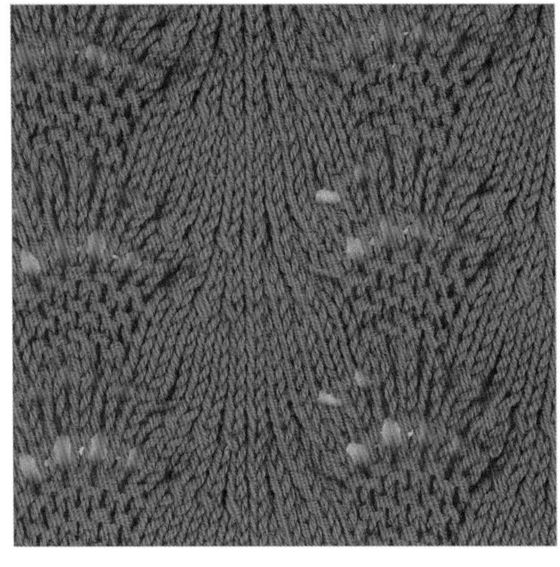

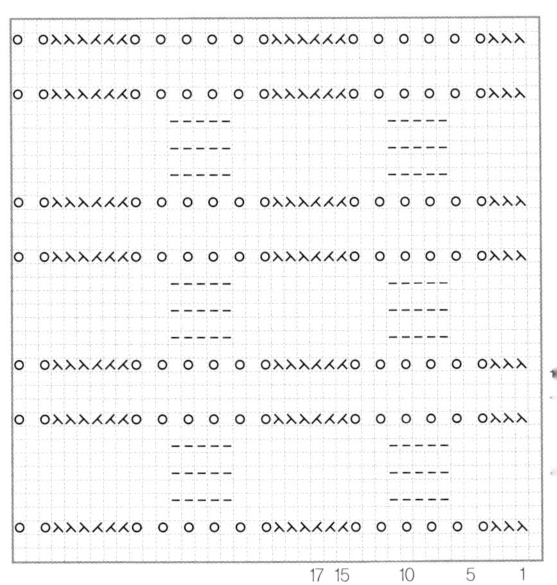

590 17코 6단 1무늬

□ = |

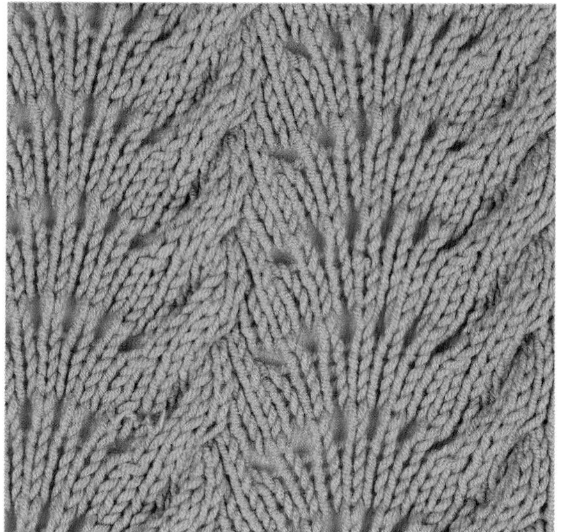

591 13코 16단 1무늬

□ = |

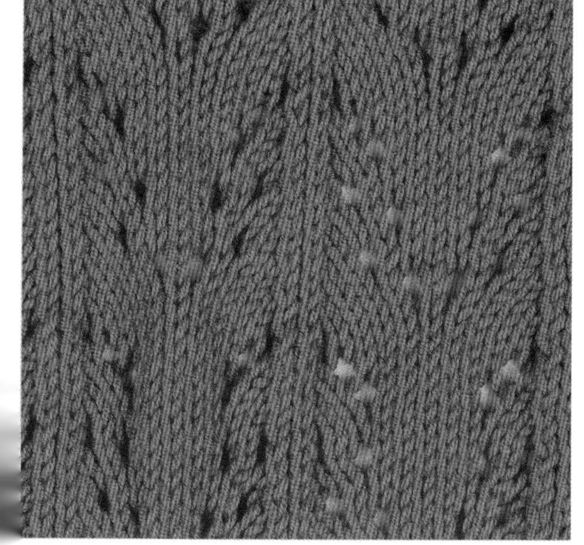

592 12코 32단 1무늬

□ = |

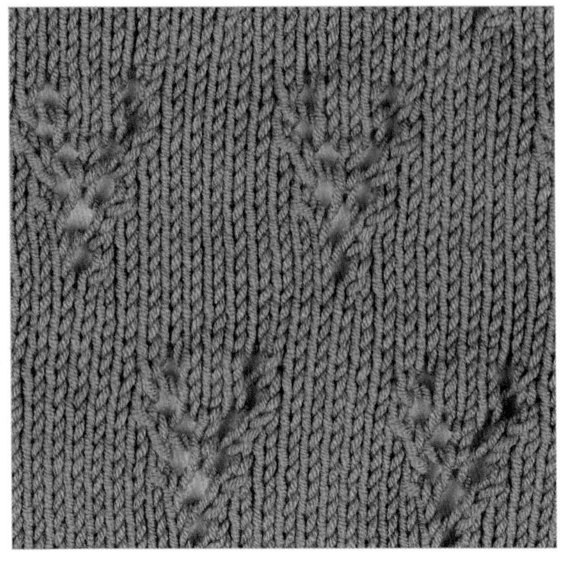

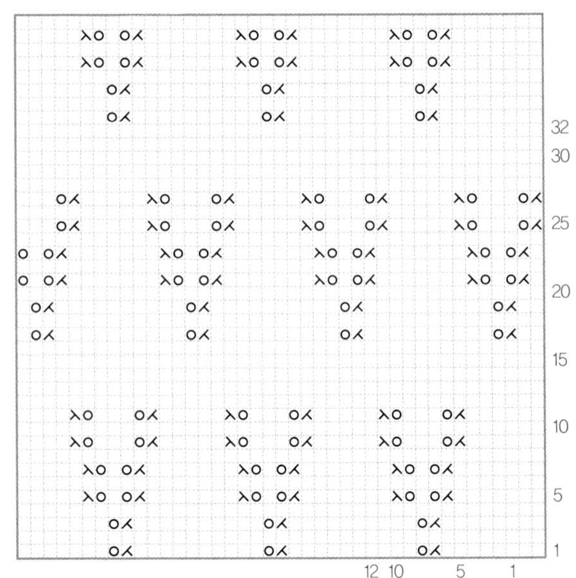

593 10코 16단 1무늬

□ = |

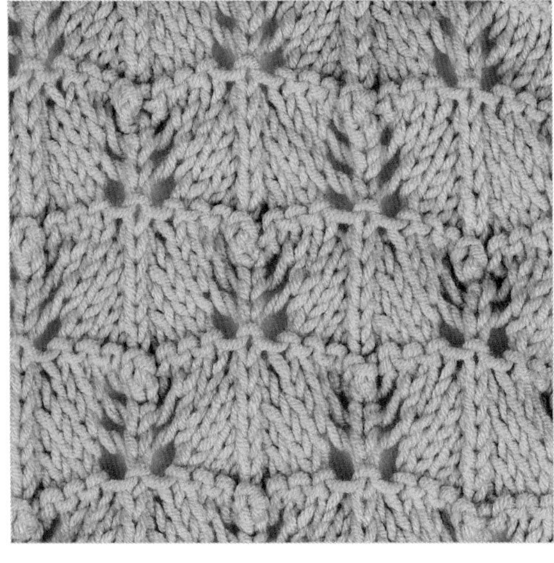

594 25코 22단 1무늬

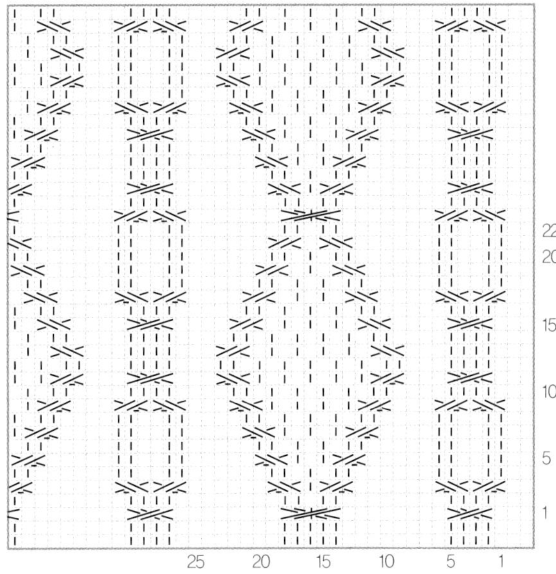

595 22코 16단 1무늬

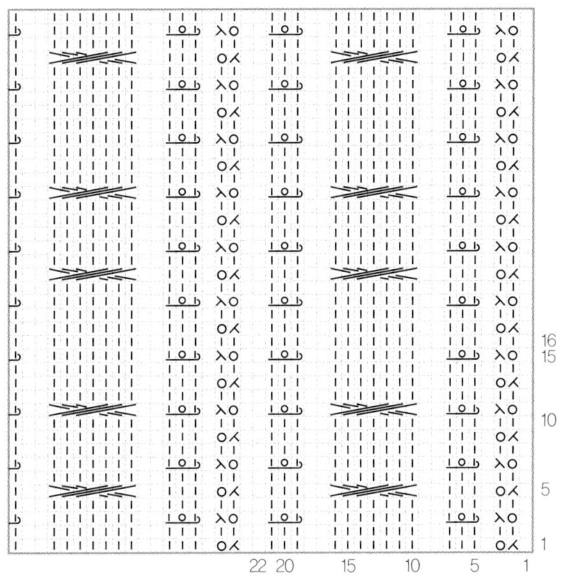

596 11코 14단 1무늬

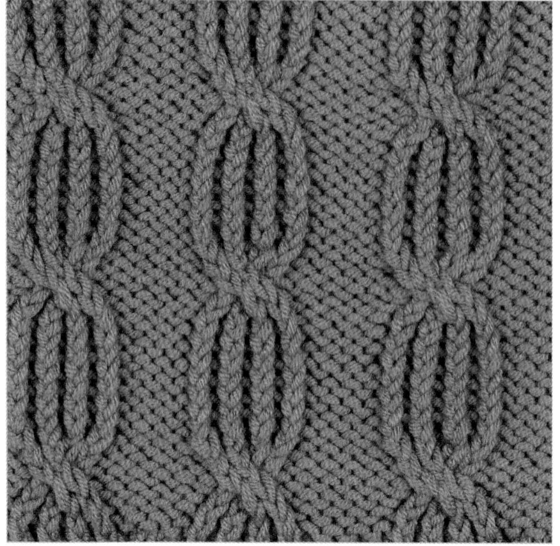

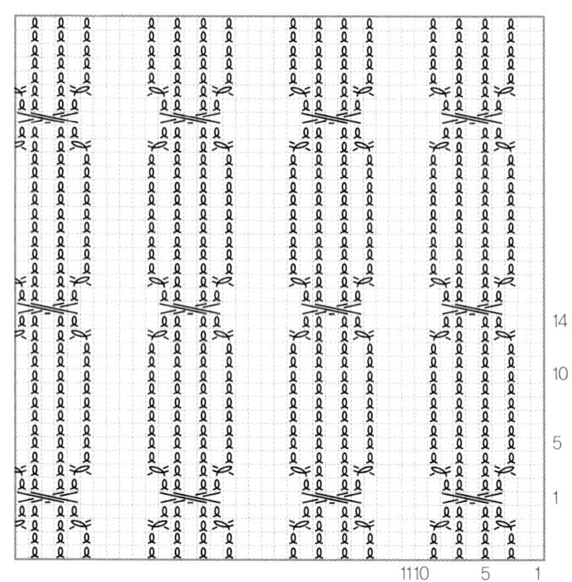

597 43코 24단+16단 1무늬

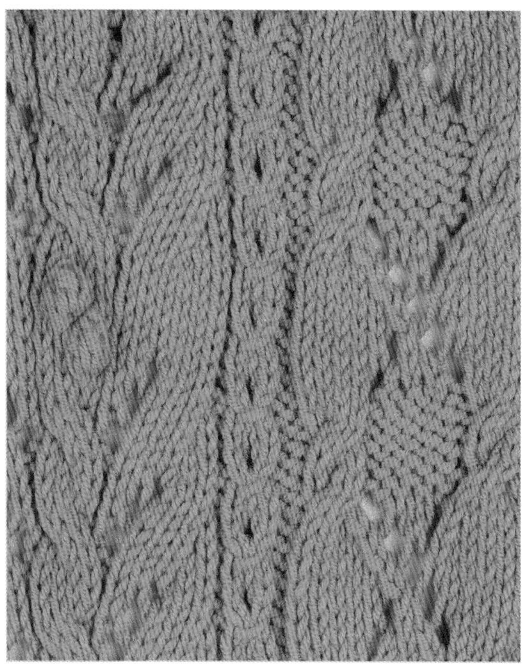

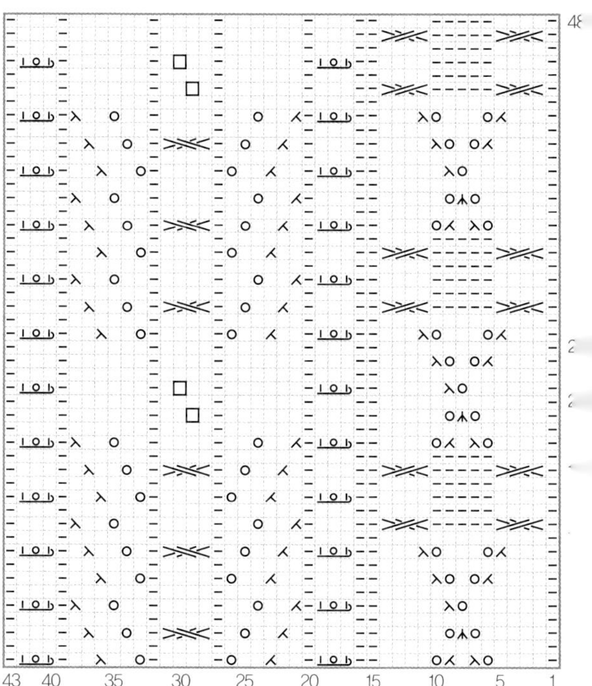

598 40코 12단 1무늬

□ = |

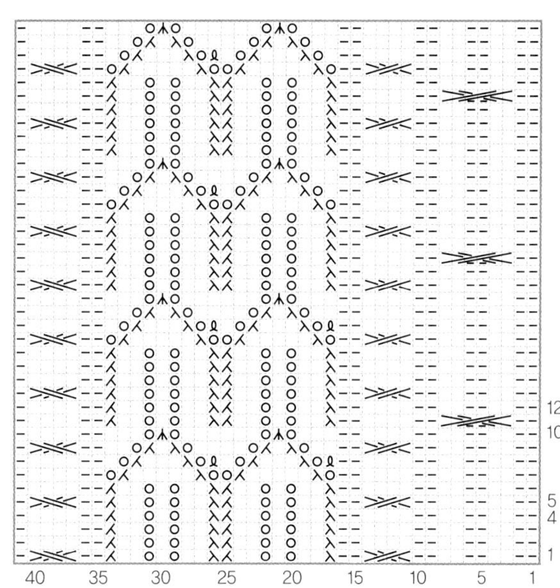

599 37코 20단 1무늬

□ = |

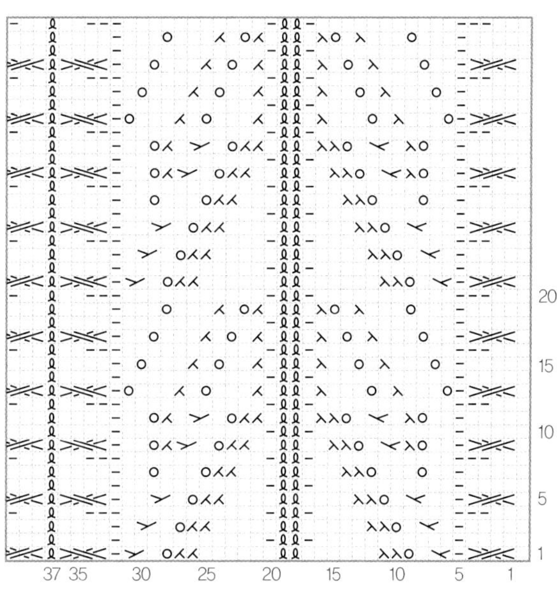

600 36코 24단 1무늬

□ = –

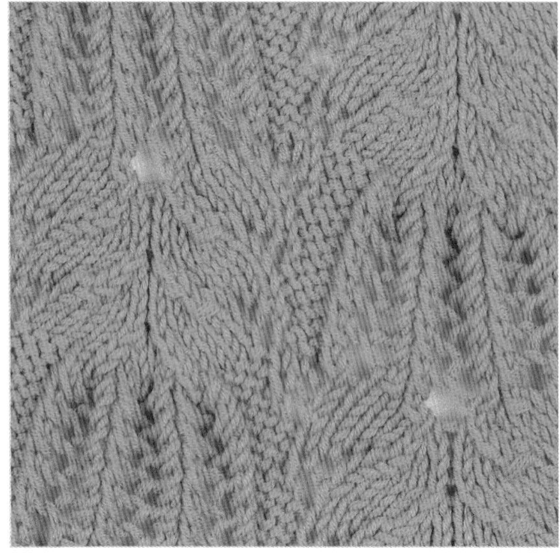

24 20 15 10 5 1

36 35 30 25 20 15 10 5 1

601 31코 20단 1무늬

□ = –

31 30 25 20 15 10 5 1

602 29코 16단+6단 1무늬

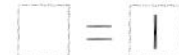

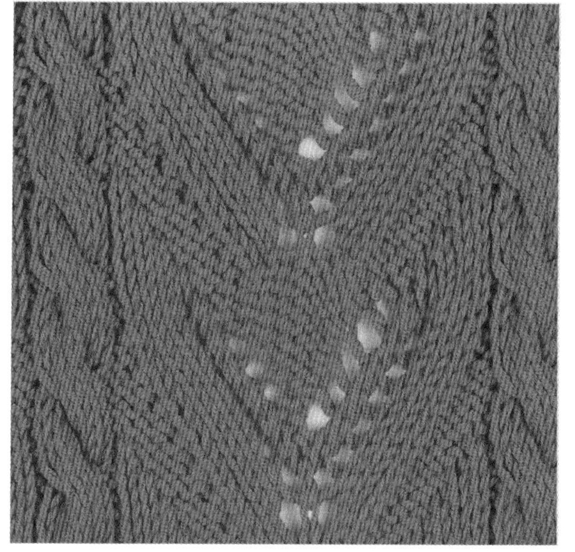

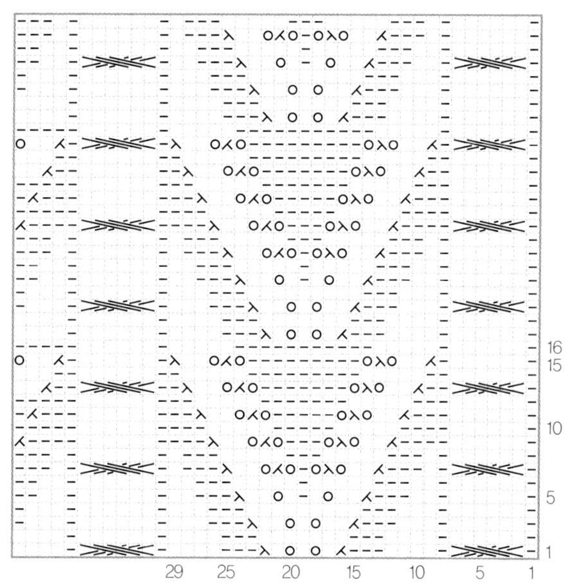

603 27코 24단 1무늬

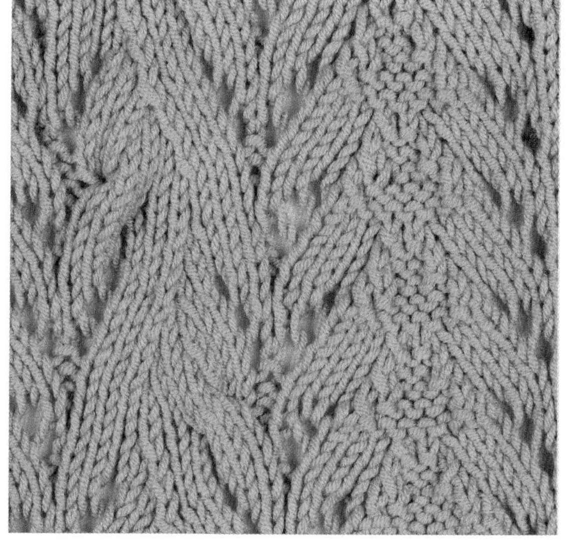

604 27코 8단 1무늬

□ = |

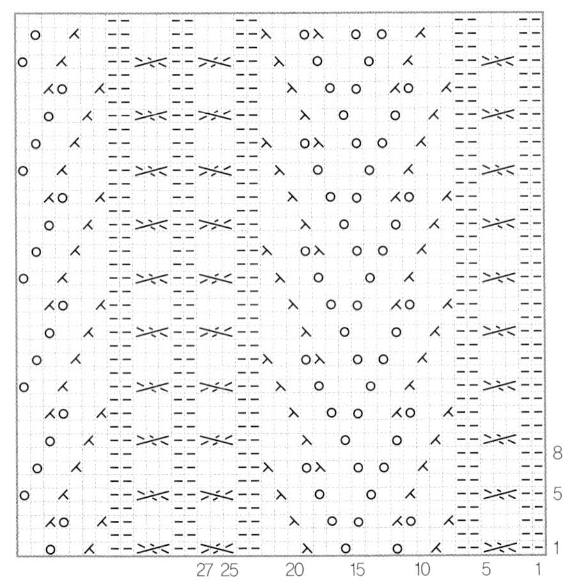

605 26코 24단 1무늬

□ = |

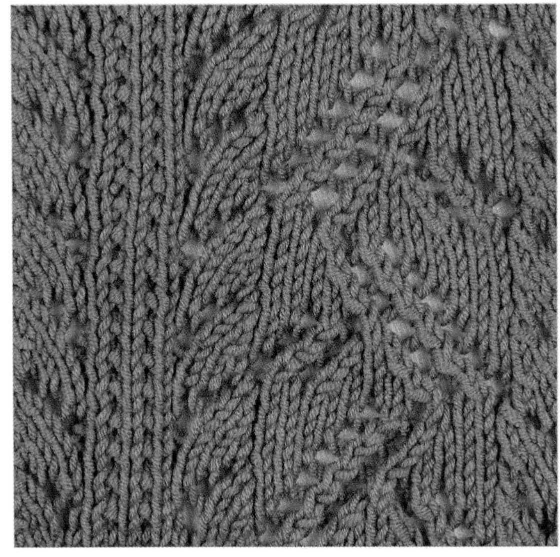

26 25 20 15 10 5 1

606 24코 4단+30단 1무늬

□ = |

607 24코 24단 1무늬

□ = |

608 24코 12단 1무늬

□ = |

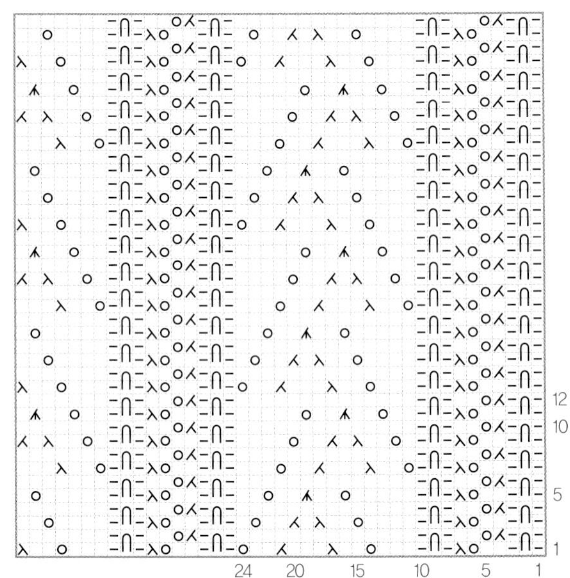

609 22코 24단 1무늬

□ = |

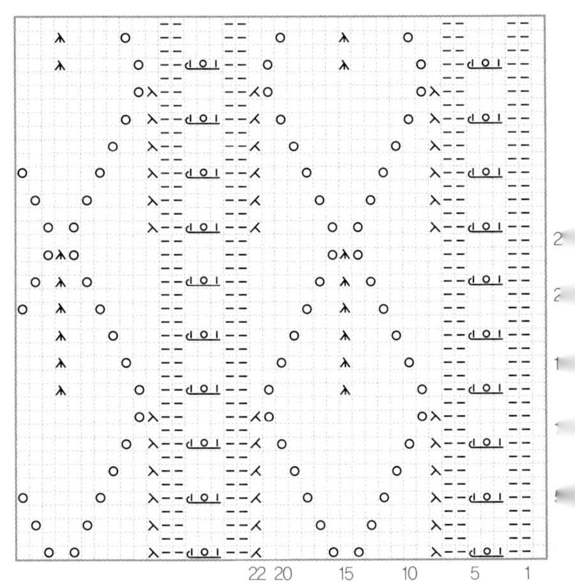

610 20코 44단 1무늬

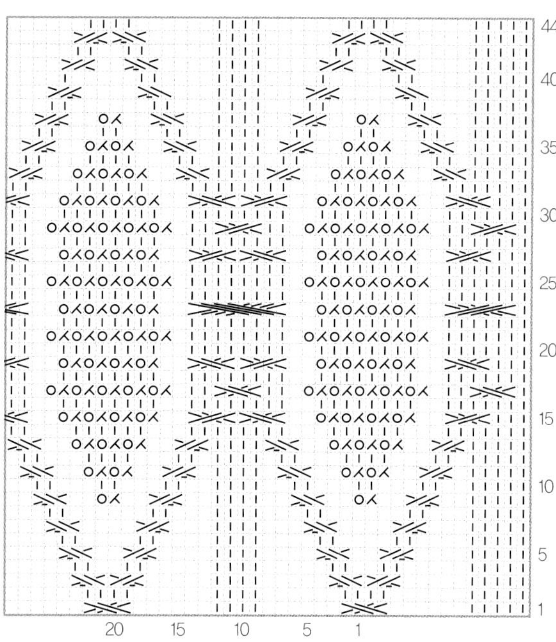

611 19코 36단 1무늬

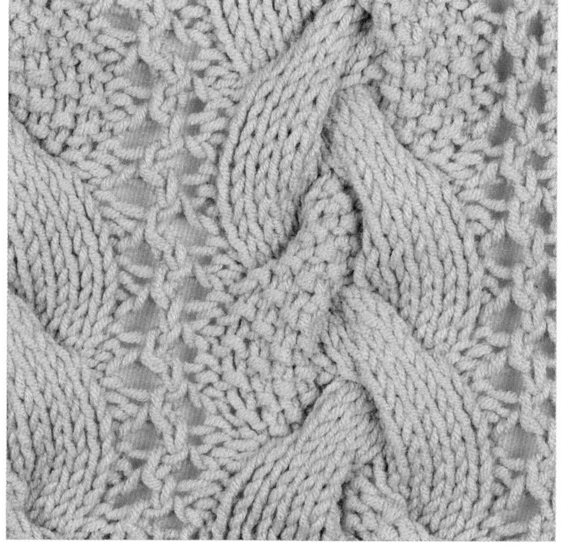

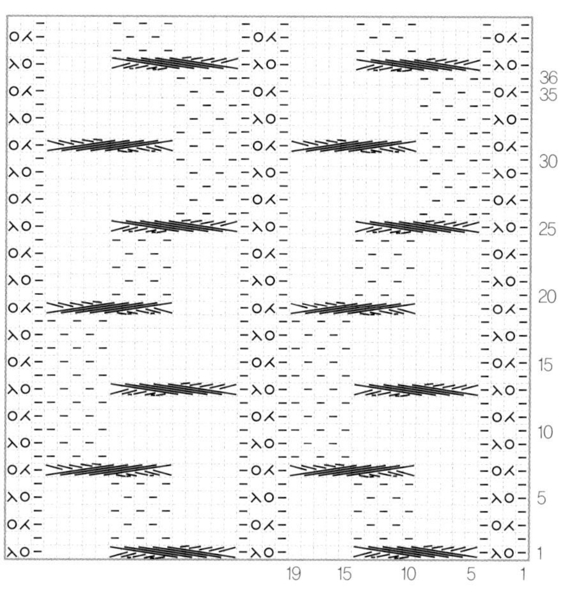

612 18코 24단 1무늬

□ = |

613 16코 42단 1무늬

□ = |

614 15코 24단 1무늬

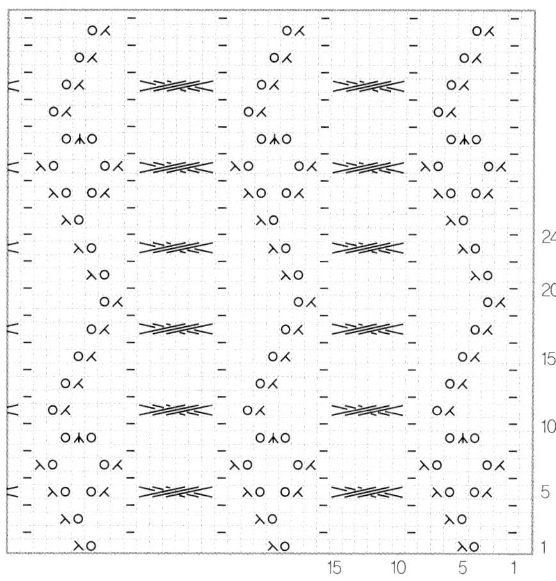

615 14코 34단 1무늬

□ = |

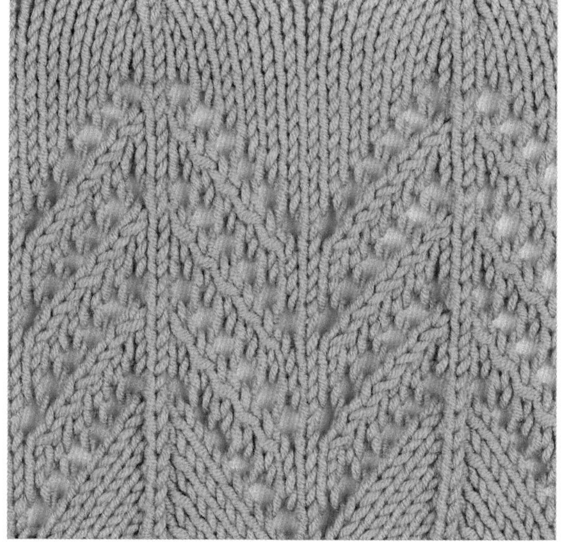

616 12코 22단 1무늬

□ = |

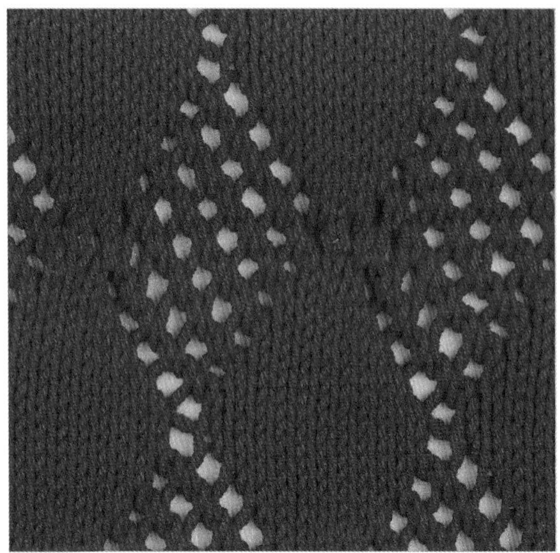

22 20 15 10 5 1

12 10 5 1

617 10코 28단 1무늬

□ = |

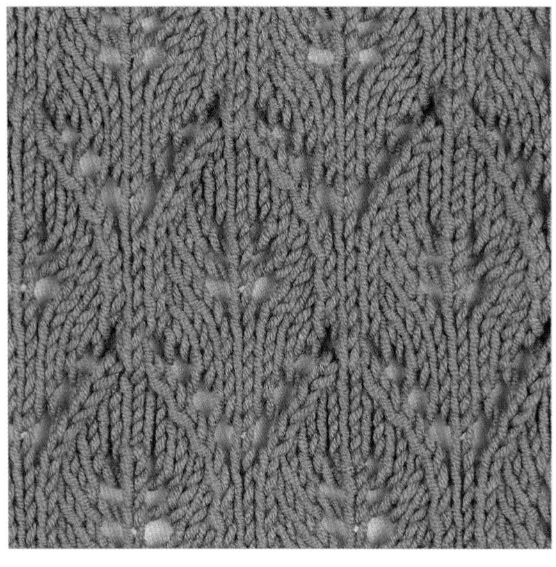

10 5 1

618 10코 16단 1무늬

□ = |

619 10코 16단 1무늬

□ = —

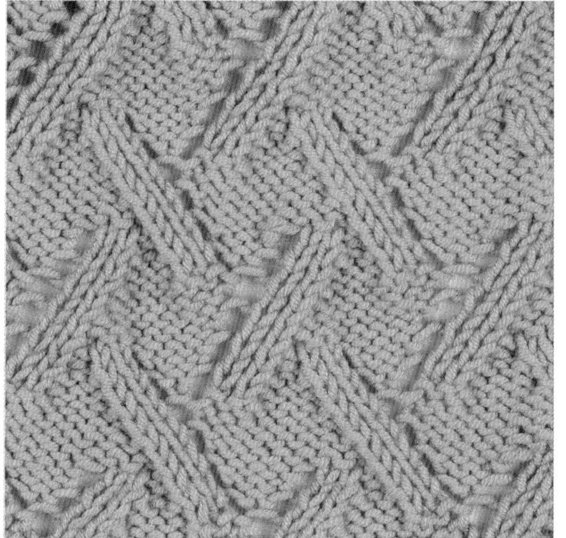

620 30코 56단 1무늬

□ = −

56 55 50 45 40 35 30

30 25 20 15 10 5 1

621 47코 24단 1무늬

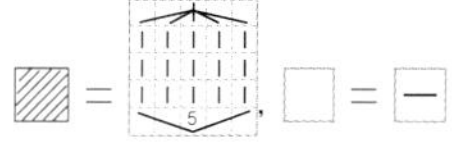

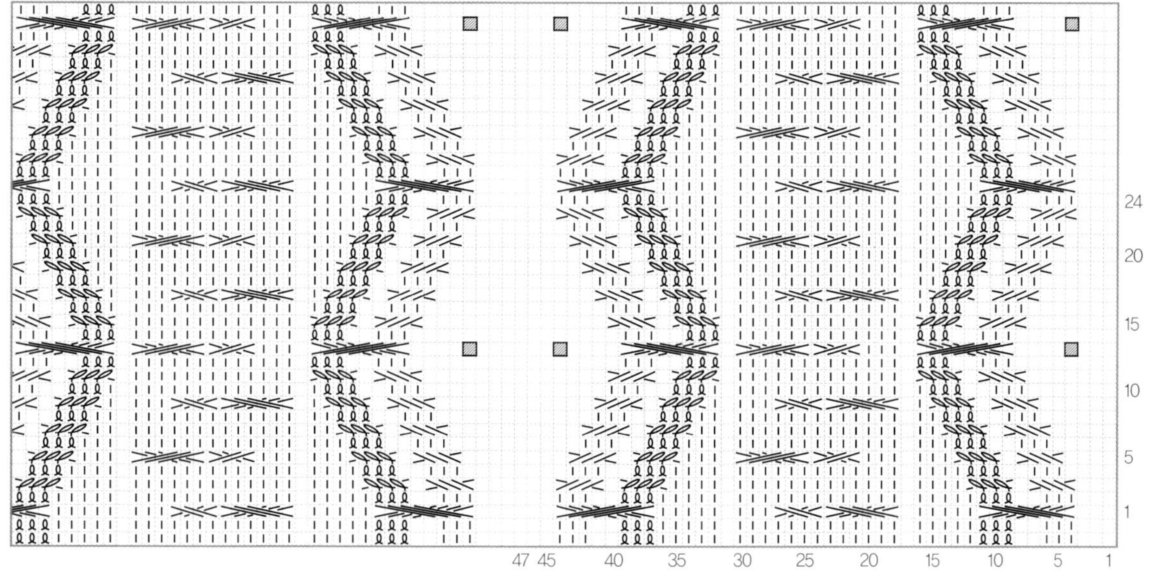

622 39코 8단 1무늬

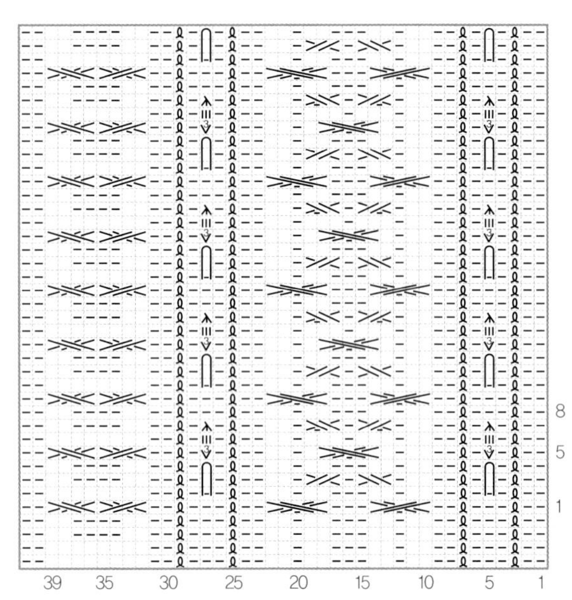

623 27코 14단 1무늬

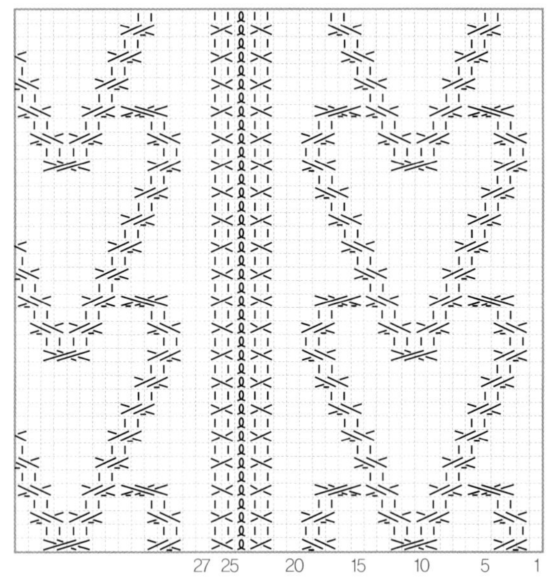

28코 18단 1무늬

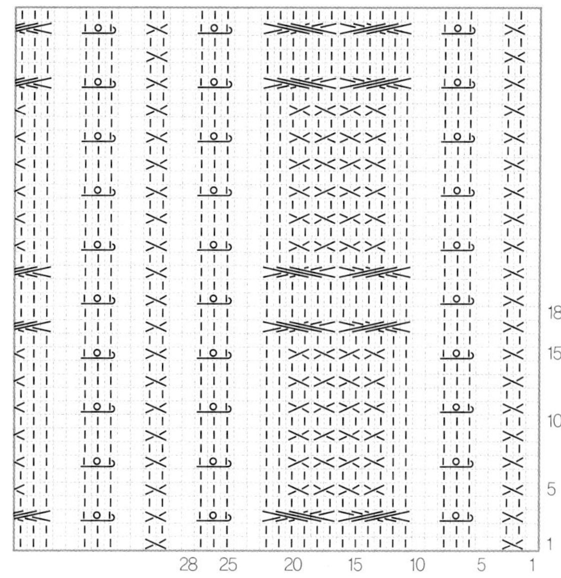

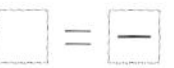

26코 8단 1무늬

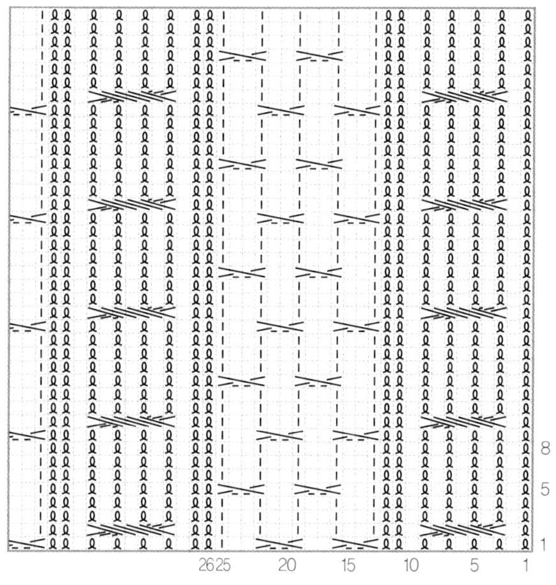

626 20코 44단 1무늬

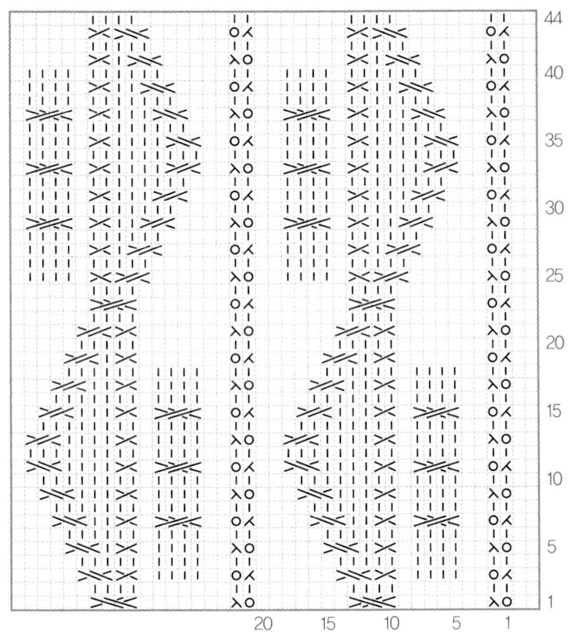

627 20코 30단 1무늬

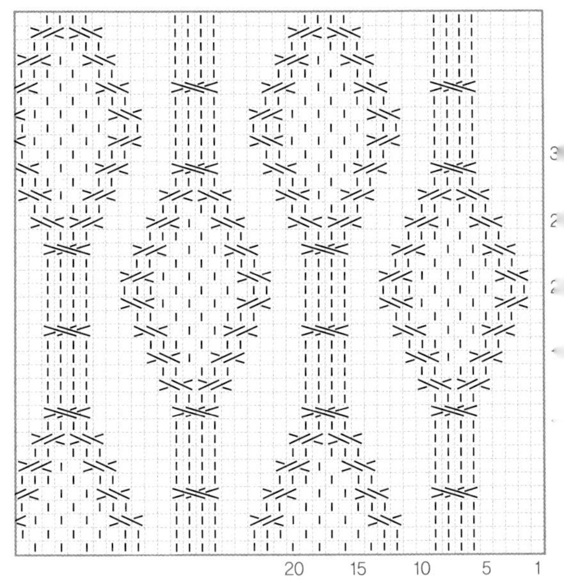

628 16코 18단 1무늬

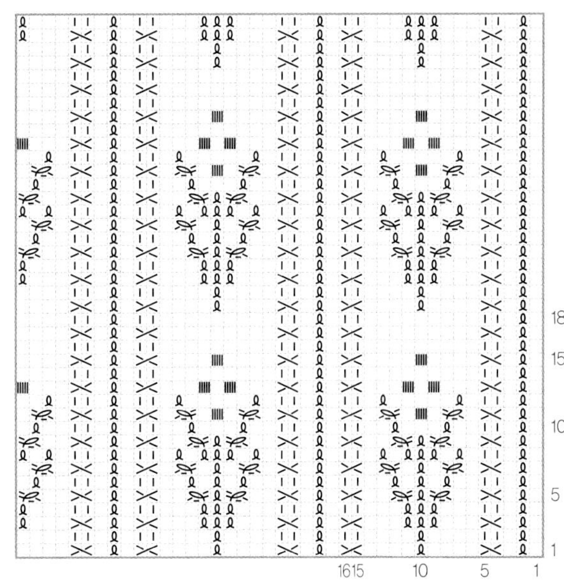

629 36코 16단 1무늬

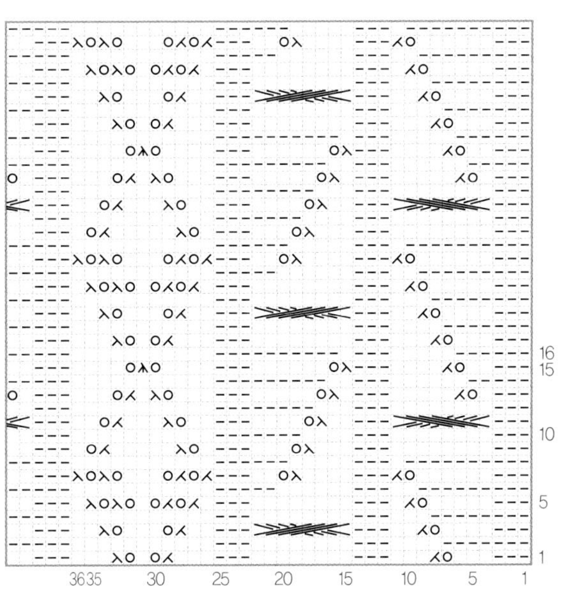

630 35코 8단 1무늬

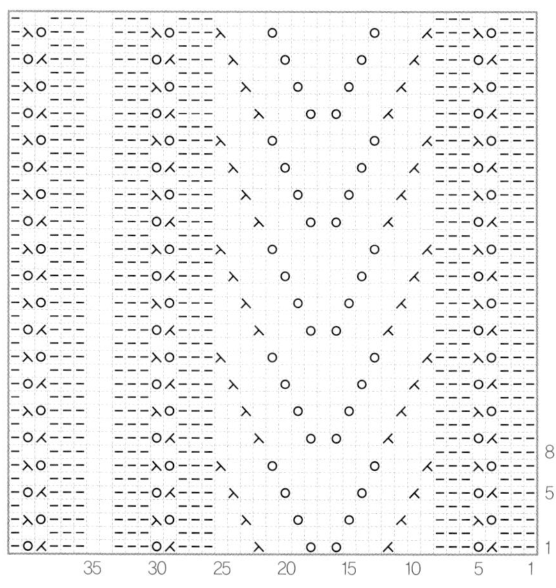

631 33코 8단 1무늬

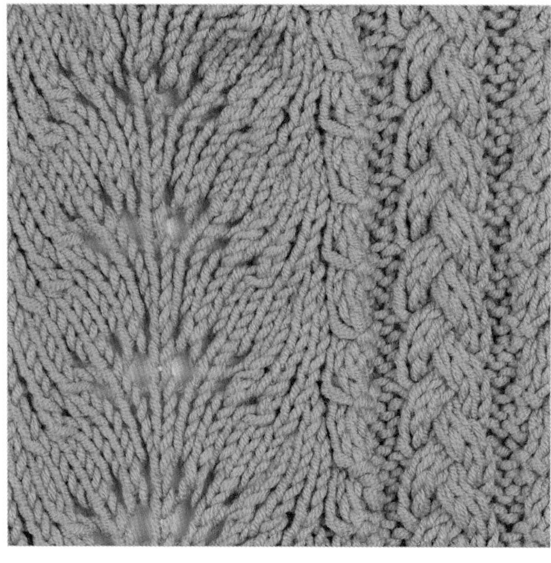

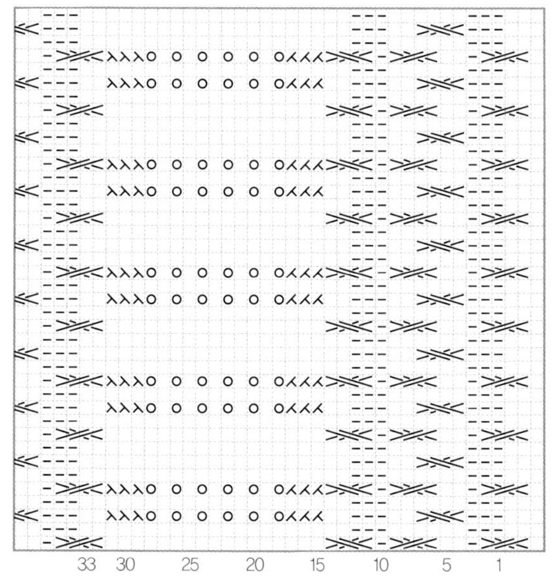

632 33코 6단 1무늬

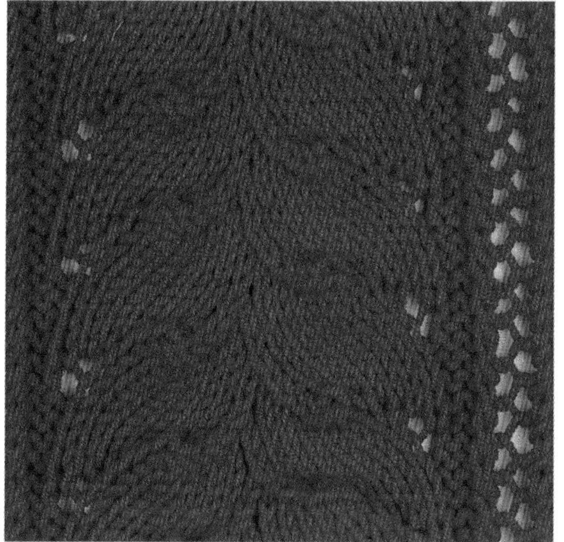

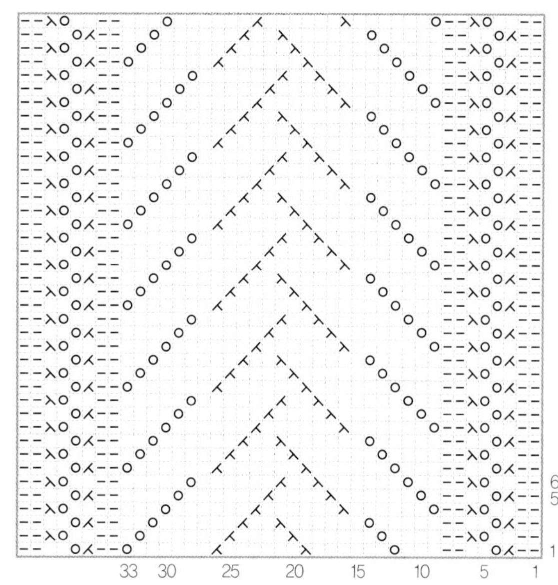

633 32코 20단 1무늬

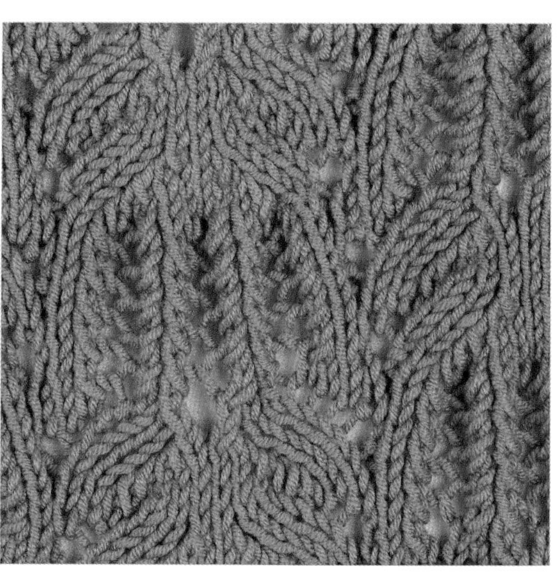

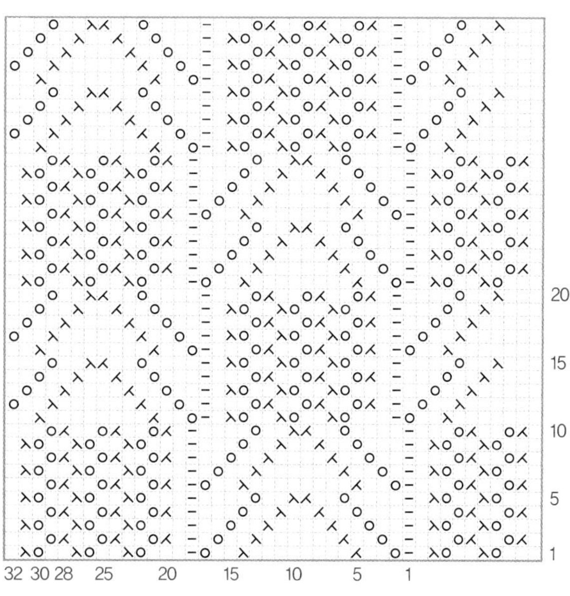

634 28코 30단 1무늬

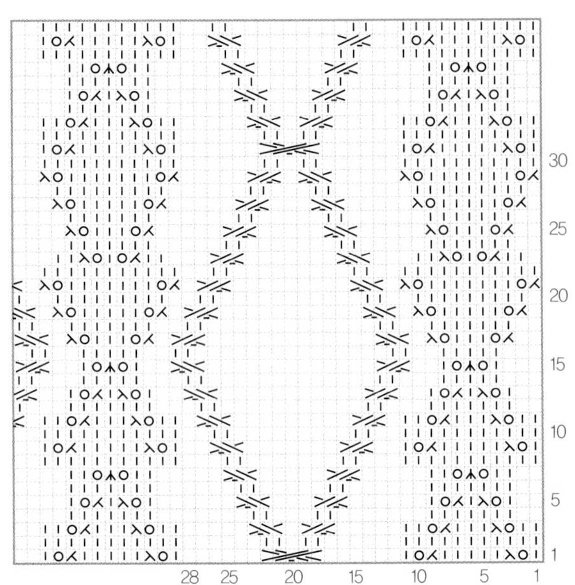

635 25코 26단 1무늬

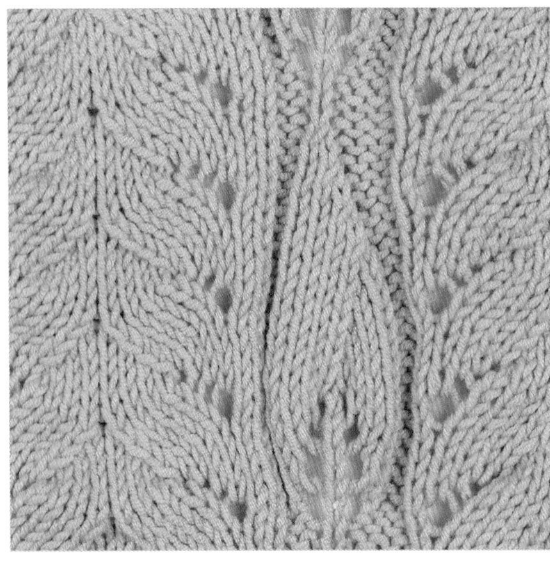

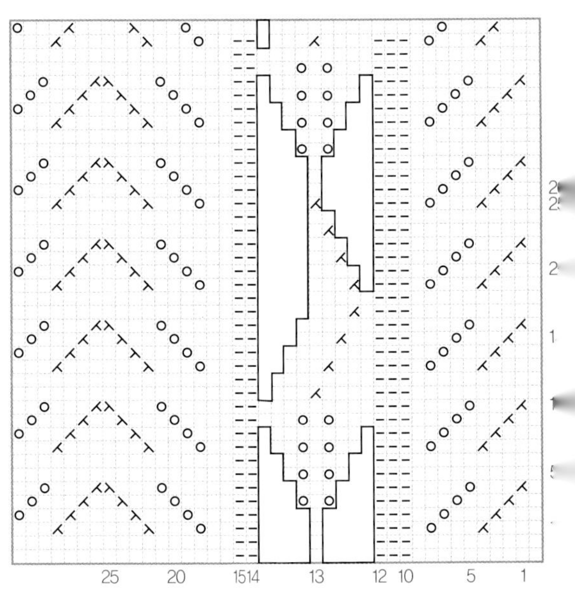

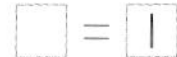

636 25코 8단 1무늬

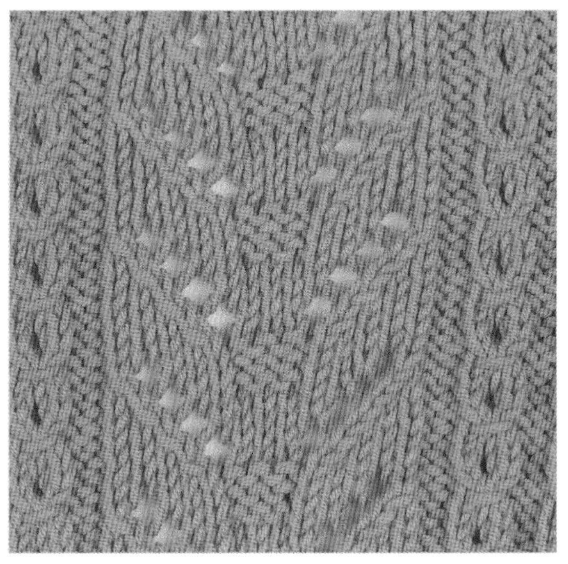

□ = |

8
5
1

25 20 15 10 5 1

637 24코 24단 1무늬

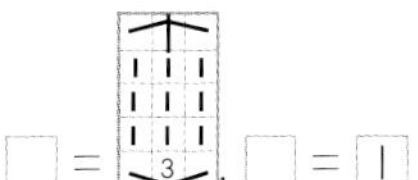

, □ = |

24
20
15
10
5
1

24 20 15 10 5 1

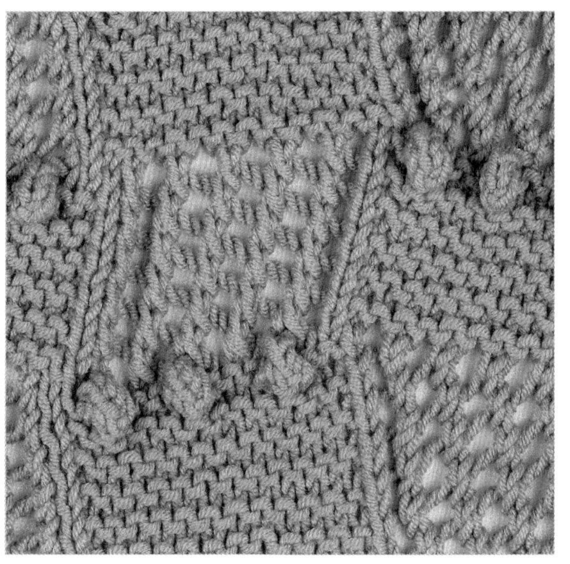

638 22코 28단 1무늬

□ = |

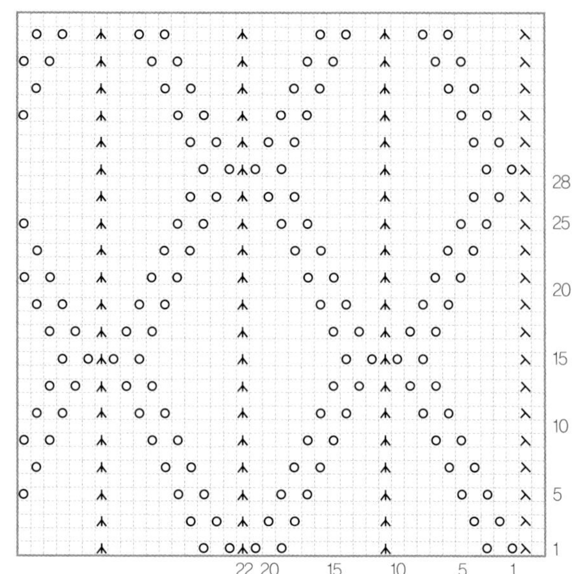

639 44코 8단 1무늬

□ = —

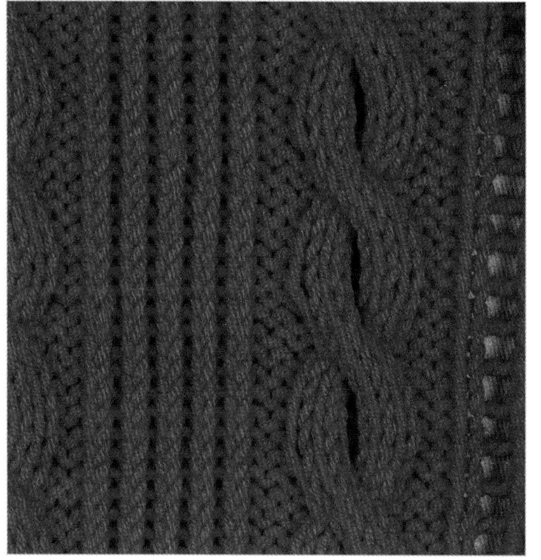

44 40 35 30 25 20 15 10 5 1

640 34코 48단 1무늬

641 18코 64단 1무늬

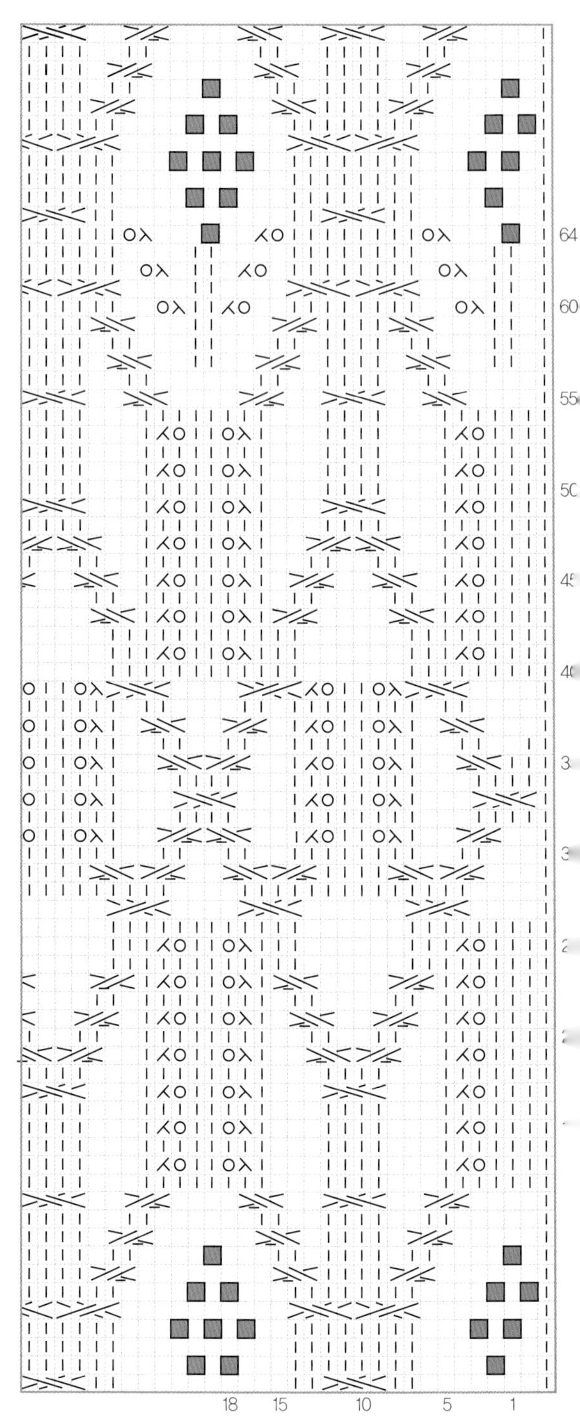

642 20코 58단 1무늬

□ = ─

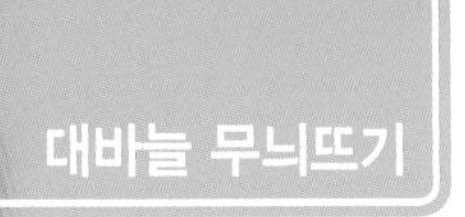

643 18코 64단 1무늬

□ = |

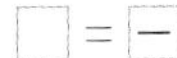

644 16코 72단 1무늬

□ = —

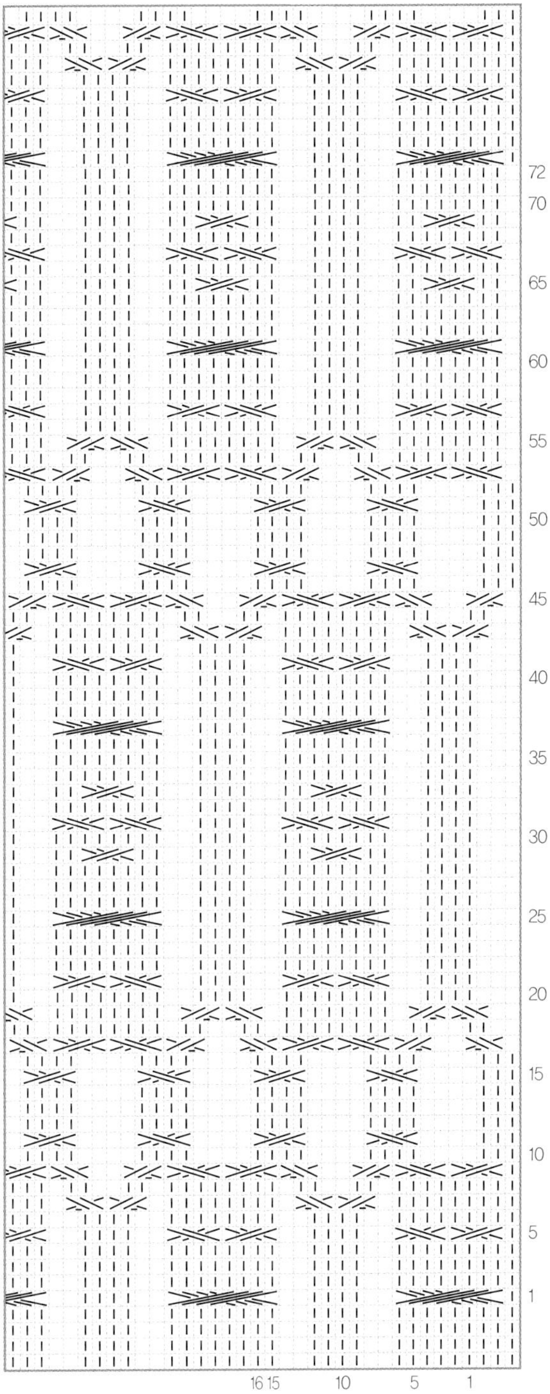

645 36코 36단 1무늬

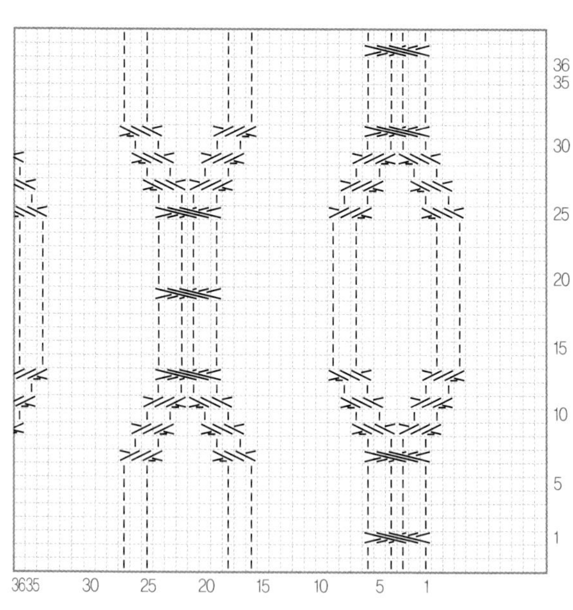

646 32코 32단+36단 1무늬

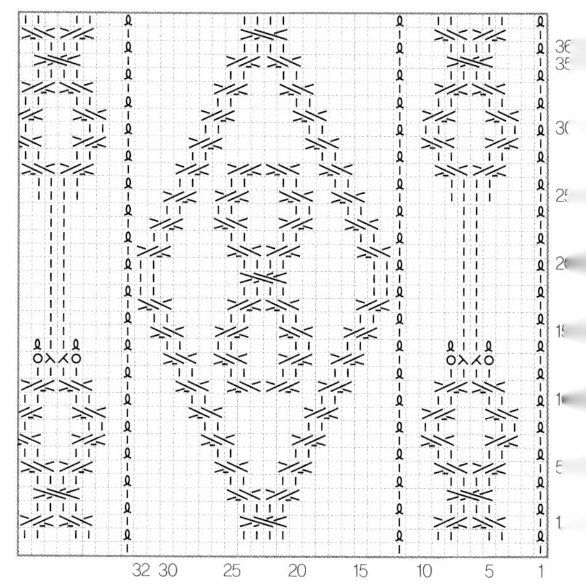

647 6코 12단 1무늬

648 14코 16단 1무늬

649 12코 12단 1무늬

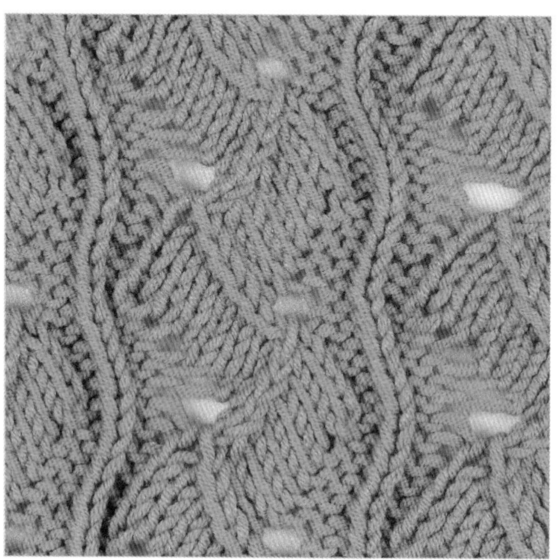

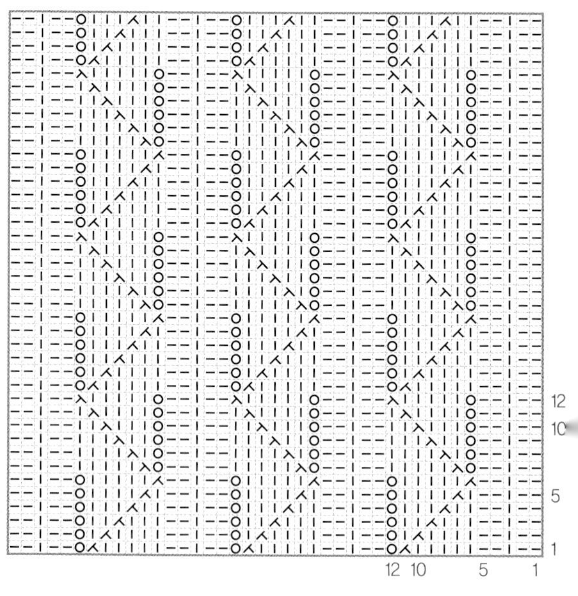

650 9코 16단 1무늬

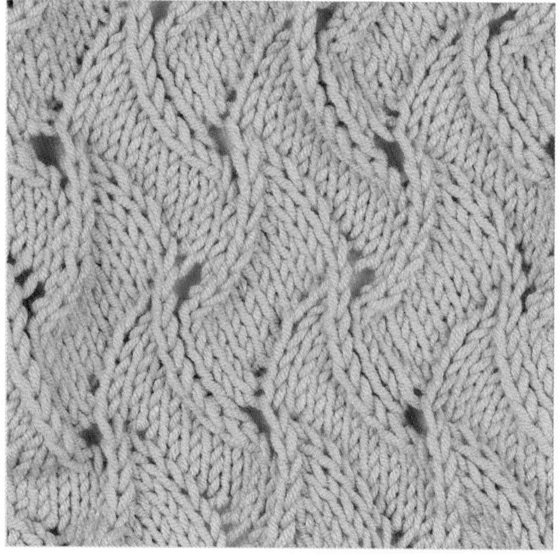

9 5 1

651 18코 12단 1무늬

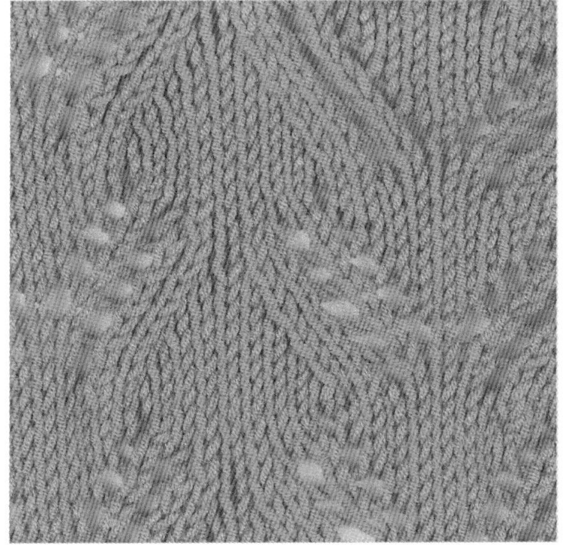

652 12코 12단 1무늬

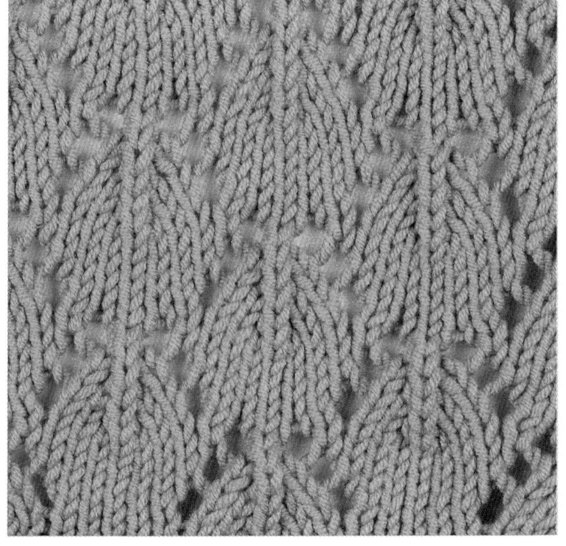

653 20코 4단 1무늬

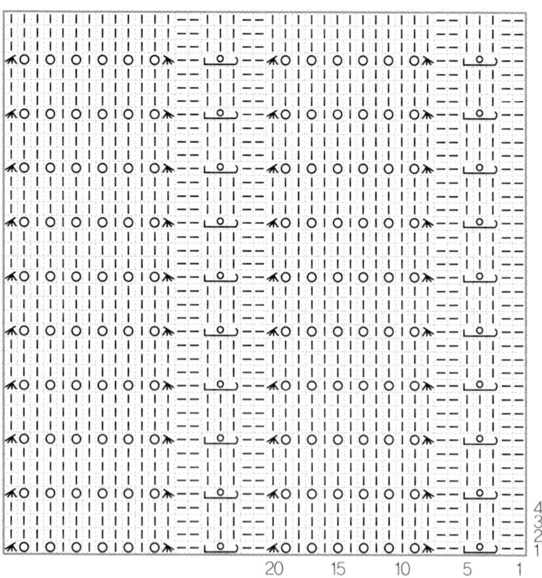

654 17코 4단 1무늬

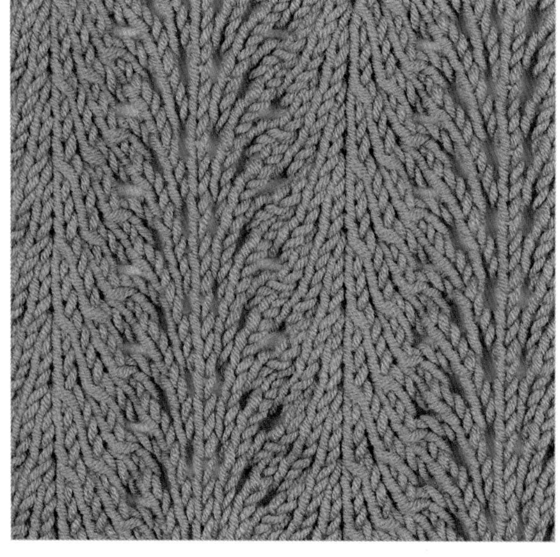

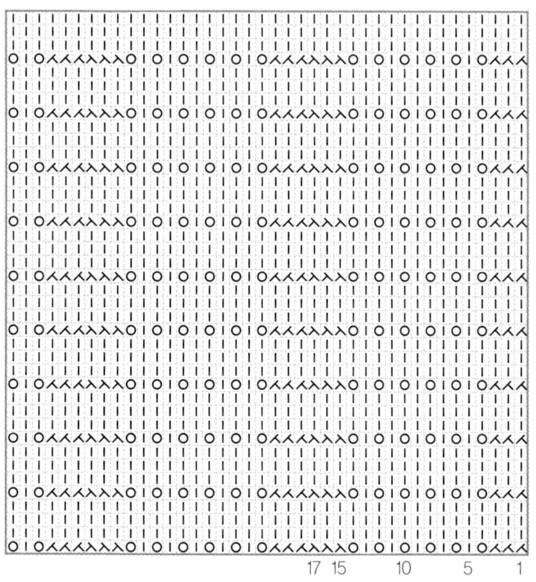

655 17코 16단 1무늬

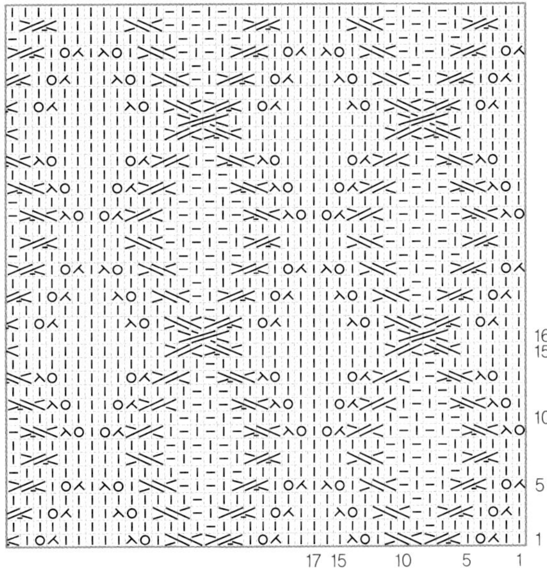

656 17코 14단 1무늬

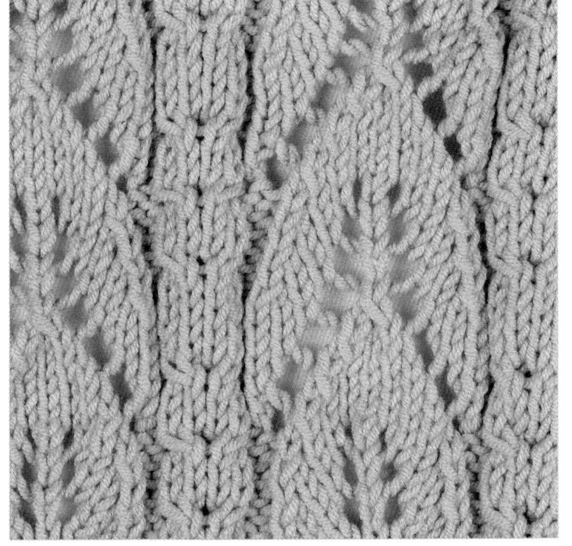

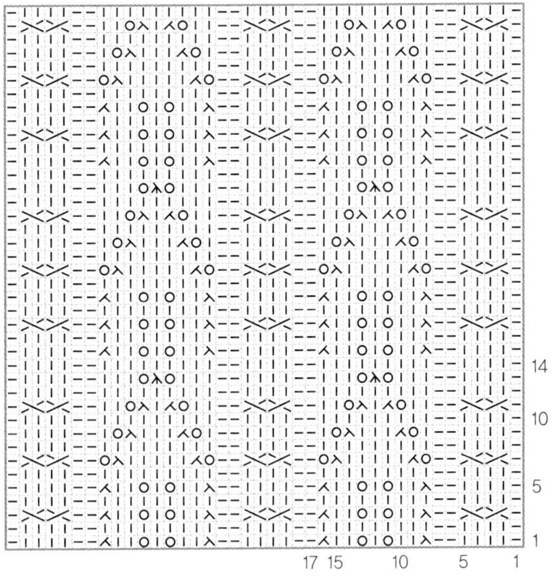

657 20코 36단 1무늬

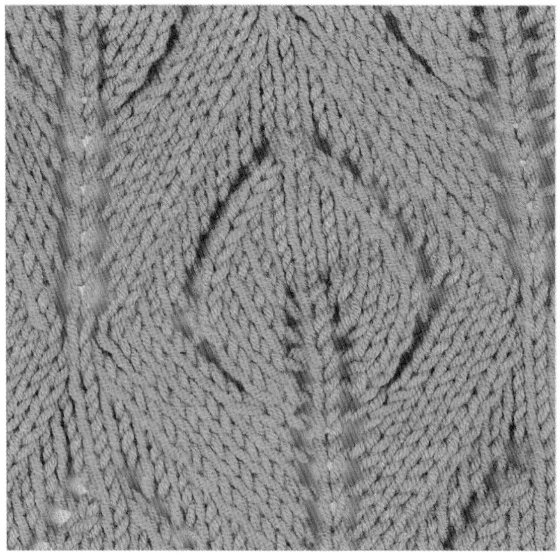

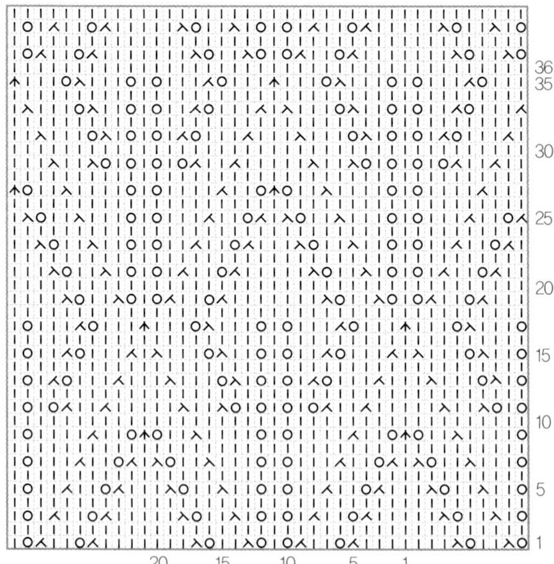

658 16코 8단 1무늬

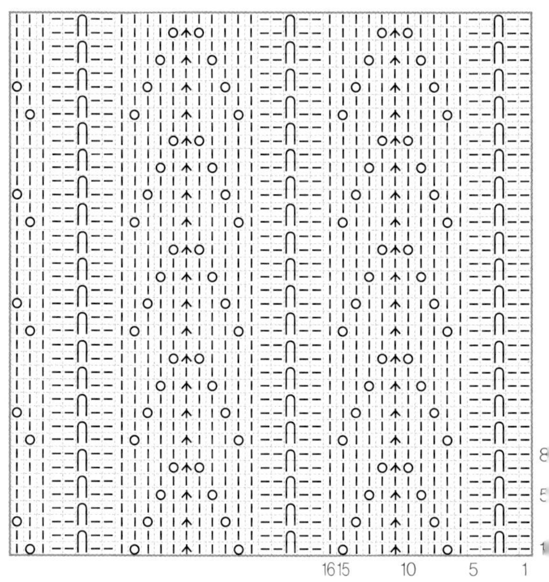

659 14코 6단 1무늬

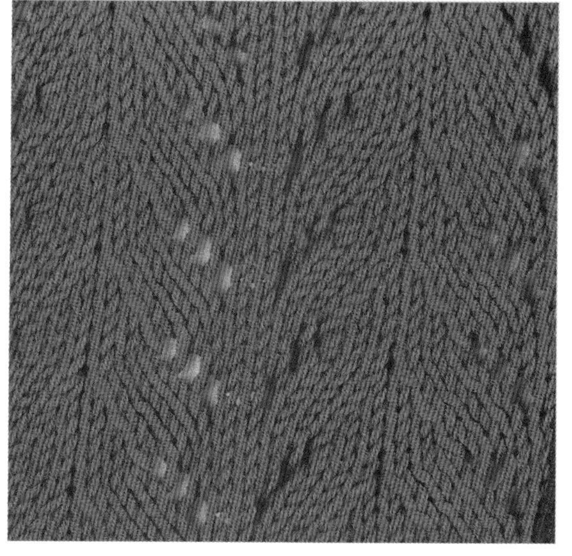

660 13코 10단 1무늬

661 33코 24단 1무늬

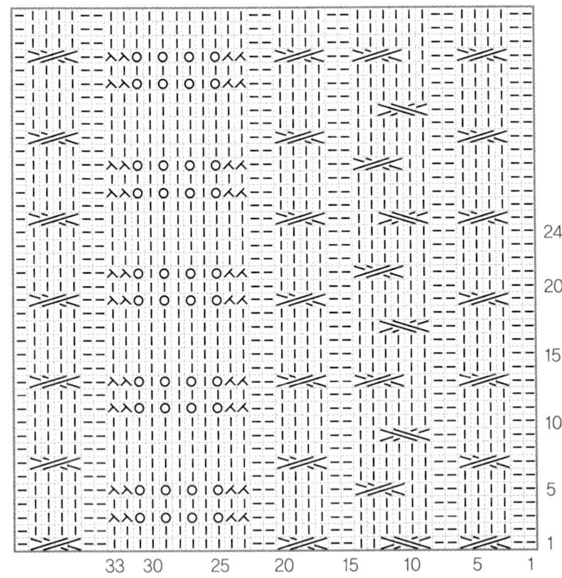

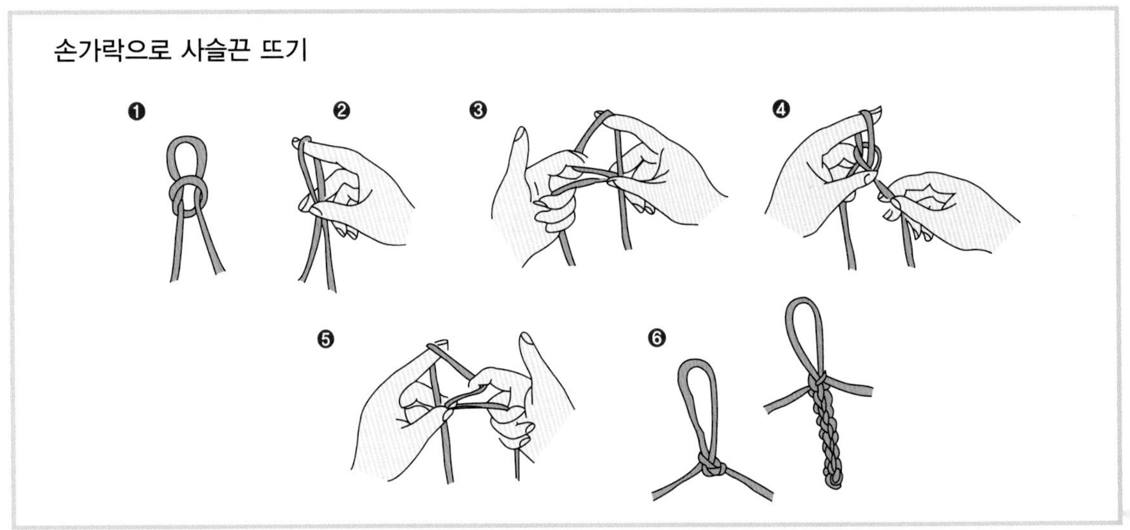

662 44코 12단 1무늬

□ = ㅡ

44 40 35 30 25 20 15 10 5 1

663 54코 24단 1무늬

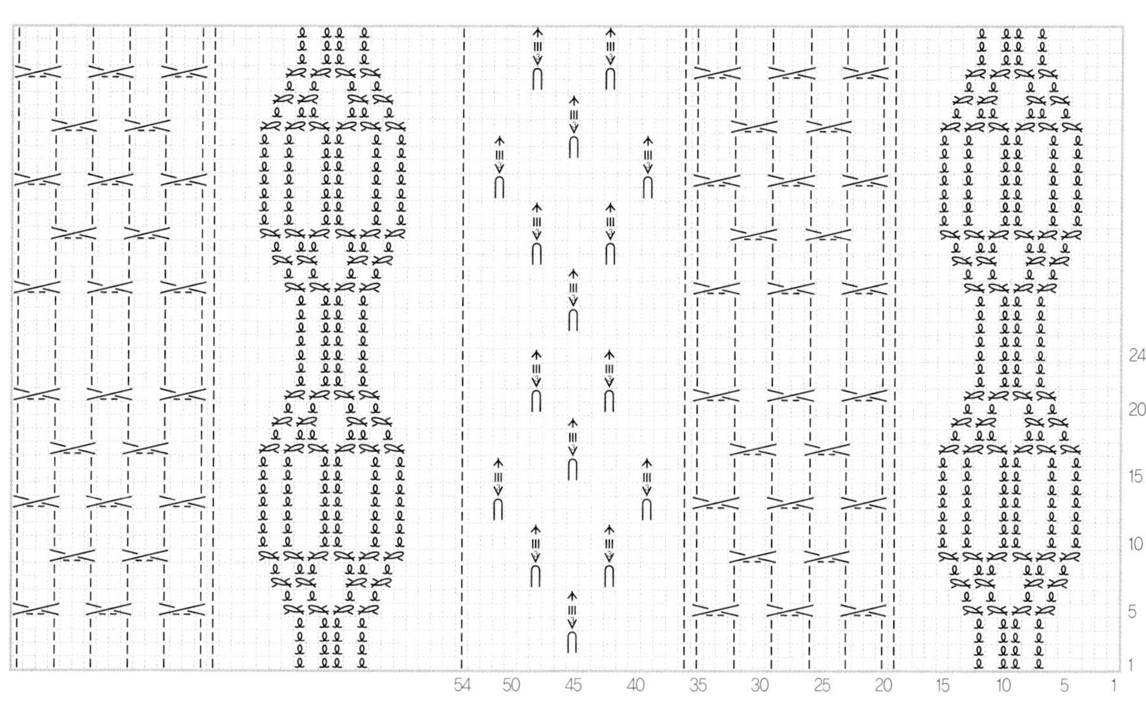

손뜨개 대바늘 무늬집

2018년 7월 20일 인쇄
2018년 7월 25일 발행

저자 : 임현지
펴낸이 : 남상호

펴낸곳 : 도서출판 **예신**
www.yesin.co.kr

(우)04317 서울시 용산구 효창원로 64길 6
대표전화 : 704-4233, 팩스 : 335-1986
등록번호 : 제3-01365호(2002.4.18)

값 25,000원

ISBN : 978-89-5649-164-6